"十二五"职业教育国家规划教材
经全国职业教育教材审定委员会审定

普通高等教育"十一五"国家级规划教材

动物解剖学与组织胚胎学

第3版

程会昌　王　军　主编

中国农业大学出版社
·北京·

内 容 简 介

全书除绪论外共14章,内容包括细胞和基本组织、运动系统、消化系统、呼吸系统、泌尿系统、生殖系统、心血管系统、淋巴系统、神经系统、内分泌系统、感觉器官、被皮系统、家禽解剖和胚胎学基础。本书系统叙述了家畜和家禽各器官的形态构造及家畜的胚胎发育。在每章后设有实训项目,便于学习者理论联系实际,加强实践技能训练。本书图文结合,文字精练,层次清晰,并配有微课程精彩视频,既可作为全国高等职业院校和本科院校动物医学、畜牧兽医、动物防疫与检疫、宠物医疗技术及相关专业的教材,也可供科研、生产单位的相关人员参考。

图书在版编目(CIP)数据

动物解剖学与组织胚胎学/程会昌,王军主编. --3版. --北京:中国农业大学出版社,2022.12(2025.5重印)

ISBN 978-7-5655-2914-6

Ⅰ.①动… Ⅱ.①程…②王… Ⅲ.①动物解剖学②动物胚胎学-组织(动物学) Ⅳ.①Q954

中国国家版本馆CIP数据核字(2023)第004860号

书　　名　动物解剖学与组织胚胎学　第3版

作　　者　程会昌　王　军　主编

策划编辑　康昊婷　　　　责任编辑　林孝栋

封面设计　李尘工作室　郑　川

出版发行　中国农业大学出版社

社　　址　北京市海淀区圆明园西路2号　　　　邮政编码　100193

电　　话　发行部 010-62733489,1190　　　　读者服务部 010-62732336

编辑部 010-62732617,2618　　　　出　版　部 010-62733440

网　　址　http://www.caupress.cn　　　　**E-mail** cbsszs@cau.edu.cn

经　　销　新华书店

印　　刷　北京溢漾印刷有限公司

版　　次　2023年1月第3版　　2025年5月第2次印刷

规　　格　185 mm×260 mm　　16开本　　18印张　　470千字

定　　价　56.00元

编写人员

主　编　程会昌（河南牧业经济学院）

王　军（河南牧业经济学院）

副主编　孟　婷（江苏农牧科技职业学院）

张利卫（河南牧业经济学院）

彭永帅（河南牧业经济学院）

李月勤（河南牧业经济学院）

龙　霄（石家庄信息工程职业学院）

参　编（按姓氏笔画排序）

丁玉玲（黑龙江职业学院）

王梦迪（河南牧业经济学院）

卢　婷（邯郸科技职业学院）

杨　树（河南牧业经济学院）

吴凤笋（河南牧业经济学院）

张　曼（河南牧业经济学院）

陈　爽（黑龙江农业工程职业学院）

倪士明（黑龙江农业职业技术学院）

黄文峰（辽宁职业学院）

韩亚楠（开封市畜牧工作站）

数字资源建设人员

霍　军　王　军　刘忠虎　张　曼　彭永帅

张利卫　闫峰宾　商艳红　李月勤　金　鑫

前　言

《动物解剖学与组织胚胎学》是“十二五”职业教育国家规划教材，适用于全国高等职业院校及本科院校的畜牧兽医类专业。该教材自 2007 年出版以来，得到广大师生的一致好评。近些年来随着畜牧业现代化的迅猛发展，结合二十大报告的“全面推进农业农村优先发展”，需要培养大批适应产业发展要求、技能型专业人才，因而畜牧兽医类专业教学改革也在不断改革创新，畜牧兽医专业的实践教学课程体系也在进一步优化。在此基础上，原有教材体系需要进一步更新优化。因此，我们广泛征求编委及使用本教材师生的意见，组织承担本课程教学任务的一线教师，在《动物解剖学与组织胚胎学》第 2 版基础上，对本书进行了全面修订。

本教材贯彻落实党的二十大会议精神，遵循高等职业教育以服务为宗旨，以就业为导向，培养高素质技能型专门人才的目标，强调课程内容的基本知识、基本理论和基本技能，注重综合素质和创新能力的培养。本教材除绪论外共 14 章，第一章为细胞和基本组织，叙述细胞和上皮组织、结缔组织、肌组织、神经组织的微细结构，第二章至第十二章的比较解剖学，以牛、羊为主，按系统比较叙述猪、马、犬、猫、兔各器官的形态、位置和结构，第十三章叙述家禽的解剖学特征，第十四章叙述生殖细胞的形态、结构，家畜胚胎发育，胎膜的形成和胎盘的类型与结构。

本次教材修订以突出实践为主，融“教、学、做”为一体，并适当增加了学科发展的新知识、部分插图、执业兽医资格考试真题和微课程视频，同时考虑到全国各地不同院校的多种教学模式和教学体系并存，在保证教材知识体系结构完整、内容简明、层次清晰的基础上，对各章节内容进行修订和完善，力求去旧增新，精益求精，在每章之前有知识目标、技能目标和思政目标，每章之后有实训项目和复习思考题，引导学生提高自学能力，有助于对教材知识的全面认知和掌握，培养高素质专业人才。

由于编者业务水平有限，书中欠妥及纰漏之处在所难免，敬请广大读者和同行老师批评指教，提出宝贵意见，以便修改提高。

编　者

2022 年 10 月

目 录

微课程视频索引

绪论

【知识目标】

1. 熟悉动物解剖学与组织胚胎学的研究内容。
2. 熟悉动物体各部名称。
3. 掌握动物解剖学常用术语。

【技能目标】

能识别动物体表部位。

【思政目标】

1. 培养学生热爱生命、尊重生命的人文素养。
2. 培养学生尊重科学、热爱专业和治学严谨的工作作风。

微课程视频 1
绪论(讲师:霍军)

一、动物解剖学与组织胚胎学的研究内容

动物解剖学与组织胚胎学是研究正常动物有机体的形态结构及发生发展规律的科学,是生物学的一个综合学科,包括大体解剖学、组织学和胚胎学。

(一)大体解剖学

大体解剖学是借助于刀、剪等解剖器械,用切割的方法,通过肉眼或解剖镜观察,研究动物体各器官的形态、结构及相互位置关系的科学,根据叙述的方法不同,可分为系统解剖学、局部解剖学和比较解剖学等。系统解剖学是按照动物体各功能系统,阐述其器官的形态结构。局部解剖学是按部位研究局部器官结构、排列层次及相互位置关系。比较解剖学是研究和比较各种动物同类器官的形态构造特征。此外,又因研究方法和目的不同可分为发育解剖学、X 线解剖学和神经解剖学等。

(二)组织学

组织学又称显微解剖学,是借助于光学显微镜或电子显微镜研究动物体微细结构及相关功能的科学。研究内容包括细胞、基本组织和器官组织。

(三)胚胎学

胚胎学是研究动物个体发生及发展规律的科学，主要研究从卵子受精开始到个体形成过程中胚胎发育的形态、结构变化。

动物解剖学与组织胚胎学是动物科学、动物医学等专业的必修专业基础理论课，与后续专业基础课及专业课有着密切的联系，只有掌握正常动物体的形态、结构知识，才能进一步学好生理学、病理学、饲养学、繁殖学、内科学和外科学等课程。

二、动物体的结构

动物体最基本的结构和功能单位是细胞，它是机体进行新陈代谢、生长发育和繁殖分化的形态基础，在细胞之间存有细胞间质。细胞间质是由细胞产生的，构成细胞生存的微环境，对细胞起支持、营养和保护作用。由一些起源相同、形态和功能相似的细胞和细胞间质构成组织，动物体有四种组织，即上皮组织、结缔组织、肌组织和神经组织。由几种不同的组织结合在一起，构成具有一定形态和执行特殊功能的结构，称为器官，如心、肝、肺、肾、胃、脾等。由若干个功能相关的器官联系起来，共同完成某种特定的生理功能，则构成系统。如呼吸系统由鼻、咽、喉、气管、支气管和肺组成，主要完成机体氧和二氧化碳交换功能。动物体由运动系统、消化系统、呼吸系统、泌尿系统、生殖系统、心血管系统、淋巴系统、神经系统、内分泌系统、感觉器官、被皮系统组成。各系统之间有着密切的联系，在功能上相互影响、相互配合，在神经、体液的调节下，进行各种正常的功能活动，构成一个统一的有机整体。

三、动物体各部名称

动物体可分为头、躯干和四肢三部分，各部位的划分和命名主要以骨为基础(图 0-1)。

(一)头部

头部分为颅部和面部。

1. 颅部

颅部位于颅腔周围，又分为枕部、顶部、额部、颞部、耳部和腮腺部。

2. 面部

面部位于口腔和鼻腔周围，又分为眼部、眶下部、鼻部、唇部、咬肌部、颊部、颏部和下颌间隙部。

(二)躯干

躯干包括颈部、背胸部、腰腹部、荐臀部和尾部。

1. 颈部

颈部又分颈背侧部、颈侧部和颈腹侧部。

2. 背胸部

背胸部又分鬐甲部、背部、肋部、胸前部和胸骨部。

3. 腰腹部

腰腹部又分腰部和腹部。

4. 荐臀部

荐臀部又分荐部和臀部。

5. 尾部

尾部又分为尾根、尾体和尾尖。

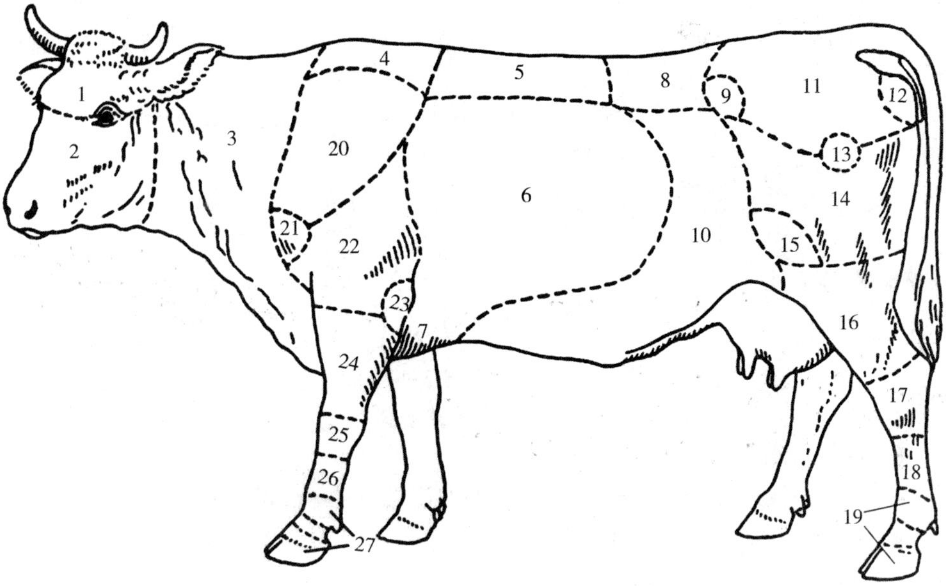

1. 颅部　2. 面部　3. 颈部　4. 鬐甲部　5. 背部　6. 肋部　7. 胸骨部　8. 腰部　9. 髋结节　10. 腹部　11. 荐臀部　12. 坐骨结节　13. 髋关节　14. 股部　15. 膝关节　16. 小腿部　17. 跗部　18. 跖部　19. 趾部　20. 肩带部　21. 肩关节　22. 臂部　23. 肘部　24. 前臂部　25. 腕部　26. 掌部　27. 指部

图 0-1　牛体的各部位名称

(三)四肢

四肢包括前肢和后肢。

1. 前肢

前肢又分为肩带部(肩部)、臂部、前臂部和前脚部(包括腕部、掌部和指部)。

2. 后肢

后肢又分为大腿部(股部)、小腿部和后脚部(包括跗部、跖部和趾部)。

四、动物解剖学常用术语

为了正确描述动物体各部结构的位置关系,必须掌握有关定位用的一些术语(图 0-2)。

(一)切面术语

1. 矢状面

矢状面是与动物体长轴平行且与地面垂直的切面。沿长轴将动物体分为左、右对称两半的矢状切面，称为正中矢状面；与正中矢状面平行的其他矢状面，称为侧矢状面。

2. 横断面

横断面是与矢状面垂直的切面。位于躯干的横断面可将动物体分为前、后两部分。四肢的横断面则与四肢的长轴垂直。

3. 额面（水平面）

额面是与地面平行且与矢状面和横断面垂直的切面，可将动物体分为背侧和腹侧两部分。

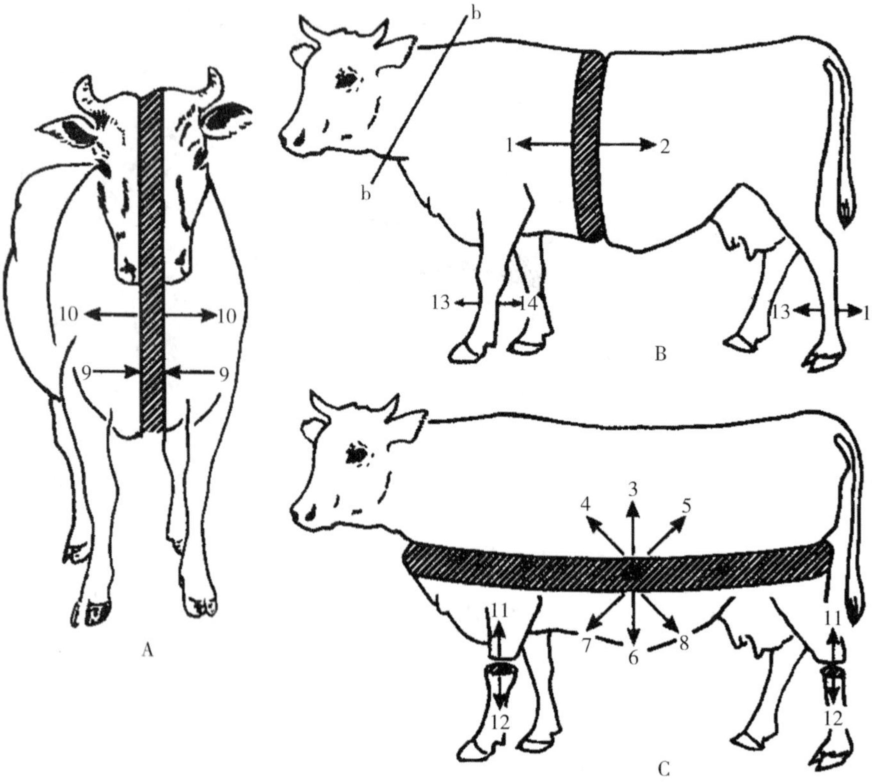

A. 正中矢状面　B. 横切面　C. 额面　b－b. 横断面

1. 前　2. 后　3. 背侧　4. 前背侧　5. 后背侧　6. 腹侧　7. 前腹侧　8. 后腹侧

9. 内侧　10. 外侧　11. 近端　12. 远端　13. 背侧（四肢）　14. 掌侧　15. 跖侧

图 0-2　三个基本切面及方位

（二）方位术语

1. 用于躯体的术语

近头端的为前或颅侧，近尾端的为后或尾侧。额面上方的部分为背侧，下方的为腹侧。离正中矢状面较近的一侧为内侧，较远的一侧为外侧。

2. 用于四肢的术语

近躯干的一端为近端，离躯干远的一端为远端。前肢和后肢的前面为背侧，前肢的后面为掌侧，后肢的后面为跖侧。在偶蹄动物（牛、羊、猪），离四肢中轴近的一侧为轴侧，离中轴远的一侧为远轴侧。

五、组织学与胚胎学研究技术

(一)光学显微镜技术

对动物机体组织结构的研究,需借助于显微镜进行观察,通常用的光学显微镜(简称光镜)可将物体放大约 1 500 倍,其分辨率约为 0.2 μm。所观察的组织切片,是采用石蜡切片技术制成的组织样本,其主要步骤是:将观察的新鲜材料,切成小块,放入固定液中,使蛋白质成分迅速凝固,以保持生活状态下的结构。固定好的组织经酒精脱水,二甲苯透明后,包埋于石蜡中。包埋好的组织用切片机切成 5～7 μm 厚的薄片,贴于载玻片上,脱蜡后进行染色,最后用树胶加盖玻片封固。常用的染色方法是苏木精-伊红染色,简称 HE 染色。苏木精是碱性染料,可将细胞核内的染色质与胞质内的核糖体染成蓝紫色。伊红为酸性染料,可使多数细胞的细胞质染成红色。凡组织对碱性染料亲和力强的称嗜碱性,对酸性染料亲和力强的称嗜酸性,对碱性或酸性染料亲和力均不强的称嗜中性。此外,血液、骨髓等液体组织可直接涂在载玻片上制成涂片,腹膜和疏松结缔组织可制成铺片,骨组织可制成磨片。上述制片也需要固定、染色后再进行观察。

(二)电子显微镜技术

电子显微镜(简称电镜)是以电子枪代替光源,以电子束代替光线,以电磁透镜代替光学透镜,最后将放大的物像透射到荧光屏上进行观察。电镜的分辨率约为 0.2 nm,比光镜高 1 000 倍,可将物体放大几万倍到几十万倍,电镜下所见的结构称超微结构。常用的电镜有透射电镜和扫描电镜。

1. 透射电镜

用于观察细胞内部的超微结构,进行透射电镜观察时,需要制备成厚度 50～100 nm 的超薄切片,其制备过程需经过戊二醛和锇酸固定、树脂包埋、超薄切片和重金属盐染色等步骤。组织被重金属染色的部位,在荧光屏上图像较暗,称电子密度高;反之,称电子密度低。

2. 扫描电镜

用于观察组织和细胞表面的立体结构。样品经固定、脱水、干燥、镀膜后即可观察。扫描电镜的特点是视野大、景深长,图像富有立体感,样品制备简便,不需制成切片,但分辨率比透射电镜低。

(三)组织化学技术

组织化学技术是通过理化或免疫反应的原理形成有色的沉淀,显示组织或细胞内的化学成分的技术。

1. 一般组织化学技术

一般组织化学技术是在切片上加入能与组织细胞中某种待检物质发生化学反应的试剂,在其发生反应的原位处形成有色沉淀,可用光镜观察。例如,用过碘酸-雪夫反应(PAS 反应),可显示组织或细胞内的多糖或黏多糖,PAS 反应阳性产物为紫红色;油红 O 可使细胞内的脂滴呈红色;甲基绿-焦宁染色可使 DNA 呈蓝绿色,RNA 呈红色等。

2. 免疫组织化学技术

免疫组织化学是利用抗原与抗体特异性结合的免疫学原理,检测组织或细胞中某些蛋白质或肽类等具有抗原性的大分子物质的分布。其原理是向动物体内注入抗原，使之产生相应的抗体，然后从动物血清中提取该抗体，并进行抗体标记，再用标记的抗体与含相应抗原的组织进行反应，即可确定被检物质(抗原)在组织细胞中的分布部位。常用标记物有异硫氰酸荧光素和辣根过氧化物酶等。

除以上技术外，还有很多技术和方法用于组织学和胚胎学的研究，如组织培养技术、放射自显影术、细胞融合术、原位杂交术、形态计量术、流式细胞术等。

复习思考题

一、选择题

1. 正中矢状面将畜体分为(　　)

A. 上下相等的两半　　B. 左右相等的两半　　C. 前后相等的两半
D. 水平相等的两半　　E. 周长相等的两半

(2～4 题共用备选答案)

A. 矢状面　　B. 额面　　C. 正中矢状面　　D. 横断面　　E. 其他面

2. 动物体长轴并行与地面垂直的切面，分为左右等份的是(　　)
3. 与地面平行且与矢状面和横断面垂直的切面，为上下两面的是(　　)
4. 与动物长轴或某一器官的长轴垂直的切面，为前后两面的是(　　)

(5～7 题共用备选答案)

A. 掌侧　　B. 跖侧　　C. 尺侧　　D. 桡侧　　E. 背侧

5. 四肢的前面称(　　)
6. 前肢的后面称(　　)
7. 后肢的后面称(　　)
8. 前肢的内侧称(　　)

A. 桡侧　　B. 掌侧　　C. 跖侧　　D. 内侧　　E. 尺侧

9. 后肢的外侧称(　　)

A. 胫侧　　B. 腓侧　　C. 跖侧　　D. 内侧　　E. 尺侧

二、简答题

1. 何谓动物解剖学与组织胚胎学？
2. 结合活体说出动物体表各部的名称、范围和骨骼基础。
3. 动物解剖学常用术语有哪些？
4. 组织学与胚胎学的常用研究技术有哪些？

绪论　复习思考题参考答案

第一章
细胞和基本组织

【知识目标】

1. 掌握细胞的基本结构和功能。
2. 熟悉被覆上皮的结构和分布。
3. 熟悉结缔组织的结构特点和分类。
4. 掌握骨骼肌、平滑肌和心肌的结构。
5. 掌握神经元的结构和功能。

【技能目标】

1. 能熟练使用显微镜观察组织细胞。
2. 能联系机能说明上皮组织和结缔组织的结构特点。
3. 能从形态与机能区分三种肌组织和神经细胞与神经胶质细胞。

【思政目标】

培养学生科学研究的思维,逐步引导学生建立发现问题、分析问题和解决问题的能力。

第一节 细　　胞

细胞是生物体形态结构和功能活动的基本单位。动物体的结构虽然非常复杂,但都是由细胞和细胞间质所构成的。组成细胞的基本物质是原生质,其主要化学成分有水、无机盐以及糖类、脂类、蛋白质和核酸等。

动物体内的细胞由于所处的部位和执行的功能不同,而呈现不同的形态(图 1-1)。如在血液中流动的白细胞多呈球形;紧密排列的上皮细胞呈扁平形、立方形、柱形或多边形;能舒缩的平滑肌细胞呈长梭形;具有接受刺激和传导冲动机能的神经细胞呈星形或具有长的突起等。

细胞的大小与细胞的机能相适应,因细胞的类型不同而有很大差异。动物体多数细胞的直径为 10～20 μm,但最小的小脑颗粒细胞直径约 4 μm;而鸟类的卵细胞直径可达数厘米。

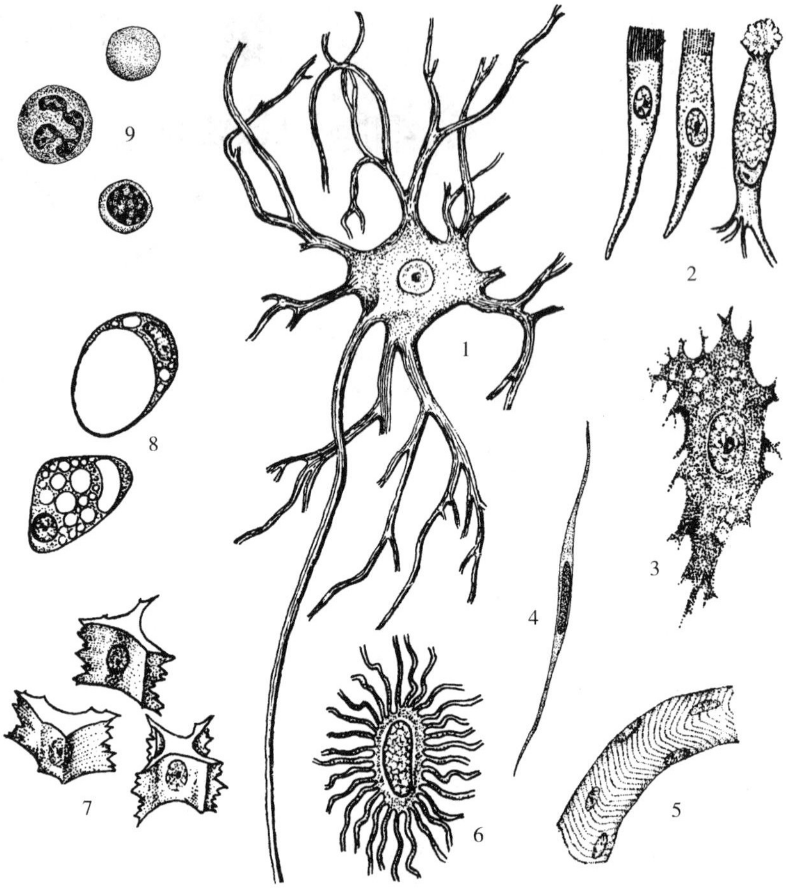

1.神经细胞　2.上皮细胞　3.成纤维细胞　4.平滑肌细胞
5.骨骼肌细胞　6.骨细胞　7.腱细胞　8.脂肪细胞　9.血细胞

图 1-1　动物细胞的各种形态

一、细胞的结构

细胞的形态和大小虽然差别很大,但基本结构相同,在光镜下,都由细胞膜、细胞质和细胞核三部分构成(图 1-2)。在电镜下,根据各种超微结构有无生物膜包裹,细胞可分为膜性结构和非膜性结构。膜性结构包括细胞膜、膜性细胞器和核被膜,其余为非膜性结构。

(一)细胞膜

1.细胞膜的结构

细胞膜是包围在细胞质外面的一层薄膜,又称质膜。一般厚 7～10 nm,光镜下不易分辨,在高倍电镜下细胞膜分三层结构:内外两层电子密度高,中间层电子密度低,通常将具有这样三层结构的膜称为单位膜。除细胞膜外,在细胞内还有构成某些细胞器的细胞内膜。细胞膜和细胞内膜统称为生物膜。它们具有共同的结构特征。

细胞膜的化学成分主要包括蛋白质、脂质和少量多糖。关于细胞膜的分子结构,目前普遍

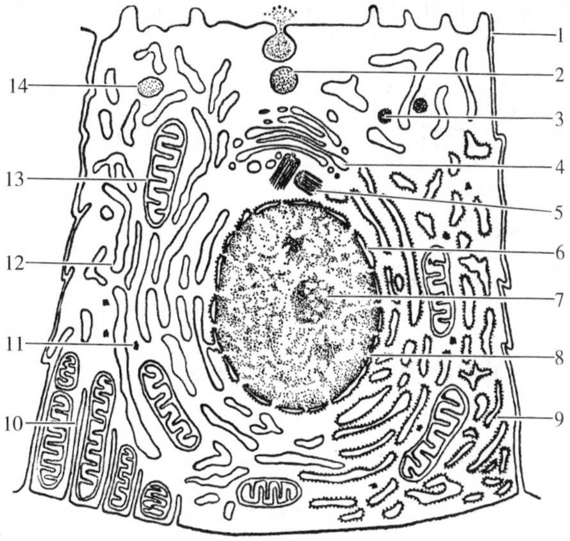

1.细胞膜　2.分泌颗粒　3.脂滴　4.高尔基复合体　5.中心体
6.核膜　7.核仁　8.核孔　9.粗面内质网　10.细胞膜内褶
11.糖原颗粒　12.滑面内质网　13.线粒体　14.溶酶体

图 1-2　细胞超微结构模式图

公认的是液态镶嵌模型学说(图 1-3)。该学说认为:细胞膜由液态的脂质双分子层中镶嵌可移动的球形蛋白质构成。每个脂质分子均由一个头部和两个尾部构成。头部具有亲水性,分别朝向膜的内、外表面,而尾部具有疏水性,伸入膜的中央。蛋白质分子有的镶嵌在脂质分子之间,称为嵌入蛋白,有的附着在脂质分子的内、外表面,主要在内表面,称为表在蛋白。少量的多糖可以和部分暴露在细胞外表面的蛋白质或脂质分子结合成糖蛋白或糖脂。

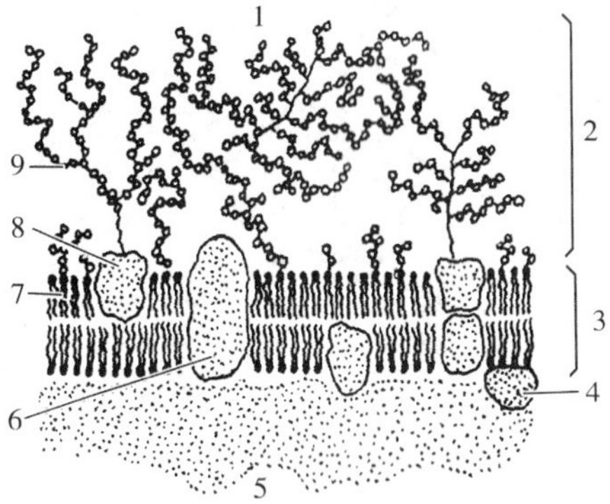

1.细胞外　2.糖衣　3.脂质双分子层
4.表在蛋白　5.细胞内　6.嵌入蛋白
7.糖脂　8.糖蛋白　9.糖链

图 1-3　细胞膜液态镶嵌模型图

2.细胞膜的功能

在细胞生命活动中,许多重要的生物学过程都必须通过细胞膜才能完成,因此细胞膜具有多种功能。

(1)保护功能　细胞膜构成细胞结构上的界膜,能保持细胞的形态,使细胞具有一个相对稳定的内环境,对细胞有保护作用。

(2)物质交换　细胞膜是一层半透膜,能有选择地进行物质交换。如脂溶性小分子物质可通过物理扩散形式通过细胞膜;一些非脂溶性物质和某些离子需要相关膜蛋白的协助来完成运送;大分子物质或物质颗粒则借助于细胞膜的运动,以入胞或出胞的方式进行跨膜运输。

(3)受体功能　细胞膜上有的蛋白质可作为受体,能和一定的化学物质,如激素、药物和神经递质等发生特异性结合,引起受体蛋白发生构型变化,从而引起细胞内部继发一系列的代谢反应和生理效应。

(4)细胞识别　是细胞之间的相互辨认和鉴别，通过细胞的识别作用，在细胞之间建立起正确关系。

(5)免疫反应　膜抗原是镶嵌在脂质双分子层中的糖蛋白或糖脂，如血型抗原、组织相容性抗原等，它们参与移植排斥反应等免疫反应，在输血和器官移植中起重要作用。

(二)细胞质

细胞质是执行细胞生理功能和化学反应的主要部分，填充在细胞膜与细胞核之间，在生活状态下为半透明的胶状物。细胞质由基质、细胞器和内含物组成。

1. 基质

基质呈均匀透明而无定形的胶状，内含蛋白质、糖类、脂类、水和无机盐等。各种细胞器、内含物和细胞核均悬浮于基质中。

2. 细胞器

细胞器是细胞质内具有一定形态结构和执行一定功能的小器官，包括膜性细胞器如线粒体、内质网、高尔基复合体、溶酶体、过氧化物酶体和非膜性细胞器如核糖体、中心粒、微管、微丝、中间丝等。

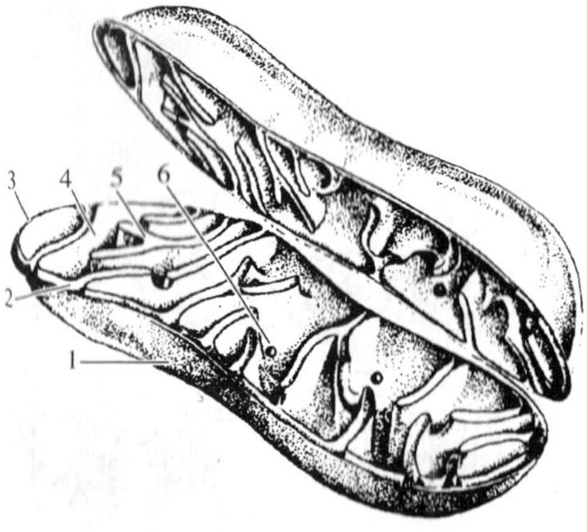

1. 外膜　2. 膜间腔　3. 内膜　4. 嵴间腔
5. 内膜突起形成的嵴　6. 基质颗粒

图 1-4　电镜下线粒体模式图

(1)线粒体　光镜下线粒体呈线状或粒状。一般长 1.5～3.0 μm，直径 0.5～1.0 μm。电镜下线粒体是由两层单位膜围成的圆形或椭圆形小体，外膜平滑，内膜向内折叠形成线粒体嵴。内膜和嵴的基质面上分布有带柄的球形颗粒，称为基粒。基粒又称 ATP 酶复合体，是偶联磷酸化的关键装置。外膜和内膜之间的腔隙称为膜间腔或外室。内膜所围成的腔隙称内室，室内充满基质，并含有基质颗粒(图 1-4)。

线粒体存在于除成熟红细胞以外的所有细胞内，是细胞氧化供能的场所。线粒体含有众多酶系，现已确认的有 120 余种，能对细胞摄取的糖、脂肪及蛋白质进行氧化分解，释放出能量，供给细胞各种功能活动的需要，所以线粒体被称为细胞的“动力站”。

(2)核糖体　核糖体又称核蛋白体，电镜下呈颗粒状，直径 15～25 nm，其化学成分为核糖体核糖核酸(rRNA)与蛋白质。核糖体由大小两个亚基(亚单位)构成(图 1-5)。附着于内质网膜表面的核糖体称为附着核糖体；游离在细胞质中的称为游离核糖体。核糖体可以单个存在，称单体。在合成蛋白质时，常可见到几个或几十个核糖体由一条 mRNA(信使核糖核酸)串连起来，形成多聚核糖体，并依据 mRNA 携带的信息合成蛋白质。

核糖体是合成蛋白质的场所，游离核糖体主要合成细胞本身生长、代谢所需的结构蛋白，附着核糖体主要合成分泌蛋白。

(3)内质网　内质网是由单位膜围成的相互连续的小管、小泡或扁囊状结构，腔内含有多种酶。根据其表面有无核糖体附着而分为粗面内质网和滑面内质网两种(图 1-6)。

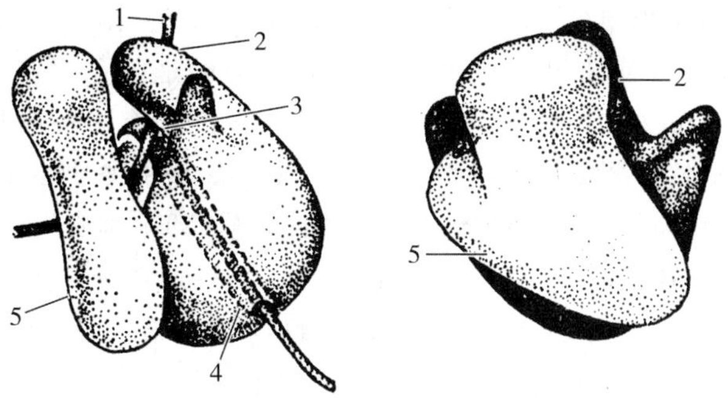

1. mRNA　2. 大亚基　3. 肽链合成区　4. 新生肽链释放部位　5. 小亚基

图 1-5　核糖体立体结构模式图

粗面内质网膜上附着有核糖体，多呈扁平囊状，其主要功能是合成分泌蛋白，如酶类、肽类激素和抗体等。

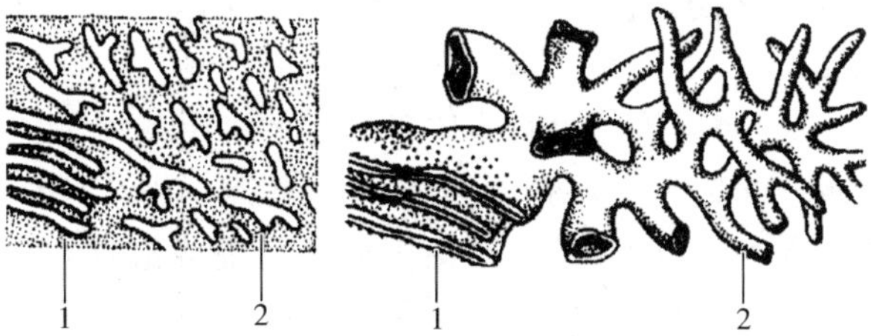

1. 粗面内质网　2. 滑面内质网

图 1-6　内质网结构模式图

滑面内质网膜上没有核糖体附着，多呈分支小管状或小泡状。滑面内质网的功能复杂多样，如肾上腺皮质细胞、睾丸间质细胞和卵巢黄体细胞的滑面内质网与类固醇激素合成有关。在肝细胞中它与有害代谢产物的解毒作用有关。骨骼肌和心肌中的滑面内质网则特化为肌浆网，能摄取和释放 Ca^{2+}，调节肌肉的收缩。

（4）高尔基复合体　光镜下呈网状，电镜下高尔基复合体是由单位膜构成的扁平囊泡、大囊泡和小囊泡，它们可与内质网相通（图 1-7）。扁平囊泡是高尔基复合体的主体部分，由 3～8 个互相通连的扁平形囊平行排列在一起。它有两个面，凸面朝向细胞核，称生成面或未成熟面；凹面朝向细胞膜，称成熟面或分泌面。小囊泡又称运输小泡，位于生成面，是由附近的粗面内质网以出芽的方式形成，能将粗面内质网的合成物运送到扁平囊泡进行加工浓缩。大囊泡又称浓缩泡，位于成熟面，是由扁平囊泡的边缘或成熟面的局部膨大脱落而成，内含有经扁平囊泡加工和浓缩后的各种物质。大囊泡从扁平囊泡脱落后游离于细胞质中形成溶酶体和分泌颗粒。高尔基复合体主要与细胞的分泌、溶酶体的形成及糖类的合成有关。

1. 大囊泡　2. 成熟面　3. 扁平囊泡　4. 小囊泡　5. 生成面

图 1-7　高尔基复合体结构立体模式图

(5)溶酶体　溶酶体是由单位膜围成的囊状小体，一般直径 0.2～0.8 μm，内含 60 余种水解酶。溶酶体广泛存在于各种细胞内，但以具有吞噬能力的细胞最多。根据溶酶体内有无作用底物，将其分为初级溶酶体和次级溶酶体。初级溶酶体内含有多种酸性水解酶，不含底物。次级溶酶体由初级溶酶体和吞噬的底物结合而成，根据底物的来源和性质，又可分为三种：①异嗜性溶酶体，作用底物是来源于细胞外的外源性物质，即被细胞吞噬的外来异物或细菌。②自嗜性溶酶体，作用底物是内源性的，来自细胞内衰老和崩解的细胞器或过剩的包含物等。③终末溶酶体，当次级溶酶体内的作用底物经过水解，可利用的部分渗出膜外再利用，而含有不能被消化物质的溶酶体，则形成终末溶酶体，又称残余体。

溶酶体能消化分解细胞吞噬的各种物质和细胞本身失去功能的结构，因此溶酶体有细胞内消化器之称。此外，溶酶体还参与动物受精过程和甲状腺素的形成。

(6)过氧化物酶体　过氧化物酶体又称微体，是由单位膜围成的圆形或卵圆形小泡，直径 0.1～0.5 μm，内含 40 余种酶，包括氧化酶、过氧化氢酶和过氧化物酶，主要存在于肝细胞和肾小管上皮细胞内。过氧化物酶体的主要功能是保护细胞免受 H_2O_2 的毒害。过氧化物酶体所含的各种氧化酶能使氧还原为 H_2O_2，而过氧化氢酶能使 H_2O_2 还原成水。此外，过氧化物酶体还参与糖原异生和脂肪代谢作用。

(7)中心体　中心体位于细胞的中央或细胞核附近。光镜下中心体呈颗粒状。电镜下中心体由两个互相垂直的中心粒(图 1-8)和周围特化的致密基质组成的中心球共同构成。中心粒为圆筒状结构，长 0.3～0.7 μm，直径约 0.15 μm。圆筒的壁由 9 组三联微管有规律地呈风车旋翼状排列而成。在中心粒附近常见致密小体，称随体。中心粒的功能与细胞分裂有关，此外还参与纤毛和鞭毛的形成。

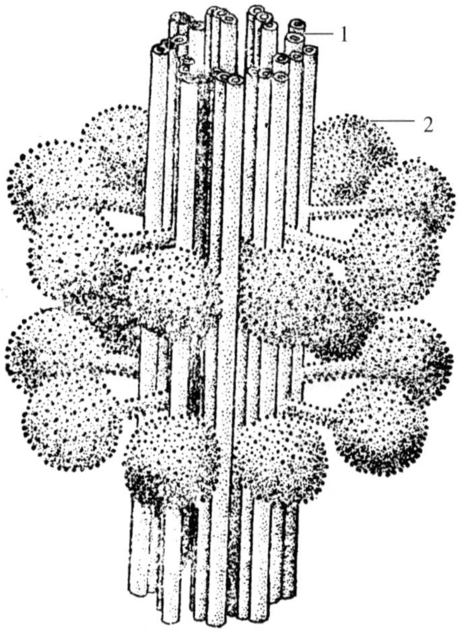

1. 三联微管　2. 中心球

图 1-8　中心粒结构模式图

(8)微管　微管是一种中空管状结构，由微管蛋白组成。直径约 25 nm，壁厚 5 nm，长度不等，粗细均匀，不分支。可分散在细胞质内，也可聚合成束参与纤毛、鞭毛和中心粒等细胞器的形成。微管具有多种功能，除了构成细胞的支架，维持细胞的形态外，还参与某些细胞的运动和物质运输。

(9)微丝　微丝是由肌动蛋白构成的纤维状细丝，直径 5～7 nm，广泛存在于多种细胞，在细胞质内呈纵横交织的网状或成束排列。微丝具有支持细胞的作用，还参与细胞的变形运动、胞质流动、伪足的形成与回缩、胞吞和胞吐作用等。

(10)中间丝　中间丝又称中间纤维，是一种直径约 10 nm 的纤维状蛋白，因其直径介于粗肌丝和细肌丝以及微丝和微管之间而得名。中间丝参与构成细胞支架和细胞连接，对细胞的位移、胞内颗粒的运输以及细胞器和细胞核的定位均有重要作用。近年来发现，中间丝与 DNA 的复制和转录以及染色质的结构有关。

3. 内含物

内含物是指细胞质中具有一定形态的营养物质或新陈代谢产物，包括糖原、脂肪、蛋白质、分泌颗粒和色素颗粒等。其数量及形态随细胞的类型和生理状况而异。

（三）细胞核

细胞核是细胞的重要组成部分，是细胞遗传和代谢活动的控制中心。在哺乳动物除成熟的红细胞没有核外，所有细胞均有细胞核。每个细胞通常只有一个细胞核，但也有两个和多个核的，如肝细胞常见两个核，骨骼肌细胞就有数百个核。细胞核的形态常与细胞的形状有关，一般呈球形、立方形的细胞，其核为球形，柱状细胞的核为长椭圆形；少数细胞核为不规则形，如球形的中性粒细胞的核常呈分叶形。细胞核通常位于细胞的中央，但也有的位于细胞的基部或偏于一侧。细胞核的大小为细胞体积的 1/4～1/3。细胞核的基本结构包括核膜、核仁、染色质和核基质（图 1-9）。

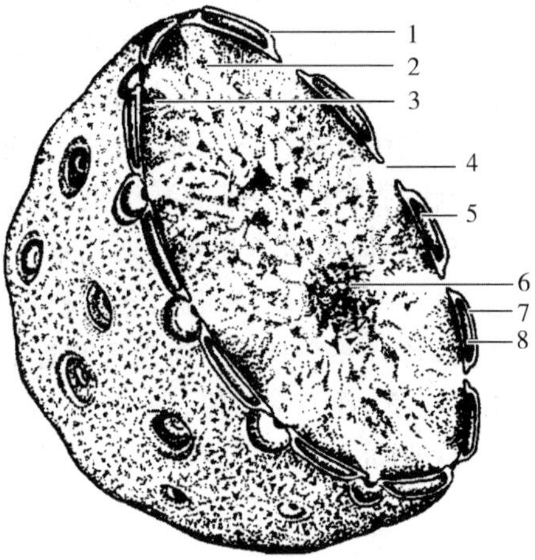

1. 核膜　2. 常染色质　3. 异染色质　4. 核孔
5. 核周隙　6. 核仁　7. 核膜外层　8. 核膜内层

图 1-9　细胞核超微结构模式图

1. 核膜

核膜又称核被膜，是包在细胞核表面的界膜。电镜下核膜由内、外两层单位膜构成，两层膜之间的腔隙，称为核周隙，宽 20～40 nm，内含多种蛋白质和酶。外核膜的胞质面附有核糖体，有些部位与内质网相连，使核周隙与内质网腔相通。内核膜的内表面附着有一层纤维状的蛋白网，称核纤层，对内核膜具有支持作用。核膜上有核孔，是内、外核膜在一定部位融合形成的圆环状结构，直径 40～100 nm，其数目随细胞种类、生理状态的不同而异。由于核孔上镶嵌着由多种蛋白质构成的复杂结构，故又称核孔复合体。它由环孔颗粒、周边颗粒、中央颗粒和细丝 4 部分组成。核孔是细胞核与细胞质之间进行物质交换的通道。

2. 核仁

核仁呈球形，一般细胞有 1～2 个核仁，甚至多个。核仁的数量和大小随细胞种类及机能状态而有所不同，特别与蛋白质的合成水平密切相关。在蛋白质合成旺盛的细胞，如卵母细胞、分泌细胞中，核仁大而多；而在蛋白质合成不活跃的肌细胞和精子细胞，核仁小或缺如。核仁在细胞中的位置通常不固定，但在生长旺盛的细胞中常趋向核的边缘，靠近核膜。

在电镜下观察，核仁无膜包裹，呈一团海绵状。核仁的主要化学成分是蛋白质、RNA、DNA。核仁的功能是合成 rRNA 和组装核糖体大、小亚基的前体。

3. 核基质

核基质是细胞核内无色透明的胶状物质，内含水、多种酶和无机盐等，是行使各种功能的内环境。核基质内还存在以纤维蛋白为主的网络结构，称核内骨架。核内骨架与核纤层及核孔复合体相连，一起构成核骨架。核骨架与 DNA 复制、基因表达、染色体的构建等密切相关。

4. 染色质与染色体

染色质与染色体都是遗传物质在细胞中的储存形式，主要成分均为核酸和蛋白质，它们是同一物质在细胞的不同时期所表现出的不同形态。

(1)染色质　染色质是指间期细胞核内能被碱性染料着色的物质。光镜下染色质呈细丝状、颗粒状或块状，由 DNA、组蛋白、非组蛋白和少量 RNA 构成。染色质根据形态和功能可分为常染色质和异染色质两种。常染色质螺旋化程度低，着色较浅，呈疏松、伸展的细丝状，大多位于核的中央。常染色质能活跃地进行复制和转录，其中的某些基因可转录成 mRNA，在一定程度上控制着分裂间期细胞的代谢活动。异染色质螺旋化程度高，着色较深，呈块状，一般位于核膜下。异染色质是转录不活跃或不转录的染色质。

(2)染色体　染色体是细胞在有丝分裂过程中，染色质高度螺旋化、卷曲折叠而形成的短线状或棒状的结构。有丝分裂结束后，细胞进入分裂间期，染色体螺旋解聚又恢复成染色质状态。每个染色体由两条并列的染色单体组成，每一条单体由一条 DNA 双链经过盘曲折叠形成，它们通过一个着丝粒相连，着丝粒将每条染色单体分为两臂。在着丝粒处两条染色单体的外侧表层，各有一个与纺锤体微管相连的部位，称为着丝点。两条染色单体连接处，有一个向内凹陷的缢痕，称为主缢痕。有些染色体除具有主缢痕外，还出现一个细窄的部位，称次缢痕。与次缢痕相连的球形小体称随体，是鉴别染色体的重要特征之一(图 1-10)。

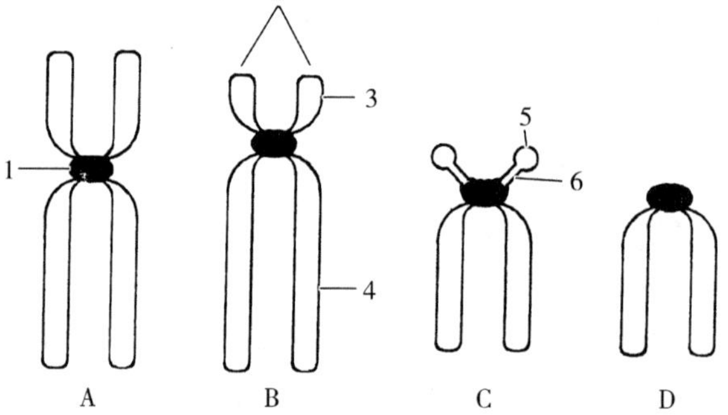

A. 中着丝粒染色体　B. 近中着丝粒染色体　C. 近端着丝粒染色体　D. 端着丝粒染色体

1. 着丝粒　2. 染色单体　3. 短臂　4. 长臂　5. 随体　6. 次缢痕

图 1-10　染色体的类型图

每种动物染色体的数目是恒定的，如黄牛 60 条、沼泽水牛 48 条、山羊 60 条、绵羊 54 条、猪 38 条、马 64 条、驴 62 条、犬 78 条、猫 38 条、兔 44 条、鸡 78 条、火鸡 82 条、鸭 80 条、鸽 80 条。正常动物体细胞内的染色体成对存在，即双倍体，其中有一对为性染色体，它决定性别，其余的称为常染色体。雌性哺乳动物的性染色体为 XX，雄性哺乳动物为 XY。在家禽中，雌性为 ZW，雄性为 ZZ。在生殖细胞中，染色体数目只有体细胞的一半，为单倍体。

二、细胞增殖

细胞增殖是通过细胞分裂来实现的。各种细胞的增殖能力不同，如神经细胞、多形核白细胞不再分裂；血细胞中的干细胞、肠上皮基底层细胞不断地进行分裂；而肝细胞、淋巴细胞则在某些条件下才能够重新进行分裂。

(一)细胞周期

细胞从上一次分裂结束开始，到下一次分裂结束所经历的全过程，称为细胞增殖周期，简称细胞周期。每个细胞周期又分为分裂间期和分裂期(M 期)(图 1-11)。

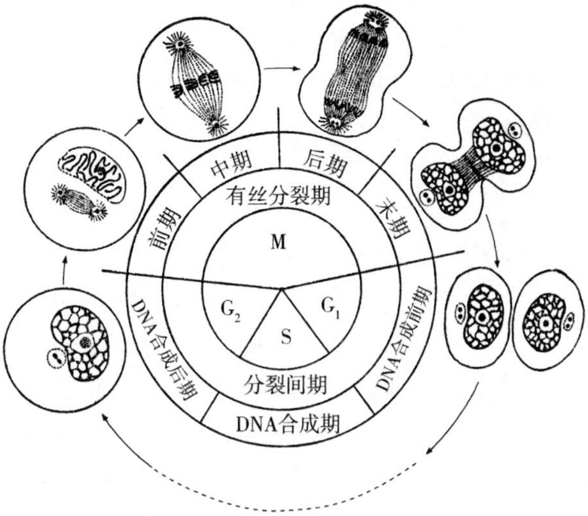

图 1-11　细胞周期模式图

1. 分裂间期

分裂间期是指细胞从上一次分裂结束后到下一次分裂开始的一段时间，主要进行 DNA 复制。分裂间期分为 DNA 合成前期(G_1 期)、DNA 合成期(S 期)和 DNA 合成后期(G_2 期)三个时期。

(1)DNA 合成前期(G_1 期)　是从上一次细胞分裂结束后至 DNA 开始复制的时期，此期有大量的 RNA 和蛋白质合成，为 S 期的 DNA 复制作物质和能量的准备。

(2)DNA 合成期(S 期)　此期是 DNA 进行复制的阶段，使 DNA 含量增加 1 倍，以保证分裂后的子细胞的 DNA 含量不变，并具有与亲代细胞相同的遗传性状。

(3)DNA 合成后期(G_2 期)　此期 DNA 合成终止，主要合成 RNA 和微管蛋白，为细胞分裂作准备。

2. 分裂期

分裂期从细胞分裂开始到结束。染色质被平均分配给子细胞，细胞一分为二，实现细胞增殖。

(二)细胞分裂方式

细胞分裂分为有丝分裂、无丝分裂和减数分裂三种类型。

1. 有丝分裂

有丝分裂是一个连续动态的变化过程，根据细胞形态和结构的变化，将分裂期分为前期、中期、后期、末期四个时期。

(1)前期　细胞核增大，染色质逐渐卷曲并缩短变粗形成染色体，每条染色体纵裂为两条染色单体，于着丝粒处相连。与此同时，核膜和核仁逐渐消失，已复制的两对中心粒开始向相对的细胞两极移动，中间有细丝相连形成纺锤体。

（2）中期　中心粒已移向细胞两极，纺锤体发达。染色体移至细胞中央的赤道面上，形成赤道板。

（3）后期　染色体的两条染色单体在着丝粒处分离，在纺锤丝的牵引下逐渐移向细胞两极，形成数目完全相等的两组染色体。与此同时，细胞中部出现缢缩。

（4）末期　染色体已到达细胞两极，又逐渐恢复为染色质。核膜、核仁重新出现。细胞中部进一步缩窄，断离，形成两个子细胞。至此，有丝分裂过程结束，细胞进入分裂间期。

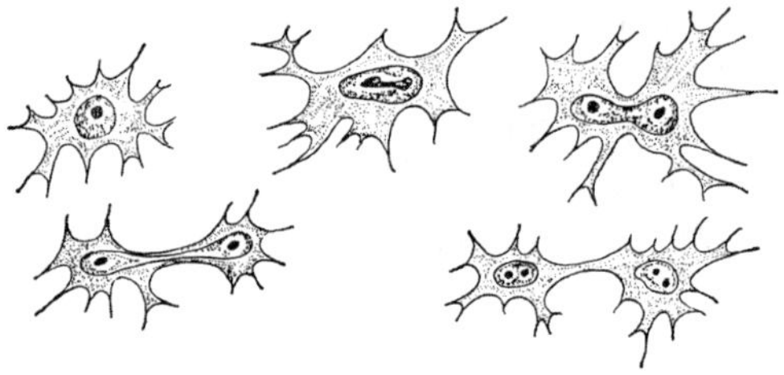

图 1-12　动物细胞无丝分裂示意图

2. 无丝分裂

无丝分裂又称直接分裂，细胞分裂过程简单、迅速，能量消耗少，分裂中细胞仍可继续执行其功能。无丝分裂开始时，细胞核变长，从中间断裂，随后细胞质分成两部分，形成两个子细胞（图 1-12）。无丝分裂不出现纺锤体和染色体等结构，核膜和核仁也不消失。动物细胞的无丝分裂有时可见于上皮组织、疏松结缔组织、肌组织、白细胞、肝细胞和软骨细胞等。

3. 减数分裂

减数分裂是生殖细胞成熟过程中发生的一种特殊的分裂方式。减数分裂过程包括细胞 DNA 复制一次，连续分裂两次，结果使精细胞和卵细胞中的染色体数目减少一半，故称为减数分裂。减数分裂的两次分裂，分别称为第一次减数分裂和第二次减数分裂，染色体数目的减半及遗传物质的交换均发生在第一次减数分裂中。卵子的第二次减数分裂在受精后完成。减数分裂的意义在于染色体数目减半，为精卵结合形成的合子，恢复到原来染色体的数目创造条件。遗传物质的交换组合，是生物遗传变异的基础。

第二节　基本组织

组织由一些形态相似和功能相关的细胞群及细胞间质构成，根据其形态结构和功能特点，可将动物体内的组织分为四类，即上皮组织、结缔组织、肌组织和神经组织。这四类组织是构成动物体各种器官的基本成分，故又称基本组织。

一、上皮组织

上皮组织由大量密集排列的上皮细胞和少量的细胞间质组成。上皮细胞具有明显的极性。朝向体表或中空性器官的内表面，称游离面。与其相对的朝向深层结缔组织的一面，称基底面。基底面附着于基膜上，上皮细胞借基膜与结缔组织相连。上皮组织内没有血管，其营养依靠结缔组织内的组织液通过基膜渗透而获得。上皮组织内有丰富的神经末梢分布，可感受各种刺激。

上皮组织具有保护、吸收、分泌、排泄和感觉等功能，根据上皮组织的形态和功能不同，可分为被覆上皮、腺上皮和感觉上皮三类。

(一)被覆上皮

1. 被覆上皮的类型和结构

被覆上皮覆盖在动物体表和衬于体内各种管、腔、囊的内表面。根据上皮细胞的排列层数和形态不同可分为以下几种(表 1-1)。

表 1-1　被覆上皮的类型和主要分布

- 被覆上皮
  - 单层
    - 单层扁平上皮
      - 内皮：心脏、血管和淋巴管腔面
      - 间皮：胸膜、腹膜和心包膜表面
      - 其他：肺泡壁和肾小囊壁层等
    - 单层立方上皮：肾小管、甲状腺滤泡等
    - 单层柱状上皮：胃、肠和子宫等腔面
  - 假复层
    - 假复层柱状纤毛上皮：呼吸道、附睾管等腔面
    - 变移上皮：肾盏、肾盂、膀胱和输尿管等腔面
  - 复层
    - 复层扁平上皮：皮肤表皮和口腔、食管等腔面
    - 复层柱状上皮：眼睑结膜

(1)单层扁平上皮　由一层扁平细胞组成，核扁圆，位于细胞中央。从表面看细胞呈不规则的多边形，边缘呈锯齿状，互相嵌合(图 1-13)。其中衬贴于心脏、血管和淋巴管腔面的称内皮；分布在胸膜、腹膜和心包膜表面的称间皮。单层扁平上皮还分布于肺泡壁、肾小囊壁层和髓袢降支等处。

(2)单层立方上皮　由一层立方形细胞组成，表面呈多边形，从垂直切面看呈立方形，核圆形，位于细胞中央(图 1-14)。单层立方上皮分布于肾小管、许多腺体的排泄管和甲状腺滤泡等处。

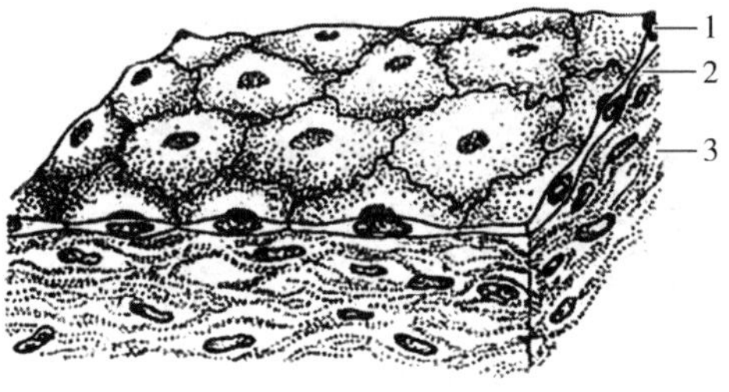

1. 扁平细胞　2. 基膜　3. 结缔组织

图 1-13　单层扁平上皮模式图

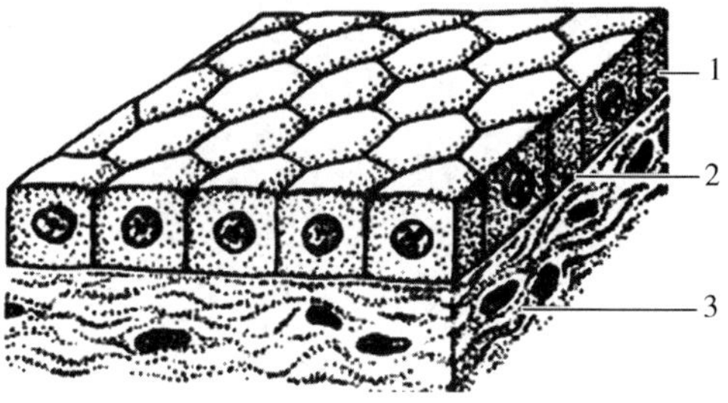

1. 立方形细胞　2. 基膜　3. 结缔组织

图 1-14　单层立方上皮模式图

(3)单层柱状上皮　由一层柱状细胞组成，表面为多边形，垂直切面看呈柱状，核椭圆形，位于细胞近基底部(图 1-15)。在肠壁的单层柱状上皮细胞之间，夹杂有杯状细胞。单层柱状上皮多分布于胃、肠黏膜和子宫内膜及输卵管黏膜等处。

(4)假复层柱状纤毛上皮　由柱状、梭形和锥形细胞组成，常夹有杯状细胞，其中柱状细胞的游离面具有纤毛。上皮中每个细胞的底部都附于基膜上，几种细胞高矮不等，只有柱状细胞

和杯状细胞可达上皮的游离面，且细胞核不在同一平面上，看来像复层，实际仍为单层，故称假复层柱状纤毛上皮(图 1-16)。此种上皮主要分布在呼吸道黏膜。

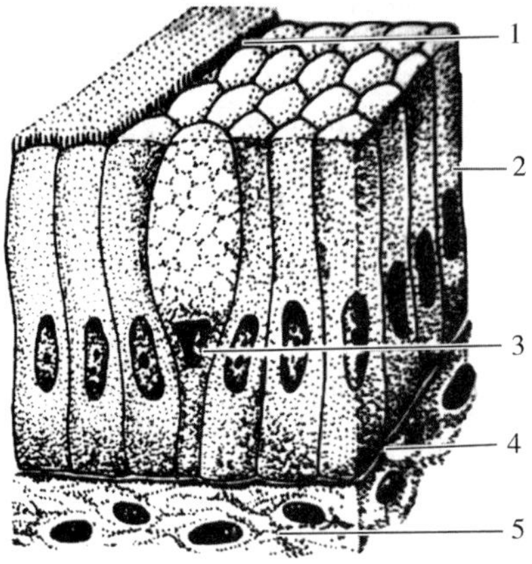

1. 纹状缘 2. 柱状细胞 3. 杯状细胞
4. 基膜 5. 结缔组织

图 1-15 单层柱状上皮模式图

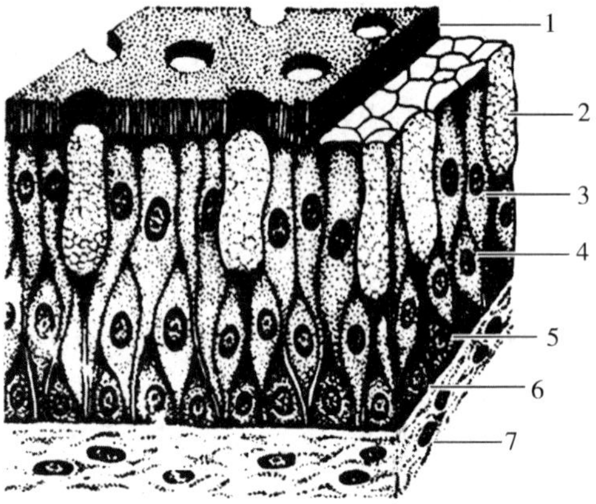

1. 纤毛 2. 杯状细胞 3. 柱状细胞 4. 梭形细胞
5. 锥形细胞 6. 基膜 7. 结缔组织

图 1-16 假复层柱状纤毛上皮模式图

(5)变移上皮　主要分布于肾盏、肾盂、膀胱和输尿管的腔面，细胞的层数和形状可随所在器官的功能状态而改变。当器官收缩时，上皮变厚，细胞层数增多。表层细胞呈大立方形，细胞游离面的胞质浓缩形成壳层，可防止尿液侵蚀。中间层细胞呈多边形或倒梨形，基层细胞为立方形或矮柱状。当器官扩张时，上皮变薄，细胞层数减少，细胞形状也变扁。电镜下观察表明各层细胞都附着于基膜上，故应将其列为假复层上皮(图 1-17)。

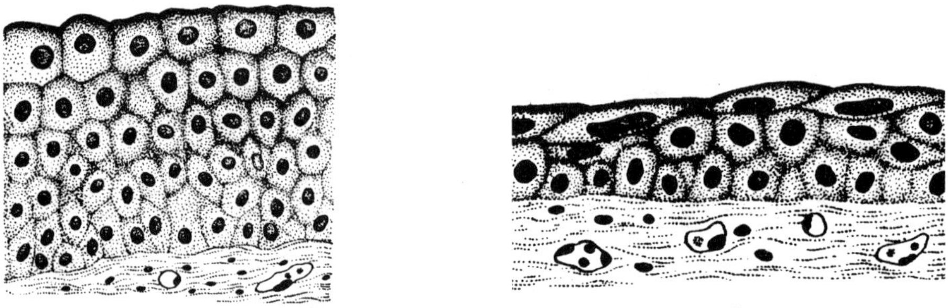

A B

A. 收缩状态 B. 扩张状态

图 1-17 变移上皮模式图

(6)复层扁平上皮　由多层细胞组成，表面数层为扁平细胞；中间数层为多角形细胞；基底层为一层矮柱状或立方形细胞，此层细胞具有较强的分裂增殖能力(图 1-18)。复层扁平上皮主要分布于皮肤的表皮和口腔、食管和阴道等器官的腔面。皮肤表层的细胞角质化，形成角质层。

(7)复层柱状上皮　表面为一层柱状细胞，中间为几层多角形细胞，基底层细胞呈矮柱状。这种上皮见于一些动物的眼睑结膜和有些腺体内较大的导管。

2. 上皮组织的特殊结构

上皮组织由于所处的位置及功能不同，在细胞的游离面、侧面、基底面常形成一些特殊的结构(图 1-19)。

(1)上皮细胞游离面的特殊结构

①微绒毛　是细胞游离面伸出的细小指状突起，光镜下小肠柱状上皮细胞的纹状缘和肾近曲小管的刷状缘均属这类结构。微绒毛能增加细胞的表面积，有利于细胞的吸收。

②纤毛　是细胞游离面伸出的能摆动的细长的突起，比微绒毛粗且长。纤毛具有向一定方向节律性摆动的能力，如大部分呼吸道上皮的纤毛。附睾管的假复层柱状纤毛上皮的纤毛缺乏运动能力，称静纤毛。

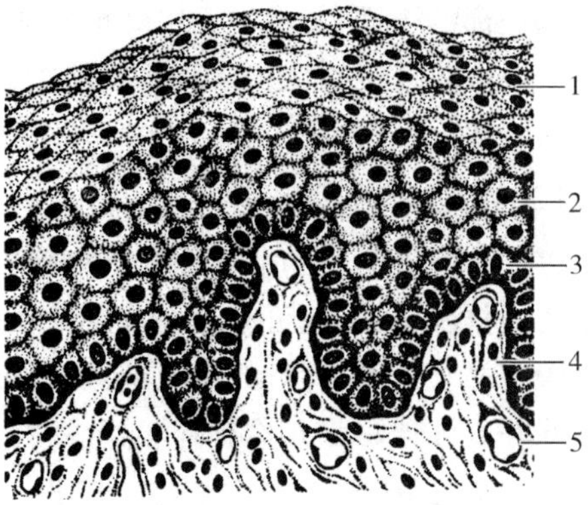

1. 扁平细胞　2. 多角形细胞
3. 矮柱状细胞　4. 基膜　5. 血管

图 1-18　复层扁平上皮模式图

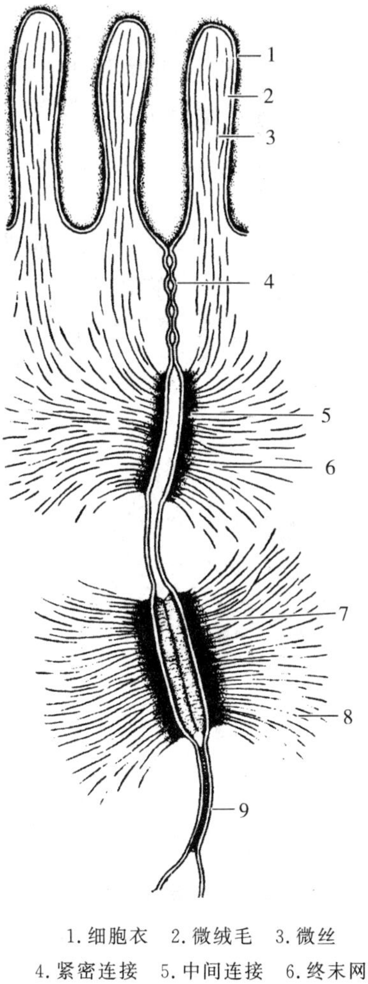

1. 细胞衣　2. 微绒毛　3. 微丝
4. 紧密连接　5. 中间连接　6. 终末网
7. 桥粒　8. 张力丝　9. 缝隙连接

图 1-19　单层柱状上皮细胞连接超微结构模式图

(2)上皮细胞侧面的特殊结构

①紧密连接　又称闭锁小带，位于上皮细胞之间近游离面处，呈箍状环绕细胞。此处相邻细胞的细胞膜外层呈间断性相互融合，封闭细胞顶部的间隙，起机械性连接和屏障作用。

②中间连接　又称黏着小带，位于紧密连接带的下方。相邻细胞间有一定的间隙，间隙中有丝状物质，在两侧的胞质面附有致密物和细丝，细丝的另一端游离交错形成终末网。起加强细胞间的连接作用。

③桥粒　又称黏着斑，在中间连接的深部。细胞间隙内有低密度的丝状物，间隙中央有一条致密的中间线，两侧胞膜内面有致密物质构成的附着板，板上有许多张力丝附着。桥粒是一种很牢固的细胞连接方式。

④缝隙连接　又称缝管连接，位于桥粒的深面，呈斑状。细胞间隙很窄，相邻细胞间有许多小管相通连，离子和小分子物质可借此进行交换、传递化学信息。

(3)上皮细胞基底面的特殊结构

①基膜　是上皮细胞基底面与结缔组织间的一层薄膜，其主要化学成分是糖蛋白。电镜下分为基板和网板。基板与上皮细胞紧贴，由上皮细胞分泌的细丝和无定形基质组成。网板位于基板深面，由成纤维细胞分泌产生，主要由网状纤维和基质构成。基膜是一种半透膜，具有选择性的通透作用，同时起连接和支持作用。

②质膜内褶　是上皮细胞基底面的质膜向细胞内凹陷形成的内褶，附近有许多纵向的线粒体。质膜内褶扩大了

细胞基底部的表面积，有利于水和电解质的迅速转运。

③半桥粒　位于上皮基底面朝向细胞质的一侧，其结构为桥粒的一半，可加强上皮细胞与基膜的连接。

(二)腺上皮和腺

以分泌功能为主的上皮称腺上皮。以腺上皮为主要成分构成的器官称腺或腺体。根据其分泌物的排出方式，腺可分为内分泌腺和外分泌腺。内分泌腺因无导管，又称无管腺，腺的分泌物渗入血管或淋巴管，经血液或淋巴输送到身体各部，作用于特定的组织和器官，如甲状腺、肾上腺等。外分泌腺又称有管腺，分泌物经导管排到器官腔面或身体表面，如汗腺、胃腺等。

1. 外分泌腺的一般结构

外分泌腺分为单细胞腺和多细胞腺。

(1)单细胞腺　腺体只有一个细胞，如分布于呼吸道和肠上皮细胞之间的杯状细胞。杯状细胞形似高脚酒杯，细胞顶部膨大，胞质内充满黏原颗粒，核位于细胞细窄的下部。杯状细胞可分泌黏液。

(2)多细胞腺　腺体由许多腺细胞组成，包括分泌部和导管部。分泌部又称腺泡，由一层腺细胞围成，中央为腺泡腔，腺泡具有分泌功能。导管部与分泌部相连，管壁由单层或复层上皮构成，主要功能是排出分泌物，但有些导管兼有吸收和分泌作用。

2. 多细胞腺的分类

(1)根据腺的形态分类　根据分泌部腺泡的形状可分为管状腺、泡状腺和管泡状腺。而导管部又有不分支、分支和反复分支三种。腺泡和导管的结合可有多种形态。动物体内常见的外分泌腺类型有：单管状腺，如肠腺和汗腺等；分支管状腺，如胃腺和子宫腺；复管状腺，如肝脏；单泡状腺，如小皮脂腺；分支泡状腺，如大皮脂腺；分支管泡状腺，如嗅腺；复管泡状腺，如唾液腺和乳腺(图 1-20)。

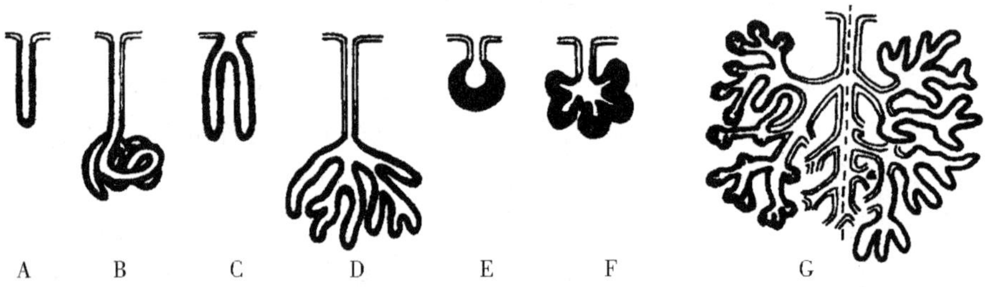

A、B. 单管状腺　C、D. 分支管状腺　E. 单泡状腺　F. 分支泡状腺　G. 分支管泡状腺

图 1-20　各种外分泌腺形态模式图

(2)根据腺细胞分泌物的性质分类　可分为浆液腺、黏液腺和混合腺。

①浆液腺　由浆液性腺细胞构成，细胞呈锥体形，核圆形，位于细胞近基底部。顶部胞质含嗜酸性的分泌颗粒，基部胞质呈强嗜碱性。分泌物较稀薄，内含各种消化酶和少量黏液，如腮腺。

②黏液腺　由黏液性腺细胞构成，核呈扁圆形，位于细胞基底部，顶部胞质含丰富的黏原颗粒。分泌物黏稠，主要成分是糖蛋白，如舌下腺。

③混合腺　由浆液性腺细胞和黏液性腺细胞构成，分泌物兼有浆液和黏液，如颌下腺。

(三)感觉上皮

感觉上皮又称神经上皮，是一类具有特殊感觉功能的上皮组织，如味觉上皮、嗅觉上皮、视觉上皮和听觉上皮等。

二、结缔组织

结缔组织由少量的细胞和大量的细胞间质组成。细胞种类多，无极性，分散在细胞间质中。细胞间质包括细丝状的纤维和液态、胶态或固态的基质。结缔组织是动物体内分布最广的一种基本组织，具有支持、连接、填充、营养、保护、修复和防御等功能。结缔组织根据形态的不同，可分为固有结缔组织、软骨组织、骨组织、血液和淋巴。

(一)固有结缔组织

固有结缔组织按其结构和功能的不同，分为疏松结缔组织、致密结缔组织、网状组织和脂肪组织。

1. 疏松结缔组织

疏松结缔组织又称蜂窝组织，广泛分布于体内各器官、组织和细胞之间。其结构特点是细胞种类多，纤维较少，排列稀疏，基质成分较多。疏松结缔组织具有连接、支持、营养、防御、保护和修复等功能(图 1-21)。

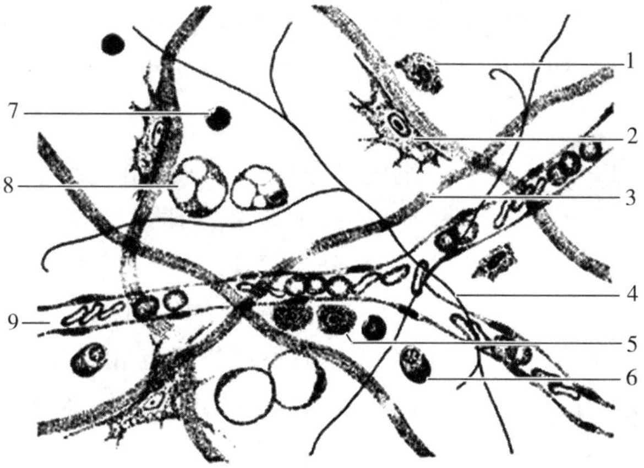

1. 巨噬细胞　2. 成纤维细胞　3. 胶原纤维　4. 弹性纤维
5. 肥大细胞　6. 浆细胞　7. 淋巴细胞　8. 脂肪细胞　9. 毛细血管

图 1-21　疏松结缔组织

(1)细胞　主要有成纤维细胞、巨噬细胞、浆细胞、肥大细胞和脂肪细胞等。

①成纤维细胞　是疏松结缔组织的主要细胞成分，数量最多，常位于胶原纤维附近。成纤维细胞呈扁平多突起形，细胞轮廓不清。胞核较大，呈卵圆形，着色浅，核仁明显。胞质弱嗜碱性。当成纤维细胞的机能处于静止状态时，细胞体积变小，呈长梭形，胞质常呈嗜酸性，胞核小，着色深，此时称纤维细胞。成纤维细胞有形成纤维和基质的功能，在创伤修复期间特别活跃。

②巨噬细胞　又称组织细胞，在体内分布广泛，形态多样，呈圆形、卵圆形或不规则形。胞核较小，染色较深。胞质丰富，多为嗜酸性。巨噬细胞能做变形运动，吞噬和清除异物及衰老、

伤亡的细胞，并能合成和分泌多种生物活性物质。此外，还参与机体的免疫反应。

③浆细胞　呈圆形或卵圆形，核圆形，常偏于细胞的一侧。染色质呈块状，沿核膜内侧呈辐射状排列，状如车轮。胞质嗜碱性，核旁有一淡染区。浆细胞能合成和分泌免疫球蛋白，即抗体，参与体液免疫。

④肥大细胞　常沿小血管成群分布。胞体较大，呈圆形或卵圆形。胞核小而圆，多位于细胞中央。胞质内充满嗜碱性颗粒，内含肝素和组胺等，具有抗凝血、增加毛细血管通透性和促使血管扩张等作用。

⑤脂肪细胞　较大，呈圆形或卵圆形，胞质内充满脂滴，将胞质及核挤到一侧。在 HE 染色标本上，因脂滴被溶解，细胞呈空泡状。脂肪细胞具有合成脂肪、贮存脂肪和参与脂质代谢的功能。

疏松结缔组织除上述几种细胞外，还有少量仍保持分化潜能的间充质细胞及各种白细胞。

(2)纤维　有三种，即胶原纤维、弹性纤维和网状纤维。

①胶原纤维　数量最多，新鲜时呈白色，故又称白纤维。在 HE 染色标本上呈粉红色。纤维呈波浪形，粗细不等，有分支并交织成网。胶原纤维具有很强的韧性和抗拉力。

②弹性纤维　数量比胶原纤维少，新鲜时呈黄色，又称黄纤维。纤维较细，有分支。HE 染色着淡红色，折光性较强，不易与胶原纤维区分。弹性纤维富有弹性而韧性差。

③网状纤维　较细、分支多，交织成网。在 HE 染色标本上不着色，镀银染色时显棕黑色，故又称嗜银纤维。纤维有韧性无弹性。网状纤维在疏松结缔组织中数量很少。

(3)基质　基质是一种无定形的胶态物质，主要化学成分是蛋白多糖、糖蛋白和组织液。蛋白多糖中含有透明质酸，使基质具有一定的黏稠性，可防止微生物扩散，起防御作用。

2. 致密结缔组织

组成成分与疏松结缔组织基本相似，其特点是纤维多，且排列紧密，细胞和基质成分很少。按纤维的性质和排列方式不同，分为两种。

(1)不规则致密结缔组织　见于真皮、器官的被膜等处，由粗大的胶原纤维束互相交织成致密的网或层，纤维间有少量基质和成纤维细胞及纤维细胞。

(2)规则致密结缔组织　由大量密集的胶原纤维平行排列成束，束间有沿其长轴成行排列的腱细胞，如肌腱和腱膜(图 1-22)。项韧带和声带等则由粗大的弹性纤维平行排列成束，其间有胶原纤维和成纤维细胞。

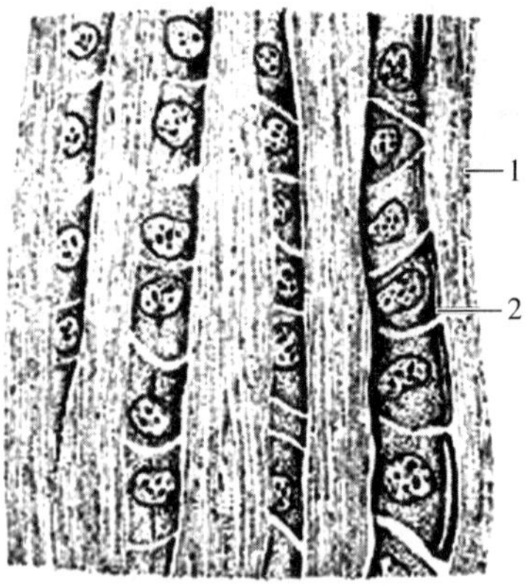

1. 胶原纤维束　2. 腱细胞

图 1-22　规则致密结缔组织(肌腱)

3. 网状组织

由网状细胞、网状纤维和基质构成。网状细胞为星形多突起细胞，其突起彼此连接。胞核较大，染色浅，核仁明显，胞质呈弱嗜碱性。网状纤维沿网状细胞分布，并交织成网，构成网状细胞的支架(图 1-23)。网状组织分布于骨髓、淋巴结、脾和淋巴组织等处。

4. 脂肪组织

由大量脂肪细胞聚集而成，少量的疏松结缔组织将成群的脂肪细胞分隔成许多脂肪小叶

(图 1-24)。根据脂肪细胞的结构和功能不同,分为黄(白)色脂肪组织和棕色脂肪组织。黄(白)色脂肪组织多由单泡脂肪细胞聚集而成,胞质内含有一个大的脂滴,胞质及胞核被挤在周边。主要分布于皮下、系膜、网膜和黄骨髓等处,具有支持、缓冲、保护、储脂和维持体温等作用。棕色脂肪组织由多泡脂肪细胞组成,胞质内有许多较小的脂滴和大而密集的线粒体,核圆,位于细胞中央。主要存在于幼龄动物体内,可迅速氧化并产生大量热能。

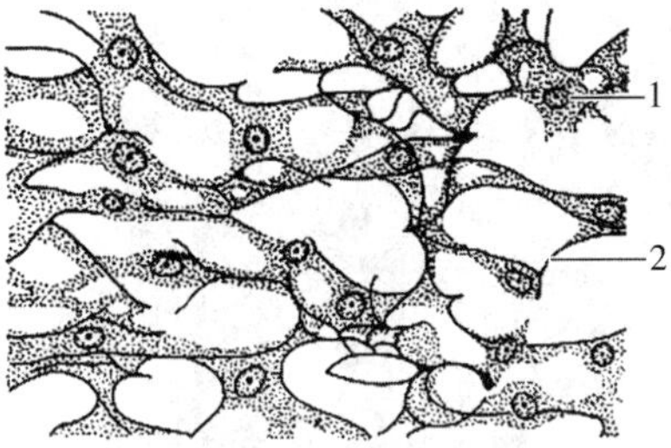

1. 网状细胞　2. 网状纤维

图 1-23　网状组织

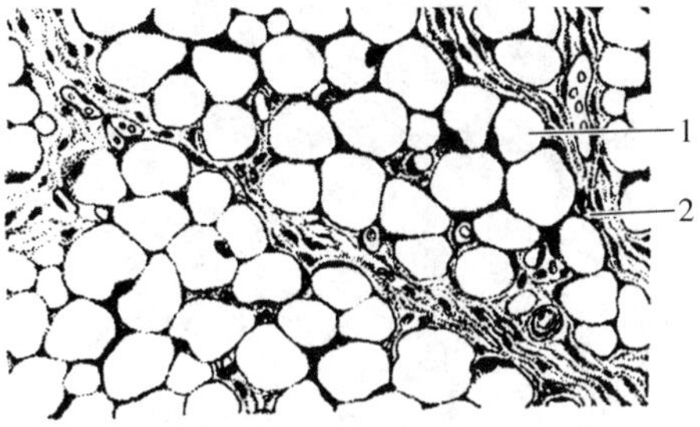

1. 脂肪细胞　2. 结缔组织

图 1-24　脂肪组织

(二)软骨组织与软骨

软骨由软骨组织和周围的软骨膜构成,较硬而略有弹性,具有支持和保护作用。

1. 软骨组织的结构

软骨组织由软骨细胞和细胞间质构成。

(1)软骨细胞　位于基质中的软骨陷窝内,近软骨表面的细胞较小,呈扁圆形,单个存在。深层细胞逐渐增大,呈圆形或椭圆形,胞质弱嗜碱性。在软骨的中央常见一个软骨陷窝内有 2～8 个细胞,它们都是由一个软骨细胞分裂而来的,故称同源细胞群。

(2)细胞间质　由纤维和基质组成,基质呈凝胶状,主要化学成分是水和软骨黏蛋白。纤维包埋于基质中,其种类和含量因软骨类型而异。

2. 软骨膜

除关节软骨外,软骨组织的表面均覆有薄层软骨膜。软骨膜由致密结缔组织构成,分内、外两层。外层胶原纤维多,主要起保护作用;内层细胞成分多,其中有些梭形细胞可转化为软骨细胞,与软骨的生长有关。

3. 软骨的分类

根据软骨基质中所含纤维种类和数量不同,可将软骨分为透明软骨、弹性软骨和纤维软骨。

(1)透明软骨　基质内含有一些互相交织的胶原纤维,新鲜时呈半透明状(图 1-25)。主要形成呼吸道软骨、肋软骨及关节软骨等。

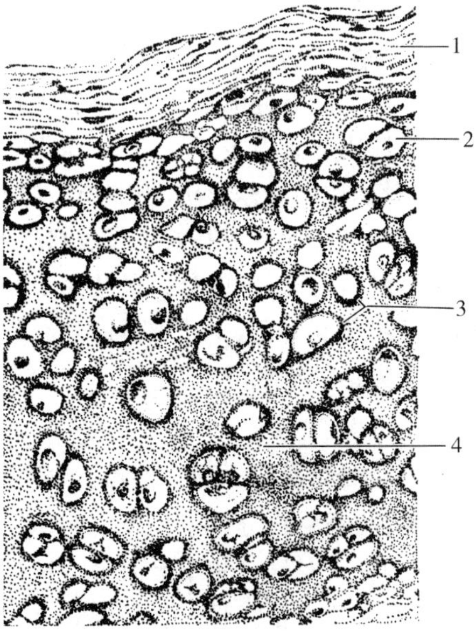

1. 软骨膜　2. 软骨细胞　3. 软骨囊　4. 基质

图 1-25　透明软骨

(2)弹性软骨　构造与透明软骨相似,间质内为大量的弹性纤维，互相交织成网，新鲜时呈黄色(图 1-26)。弹性软骨分布于耳郭、咽鼓管、会厌等处。

(3)纤维软骨　基质很少，其中含有大量平行或交叉排列的胶原纤维束，细胞成行排列分布于纤维束之间(图 1-27)。纤维软骨分布于关节盘、椎间盘和耻骨联合等处。

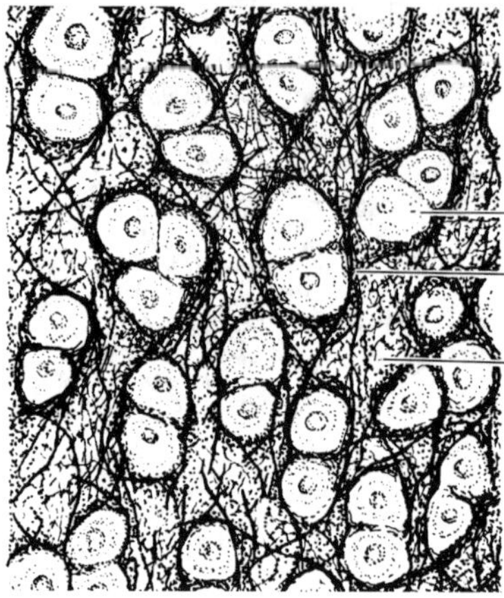

1. 软骨细胞　2. 弹性纤维　3. 基质

图 1-26　弹性软骨

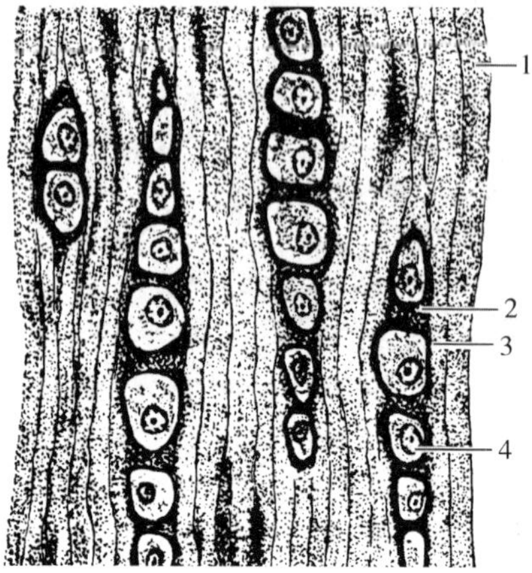

1. 胶原纤维束　2. 软骨基质　3. 软骨囊　4. 软骨细胞

图 1-27　纤维软骨

(三)骨组织与骨

骨由骨组织、骨膜和骨髓等构成，骨组织是动物体内最坚硬的组织。

1. 骨组织的结构

骨组织由骨细胞和大量钙化的细胞间质组成。钙化的细胞间质称骨基质。

(1)骨细胞　为扁椭圆形多突起的细胞，核扁圆，染色深，胞质弱嗜碱性。骨细胞位于骨陷窝内。骨陷窝向周围呈放射状排列的细小管道，称骨小管，骨细胞的突起伸入骨小管内。相邻骨细胞突起之间有缝隙连接，骨小管也相互连通。此外，还有骨原细胞、成骨细胞和破骨细胞存在于骨膜内或骨质表面。

(2)骨基质　简称骨质，由有机成分和无机成分构成。有机成分包括大量的胶原纤维和少量无定形基质。无定形基质呈凝胶状，主要成分是骨黏蛋白，具有黏合胶原纤维的作用。无机成分又称骨盐，其化学成分为羟基磷灰石结晶。骨基质排列成板层状结构，称为骨板。同层骨板内的纤维相互平行，相邻骨板内的纤维方向相互垂直或成一定角度，这种结构形式使骨质能承受多个方向的机械外力。

2. 长骨的结构

长骨由骨松质、骨密质、骨膜、关节软骨及血管、神经等构成。

(1)骨松质　多分布于长骨的骺端，是由大量针状或片状的骨小梁连接而成的多孔网架结构，网孔内充满骨髓。骨小梁由平行排列的骨板和骨细胞构成。

(2)骨密质　位于骨的表面(图 1-28)。骨密质的骨板有以下三种形式。

①环骨板　是环绕骨干外表和骨髓腔的骨板，分别称外环骨板和内环骨板。外环骨板较厚而排列整齐，内环骨板较薄且排列不规则。内、外环骨板内均有横向穿行的管道，称穿通管，

管内有小血管和神经。

②骨单位　又称哈弗氏系统，位于内、外环骨板之间，呈筒状。骨单位中央有一条纵行小管，称中央管或哈弗管，周围是 4～20 层同心圆排列的哈弗氏骨板。在骨单位周围有一明显的黏合线，是骨单位间的分隔线。骨单位与骨的长轴平行，是骨密质的主要结构单位。

③间骨板　是填充于骨单位之间或骨单位与环骨板之间的一些不规则的平行骨板。它是骨生长和改建过程中原有的骨单位或内、外环骨板被吸收后的残留部分。

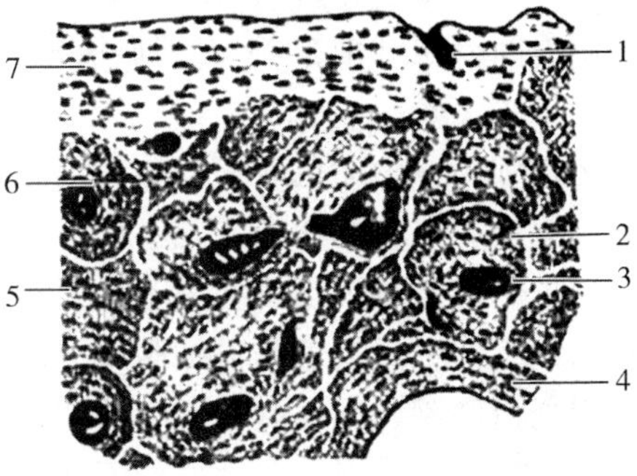

1. 穿通管　2. 哈弗氏系统　3. 哈弗管
4. 内环骨板　5. 间骨板　6. 黏合线　7. 外环骨板

图 1-28　长骨磨片(横断面)

(3)骨膜　除关节面外，骨的内、外表面均被覆一层骨膜。在外表面的称骨外膜，较厚，分两层。外层含有粗大的胶原纤维束，并穿入骨质内，可固定骨膜。内层疏松，含有大量细胞和少量纤维。在骨髓腔面、骨小梁表面、中央管和穿通管的内表面也衬有薄层结缔组织膜，称骨内膜。骨内膜的纤维细而少，富含细胞和血管。

(四)血液和淋巴

1. 血液

血液是液态的结缔组织，由血浆（细胞间质）和血细胞组成（表 1-2）。大多数哺乳动物的全身血量占体重的 7%～8%，其中血浆占血液成分的 45%～65%，血细胞占 35%～55%。

表 1-2　血液的组成

- 血液
  - 血浆
    - 纤维蛋白原
    - 血清
  - 血细胞
    - 红细胞
    - 白细胞
      - 有粒白细胞
        - 中性粒细胞
        - 嗜酸性粒细胞
        - 嗜碱性粒细胞
      - 无粒白细胞
        - 单核细胞
        - 淋巴细胞
    - 血小板

(1)血浆　呈淡黄色，其中 91%是水，其余为血浆蛋白（清蛋白、球蛋白、纤维蛋白原等）、酶、激素、糖、脂质、维生素、无机盐和各种代谢产物。血液流出血管后，溶解状态的纤维蛋白原转变为丝状的纤维蛋白网罗血细胞，即凝固成血块，并析出淡黄色透明的液体，称血清。

(2)血细胞　血细胞包括红细胞、白细胞和血小板。

①红细胞　大多数哺乳动物成熟的红细胞呈两面凹陷的圆盘状，骆驼和鹿的为椭圆形，无细胞核和细胞器。禽类的红细胞呈椭圆形，并有椭圆形的核。红细胞内的主要成分为血红蛋白，具有携带氧和二氧化碳的功能。新鲜单个红细胞呈黄绿色，大量红细胞聚集则呈红色。红细胞数量除因动物种类不同而异外，还依个体、性别、年龄、营养状况及生活环境而改变，其大小也因动物种类不同而有差异。

红细胞的平均寿命约为 120 d。衰老的红细胞被肝、脾和骨髓内的巨噬细胞所吞噬。同时红骨髓不断产生红细胞，补充到血液中去，以维持血液中红细胞总数的相对恒定。动物红细胞的数量见表 1-3。

②白细胞　为无色有核的球形细胞，体积比红细胞大，每立方毫米血液中的白细胞数量远比红细胞少。在生活状态下，能以变形运动穿过毛细血管壁进入周围组织，具有防御和免疫功能。白细胞的数量因动物种类不同而有差别，并受各种生理和病理因素的影响而改变。常见动物白细胞的数量及各类白细胞百分比见表 1-3。

根据白细胞的胞质内有无特殊颗粒，将其分为有粒白细胞和无粒白细胞两类。有粒白细胞又依其颗粒对染料着色性质的不同，分为中性粒细胞、嗜酸性粒细胞和嗜碱性粒细胞三种。无粒白细胞有单核细胞和淋巴细胞两种。

表 1-3　成年健康动物血液红细胞、白细胞数量及各类白细胞百分比

动物种别	红细胞数量/($\times10^6$ 个/mm^3)	白细胞数量/($\times10^3$ 个/mm^3)	各种白细胞/%						
			中性粒细胞			嗜酸性粒细胞	嗜碱性粒细胞	单核细胞	淋巴细胞
			幼稚型	杆状核	分叶核				
牛	6.0	8.2		6.0	25.0	7.0	0.7	7.0	54.3
绵羊	9.0	8.2		1.2	33.0	4.5	0.6	3.0	57.7
山羊	14.4	9.6		1.4	47.8	2.0	0.8	6.0	42.0
猪	7.0	14.8	1.5	3.0	40.0	4.0	1.4	2.1	48.0
马	8.5	8.8		4.0	48.4	4.0	0.6	3.0	40.0
驴	6.5	8.0		2.5	25.3	8.3	0.5	4.0	59.4
犬	6.8	3.0～11.4		3.0	60.0	0～14	0～1	1～6	9～50
猫	7.5	8.6～32.0		0.5	59.0	1～10	0～2	1～3	10～69
兔	5.6	5.7～12.0		8～50		1～3	0.5～30	1～4	20～90
鸡	3.5	30.0		24.1		12.1	4.0	6.0	53.0

a. 中性粒细胞　是白细胞中数量最多的一种，直径为 7～15 μm。核的形态多样，有肾形、杆形和分叶形。核的形状与细胞发育程度有关，一般认为核分叶越多，细胞越接近衰老。在正常血涂片中以三叶的核居多，叶间有细丝相连，核染成较深的蓝紫色。胞质染成粉红色，内含许多细小的淡紫色或淡红色颗粒。颗粒分两种：一种为嗜天青颗粒，数量较少，体积大，呈圆形或椭圆形，能被天青染料染成紫红色。嗜天青颗粒是一种溶酶体，含有酸性磷酸酶和过氧化物酶等，能消化分解中性粒细胞所吞噬的异物。另一种为特殊颗粒，数量较多，颗粒较小，呈哑铃形或椭圆形，内含碱性磷酸酶、吞噬素、溶菌酶等，有杀菌作用。

中性粒细胞具有活跃的变形运动和吞噬功能，可吞噬细菌和异物，当其吞噬消化大量细菌后，本身也变性死亡，形成脓细胞。

鸡的中性粒细胞较大，核的形状不规则，有不同程度的分叶，胞质内有许多红色短杆状的颗粒。由于颗粒具有多种染色特性，故又称嗜异性粒细胞。

b. 嗜酸性粒细胞　比中性粒细胞略大，直径 8～20 μm。核多为两叶，染成较浅的蓝紫色。

胞质内充满粗大的嗜酸性颗粒，染成橘红色。颗粒多呈椭圆形，马的呈圆形。颗粒内含有酸性磷酸酶、过氧化物酶、组胺酶等。

嗜酸性粒细胞有缓慢的变形运动，可吞噬抗原抗体复合物，灭活组胺或抑制其释放，从而减轻过敏反应，当受到寄生虫感染和患过敏性疾病时，嗜酸性粒细胞大量增加。

c. 嗜碱性粒细胞　在白细胞中数量最少，直径 10～15 μm。核多呈 S 形或分叶形，着色较浅。胞质内含有大小不等的嗜碱性颗粒，染成蓝紫色，常将核覆盖。颗粒内含有肝素、组胺和慢反应物质，具有抗凝血作用并参与机体过敏反应。

d. 单核细胞　是白细胞中体积最大的细胞，直径 10～20 μm。核呈卵圆形、肾形、马蹄形或不规则形，牛和马的常为分叶形。核内染色质较细而松散，着色浅。胞质丰富，呈弱嗜碱性，内含细小的嗜天青颗粒，颗粒中含有过氧化物酶、酸性磷酸酶等。

单核细胞具有较强的变形运动和明显的吞噬功能，在血流中停留 1～5 d 后，穿过毛细血管壁进入结缔组织，分化为巨噬细胞。

e. 淋巴细胞　体积大小不一，分为大、中、小三种，正常血液中只有中、小淋巴细胞，无大淋巴细胞。大淋巴细胞直径 13～20 μm，见于骨髓、脾和淋巴结的生发中心。血液内小淋巴细胞数量最多，约占淋巴细胞总数的 90%，直径 6～8 μm。核大而圆，一侧常有凹陷。染色质致密呈块状，着色深。细胞质很少，嗜碱性，染成蔚蓝色，含有少量的嗜天青颗粒。中淋巴细胞直径 9～12 μm，核呈椭圆形或肾形，着色较浅，胞质较多，有时难与单核细胞相区别。

淋巴细胞主要参与体内免疫反应，根据其发生部位、表面特性和免疫功能的不同，可分为 T 细胞、B 细胞、K 细胞和 NK 细胞四种。

③血小板　是骨髓巨核细胞脱落下来的胞质碎片，呈双面突扁盘状，直径 2～4 μm，表面有完整的细胞膜，无细胞核。血小板的中央部分有紫色的颗粒，称颗粒区。周围部分呈浅蓝色，称透明区。在血涂片上，血小板多成群分布在血细胞之间，每立方毫米血液内含 15 万～50 万个。血小板的主要功能是参与凝血和止血过程。

禽类的血小板又称凝血细胞，形态与红细胞相似，体积较小，核较大，呈椭圆形。胞质弱嗜碱性，内含少量嗜天青颗粒。每立方毫米血液内含 2 万～10 万个。

2. 淋巴

淋巴是流动在淋巴管内的液体，由组织液渗入毛细淋巴管而形成。淋巴由细胞和淋巴浆组成，细胞成分主要是淋巴细胞，淋巴浆与血浆的成分相似，是淡黄色透明液体，凝固较慢。

三、肌组织

肌组织主要由肌细胞构成，肌细胞之间有少量的结缔组织以及血管、淋巴管和神经。肌细胞呈细长的纤维状，又称肌纤维。肌细胞膜称肌膜，细胞质称肌浆。肌细胞内的滑面内质网称肌浆网。肌组织根据结构和功能的不同，可分为骨骼肌、平滑肌和心肌三种。

(一)骨骼肌

骨骼肌主要分布在骨骼上，肌纤维的纵切面在光镜下有明暗相间的横纹，故称横纹肌。骨骼肌收缩迅速而有力，但容易疲劳。

1. 骨骼肌纤维的光镜结构

骨骼肌纤维呈长圆柱形，长 1～40 mm。直径 10～100 μm。核呈扁椭圆形，位于肌膜下方，每条肌纤维内含有几十个甚至几百个细胞核。肌浆内含许多与细胞长轴平行排列的肌原纤维，每条肌原纤维上都有明暗相间的带（图 1-29）。每一条肌纤维内的所有肌原纤维的明带和暗带整齐相对，排列在同一平面上，因此使整个肌纤维呈现出明暗相间的横纹。暗带又称 A 带。在暗带中央有一条浅色窄带称 H 带，H 带中央有一条暗线为 M 线。明带又称 I 带，明带中央则有一条暗线称 Z 线。相邻两个 Z 线之间的一段肌原纤维称为肌节。每个肌节长 2～2.5 μm，由 1/2 I 带＋A 带＋1/2 I 带所组成。肌节是骨骼肌收缩的基本结构单位。

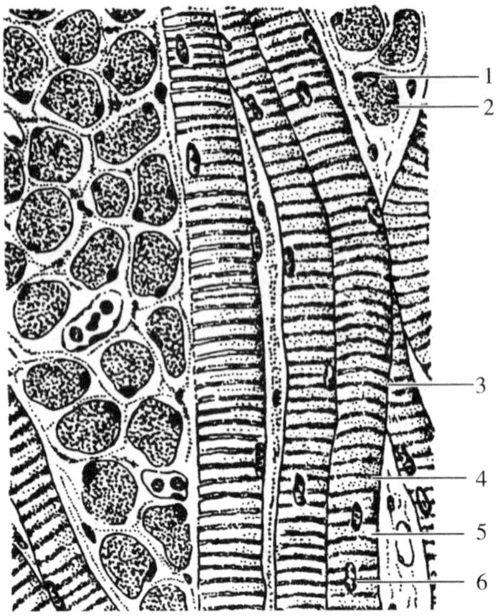

1、6. 细胞核 2. 肌纤维横切
3. 肌纤维纵切 4. 暗带 5. 明带

图 1-29 骨骼肌纤维纵、横切面

2. 骨骼肌纤维的超微结构

（1）肌原纤维 电镜下肌原纤维由粗肌丝和细肌丝构成（图 1-30）。粗肌丝由肌球蛋白分子构成，位于暗带，固定于 M 线，两端游离。细肌丝由肌动蛋白、原肌球蛋白和肌钙蛋白三种分子组成，一端固定于 Z 线，另一端插入粗肌丝之间，达 H 带外侧，末端游离。故 I 带只有细肌丝，A 带的两端有粗肌丝和细肌丝，中央的 H 带只有粗肌丝。

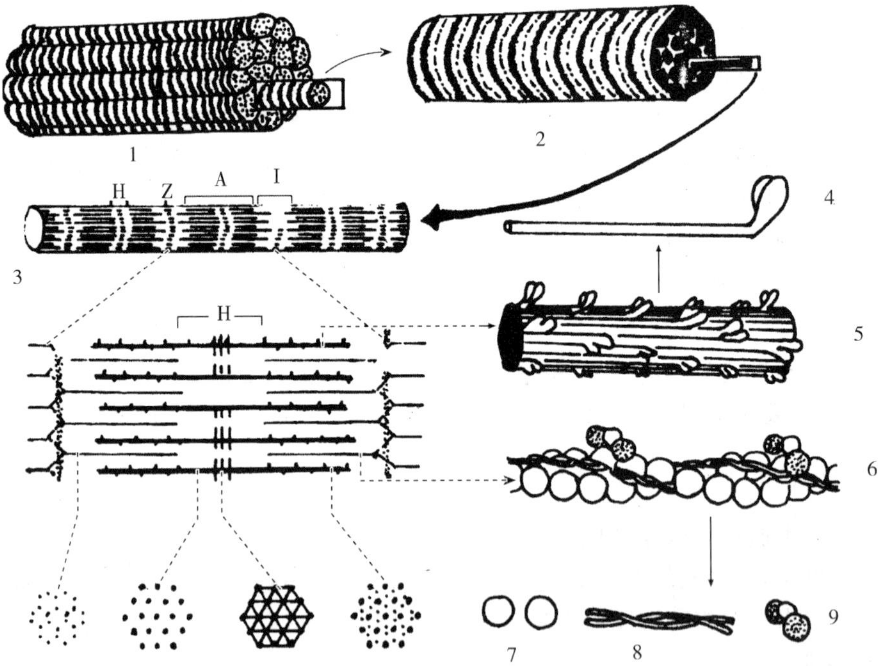

1. 肌纤维束 2. 一条肌纤维 3. 一根肌原纤维 4. 肌球蛋白 5. 粗肌丝
6. 细肌丝 7. 肌动蛋白单体 8. 原肌球蛋白 9. 肌钙蛋白

图 1-30 骨骼肌纤维的超微结构和分子结构模式图

(2)横小管　又称T小管，是肌膜凹陷形成的小管，与肌纤维长轴垂直，位于A带与I带交界处，环绕在每条肌原纤维周围。横小管可将肌膜的兴奋迅速传到每个肌节。

(3)肌浆网　位于相邻两条横小管之间，纵向包绕每条肌原纤维，故又称纵小管。纵小管靠近横小管部位膨大互相连接形成终池，每条横小管和两侧的终池共同组成三联体。肌浆网膜上有钙泵，有调节肌浆中 Ca^{2+} 浓度的作用。

(二)平滑肌

平滑肌主要分布于内脏器官、血管和淋巴管的壁内。肌纤维无横纹，收缩缓慢而持久。

1.平滑肌纤维的光镜结构

平滑肌纤维呈长梭形，一般长约100 μm，直径约10 μm，有一个核，呈棒状或椭圆形，位于细胞中央，收缩时可扭曲成螺旋形(图1-31)。

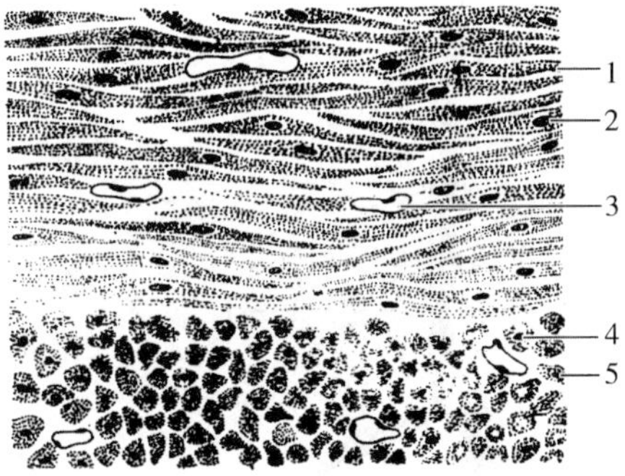

1.肌纤维纵切面　2、4.细胞核
3.毛细血管　5.肌纤维横切面

图1-31　平滑肌纵、横切面

2.平滑肌纤维的超微结构

电镜下肌膜向内凹陷形成数量众多的小凹，相当于横纹肌的横小管。平滑肌纤维内不形成肌原纤维，也无肌节和横纹，但具有粗肌丝和细肌丝，粗肌丝主要由肌球蛋白构成，细肌丝主要由肌动蛋白构成。由若干条粗肌丝和细肌丝聚集成肌丝单位，又称收缩单位。胞浆内有发达的细胞骨架系统，该系统由密斑、密体和中间丝组成，密斑位于肌膜内侧，密体则分布于肌浆，中间丝连接密斑和密体。相邻的平滑肌纤维之间有缝隙连接，使平滑肌纤维形成功能上的整体。

(三)心肌

心肌主要分布于心壁和靠近心的大血管壁上，收缩力强而有节律。

1.心肌纤维的光镜结构

心肌纤维呈短柱状，有分支，相互连接成网状。心肌纤维也有横纹，但不如骨骼肌纤维的明显。每条肌纤维有一个呈卵圆形的核，位于肌纤维中央，偶见双核。心肌纤维的连接处，有一染色较深的横线状或阶梯形结构，称闰盘。心肌纤维之间的结缔组织内含有丰富的血管、淋巴管和神经(图1-32)。

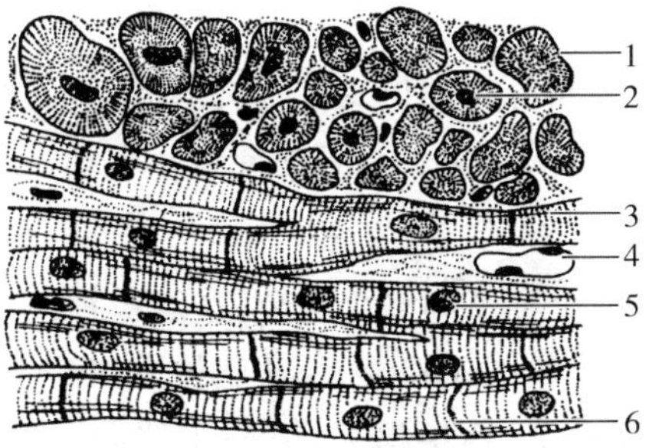

1.肌纤维横切　2、5.细胞核
3.肌纤维纵切　4.毛细血管　6.闰盘

图1-32　心肌纤维纵、横切面

2.心肌纤维的超微结构

心肌纤维的超微结构与骨骼肌有相似之处，但也有其本身结构特点：肌原纤维不如骨骼肌那样规则明显；横小管较粗，位于Z线水平；肌浆网比较稀疏，纵小管不发达，仅见横小管与一侧的终池紧贴形成二联体；闰盘位于Z线水平，由相邻心肌纤维两端的连接面相互嵌合而成。在连接的横位部分有中间连接和桥粒，纵位部分有缝隙连接，闰盘使心肌纤维同步收缩成一整体。

四、神经组织

神经组织由神经细胞和神经胶质细胞组成。神经细胞是神经系统的结构和功能单位，亦称神经元，有感受刺激、传导冲动和整合信息的能力，有些神经元还具有内分泌功能。神经胶质细胞对神经元起支持、营养、绝缘和保护等作用。

(一)神经元

1. 神经元的结构

神经元的形态、大小差异很大，但都由胞体和突起两部分构成(图 1-33)。

(1)胞体　形态多样，可呈圆形、锥体形、梭形或星形等。神经元的胞体和其他细胞一样，也由细胞膜、细胞核和细胞质构成。

①细胞膜　为单位膜，与突起的膜相连续，有感受刺激和传导神经冲动的作用。

②细胞核　较大而圆，位于胞体中央，异染色质少，着色浅，核仁明显。

③细胞质　又称核周质，除含有一般的细胞器外，还有尼氏体和神经原纤维。

a. 尼氏体　为嗜碱性物质，呈斑块状或颗粒状，分布在胞体和树突内。电镜下，尼氏体由密集排列的粗面内质网和游离的核糖体组成。尼氏体具有合成蛋白质的功能。

b. 神经原纤维　为嗜银性细丝状物质，在胞体内交织成网，并伸入树突和轴突内。电镜下，神经原纤维由许多集合成束的神经丝和微管构成。神经原纤维对神经元起支持作用，还参与物质的运输活动。

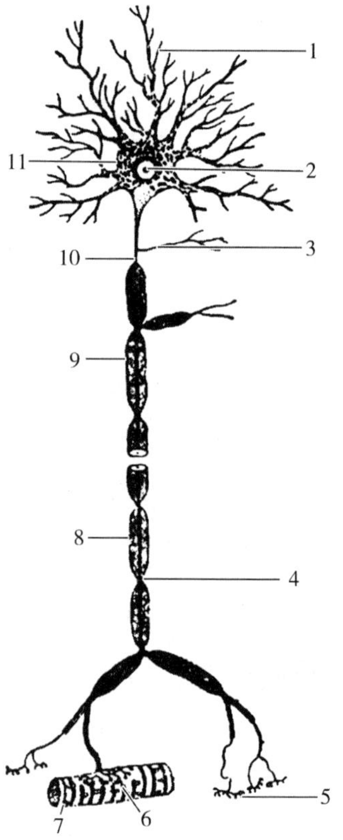

1. 树突　2. 神经细胞核　3. 侧支
4. 郎飞结　5. 神经末梢　6. 运动终板
7. 肌纤维　8. 施万细胞核　9. 髓鞘
10. 轴突　11. 尼氏体

图 1-33　典型神经元结构模式图

(2)突起　分为树突和轴突。

①树突　每个神经元有一个或数个树突，分支呈树枝状，表面常见许多棘状小突起，称树突棘。树突的功能是接受刺激，将冲动传向胞体。

②轴突　每个神经元只有一个轴突。轴突细长，有呈直角分出的侧支。轴突的起始部位呈圆锥形隆起称轴丘，在轴丘和轴突内无尼氏体。轴突的作用是将冲动传至其他神经元或效应器。

2. 神经元的分类

(1)根据神经元突起的数目分类　①多极神经元，有一个轴突和多个树突；②双极神经元，从胞体两端各伸出一个突起，一个是树突，另一个是轴突；③假单极神经元，从胞体发出一个突起，离开胞体不远又呈 T 形分为两支，一支进入中枢神经系统，称中枢突；另一支伸向外周其他组织或器官，称周围突(图 1-34)。

(2)根据神经元的功能分类　①感觉神经元，又称传入神经元，胞体位于脑、脊神经节内，可接受刺激，形成冲动，向中枢传导。②运动神经元，又称传出神经元，胞体主要位于脑、脊髓和植物神经节内，可将中枢神经的冲动传至肌肉或腺体等效应器，产生一定效应。③联络神经元，又称中间神经元，位于前两种神经元之间，起联络作用。

(3)根据神经元释放的神经递质和神经调质的化学性质分类　①胆碱能神经元；②胺能神经元；③氨基酸能神经元；④肽能神经元。

1.假单极神经元　2.双极神经元　3.多极神经元

图 1-34　几种类型的神经元

(二)突触

神经元与神经元之间，或神经元与非神经细胞之间的特化细胞连接，称为突触。突触是神经元传递信息的重要结构，最常见的突触形式是一个神经元的轴突终末与另一个神经元的树突或胞体相接触，分别构成轴-树、轴-体突触。此外，还有轴-轴、树-树、树-体突触等几种类型。突触可分为化学性突触和电突触两大类。化学性突触由突触前膜、突触间隙和突触后膜组成(图 1-35)。轴突末端的轴膜称突触前膜，前膜内侧有许多突触小泡，小泡内含有神经递质。突触间隙是突触前、后膜之间的狭窄间隙，宽 20～30 nm。与突触前膜相对的胞体膜和树突膜，称突触后膜，有神经递质的特异性受体。

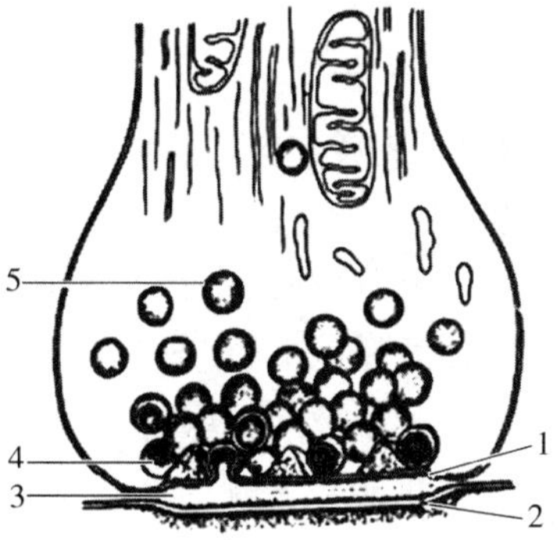

1.突触前膜　2.突触后膜　3.突触间隙
4.致密突起　5.突触小泡

图 1-35　化学性突触超微结构模式图

当神经冲动传至突触前膜时，突触小泡释放神经递质到突触间隙，然后和突触后膜相应的受体结合，从而引起突触后神经元生理功能的变化。

电突触是缝隙连接，神经冲动传导不需要神经递质，而是以电流(电信号)传递信息。

(三)神经胶质细胞

神经胶质细胞简称胶质细胞，位于神经元之间，体积小，数量比神经元多。神经胶质细胞也有突起，但无树突和轴突之分，胞质内缺乏尼氏体和神经原纤维，没有传导神经冲动的功能(图 1-36)。

1. 中枢神经系统的胶质细胞

(1)星形胶质细胞　星形胶质细胞是胶质细胞中体积最大、数量最多的一种。胞体呈星形，发出许多突起，有些突起末端膨大形成脚板，附于毛细血管壁上或附着在脑和脊髓表面形成胶质界膜。星形胶质细胞可分为两种：①纤维性星形胶质细胞，多分布在白质，细胞的突起细长，分支少。②原浆性星形胶质细胞，多分布在灰质，细胞的突起短粗，分支多。

(2)少突胶质细胞　胞体较小，呈梨形或椭圆形，参与中枢神经系统神经纤维髓鞘的形成，还有抑制再生神经元突起生长的作用。

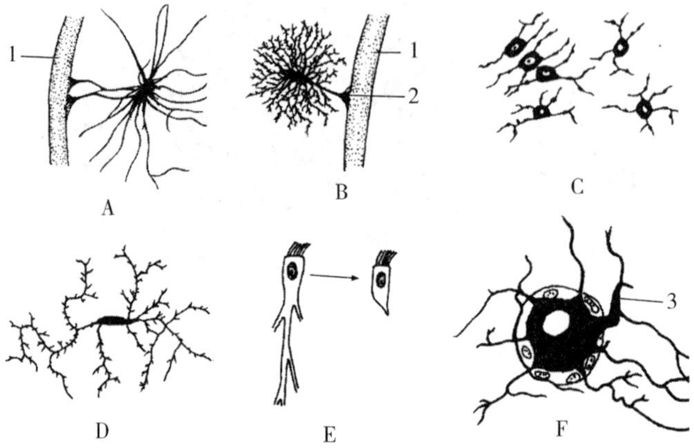

A. 纤维性星形胶质细胞　B. 原浆性星形胶质细胞　C. 少突胶质细胞　D. 小胶质细胞

E. 室管膜细胞（左为胚胎期形态，右为成体期形态）　F. 被囊细胞

1. 毛细血管　2. 突起末梢　3. 神经元

图 1-36　几种神经胶质细胞

(3)小胶质细胞　胞体最小，呈长梭形或不规则形，突起细长有分支。小胶质细胞的数量少，具有吞噬能力。

(4)室管膜细胞　室管膜细胞是分布在脑室及脊髓中央管腔面的单层立方或柱形上皮，细胞游离缘有微绒毛，有些具有纤毛。细胞基底面有细长的突起伸向脑和脊髓的深层。室管膜细胞参与脑脊液的形成，对脑和脊髓具有支持和保护作用。

2. 周围神经系统的胶质细胞

(1)神经膜细胞　神经膜细胞又称施万细胞，呈扁平形，它们排列成串，包裹神经纤维，形成周围神经系统有髓神经纤维的髓鞘。

(2)被囊细胞　被囊细胞又称卫星细胞，是神经节内神经元胞体周围的一层扁平细胞，对神经元有营养和保护作用。

(四)神经纤维

神经纤维由神经元的长突起外包胶质细胞构成，可分有髓神经纤维和无髓神经纤维。

1. 有髓神经纤维

中央为神经元的轴突或长树突，称轴索，外包有髓鞘和神经膜。髓鞘由神经膜细胞的胞膜呈同心圆状包绕轴索而成。髓鞘最外面的一层胞膜与基膜合称神经膜。髓鞘和神经膜有节段性，每一节有一个神经膜细胞，相邻节段之间有一无髓鞘的狭窄处，称郎飞结，两个郎飞结之间的一段神经纤维称为结间段。髓鞘有绝缘作用，神经冲动在有髓神经纤维上呈跳跃式传导，即从一个郎飞结跳到下一个郎飞结，传导速度较快。脑神经和脊神经中多数属此类纤维（图 1-37）。

2. 无髓神经纤维

神经元突起的外周无髓鞘，仅有神经膜细胞包裹。神经纤维较细，一个神经膜细胞包裹数条轴索。无髓神经纤维传导冲动的速度较慢，植物性神经的节后纤维和部分感觉神经纤维属此类纤维（图 1-38）。

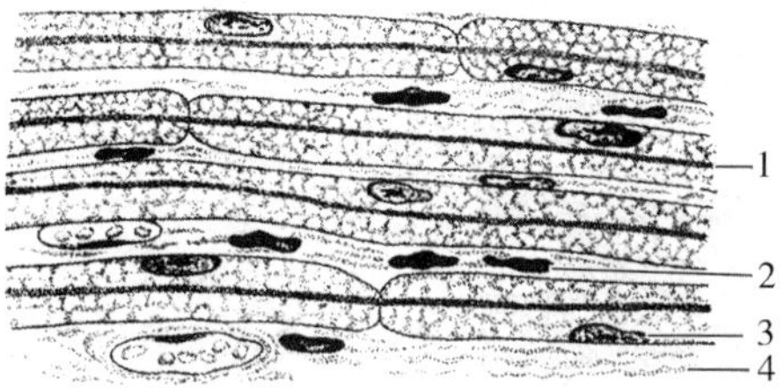

1. 轴突　2. 成纤维细胞核
3. 神经膜细胞　4. 结缔组织
图 1-37　有髓神经纤维结构模式图

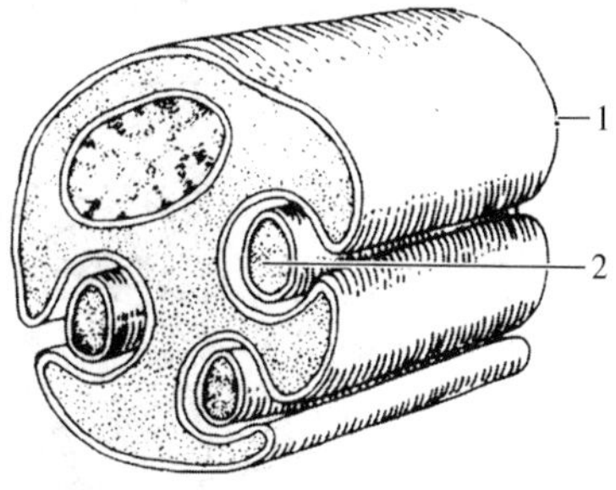

1. 神经膜细胞　2. 轴索
图 1-38　无髓神经纤维结构模式图

（五）神经末梢

周围神经纤维的终末部分终止于其他组织或器官内所形成的特殊结构，称神经末梢。根据神经末梢的功能不同，可分为感觉神经末梢和运动神经末梢。

1. 感觉神经末梢

感觉神经末梢又称感受器，是感觉神经元周围突的末梢装置，它能将感受到的刺激转化为神经冲动并向中枢传导。感觉神经末梢按形态结构不同，可分为游离神经末梢和有被囊神经末梢两类（图 1-39）。

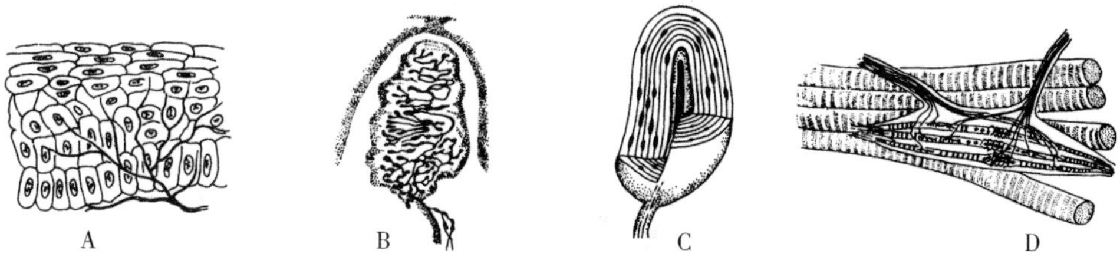

A. 游离神经末梢　B. 触觉小体　C. 环层小体　D. 肌梭
图 1-39　感觉神经末梢

（1）游离神经末梢　游离神经末梢是有髓和无髓神经纤维的终末端反复分支而成。在近末梢处神经膜细胞消失，裸露的细支分布到上皮组织、结缔组织和肌组织。能感受疼痛和冷、热的刺激。

（2）有被囊神经末梢　神经末梢的外面包有结缔组织被囊，种类很多，常见的有触觉小体、环层小体和肌梭等。触觉小体分布于真皮乳头内，感受触觉。环层小体分布于皮下组织、肠系膜和某些脏器的结缔组织，感受压觉和振动觉。肌梭分布于骨骼肌上，为本体感受器，主要感受肌纤维的伸缩变化。

2. 运动神经末梢

运动神经末梢又称效应器，是运动神经元的轴突末梢与肌纤维和腺细胞形成的特化结构，支配肌肉收缩和腺体分泌。可分为躯体运动神经末梢和内脏运动神经末梢两种。

(1)躯体运动神经末梢　躯体运动神经末梢分布于骨骼肌。躯体运动神经纤维抵达骨骼肌纤维处失去髓鞘，末梢再分成爪状细支，端部膨大，附着于肌纤维表面，形成运动终板(图 1-40)。一条运动神经纤维可支配数条，甚至上千条骨骼肌纤维。

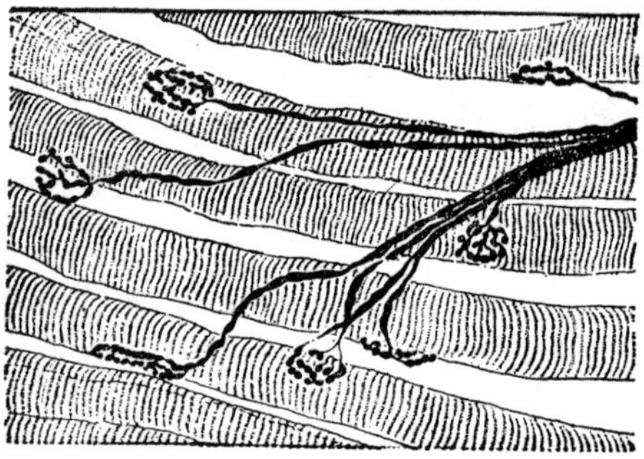

图 1-40　光镜下的运动终板

(2)内脏运动神经末梢　内脏运动神经末梢是植物性神经节后纤维的末梢。纤维较细，无髓鞘，末梢分支呈串珠样膨体附着于内脏和血管平滑肌纤维或穿行于腺细胞间，膨体内有许多突触小泡，内含神经递质，在与轴突末梢相接触的肌膜或腺细胞膜上也存在有相应的受体。

实训项目一　显微镜的构造、使用及细胞结构观察

【实训目的】

1. 掌握显微镜的构造和使用方法。

2. 掌握细胞的基本结构。

【实训材料】

显微镜；脊神经节切片(HE 染色)。

【实训内容】

一、显微镜的构造、使用和注意事项

(一)显微镜的构造

显微镜由机械部分和光学部分组成。

1. 机械部分

(1)镜座　用于稳定和支撑全部显微镜，其上装有照明装置或反光镜。

(2)镜臂　是镜座与镜筒的连接部分，拿取显微镜时握住此臂。

(3)载物台　是放置标本的平台，正中有一透光孔。台上安装标本推进器，转动推进器的

两个旋钮可使标本在水平面进行前后、左右移动。

(4)镜筒　是显微镜上方斜向圆筒，上端可装入目镜，下端连物镜转换器。

(5)物镜转换器　呈圆盘状，上有3～4个物镜螺旋口，供物镜按放大倍数高低顺序嵌入。转换器的边缘有一个固定卡，每当所转换的物镜与光轴一致时，即发出一种吻合的响声。

(6)调节器　有大、小两个螺旋，大的称粗调螺旋，旋转时可使载物台大幅度地上升或下降；小的称细调螺旋，转动时可使载物台轻微地上升或下降，以做精细调节，使物像更清晰。

2. 光学部分

(1)目镜　装在镜筒的上端，它的作用是将物镜放大的标本像(实像)，再将其放大成虚像。目镜上标有5×、10×、15×和25×等符号，代表目镜的放大倍数。目镜内常安放一指针，便于指示视野中的某一结构。

(2)物镜　是显微镜的主要光学部分，装在物镜转换器的下方。物镜一般分低倍镜(4×、10×)、高倍镜(40×)和油浸镜(100×)。物镜的镜管上通常标有主要性能参数，如40/0.65，160/0.17。40是放大倍数，0.65是镜口率(数值孔径，N.A)，160是指镜筒长度(mm)，0.17是要求盖玻片的厚度(mm)。

显微镜的放大倍数是目镜和物镜二者放大倍数的乘积。

(3)光源　镜座内有电光源，其开关位于镜座侧面或前上方。

(4)聚光器　位于载物台下面，一侧有调节螺旋，可使聚光器上升或下降，以调节光度。上升时光度增强，下降时光度减弱。

(5)光圈　在聚光器下方，由许多黑色金属薄片组成。其框外有一小柄，可调节光圈的大小，以控制光线的强弱。

(二)显微镜的使用方法

(1)取镜　一手握住镜臂，一手托住镜座，使镜身正立，放在座位台面10 cm以内。

(2)对光　转动粗调螺旋，降低载物台或升高镜筒。旋转物镜转换器，先把低倍物镜对准载物台中央的透光孔，升高聚光器，打开光圈，至视野均匀明亮为止。

(3)观察切片　将标本放在载物台上，有盖玻片的一面朝上，固定好并使切片内的材料对准透光孔。先用低倍镜观察完切片一般结构后，需要进一步观察某一部分结构时，将此部位移至视野中央，转换高倍镜观察，然后稍微调节一下细调螺旋即可看到清楚的物像。在高倍镜下看清标本之后，如需进一步放大观察，可用油浸镜。这时把聚光器的光圈充分打开，在标本上滴一滴香柏油，旋转油浸镜至光轴上，从侧面看着将镜头浸入油中，然后从目镜中边观察边转动细调螺旋，就可看到高度放大的清晰物像。观察完毕后，必须用擦镜纸和清洗剂将镜头和玻片拭净。

(三)使用显微镜的注意事项

· 使用前应检查显微镜的各部件有无缺损，如发现损坏应及时报告教师，以便修理。

· 观察标本，要求用左眼在目镜稍上方观察，用右眼、右手绘图，并按低倍镜→高倍镜→油浸镜的顺序进行。

· 不要擅自拆卸显微镜各个部件，不要随便拿取目镜，以免灰尘落入镜筒。

· 显微镜应经常保持清洁，严防潮湿，要防止水滴、溶剂及染液等接触显微镜的任何部分。

· 使用显微镜之前，金属部分应用干的软布擦拭灰尘。透镜表面用擦镜纸擦拭，切忌用指头、手帕等擦拭。

· 观察结束后,应将低倍镜对准透光孔,接着取出标本,然后将显微镜装入箱内。

二、脊神经节细胞观察

1. 肉眼观察

脊神经节呈椭圆形。

2. 低倍镜观察

脊神经节内有散在成群的大细胞,为神经细胞,选择有细胞质、细胞核和核仁的神经细胞,换高倍镜观察。

3. 高倍镜观察

神经细胞多呈圆形,大小不等。胞膜不明显,胞核位于细胞中央。核膜明显,染色质少,核仁大而圆。胞质嗜酸性。围绕胞体外周的一层扁平或立方形细胞即卫星细胞。

【绘图】

脊神经节细胞结构(高倍镜)。

实训项目二　上皮组织、结缔组织

【实训目的】

掌握上皮组织、结缔组织的结构特点。

【实训材料】

食管横切片(HE 染色);马血涂片(瑞氏染色)。

【实训内容】

一、复层扁平上皮

1. 肉眼观察

食管管腔表面有一层蓝紫色结构,即为复层扁平上皮。

2. 低倍镜观察

食管腔面可见上皮由多层上皮细胞构成。

3. 高倍镜观察

食管基底层细胞呈立方形或矮柱状,核椭圆形,着色深。中间层细胞呈不规则的多角形,核圆形或椭圆形,着色较浅。表层细胞由梭形逐渐变成扁平,核扁。

二、马血涂片

1. 肉眼观察

血涂片为淡橘红色。

2. 低倍镜观察

红细胞分布均匀、呈淡红色,其中散在蓝色白细胞。

3. 高倍镜观察

(1)红细胞　数量多,体积小、圆形、无核,染成橘红色。

(2)白细胞　数量少,细胞体积大,细胞核明显。

①中性粒细胞　胞质含有淡紫色的细小颗粒。核呈紫蓝色,形状变化很大,多数为分叶核,分成2～5叶。

②嗜酸性粒细胞　胞核多分两叶、染成蓝紫色,胞质中充满被伊红染成橘红色的大小一致的粗大圆形颗粒。

③嗜碱性粒细胞　胞质淡紫色,内含大小不一染成紫蓝色或深蓝色的颗粒,核形状不定,染色浅。

④淋巴细胞　主要为小淋巴细胞和中淋巴细胞。小淋巴细胞大小与红细胞近似,胞核大而细胞质少。核呈圆形,一侧常有一缺痕,染成深蓝紫色。中淋巴细胞较大,核椭圆形或肾形,染成深蓝紫色。细胞质较小淋巴细胞稍多,染成天蓝色。

⑤单核细胞　体积大,核为卵圆形、肾形或马蹄形,染色稍淡。胞质较多,呈均匀一致的蓝灰色。

(3)血小板　形状不规则,呈淡蓝色,内有紫色颗粒聚集,常成堆分布在细胞之间。

【绘图】

1. 部分复层扁平上皮(高倍镜)。

2. 马血细胞的形态结构(高倍镜)。

实训项目三　肌组织、神经组织

【实训目的】

1. 掌握骨骼肌纤维的光镜结构。

2. 掌握神经元的形态和结构。

【实训材料】

骨骼肌纵、横切片(铁苏木素染色);脊髓横切片(HE染色)。

【实训内容】

一、骨骼肌

1. 肉眼观察

切片上有两条标本,长的一块是骨骼肌纵切面,短的一块是横切面。

2. 低倍镜观察

纵切面肌纤维平行排列;横切面肌纤维呈圆形或多边形。

3. 高倍镜观察

肌膜下分布椭圆形的核,有明暗相间的横纹,染色深的为暗带,浅染部位为明带。横切的肌细胞核靠近肌膜,每条肌纤维外包有肌内膜。

二、多极神经元

1. 肉眼观察

脊髓横切片呈椭圆形,中央蝴蝶形染色深的为灰质,外围染色浅的为白质。

2. 低倍镜观察

典型的神经元有细胞核，含多个突起。

3. 高倍镜观察

胞体形态不规则，核大，圆形，位于胞体中央。染色质细粒状，核仁明显。细胞突起多，且多数是树突，不易见到轴突。胞体及树突内有染成紫蓝色呈块状或粒状的尼氏体。

【绘图】

1. 骨骼肌纤维纵、横切面结构(高倍镜)。

2. 多极神经元结构(高倍镜)。

复习思考题

一、选择题

1. 真核细胞生物氧化的主要场所是(　　)(2010 年真题 51)

A. 线粒体　　B. 溶酶体　　C. 核糖体

D. 过氧化物酶体　　E. 高尔基复合体

2. 粗面内质网和滑面内质网在电镜下的主要区别是根据其表面是否附有(　　)(2012 年真题 21)

A. 中心体　　B. 核糖体　　C. 溶酶体

D. 微体　　E. 高尔基复合体

3. 控制细胞遗传的主要场所是(　　)(2014 年真题 21)

A. 溶酶体　　B. 细胞质　　C. 细胞核

D. 高尔基复合体　　E. 内质网

4. 动物细胞的遗传信息主要贮存于(　　)(2015 年真题 21)

A. 内质网　　B. 高尔基体　　C. 核糖体

D. 细胞核　　E. 溶酶体

5. 动物机体的遗传信息主要贮存于(　　)(2016 年真题 21)

A. 细胞膜　　B. 细胞质　　C. 溶酶体

D. 细胞核　　E. 中心体

6. 细胞质中具有合成蛋白质功能的细胞器是(　　)(2017 年真题 21)

A. 中心体　　B. 核糖体　　C. 高尔基复合体

D. 溶酶体　　E. 过氧化物酶体

7. 细胞内具有“消化功能”的细胞器是(　　)(2018 年真题 21)

A. 线粒体　　B. 核蛋白体　　C. 溶酶体

D. 过氧化物酶　　E. 中心体

8. 细胞质内属于膜性结构的细胞器是(　　)(2019 年真题 21)

A. 中心体　　B. 核糖体　　C. 微丝

D. 中间丝　　E. 线粒体

二、简答题

1. 简述细胞的主要结构与功能。
2. 被覆上皮的分类、结构及分布如何？
3. 疏松结缔组织的组成成分有哪些？各有何功能？
4. 简述软骨组织的结构和分类。
5. 血液的有形成分有哪些？其形态和功能如何？
6. 试比较骨骼肌、平滑肌和心肌的形态和结构特点。
7. 神经元的结构和分类如何？

第一章　复习思考题参考答案

第二章 运动系统

【知识目标】

1. 掌握动物全身各部骨的形态结构特征。
2. 掌握关节的构造及四肢各关节的构成。
3. 掌握胸壁肌和腹壁肌的形态和位置。
4. 掌握四肢肌的形态、位置和作用。

【技能目标】

1. 能说明全身骨的形态、位置和前、后肢关节的结构。
2. 能在动物活体上指出全身各部肌肉的名称和位置。

【思政目标】

引导学生学会独立、尝试承担起责任,挖掘他们的兴趣,学会学习。

运动系统由骨、骨连结和肌肉三部分组成。全身各骨借骨连结形成骨骼,构成动物体的支架和形成一定的形态。肌肉附着于骨上,收缩时牵引骨发生移位而产生运动。在运动中,骨是运动的杠杆,骨连结(关节)是运动的枢纽,肌肉则是运动的动力器官。

第一节 骨和骨连结

一、概述

动物体内每块骨是一个器官,主要由骨组织构成,具有一定的形态和功能。骨内含有骨髓,是重要的造血器官。骨质内有大量的钙盐和磷酸盐,是动物体的钙、磷库。

(一)骨的类型

骨根据形态分为长骨、短骨、扁骨和不规则骨四种类型。

1. 长骨

长骨多分布于四肢，呈长管状，中部称骨干或骨体，内有空腔为骨髓腔，两端膨大称为骺或骨端。

2. 短骨

短骨略呈立方形，多分布于四肢的长骨之间，如腕骨、跗骨等。

3. 扁骨

扁骨呈板状，主要位于头部、胸壁和四肢的带部，如颅骨、肋骨、肩胛骨等。

4. 不规则骨

不规则骨的形状不规则，一般构成畜体中轴，如椎骨、枕骨等。

(二)骨的构造

骨由骨膜、骨质和骨髓构成，并含有丰富的血管和神经(图 2-1)。

1. 骨膜

骨膜包括骨外膜和骨内膜。骨外膜较厚，被覆于除关节面以外整个骨的外表面。骨内膜较薄，衬于骨髓腔的内表面和骨松质腔隙内。骨膜含有丰富的血管和神经，具有营养、保护和感觉作用。

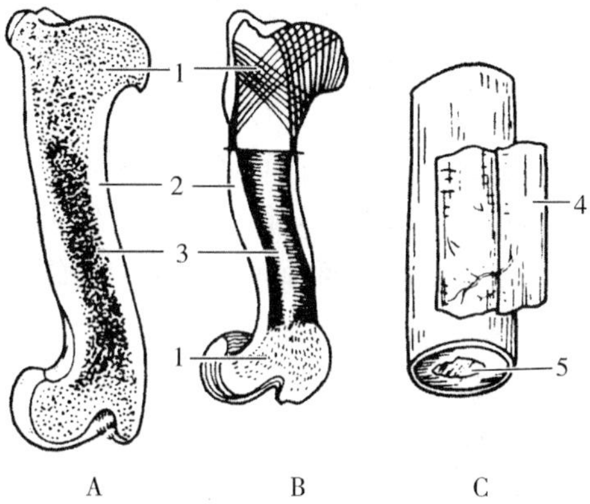

A. 肱骨纵切面　B. 骨松质的结构　C. 骨膜

1. 骨松质　2. 骨密质　3. 骨髓腔　4. 骨膜　5. 骨髓

图 2-1　骨的形态和构造

2. 骨质

骨质分骨密质和骨松质。骨密质坚硬、致密，耐压性强，分布于骨的表面。骨松质结构疏松，由互相交错的骨小梁构成，分布于骨的深面。

3. 骨髓

骨髓填充于骨髓腔和骨松质的间隙内，分红骨髓和黄骨髓。红骨髓具有造血机能。随着动物年龄增长，骨髓腔内的红骨髓逐渐被脂肪所代替成为黄骨髓。

(三)骨的物理特性和化学成分

骨由有机质和无机质组成。有机质主要是骨胶原纤维和骨黏蛋白，使骨具有韧性和弹性；无机质主要是磷酸钙和碳酸钙，使骨具有硬度。幼龄动物的骨有机质较多，骨柔软而弹性大。老年动物骨的无机质多，骨质硬而脆，易发生骨折。

(四)骨表面的形态

骨的表面有突起和凹陷。突起多是肌肉附着的地方，凹陷多是血管神经穿通及与附近器官接触的地方。

1. 突起

骨面上的突起形态和部位不同，其名称也不同。有的称为突，如角突、横突、棘突等；有的称为隆起，如三角肌粗隆；有的称为结节，如大结节、盂上结节、髋结节等；有的称为嵴，如面嵴、枕嵴；有的称为髁，如枕髁、下颌髁等。

微课程视频 2
骨(讲师:王军)

2. 凹陷

骨面的凹陷形态不同,分别叫窝、沟、切迹、裂孔和窦等。

(五)骨连结

骨与骨之间借纤维结缔组织、软骨或骨组织相连,形成骨连结。根据连结的方式不同,可分为直接连结和间接连结。

1. 直接连结

两骨的相对面或相对缘借结缔组织直接相连,其间无腔隙,不活动或仅有小范围活动。根据骨连结间组织的不同,分为纤维连结、软骨连结和骨性结合。

(1)纤维连结　两骨之间以纤维结缔组织相连结,一般无活动性,如头骨缝间的缝韧带,桡骨和尺骨之间的韧带连结。

(2)软骨连结　两骨间借软骨相连,基本不能活动。由透明软骨结合的,如长骨的骨干与骺之间的骺软骨,蝶骨与枕骨的结合等;由纤维软骨结合的,如椎体之间的椎间盘。

(3)骨性结合　两骨间以骨组织连结,常由纤维连结和软骨连结骨化而成,完全不能活动,如荐椎椎体之间的骨性结合。

2. 间接连结

骨与骨之间不直接连结,其间有滑膜包围的腔隙,可进行灵活的运动,故又称滑膜连结,简称关节。

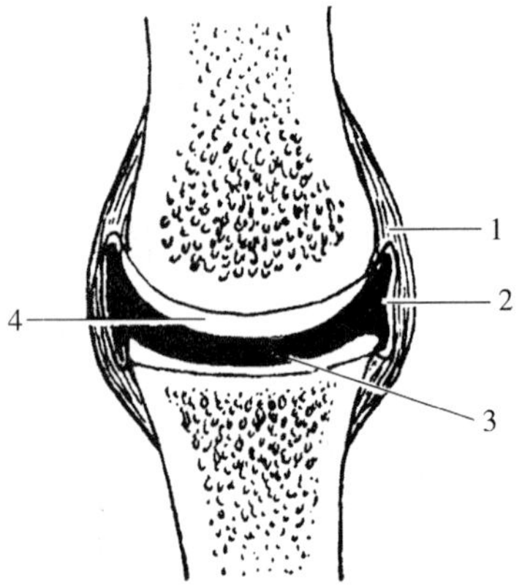

1. 关节囊纤维层　2. 关节囊滑膜层
3. 关节腔　4. 关节软骨

图 2-2　关节构造模式图

(1)关节的基本结构　关节的基本结构包括关节面、关节囊、关节腔(图 2-2)。

关节面:相对两骨的接触面,多为一凸一凹,表面覆以光滑的透明软骨,称关节软骨,富有弹性,具有减少摩擦和缓冲震动的作用。

关节囊:由结缔组织构成,附着于关节面周缘。囊壁分内、外两层,外层为纤维层,内层为滑膜层,滑膜层与关节软骨围成密闭的关节腔。滑膜可分泌滑液,有营养软骨和润滑关节的作用。

关节腔:为关节软骨与滑膜围成的密闭腔隙,内有滑液。关节腔内为负压,有助于维持关节的稳定。

(2)关节的辅助结构　关节的辅助结构是适应关节的功能而形成的一些特殊结构。包括韧带、关节盘和关节唇等。

韧带:连接相邻两骨之间的致密结缔组织束,位于关节囊外的称囊外韧带,一般位于关节的两侧,称内、外侧副韧带;位于关节囊内的称囊内韧带。韧带有增强关节稳定性和限制关节过度运动的作用。

关节盘:位于两关节面之间的纤维软骨板。其周缘附着于关节囊,将关节腔分为两部,可使两关节面吻合一致,扩大运动范围和缓冲震动,如椎骨与椎体之间的椎间盘,膝关节内的半月板等。

关节唇:附着在关节窝周缘的纤维软骨环。可加深关节窝,扩大关节面,增强关节稳定性,如肩臼和髋臼周围的缘软骨。

(3)关节的运动　关节的运动可分为滑动，屈、伸运动，内收、外展运动，旋转运动四种。

(4)关节的类型　按组成关节的骨数，可分为单关节和复关节。单关节由相邻两骨构成。复关节由两块以上的骨构成。根据关节运动轴的数目，可分为单轴关节、双轴关节和多轴关节。单轴关节只能沿一条轴作屈、伸运动。双轴关节有两个运动轴。多轴关节可沿三个运动轴做多向运动。

微课程视频 3

全身骨骼的划分(讲师:王军)

(六)动物体全身骨的划分

动物体全身骨(图 2-3)分为中轴骨、四肢骨和内脏骨(表 2-1)，中轴骨又可分为头骨和躯干骨，四肢骨包括前肢骨和后肢骨，内脏骨如犬的阴茎骨和牛的心骨等。

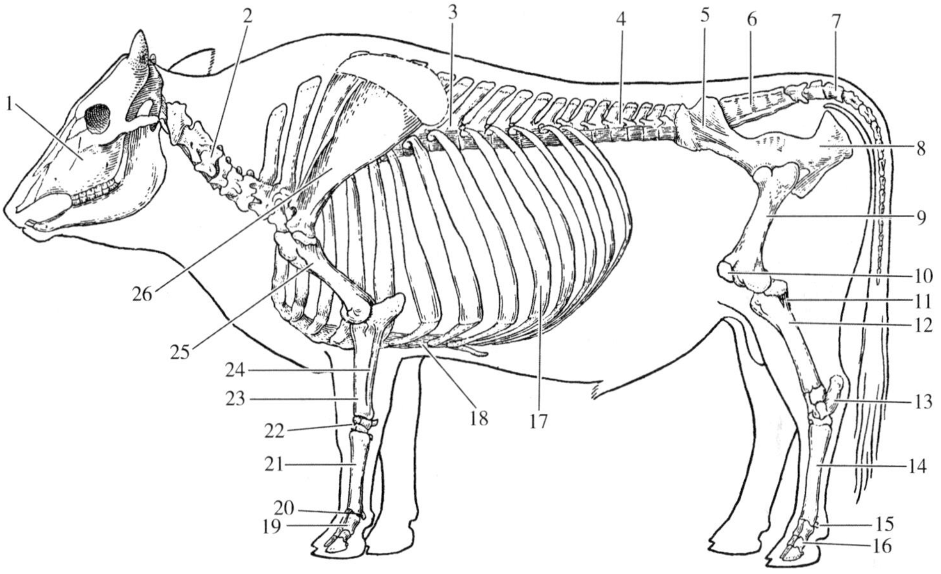

1.头骨　2.颈椎　3.胸椎　4.腰椎　5.髂骨　6.荐骨　7.尾椎　8.坐骨　9.股骨　10.膝盖骨　11.腓骨　12.胫骨　13.跗骨　14.跖骨　15.近籽骨　16.趾骨　17.肋骨　18.胸骨　19.指骨　20.近籽骨　21.掌骨　22.腕骨　23.桡骨　24.尺骨　25.肱骨　26.肩胛骨

图 2-3　牛全身骨骼

表 2-1　动物体全身骨的划分

- 全身骨
  - 中轴骨
    - 头骨
      - 颅骨:枕骨、额骨、顶骨、顶间骨、筛骨、蝶骨、颞骨
      - 面骨:上颌骨、切齿骨、鼻骨、颧骨、泪骨、腭骨、翼骨、犁骨、鼻甲骨、下颌骨、舌骨
    - 躯干骨:椎骨、肋、胸骨
  - 四肢骨
    - 前肢骨:肩胛骨、肱骨、前臂骨(桡骨、尺骨)、前脚骨(腕骨、掌骨、指骨、籽骨)
    - 后肢骨:髋骨(髂骨、坐骨、耻骨)、股骨、膝盖骨、小腿骨(胫骨、腓骨)、后脚骨(跗骨、跖骨、趾骨、籽骨)
  - 内脏骨

微课程视频 4

前肢骨及其连结

(讲师:刘忠虎)

二、头骨及其连结

(一)头骨

头骨分颅骨和面骨(图 2-4、图 2-5)。

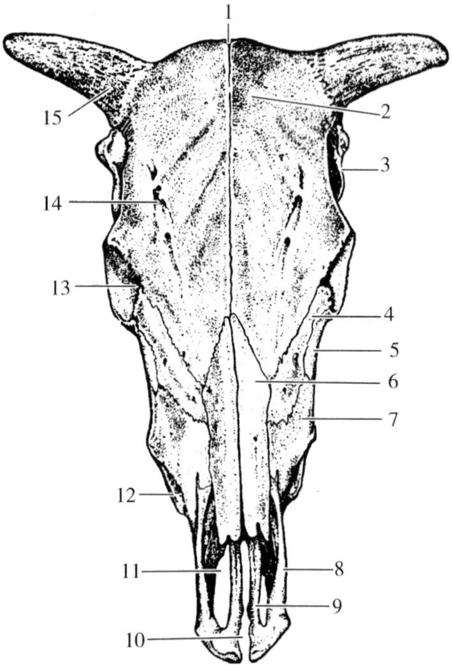

1.额隆起 2.额骨 3.颞骨 4.泪骨 5.颧骨 6.鼻骨 7.上颌骨 8.切齿骨 9.切齿骨腭突 10.切齿裂 11.腭裂 12.眶下孔 13.眼眶 14.眶上孔 15.角突

图 2-4 牛头骨(正面观)

1.颅骨

颅骨构成颅腔,由成对的额骨、顶骨、颞骨和不成对的枕骨、顶间骨、蝶骨和筛骨等 7 种 10 块骨组成。

(1)枕骨　构成颅腔的后壁和底壁的一部分,后上方有横向的枕嵴,后下方有枕骨大孔通于椎管。孔的两侧有枕髁,髁的外侧有颈静脉突。

(2)顶间骨　位于左、右顶骨和枕骨之间,常与相邻骨结合,在其脑面有枕内结节。

(3)顶骨　位于枕骨和额骨之间,除牛外,构成颅腔的顶壁。

(4)额骨　位于顶骨的前方,鼻骨和筛骨的后方,外侧接颞骨。额骨的前部有向两侧伸出的眶上突,构成眼眶的上界。突的后方为颞窝,前方为眶窝。

(5)筛骨　构成颅腔的前壁,由一垂直板、一筛板和一对侧块组成。垂直板位于正中,构成鼻中隔后部。筛板位于颅腔和鼻腔之间,上有许多小孔,供视神经通过。侧块位于垂直板两侧,由许多卷曲的薄骨板构成。

(6)蝶骨　构成颅腔底壁的前部。由一蝶骨体、两对翼(眶翼、颞翼)和一对翼突组成,形如蝴蝶。蝶骨体位于正中;眶翼参与构成眼眶内侧壁和颞窝的一部分,颞翼参与构成颅腔外侧壁;翼突形成鼻后孔的侧壁。

(7)颞骨　位于颅腔的侧壁,又分为鳞部、岩部和鼓部。鳞部外侧面凸,有向外前方伸出的颧突,与颧骨的突起合成颧弓。颧突腹侧面有颞髁,与下颌髁形成关节。岩部位于鳞部与枕骨之间,是中耳和内耳的所在部位。鼓部位于岩部的腹外侧,外侧有骨性外耳道,向内通鼓室,鼓室形成突向腹外侧的鼓泡。

2.面骨

面骨构成鼻腔、口腔和面部的支架。面骨由成对的上颌骨、切齿骨、鼻骨、颧骨、泪骨、腭骨、翼骨、上鼻甲骨、下鼻甲骨及不成对的犁骨、下颌骨和舌骨等 12 种 21 块骨组成。

(1)上颌骨　位于面部两侧,几乎与面部各骨均相接连,骨的外侧面有面嵴和眶下孔。向内侧伸出水平的腭突,将鼻腔和口腔隔开。上颌骨的下缘称齿槽缘,有臼齿槽,前方无齿槽的部分,称齿槽间缘。

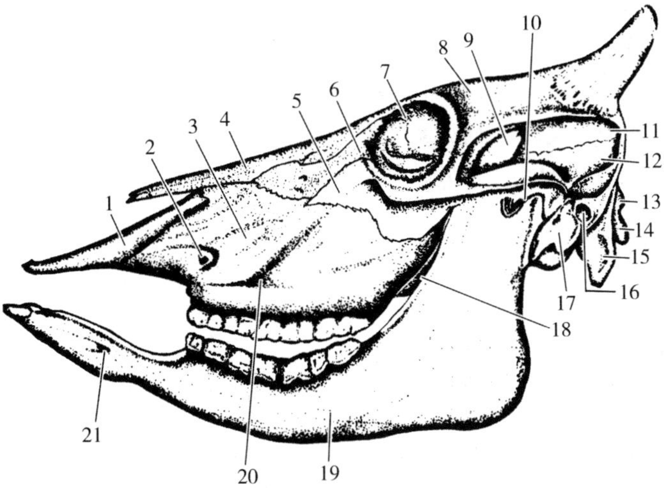

1. 切齿骨　2. 眶下孔　3. 上颌骨　4. 鼻骨　5. 颧骨　6. 泪骨　7. 眶窝　8. 额骨
9. 下颌骨冠状突　10. 下颌髁　11. 顶骨　12. 颞骨　13. 枕骨　14. 枕髁　15. 颈静脉突
16. 外耳道　17. 颞骨岩部　18. 腭骨　19. 下颌支　20. 面结节　21. 颏孔

图 2-5　牛头骨侧面观

(2)切齿骨　位于上颌骨的前方，由骨体、腭突和鼻突三部分组成。除反刍动物外，骨体上均有切齿槽。骨体向后伸出腭突和鼻突。腭突向后接上颌骨的腭突。鼻突则与鼻骨之间形成鼻切齿骨切迹。

(3)鼻骨　位于额骨的前方，构成鼻腔顶壁的大部。

(4)泪骨　位于上颌骨后上方和眼眶的前内侧。其眶面有泪囊窝和鼻泪管的开口。

(5)颧骨　位于泪骨腹侧，构成眼眶的前下部。向后方伸出颧突，与颞骨的颧突结合形成颧弓。

(6)腭骨　位于上颌骨内侧的后方，构成鼻后孔的侧壁与硬腭的后部。

(7)翼骨　是狭窄而薄的骨板，位于鼻后孔的两侧。

(8)犁骨　位于鼻腔底面的正中，背侧呈钩状，容纳筛骨垂直板和鼻中隔软骨。

(9)鼻甲骨　是上、下两对卷曲的薄骨片，附着在鼻腔的侧壁上，将每侧鼻腔分为上、中、下三个鼻道。

(10)下颌骨　是头骨中最大的骨，分骨体和下颌支。骨体略呈水平位，前部为切齿部，有切齿槽，后部为臼齿部，有臼齿槽。外侧面前部近切齿部有颏孔。下颌支系骨体后部转向背侧的骨板，内侧面有下颌孔。下颌支的上端后方有下颌髁，与颞骨的髁状关节面成关节。下颌髁之前有较高的冠状突。两侧骨体和下颌支之间，形成下颌间隙。

(11)舌骨　位于下颌间隙后部，由一个舌骨体和成对的角舌骨、甲状舌骨、上舌骨、茎舌骨及鼓舌骨组成，与两侧颞骨的岩部相连。

3. 鼻旁窦

在一些头骨的内部，形成直接或间接与鼻腔相通的腔，称为鼻旁窦，又称副鼻窦。窦内的黏膜和鼻腔的黏膜相延续，鼻腔严重感染时可蔓延至鼻旁窦，引起鼻旁窦炎。鼻旁窦在兽医临床上较重要的有上颌窦、额窦和腭窦。

(二)头骨的连结

头骨之间的连结主要为纤维连结和软骨连结，只有颞下颌关节为滑膜连结。

颞下颌关节由下颌骨与颞骨构成，两关节面间垫有关节盘。关节囊较厚，在关节囊的外侧有侧副韧带。下颌关节活动性较大，主要进行开口、闭口和侧运动。

三、躯干骨及其连结

(一)躯干骨

躯干骨包括椎骨、肋和胸骨。

1. 椎骨

椎骨按其位置分为颈椎、胸椎、腰椎、荐椎和尾椎。所有的椎骨按从前到后的顺序排列，由软骨、关节和韧带连接在一起形成身体的中轴，称为脊柱，有保护脊髓、支持头部、悬挂内脏和传递冲力等作用。

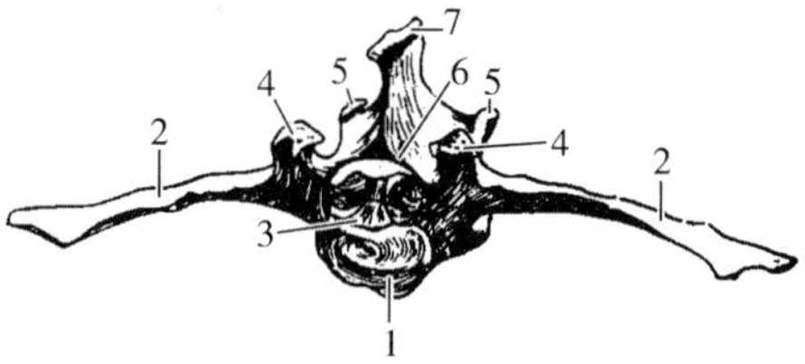

1. 椎头　2. 横突　3. 椎孔　4. 前关节突
5. 后关节突　6. 椎弓　7. 棘突

图 2-6　椎骨的基本构造

(1)椎骨的一般构造　各部位椎骨的形态虽有差异，但构造基本相似，均由椎体、椎弓和突起组成(图 2-6)。

①椎体　位于腹侧，呈短圆柱状，前端凸出为椎头，后端凹陷为椎窝。相邻椎骨的椎头和椎窝相连结。

②椎弓　位于椎体背侧，是拱形的骨板，与椎体共同围成椎孔。所有椎骨的椎孔连接在一起形成椎管，容纳脊髓。椎弓基部的前缘和后缘两侧各有一对切迹，相邻椎弓的切迹合成椎间孔，供血管、神经通过。

③突起　有 3 种，均由椎弓发出。从椎弓背侧向上伸出 1 个突起，称为棘突。从椎弓基部向两侧伸出 1 对突起，称为横突。椎弓背侧的前缘和后缘各伸出 1 对关节突，与相邻椎骨的关节突构成关节。

(2)各部椎骨的形态特征

①颈椎　有 7 个。第 1 颈椎呈环形，又称为寰椎。由背侧弓和腹侧弓构成，其两侧的宽板称寰椎翼。第 2 颈椎又称枢椎，椎体最长，前端形成发达的齿突。第 3～5 颈椎形态相似，其椎体发达，椎头和椎窝明显，前、后关节突发达，横突分前、后两支，横突基部有横突孔。第 6 颈椎略短，棘突较发达。第 7 颈椎的椎窝两侧各有一后肋凹，棘突较显著，横突不分支，无横突孔。

②胸椎　牛、羊、犬、猫 13 个，猪 14～15 个，马 18 个，兔 12 个。椎体前、后端的两侧有前、后肋窝，与肋头成关节。棘突发达，第 2～6 胸椎的棘突最高。横突短，有小关节面与肋骨结节成关节。

③腰椎　牛、马 6 个，猪、羊 6～7 个，犬、猫、兔 7 个。腰椎椎体长度与胸椎相似，棘突发达。横突长，呈上下压扁的板状，向外水平伸出。

④荐椎　牛、马 5 个，羊、猪、兔 4 个，犬、猫 3 个，成年动物的荐椎愈合在一起，称为荐骨。前端两侧的突出部称荐骨翼。第一荐椎体腹侧缘前端略凸称荐骨岬。牛、马的荐骨有 4 对背

侧荐孔和4对腹侧荐孔。

⑤尾椎　数目变化大，除前数个尾椎具有椎骨的一般构造外，其余尾椎退化，仅保留有椎体，并逐渐变细，牛前几个尾椎腹侧有血管沟，供尾中动脉通过。

2. 肋

肋构成胸廓的侧壁，左、右成对，包括肋骨和肋软骨(图2-7A)，其对数与胸椎数目相同，牛、羊、犬、猫13对，猪14～15对，马18对，兔12对。肋骨的椎骨端有肋头和肋结节，分别与相应的胸椎椎体和横突成关节。相邻两肋之间的间隙称为肋间隙。肋骨的腹侧连接肋软骨，前8对肋的肋软骨与胸骨直接相接，称真肋或胸肋；其余肋的肋软骨则由结缔组织连接于前一肋软骨上，称假肋或弓肋。有的肋的肋软骨末端游离，称为浮肋。最后肋骨与各弓肋的肋软骨顺次相接，形成肋弓。

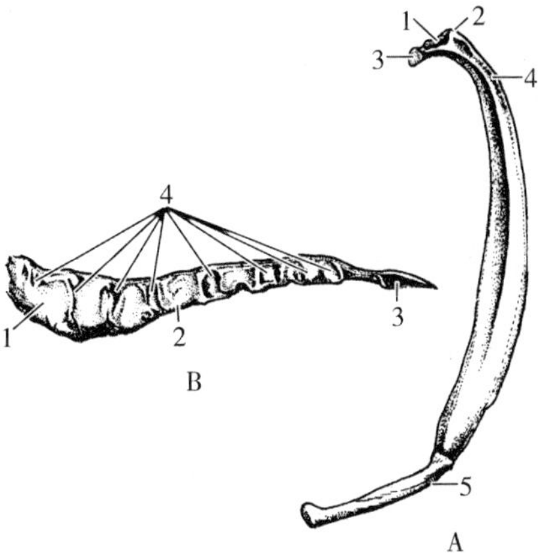

A. 肋：1. 肋颈　2. 肋结节　3. 肋头　4. 肋骨　5. 肋软骨
B. 胸骨：1. 胸骨柄　2. 胸骨体　3. 剑状软骨　4. 肋窝

图2-7　牛的胸骨和肋

3. 胸骨和胸廓

(1)胸骨　位于胸廓的底部，由数个胸骨节片借软骨连结而成(图2-7B)。前端为胸骨柄；中部为胸骨体，在胸骨节片间有肋窝，与真肋的肋软骨成关节；后端有背、腹扁的剑状软骨。

(2)胸廓　由背侧的胸椎、两侧的肋骨和肋软骨以及腹侧的胸骨围成，呈平卧的截顶圆锥形。胸前口由第1胸椎、第1对肋和胸骨柄构成。胸后口则由最后胸椎、两侧的肋弓和腹侧的剑状软骨所构成。

(二)躯干骨的连结

躯干骨的连结分为脊柱连结和胸廓连结。

1. 脊柱连结

脊柱连结又分为椎体间连结、椎弓间连结和脊柱总韧带。

(1)椎体间连结　相邻椎骨的椎头和椎窝之间借椎间盘和韧带相连。椎间盘周围为纤维环，中央为柔软的髓核。椎间盘愈厚，运动范围愈大，如颈部和尾部的椎间盘最厚。

(2)椎弓间连结　椎弓间连结是相邻椎骨的关节突构成的关节，有关节囊。颈部的关节囊宽大，活动性较大。胸腰部的小而紧，活动范围较小。

(3)脊柱总韧带　脊柱总韧带是贯穿脊柱，连结大部分椎骨的韧带，包括棘上韧带、背侧纵韧带和腹侧纵韧带。

①棘上韧带　位于棘突顶端。由枕骨向后伸延至荐骨。在颈部棘上韧带特别强大，称为项韧带。项韧带分左右两半，每半又分索状部和板状部(图2-8)。

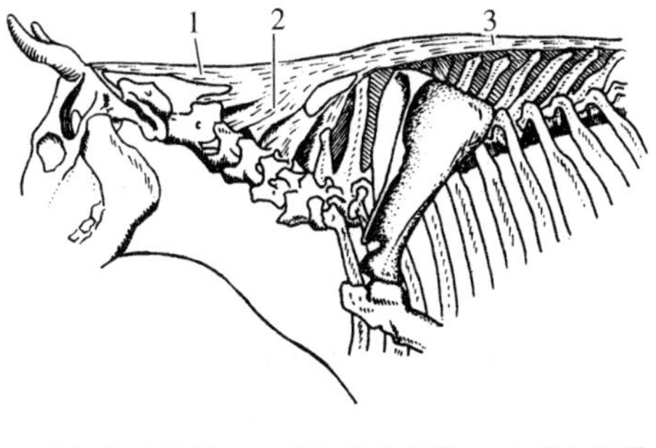

1. 项韧带索状部　2. 项韧带板状部　3. 棘上韧带

图2-8　牛的项韧带

②背侧纵韧带　位于椎管底壁，自枢椎伸延至荐骨。

③腹侧纵韧带　位于椎体和椎间盘腹侧，由胸中部伸延到荐骨。

2. 胸廓连结

胸廓连结包括肋椎关节和肋胸关节。

(1)肋椎关节　每一肋骨与相应胸椎构成两个关节。一个是肋头与相邻胸椎椎体上的肋窝之间形成的肋头关节，另一个是肋结节与胸椎横突形成的肋横突关节。

(2)肋胸关节　由真肋的肋软骨与胸骨两侧的肋窝形成的关节。

四、前肢骨及其连结

(一)前肢骨

前肢骨包括肩胛骨、肱骨、前臂骨和前脚骨。其中前臂骨包括桡骨和尺骨，前脚骨包括腕骨、掌骨、指骨和籽骨(图 2-9)。

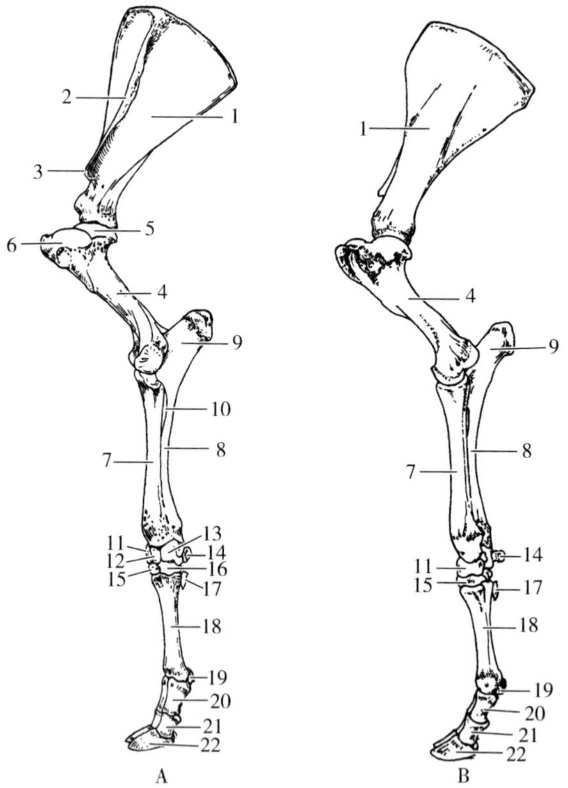

A. 外侧(左)　B. 内侧(右)

1. 肩胛骨　2. 肩胛冈　3. 肩峰　4. 肱骨　5. 肱骨头　6. 外侧结节　7. 桡骨　8. 尺骨　9. 鹰嘴　10. 前臂骨间隙　11. 桡腕骨　12. 中间腕骨　13. 尺腕骨　14. 副腕骨　15. 第 2、3 腕骨　16. 第 4 腕骨　17. 第 5 掌骨　18. 大掌骨　19. 近籽骨　20. 系骨　21. 冠骨　22. 蹄骨

图 2-9　牛的前肢骨

1.肩胛骨

肩胛骨为三角形扁骨，外侧面有一纵走的肩胛冈。牛、犬、猫和兔的肩胛冈远端突出称为肩峰。猪的肩胛冈中部弯向后方形成一大的冈结节。马的冈结节较粗大。肩胛冈的前上方为冈上窝，后下方为冈下窝。肩胛骨内侧面的上部前、后各有一个三角形粗糙面为锯肌面，中部有大而浅的肩胛下窝。肩胛骨的背侧缘附有肩胛软骨，远端圆形浅窝称关节盂，关节盂前方突出部为盂上结节。

2.肱骨

肱骨又称臂骨，为管状长骨，可分为两端和骨体。近端后部的球状关节面为肱骨头。前部有臂二头肌沟，两侧有内、外侧结节，内侧结节又称小结节，外侧结节又称大结节。骨体呈扭曲的圆柱状，外侧上部有三角肌粗隆，内侧中部有大圆肌粗隆。远端有内、外侧髁。两髁的后面有一深的鹰嘴窝。窝的两侧是内、外侧上髁。牛、羊、猪的大结节很发达，三角肌粗隆较小；马的三角肌粗隆较大。

3.前臂骨

前臂骨由桡骨和尺骨组成。桡骨位于前内侧，骨体前后扁，略弓向背侧。尺骨位于后外侧，近端发达，向后上方突出形成鹰嘴。尺骨与桡骨之间形成前臂骨间隙。牛、羊和马桡骨发达，尺骨显著退化；猪、犬和兔尺骨比桡骨长。

4.腕骨

腕骨排成两列。近列 4 块，由内向外为桡腕骨、中间腕骨、尺腕骨和副腕骨。远列自内向外依次为第 1、2、3 和 4 腕骨。牛缺第 1 腕骨，第 2、3 腕骨愈合；猪有 8 块腕骨；马第 1、2 腕骨愈合；犬、猫桡腕骨与中间腕骨愈合；兔腕骨有 3 列 9 块，中列有 1 块，为中央腕骨。

5.掌骨

掌骨典型为 5 块，由内向外分别为第 1、2、3、4 和 5 掌骨。牛、羊第 3、4 掌骨发达，相互愈合成大掌骨，第 5 掌骨为小掌骨，第 1、2 掌骨退化；猪有 4 个掌骨，第 3、4 掌骨大，第 2、5 掌骨小，缺第 1 掌骨；马有 3 个，第 3 掌骨发达，称大掌骨，内侧和外侧的第 2 和第 4 掌骨是小掌骨，缺第 1 和 5 掌骨；犬、猫和兔有 5 个掌骨。

6.指骨

指骨典型为 5 指，一般每一指具有 3 节，即近指节骨（系骨）、中指节骨（冠骨）和远指节骨（蹄骨）。蹄骨近端前缘突出，称伸肌突；底面后缘粗糙，称屈腱面。牛、羊的第 3、4 指发育完全，第 2、5 指退化，仅留痕迹；猪的第 3、4 指发达，第 2、5 指短而细；马只有第 3 指；犬、猫和兔有 5 指，但第 1 指仅有 2 块指节骨。

7.籽骨

籽骨分近籽骨和远籽骨，每指有 3 块籽骨。近籽骨 2 块，位于掌骨远端和系骨近端掌侧。远籽骨 1 块，位于冠骨和蹄骨交界部掌侧。猪的第 2、5 指缺远籽骨；犬第 1 指有 1 块近籽骨，其余指各有 2 块近籽骨和 1 块背侧籽骨。

（二）前肢骨的连结

前肢的肩胛骨与躯干间不形成关节，而是通过肌肉连结。前肢各骨之间均形成关节，由上向下依次为肩关节、肘关节、腕关节和指关节。

1. 肩关节

肩关节由肩胛骨的关节盂和肱骨头构成，关节角顶向前，没有侧副韧带，具有宽松的关节囊。肩关节属多轴关节，主要做屈、伸运动(图 2-10)。

2. 肘关节

肘关节由肱骨远端和前臂骨近端构成，为单轴关节，关节角顶向后，有内、外侧副韧带，可作屈、伸运动(图 2-11)。

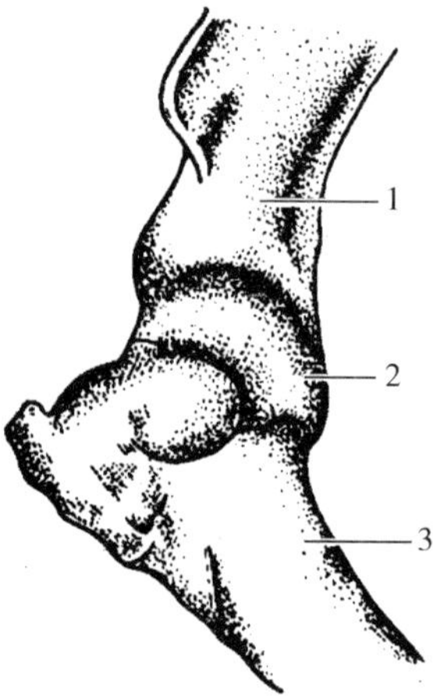

1. 肩胛骨　2. 关节囊　3. 肱骨

图 2-10　牛的肩关节

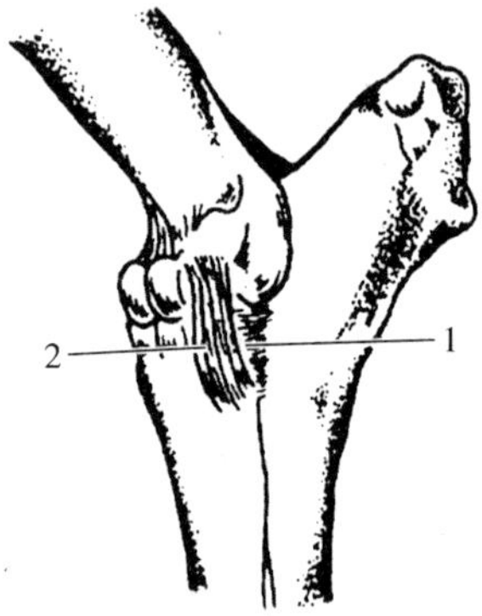

1. 骨间韧带　2. 外侧副韧带

图 2-11　牛的肘关节(外侧面)

3. 腕关节

腕关节由桡骨远端、两列腕骨和掌骨近端构成，是单轴关节，包括桡腕关节、腕间关节和腕掌关节。关节角顶向前，有内、外侧副韧带和许多短的骨间韧带。由于关节面的形状、骨间韧带和掌侧关节囊壁的限制，腕关节仅能向掌侧屈曲(图 2-12)。

4. 指关节

指关节包括掌指关节(系关节)、近指间关节(冠关节)和远指间关节(蹄关节)，均系单轴关节，可做屈、伸运动(图 2-13 和图 2-14)。

(1)掌指关节　又称球节，由掌骨远端、系骨近端和一对近籽骨构成。系关节除有内、外侧副韧带外，还有悬韧带和籽骨下韧带等。

(2)近指间关节　由系骨远端和冠骨近端构成。有侧副韧带和掌侧韧带。

(3)远指间关节　由冠骨与蹄骨及远籽骨构成。有短而强的侧副韧带。

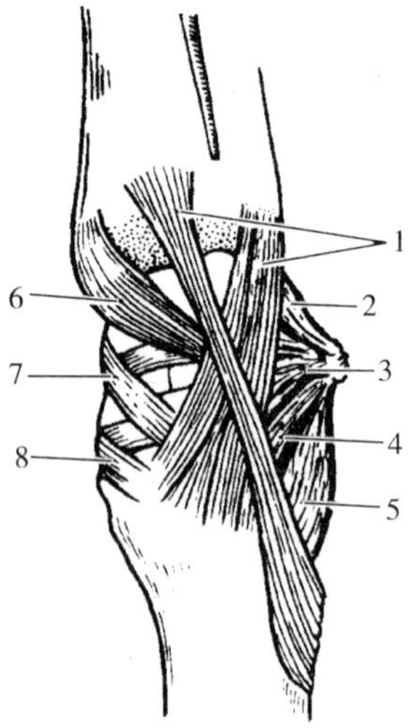

1. 腕外侧副韧带(浅、深两层)　2. 副腕骨尺骨韧带　3. 副尺腕骨韧带　4. 副腕骨与第 4 腕骨韧带　5. 副腕骨与第 4 掌骨韧带　6. 腕桡背侧韧带　7. 腕间背侧韧带　8. 腕掌背侧韧带

图 2-12　牛的腕关节(外侧面)

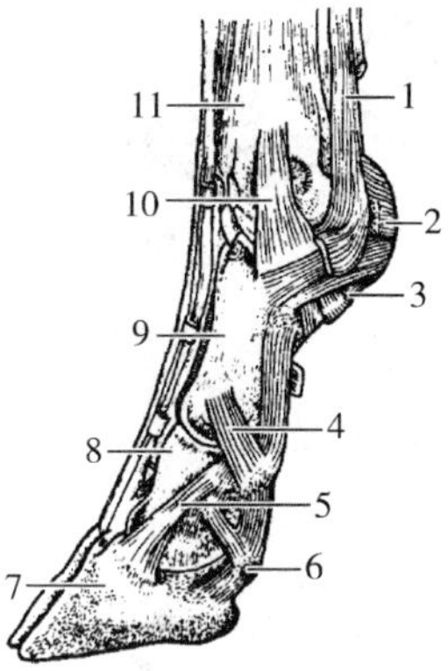

1. 悬韧带 2. 近籽骨 3. 近籽骨交叉韧带
4. 近指节间关节侧副韧带 5. 远指节间关节侧副韧带
6. 远籽骨 7. 远指节骨 8. 中指节骨 9. 近指节骨
10. 掌指关节侧副韧带 11. 掌骨

图 2-13 牛的指关节(侧面)

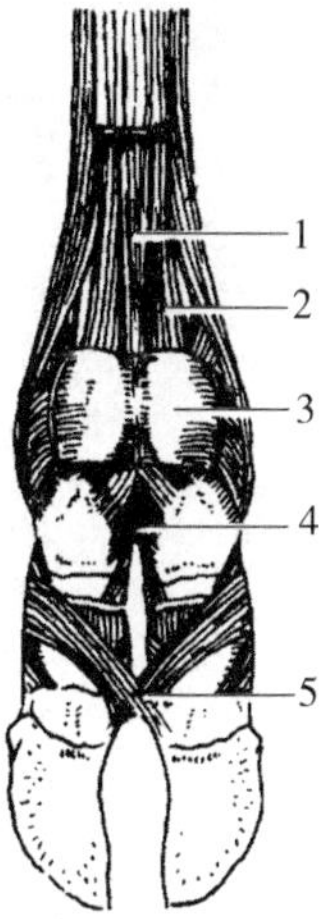

1. 悬韧带中间支 2. 悬韧带内侧支
3. 籽骨间韧带 4. 指间近韧带
5. 指间远韧带

图 2-14 牛的指关节(掌侧面)

五、后肢骨及其连结

(一)后肢骨

微课程视频 5
后肢骨及其连结
(讲师:张曼)

后肢骨包括髋骨、股骨、膝盖骨、小腿骨和后脚骨。髋骨是髂骨、坐骨和耻骨三骨的合称。小腿骨由胫骨和腓骨组成。后脚骨包括跗骨、跖骨、趾骨和籽骨(图 2-15)。

1. 髋骨

髋骨由髂骨、坐骨和耻骨结合而成。结合处形成髋臼,与股骨头成关节。

(1)髂骨 位于前上方,为三角形扁骨,前部宽为髂骨翼,后部窄为髂骨体。髂骨翼的前外侧角称为髋结节;内侧角为荐结节。

(2)坐骨 位于后下方,为不正的四边形,左、右坐骨的后缘连成坐骨弓,前缘与耻骨合成闭孔,内侧缘与对侧的坐骨在正中相接,形成骨盆联合的后部。后外侧角粗大,称坐骨结节。

(3)耻骨 位于前下方,内侧部与对侧耻骨相接,形成骨盆联合的前部,外侧部髋臼处与髂骨和坐骨结合,后缘构成闭孔的前缘。

骨盆由左、右髋骨、背侧的荐骨和前 3 个尾椎以及两侧的荐结节阔韧带共同构成。雌性动物骨盆的底壁平而宽,雄性动物则较窄。

2. 股骨

股骨为管状长骨。近端内侧是球形的股骨头,外侧粗大的突起为大转子。骨体呈圆柱状,内侧缘上部有粗厚的小转子,外侧缘上部有第 3 转子,牛、猪和犬无第 3 转子。股骨远端前部为滑车关节面,与膝盖骨成关节。后部有内、外侧髁,与胫骨成关节。髁的上方有上髁。

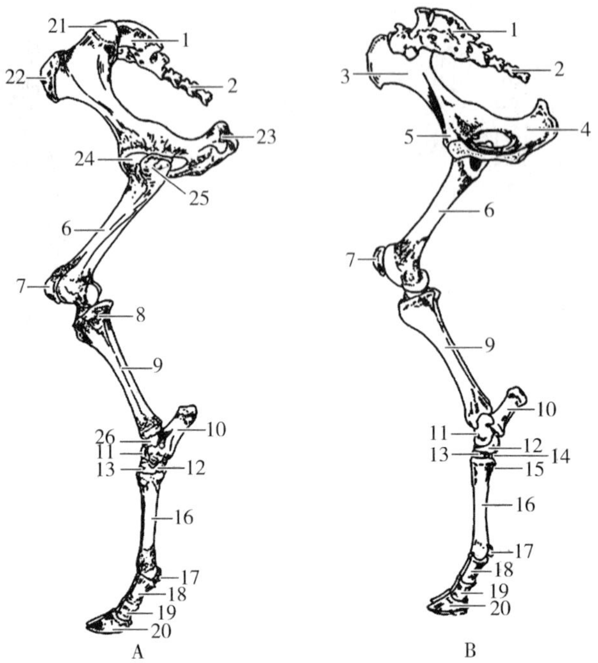

A. 外侧(左)　B. 内侧(右)

1. 荐骨　2. 尾椎　3. 髂骨　4. 坐骨　5. 耻骨　6. 股骨　7. 膝盖骨　8. 腓骨头　9. 胫骨　10. 跟骨　11. 距骨　12. 中央、第 4 跗骨　13. 第 2、3 跗骨　14. 第 1 跗骨　15. 第 2 跖骨　16. 大跖骨　17. 近籽骨　18. 系骨　19. 冠骨　20. 蹄骨　21. 荐结节　22. 髋结节　23. 坐骨结节　24. 股骨头　25. 大转子　26. 踝骨

图 2-15　牛的后肢骨

3. 膝盖骨

膝盖骨又称髌骨，是一大籽骨，呈顶端向下的楔形，与股骨远端的滑车关节面形成关节。

4. 小腿骨

小腿骨包括胫骨和腓骨。胫骨近端粗大，呈三棱形，有内、外侧髁。髁的前方为粗厚的胫骨粗隆，向下延续为胫骨嵴。远端较小，有与距骨相适应的关节面称胫骨窝，两侧的隆起分别称为内侧髁和外侧髁。腓骨位于胫骨外侧，与胫骨间形成小腿间隙。近端较大称腓骨头，远端细小。牛、羊腓骨退化，仅有两端，远端形成四边形的踝骨；猪和犬的腓骨与胫骨等长，远端形成外侧髁。

5. 跗骨

跗骨排成三列。近列 2 块，内侧为距骨(胫跗骨)，外侧为跟骨(腓跗骨)。跟骨近端粗大，称跟结节。中列仅有 1 块中央跗骨。远列由内向外依次是第 1、2、3 和 4 跗骨。牛、羊的跗骨有 5 块，第 2、3 跗骨愈合，第 4 跗骨与中央跗骨愈合；猪和犬有 7 块跗骨；马有 6 块跗骨，第 1、2 跗骨愈合。

6. 跖骨

跖骨与前肢掌骨相似，但较细长。牛的第 3、4 跖骨愈合成大跖骨，第 2 跖骨为小跖骨。

7. 趾骨

趾骨包括近趾节骨(系骨)、中趾节骨(冠骨)和远趾节骨(蹄骨)。与前肢指骨相似,较细长。

8. 籽骨

籽骨数目和排列与前肢籽骨相似。

(二)后肢骨的连结

后肢骨的连结包括荐髂关节、髋关节、膝关节、跗关节和趾关节。后肢在动物做前进运动时起推动作用,因此后肢与躯干通过荐髂关节牢固连结起来,以便将后肢推动力沿脊柱传至前肢。

1. 荐髂关节

荐髂关节由荐骨翼和髂骨翼构成,周围有关节囊和短而强的韧带加固。因此,荐髂关节几乎不能运动。在荐骨与髋骨之间有荐结节阔韧带,形成骨盆的侧壁,起自荐骨侧缘及第1、2尾椎横突,止于坐骨棘及坐骨结节。前缘与髂骨形成坐骨大孔,腹侧缘与坐骨形成坐骨小孔。

2. 髋关节

髋关节由髋臼和股骨头构成,关节角顶向后,关节囊宽松。在髋臼与股骨头之间有一短而强的圆韧带,马属动物还有1条副韧带。髋关节属多轴关节,但主要做屈、伸运动(图2-16)。

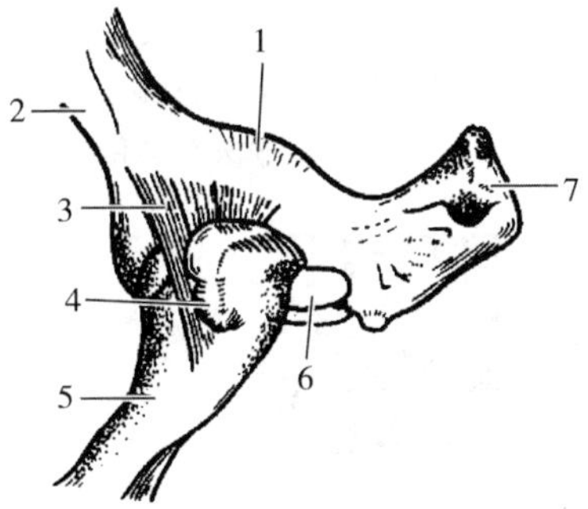

1. 坐骨嵴　2. 髂骨体　3. 髂骨韧带
4. 大转子　5. 股骨　6. 闭孔　7. 坐骨结节

图2-16　水牛的髋关节(外侧面)

3. 膝关节

膝关节包括股膝关节和股胫关节。关节角顶向前,为单轴关节,可做屈、伸运动。

(1)股膝关节　又称股髌关节,由股骨远端滑车关节面和膝盖骨组成。关节囊宽松,有侧副韧带。在前方有3条强大的膝直韧带[膝外侧(直)韧带、膝中间(直)韧带和膝内侧(直)韧带],将膝盖骨连于胫骨近端粗隆上(图2-17)。

(2)股胫关节　由股骨远端的内、外侧髁和胫骨近端与其间的两个半月板构成。除有侧副韧带外,关节中央还有1对交叉的十字韧带。此外,还有一些短的半月板韧带,与股骨和胫骨相连。半月板可使股骨和胫骨的关节面互相吻合并减轻震动。

4. 跗关节

跗关节又称飞节,由小腿骨远端、跗骨和跖骨近端构成,关节角顶向后。包括胫跗关节、近侧跗间关节、远侧跗间关节和跗跖关节。有内、外侧副韧带和背、跖侧韧带。跗关节属单轴关节,仅能作屈、伸运动(图2-18)。

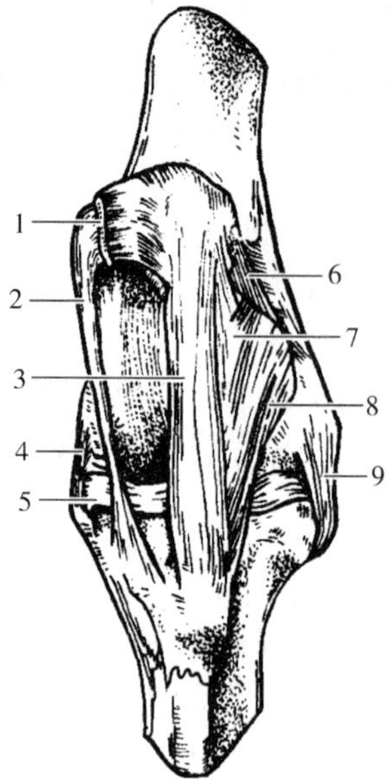

1.股内侧肌断端 2.膝内侧韧带 3.膝中间韧带
4.股胫内侧副韧带 5.半月板 6.股膝外侧副韧带
7.膝外侧副韧带 8.臀股二头肌腱 9.股胫外侧副韧带

图 2-17 膝关节韧带(内侧面)

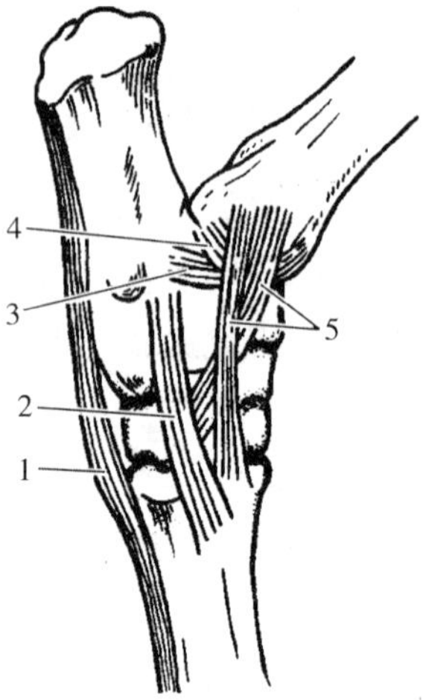

1.跖侧长韧带 2.短外侧副韧带跟跖部
3.短外侧副韧带胫距部 4.短外侧副韧带胫跟部 5.长外侧副韧带

图 2-18 跗关节(外侧面)

微课程视频 6
关节的构造(讲师:彭永帅)

5.趾关节

趾关节分为跖趾关节(系关节)、近趾节间关节(冠关节)和远趾节间关节(蹄关节)。其构造与前肢的相应关节相同。

第二节 肌 肉

一、概述

运动系统的肌肉由横纹肌组织构成,它们附着于骨骼上,又称为骨骼肌,是运动的动力器官。

(一)肌肉的构造

每一块肌肉都是一个复杂的器官,可分为肌腹和肌腱两部分。肌腹位于肌肉的中间,肌腱位于肌肉的两端。肌腹由许多骨骼肌纤维借结缔组织结合而成。肌纤维为肌肉的实质部分,在肌肉内集合成大小不同的肌束。结缔组织为间质部分,包在整块肌肉外表面构成肌外膜。肌外膜伸入肌内,包在肌束外面的称肌束膜,包围每一条肌纤维外面的称肌内膜。肌腱由致密结缔组织构成,坚固而有韧性,无收缩能力(图 2-19)。

(二)肌肉的形态

肌肉由于所在位置和机能不同而有不同的形态，一般可分为板状肌、纺锤形肌、多裂肌和环形肌四种。

1. 板状肌

板状肌呈薄板状，扁而宽。有的呈扇形，如背阔肌；有的呈锯齿状，如腹侧锯肌等。板状肌主要分布于腹壁和肩带部。

2. 纺锤形肌

纺锤形肌多分布于四肢，两端多为腱质，中间膨大部分为肌腹。其起端为肌头，止端为肌尾。纺锤形肌收缩时可产生大幅度的运动。

3. 多裂肌

多裂肌的肌腹由许多短肌束组成，多数沿脊柱分布于各椎骨之间，如背最长肌、髂肋肌等。

4. 环形肌

环形肌的肌纤维环行，分布于自然孔的周围，形成括约肌，如口轮匝肌、眼轮匝肌、肛门括约肌等，收缩时可缩小和关闭自然孔。

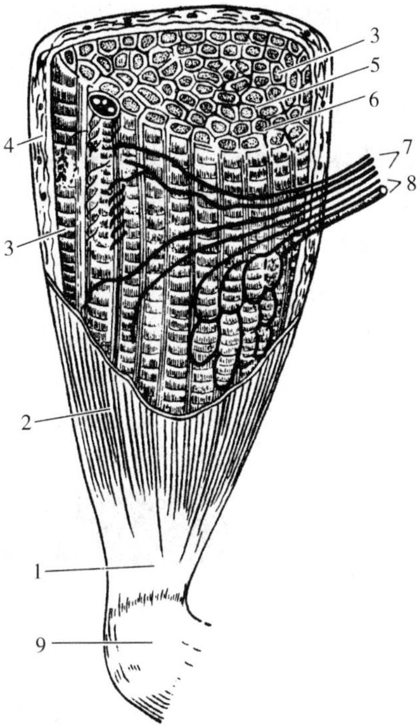

1. 肌腱　2. 肌腹　3. 肌纤维　4. 肌外膜　5. 肌束膜　6. 肌内膜　7. 神经　8. 血管　9. 骨

图 2-19　肌器官构造模式图

(三)肌肉起止点和作用

肌肉一般附着于两块或两块以上的骨上，中间越过一个或几个关节。肌肉收缩时，固定不动的一端叫起点，活动的一端称止点。但有时随运动情况的变化，起止点也可互换。自然孔周围的环形肌区分不出起点和止点。

肌肉的作用与其所在位置有密切的关系，根据肌肉收缩时所产生的效果，分为伸肌、屈肌、内收肌和外展肌等，它们分别分布于关节的伸面、屈面、内侧面和外侧面。动物在运动时，每个动作往往是几块肌肉或几组肌群相互配合的结果。在一个动作中，起主要作用的肌肉称主动肌；起协助作用的肌肉称协同肌；而产生相反作用的肌肉称对抗肌；参与固定某一部位的肌肉称固定肌。

(四)肌肉的命名

肌肉通常是根据肌肉的形态、位置、功能、构造、起止点以及肌纤维的方向等来命名的。多数肌肉是根据上述原则综合几个特征而命名的。

(五)肌肉的辅助器官

肌肉的辅助器官包括筋膜、黏液囊、腱鞘、滑车和籽骨。

1. 筋膜

筋膜分浅筋膜和深筋膜。浅筋膜由疏松结缔组织构成，位于皮下。有些部位的浅筋膜内有皮肌，营养良好的动物在浅筋膜内有脂肪。深筋膜由致密结缔组织构成，位于浅筋膜的深层，覆盖于浅层肌的表面。在某些部位（如前臂和小腿部）深筋膜形成包围肌群的筋膜鞘；或伸入肌肉之间形成肌间隔；或提供肌肉的附着面；或形成环状韧带以固定肌腱的位置。

2. 黏液囊

黏液囊是封闭的结缔组织囊，囊壁薄，内有滑液，多位于肌肉、腱、韧带和皮肤等与骨的突起之间，有减少摩擦的作用。关节附近的黏液囊多与关节腔相通（图 2-20A）。

3. 腱鞘

腱鞘为包裹腱的黏液囊，呈双层的管状结构。多位于活动性较大的部位，如四肢腕、跗、指（趾）关节等处，可减少肌腱活动时的摩擦（图 2-20B）。

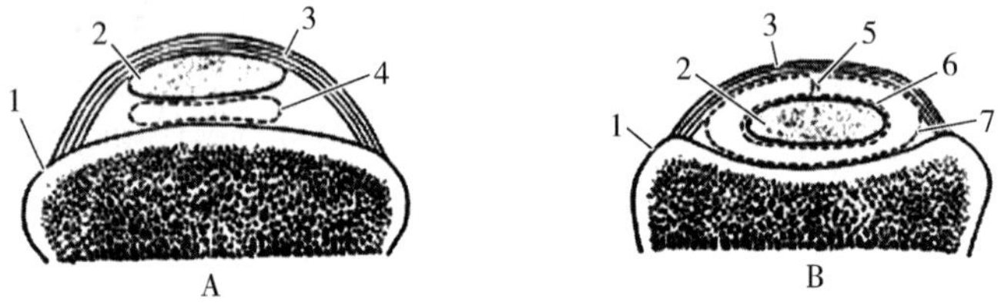

A. 黏液囊　B. 腱鞘

1. 骨　2. 腱　3. 纤维膜　4. 滑膜　5. 腱系膜　6. 滑膜腱层　7. 滑膜壁层

图 2-20　黏液囊和腱鞘构造模式图

4. 滑车和籽骨

（1）滑车　为骨的滑车状突起，表面覆有软骨，与腱之间常垫有黏液囊，以减少肌腱与骨面之间的摩擦。

（2）籽骨　为位于关节角顶的小骨，可改变肌肉作用力的方向和减少摩擦。

二、皮肌

皮肌是分布于浅筋膜内的薄层肌，紧贴在皮肤的深面。皮肌并不完全覆盖全身，根据所在部位可分为面皮肌、颈皮肌、肩臂皮肌和躯干皮肌。皮肌收缩时，可颤动皮肤，以驱赶蚊蝇和抖掉皮肤上的灰尘或水滴等。

三、头部肌

头部肌分为面部肌和咀嚼肌（图 2-21）。

1. 面部肌

面部肌位于口腔、鼻腔和眼裂周围，可分为开张自然孔的张肌和关闭自然孔的环形肌。张肌一般均起于面骨，止于自然孔周围，主要有鼻唇提肌、上唇固有提肌、犬齿肌、下唇降肌和颧肌等。环形肌围绕自然孔周围，可关闭或缩小自然孔，主要有口轮匝肌、眼轮匝肌和颊肌。

2. 咀嚼肌

咀嚼肌参与咀嚼运动，均起于颅骨，止于下颌骨，可分为闭口肌和开口肌。闭口肌很发达，位于颞下颌关节的前方，包括咬肌、颞肌和翼肌。开口肌不发达，位于颞下颌关节的后方，牛仅有二腹肌。

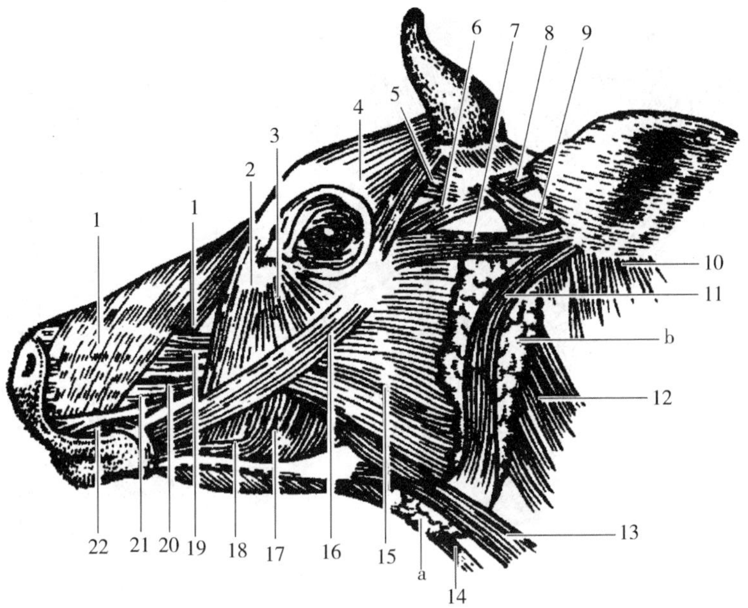

1.鼻唇提肌浅、深层　2.颊提肌　3.下眼睑降肌　4.额皮肌　5～9、11.耳肌
10、12.臂头肌(锁枕肌和锁乳突肌)　13.胸头肌　14.胸骨舌骨肌　15.咬肌　16.颧肌
17.颊肌　18.下唇降肌　19.上唇固有提肌　20.犬齿肌　21.上唇降肌　22.口轮匝肌
a.颌下腺　b.腮腺

图 2-21　牛头部浅层肌

四、躯干肌

躯干肌包括脊柱肌、颈腹侧肌、胸壁肌和腹壁肌(图 2-22)。

(一)脊柱肌

脊柱肌分为脊柱背侧肌群和脊柱腹侧肌群。

1.脊柱背侧肌群

(1)背腰最长肌　为体内最长的肌肉,位于胸、腰椎棘突与横突和肋骨椎骨端所形成的三棱形夹角内。起于髂骨前缘和荐椎、腰椎及后数个胸椎棘突,向前止于腰椎、胸椎和第 7 颈椎横突及肋骨上端。此肌有伸背腰、协助呼气、伸颈和侧偏脊柱的作用。

(2)髂肋肌　位于背腰最长肌的腹外侧,与背腰最长肌之间形成髂肋肌沟,沟内有针灸穴位。起于腰椎横突末端和后 8(牛)或 15(马)个肋骨的前缘,向前止于所有肋骨后缘和第 7 颈椎横突。此肌可向后牵引肋骨,协助呼气。

(3)夹肌　位于颈侧部浅层,为宽而薄的三角形肌。起于棘横筋膜和项韧带索状部,止于枕骨及前 2 个(牛)或 4、5 个(马)颈椎横突。有伸、偏头颈的作用。

(4)头半棘肌　位于夹肌深面,呈三角形,起自棘横筋膜及前 8、9 个(牛)或 6、7 个(马)胸椎横突和颈椎关节突,止于枕骨。作用同夹肌。

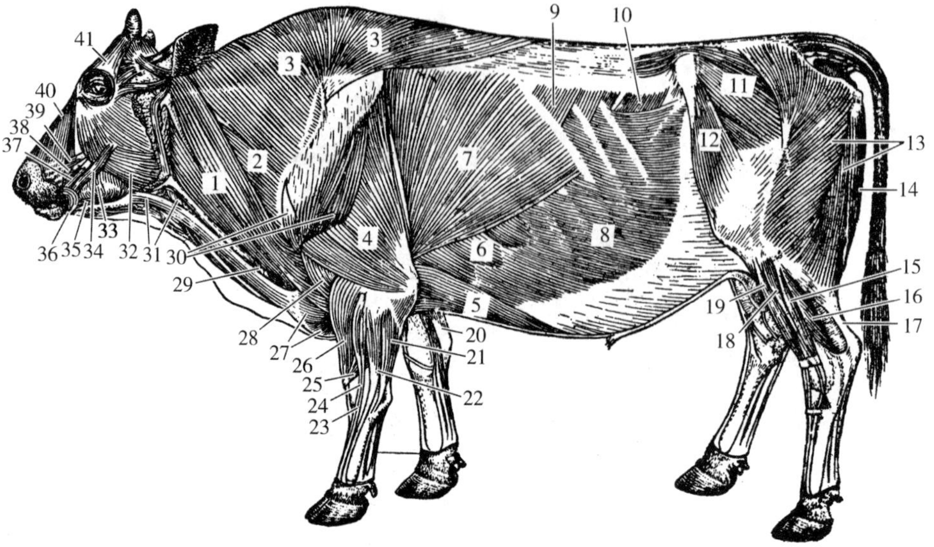

1.臂头肌 2.肩胛横突肌 3.斜方肌 4.臂三头肌 5.胸深后肌 6.腹侧锯肌 7.背阔肌 8.腹外斜肌 9.后背侧锯肌 10.腹内斜肌 11.臀中肌 12.阔筋膜张肌 13.臀股二头肌 14.半腱肌 15.趾外侧伸肌 16.趾深屈肌 17.跟腱 18.腓骨长肌 19.腓骨第3肌 20.腕尺侧屈肌 21.腕外侧屈肌 22.指外侧伸肌 23.指总伸肌 24.指内侧伸肌 25.腕斜伸肌 26.腕桡侧伸肌 27.胸浅肌 28.臂肌 29.锁骨下肌 30.三角肌 31.胸头肌 32.咬肌 33.颊肌 34.颧肌 35.下唇降肌 36.口轮匝肌 37.上唇降肌 38.犬齿肌 39.上唇固有提肌 40.鼻唇提肌 41.额皮肌

图 2-22 牛体浅层肌肉

2.脊柱腹侧肌群

(1)颈长肌 位于颈椎和前5～6个胸椎椎体的腹侧,有屈颈作用。

(2)腰小肌 位于腰椎腹侧面椎体两侧,有屈腰作用。

(3)腰大肌 位于腰小肌外侧,与髂肌合并称髂腰肌,可屈髋关节。

(二)颈腹侧肌

颈腹侧肌位于颈部腹侧皮下,呈长带状,包括胸头肌、胸骨甲状舌骨肌和肩胛舌骨肌。

1.胸头肌

胸头肌位于颈部腹外侧,起于胸骨柄,牛的止于下颌骨后缘和颞骨,马的止于下颌骨后缘,形成颈静脉沟的下界。有屈头颈的作用。

2.胸骨甲状舌骨肌

胸骨甲状舌骨肌位于气管腹侧,起于胸骨柄,向前分为两支。外侧支止于喉的甲状软骨,称胸骨甲状肌;内侧支止于舌骨体,称胸骨舌骨肌。可向后牵引舌和喉,协助吞咽。

3.肩胛舌骨肌

肩胛舌骨肌起于第3～5颈椎横突(牛)或肩胛下筋膜(马),止于舌骨体。在颈前部形成颈静脉沟的沟底,在颈后部紧贴臂头肌的深面。可向后牵引舌根。

(三)胸壁肌

胸壁肌位于胸腔的侧壁,并形成胸腔后壁,参与呼吸运动,通常称为呼吸肌,主要包括肋间外肌、肋间内肌和膈。

1.肋间外肌

肋间外肌位于肋间隙内,起自肋骨后缘,肌纤维斜向后下方,止于后一肋骨的前缘。可向前外方牵引肋骨,扩大胸腔,引起吸气。

2.肋间内肌

肋间内肌位于肋间外肌深面,起于肋骨和肋软骨的前缘,肌纤维斜向前下方,止于前一个肋骨的后缘。可向后牵引肋骨,协助呼气。

3.膈

膈位于胸腔和腹腔之间,为一圆顶状突向胸腔的板状肌。膈的外周为肌质部;中央为腱质部,称中心腱。肌质部又分为胸骨部、肋部和腰部。胸骨部附着于剑状软骨的背侧面;肋部附着于胸侧壁内侧面;腰部由左、右膈脚构成,附着于前 4 个腰椎腹侧面。

膈上有 3 个裂孔:主动脉裂孔位于左、右膈脚之间;食管裂孔位于右膈脚中;腔静脉孔位于中心腱。膈收缩时胸腔的纵径扩大,引起吸气。

(四)腹壁肌

腹壁肌为板状肌,构成腹腔的侧壁和底壁,分为 4 层,肌纤维彼此交错,由外向内依次为腹外斜肌、腹内斜肌、腹直肌和腹横肌。腹壁肌外面被覆有腹黄膜,腹腔面衬以腹横筋膜和腹膜(图 2-23)。

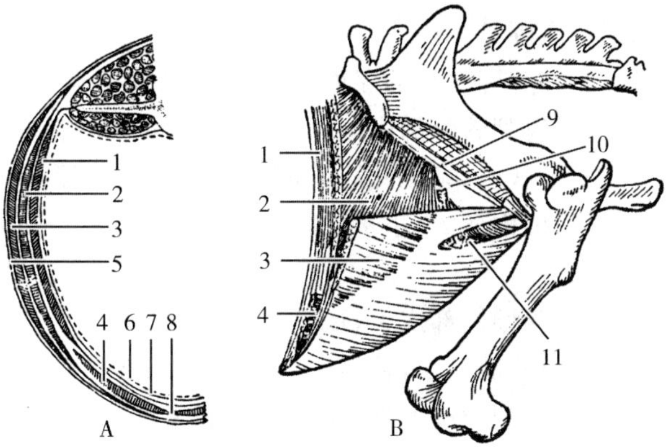

A.横断面　B.外侧面

1.腹横肌　2.腹内斜肌　3.腹外斜肌　4.腹直肌　5.腹黄膜　6.腹膜　7.腹横筋膜
8.腹白线　9.腹股沟韧带　10.腹股沟管深环　11.腹股沟管浅环

图 2-23　马腹壁肌模式图

1.腹外斜肌

腹外斜肌为腹壁肌最外层,以肌齿起于第 5 至最后肋骨的外侧面,肌纤维斜向后下方,在肋弓的后下方移行为宽阔的腱膜,止于腹白线、耻前腱和髋结节。腱膜在髋结节至耻骨前缘处,加厚形成腹股沟韧带。

2. 腹内斜肌

腹内斜肌位于腹外斜肌深面。起于髋结节，牛还起于第3～5腰椎横突，肌纤维斜向前下方，以腱膜止于耻前腱、腹白线及最后肋骨后缘（牛）或后4～5肋软骨（马）。

3. 腹直肌

腹直肌位于腹底壁，在白线的两侧。起于胸骨及肋软骨外侧面，肌纤维纵行，止于耻骨前缘。肌表面有数条横向的腱划。

4. 腹横肌

腹横肌为腹壁肌的最内层，起自腰椎横突和肋弓内侧面，肌纤维横行，以腱膜止于腹白线。

5. 腹股沟管

腹股沟管位于腹底壁后部，耻前腱的两侧，为腹内、外斜肌之间的斜行裂隙。腹股沟管的外口（浅环）为腹外斜肌腱膜上的裂孔；内口（深环）由腹内斜肌的后缘及腹股沟韧带围成。

五、前肢主要肌肉

前肢肌按部位分为：肩带肌、肩部肌、臂部肌、前臂及前脚部肌（图2-24）。

（一）肩带肌

肩带肌是连接前肢与躯干的肌肉，可分为背侧组和腹侧组。

1. 背侧组

（1）斜方肌　呈三角形，位于肩颈上半部的浅层。起于项韧带索状部和前10个胸椎棘突，止于肩胛冈。分颈、胸两部，颈斜方肌肌纤维斜向后下方，胸斜方肌肌纤维斜向前下方。斜方肌的作用是提举、摆动和固定肩胛骨。

（2）菱形肌　位于斜方肌和肩胛软骨的深面，起于第2颈椎到第5胸椎之间的项韧带索状部、棘上韧带和胸椎棘突，止于肩胛软骨的内侧面，也分颈、胸两部，有提举肩胛骨的作用。

（3）肩胛横突肌　为一薄带状肌，马无此肌。前部位于臂头肌深面，后部位于颈斜方肌与臂头肌之间。起始于寰椎翼和枢椎横突，止于肩胛冈和肩峰部筋膜。有牵引前肢向前，侧偏头颈的作用。

（4）臂头肌　呈长带状，位于颈侧部皮下，形成颈静脉沟的上界。起始于枕骨、颞骨和下颌骨，止于肱骨嵴。其作用为牵引前肢向前，伸肩关节；提举和侧偏头颈。

（5）背阔肌　呈三角形，位于胸侧壁上部，起自腰背筋膜、第9～11肋骨、肋间外肌和腹外斜肌的筋膜，止于大圆肌腱、臂三头肌长头内面的腱膜和肱骨内侧结节。其作用为向后上方牵引肱骨，屈肩关节，协助吸气。

2. 腹侧组

（1）胸肌　位于胸底壁和臂部之间，分为胸浅肌和胸深肌。

①胸浅肌　分前、后两部。前部为胸降肌，起于胸骨柄，止于肱骨嵴；后部为胸横肌，起自胸骨腹侧面，止于前臂内侧筋膜。胸浅肌的作用是内收前肢。

②胸深肌　位于胸浅肌的深层，分前、后两部。前部为锁骨下肌，起于第1肋的肋软骨，止于臂头肌的深面；后部为胸升肌，起于胸骨腹侧面及腹黄膜，止于肱骨内、外侧结节。胸深肌的作用是内收及牵引前肢向后，当前肢踏地时牵引躯干向前。

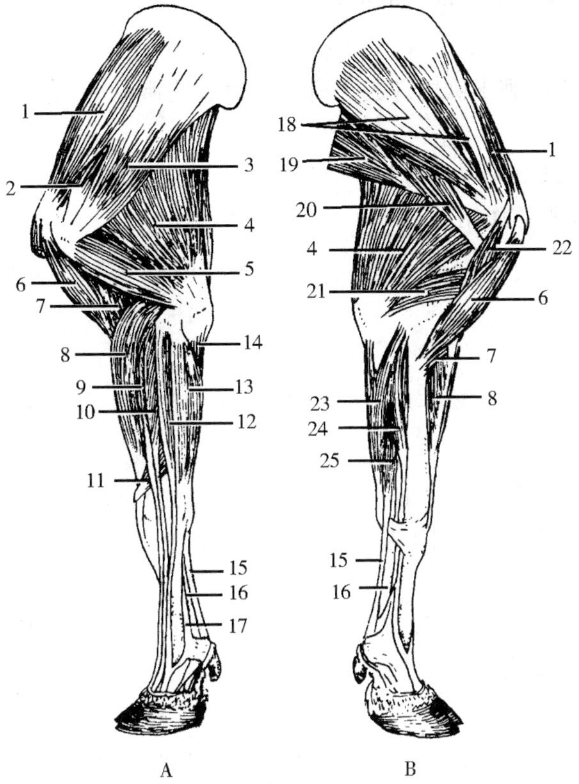

A. 外侧 B. 内侧

1. 冈上肌 2. 冈下肌 3. 三角肌 4. 臂三头肌长头 5. 臂三头肌外侧头 6. 臂二头肌 7. 臂肌 8. 腕桡侧伸肌 9. 指内侧伸肌 10. 指总伸肌 11. 腕斜伸肌 12. 指外侧伸肌 13. 腕外侧屈肌 14. 指深屈肌 15. 指浅屈肌腱 16. 指深屈肌腱 17. 悬韧带 18. 肩胛下肌 19. 背阔肌 20. 大圆肌 21. 臂三头肌内侧头 22. 喙臂肌 23. 腕尺侧屈肌 24. 腕桡侧屈肌 25. 指浅屈肌

图 2-24 牛的前肢肌

(2)腹侧锯肌 为一宽大的扇形肌,位于颈、胸部的外侧面,下缘呈锯齿状。可分颈、胸两部。颈腹侧锯肌起于后 5～6 个颈椎横突和前 3 个肋骨,胸腹侧锯肌起于第 4～9 肋骨的外侧面,两部均止于肩胛骨的锯肌面和肩胛软骨内面。其作用为举颈、提举和悬吊躯干及协助呼吸。

(二)肩部肌

肩部肌分布于肩胛骨的外侧面和内侧面,可分为外侧组和内侧组。

1. 外侧组

(1)冈上肌 位于冈上窝内。起于冈上窝、肩胛冈及肩胛软骨,以两强腱止于肱骨内、外侧结节。有伸肩关节和固定关节的作用。

(2)冈下肌 位于冈下窝内。起于冈下窝、肩胛冈及肩胛软骨,止于肱骨外侧结节,可外展肱骨和固定肩关节。

(3)三角肌 呈三角形,位于冈下肌的外面。起于肩胛冈和肩胛骨后缘,牛的起于肩峰,止于三角肌粗隆。有屈肩关节和外展前肢的作用。

2. 内侧组

(1)肩胛下肌　位于肩胛下窝内。起于肩胛下窝和肩胛软骨，止于肱骨内侧结节，可内收肱骨和固定肩关节。

(2)大圆肌　呈长扁梭形，位于肩胛下肌后下方，起于肩胛骨后缘，止于肱骨大圆肌粗隆。具有屈肩关节和内收肱骨的作用。

(3)喙臂肌　呈扁而小的梭形，位于肩关节和肱骨的内侧上部，起于肩胛骨喙突，止于肱骨内侧面。作用同大圆肌。

(三)臂部肌

臂部肌分布于肱骨周围，主要作用在肘关节，可分为伸肌组和屈肌组。

1. 伸肌组

(1)臂三头肌　位于肩胛骨和肱骨后方的夹角内，呈三角形，分 3 个头。长头起于肩胛骨后缘；外侧头起自肱骨外侧面；内侧头起自肱骨内侧面。3 个头均止于尺骨鹰嘴。主要作用为伸肘关节，长头还可屈肩关节。

(2)前臂筋膜张肌　位于臂三头肌长头后缘及内侧面，起于肩胛骨的后缘，止于尺骨鹰嘴。除伸肘关节外，还可屈肩关节。

2. 屈肌组

(1)臂二头肌　位于肱骨前面，呈圆柱状(牛)或纺锤形(马)。起于肩胛骨盂上结节，止于桡骨粗隆，另分出一细腱并入腕桡侧伸肌。有屈肘关节和伸肩关节的作用。

(2)臂肌　位于肱骨的臂肌沟内。起于肱骨近端后缘，止于桡骨近端内侧缘。可屈肘关节。

(四)前臂及前脚部肌

前臂及前脚部肌的肌腹分布于前臂骨的背外侧面和掌侧面，可分为背外侧肌群和掌内侧肌群。

1. 背外侧肌群

背外侧肌群为作用于腕、指关节的伸肌，由前向后依次为腕桡侧伸肌、指内侧伸肌、指总伸肌、指外侧伸肌和腕斜伸肌。

(1)腕桡侧伸肌　位于桡骨的背侧面，起于肱骨远端外侧，止于掌骨粗隆。主要作用为伸腕关节。

(2)指内侧伸肌　又称第 3 指固有伸肌，马无此肌。位于腕桡侧伸肌后方，起于肱骨外侧上髁，止于第 3 指冠骨近端和蹄骨内侧缘。有伸腕关节和指关节的作用。

(3)指总伸肌　位于指内侧伸肌和指外侧伸肌之间，马的指总伸肌位于腕桡侧伸肌的后方。起于肱骨外侧上髁和尺骨外侧面，止于第 3、4 指的蹄骨伸肌突。主要作用是伸指关节和腕关节，也可屈肘关节。

(4)指外侧伸肌　又称第 4 指固有伸肌，位于前臂外侧面，在指总伸肌后方。起于桡骨近端外侧，牛的止于第 4 指的冠骨和蹄骨，马的止于系骨近端。有伸指关节和腕关节的作用。

(5)腕斜伸肌　又称拇长外展肌，呈扁三角形，在指伸肌覆盖下。起于桡骨下半部外侧，斜经腕关节的内侧面,止于第 3(牛)或第 2(马)掌骨近端。有伸和旋外腕关节的作用。

2.掌内侧肌群

掌内侧肌群为作用于腕、指关节的屈肌,包括腕外侧屈肌、腕尺侧屈肌、腕桡侧屈肌、指浅屈肌和指深屈肌。

(1)腕外侧屈肌　原名腕尺侧伸肌,位于前臂外侧后部,指外侧伸肌的后方。起于肱骨外侧上髁,止于副腕骨和第 4 掌骨近端。具有屈腕关节和伸肘关节作用。

(2)腕尺侧屈肌　位于前臂内侧后部。起于肱骨内侧上髁和鹰嘴,止于副腕骨。可屈腕关节和伸肘关节。

(3)腕桡侧屈肌　位于前臂内侧,桡骨后方。起于肱骨内侧上髁,牛的止于第 3 掌骨近端,马的止于第 2 掌骨近端。作用为屈腕关节和伸肘关节。

(4)指浅屈肌　位于前臂的后面,被腕关节的屈肌包围。牛的指浅屈肌起于肱骨内侧上髁,止于第 3、4 指的冠骨。马的指浅屈肌分别起于肱骨内侧上髁和桡骨掌侧面,止于系骨和冠骨的两侧。主要作用为屈指关节和腕关节。

(5)指深屈肌　位于前臂后面深层,被其他屈肌包围,以 3 个头分别起于肱骨内侧上髁、鹰嘴和桡骨近端后面,止于第 3、4 指蹄骨(牛)或蹄骨(马)的屈腱面。作用同指浅屈肌。

六、后肢主要肌肉

后肢肌可分为髋部肌、股部肌、小腿及后脚部肌(图 2-25)。

(一)髋部肌

髋部肌分布于髋骨外面和内面,包括臀肌群和髂腰肌。

1.臀肌群

臀肌群 位于髋骨外面,包括臀浅肌、臀中肌和臀深肌。

(1)臀浅肌　马的臀浅肌位于臀部浅层,起于髋结节和臀筋膜的深面,止于股骨第 3 转子。有屈髋关节和外展后肢的作用。牛缺此肌。

(2)臀中肌　大而厚,构成臀部的轮廓。起于背腰最长肌腱膜、髂骨翼和荐结节阔韧带,止于股骨大转子。有伸髋关节和外展后肢的作用,还参与竖立、蹴踢和推动躯干前进等动作。

(3)臀深肌　位于臀中肌的深面。起于坐骨棘,牛的起于荐结节阔韧带,止于股骨大转子前下方(牛)或大转子前部。有外展和内旋后肢的作用。

2.髂腰肌

髂腰肌位于腰椎和髋骨的腹侧面,由髂肌和腰大肌组成。髂肌起于髂骨翼的腹侧面,腰大肌起于腰椎横突的腹侧面,均止于股骨内侧面。可屈髋关节及外旋后肢。

(二)股部肌

股部肌分布于股骨周围,可分为股前、股后和股内侧肌群。

1.股前肌群

(1)阔筋膜张肌　位于股部前外侧皮下。起于髋结节,向下呈扇形连于阔筋膜,并借阔筋膜止于膝盖骨和胫骨近端。有紧张阔筋膜,屈髋关节和伸膝关节的作用。

(2)股四头肌　大而厚,位于股骨前面及内、外两侧。有 4 个头,即股直肌、股内侧肌、股外

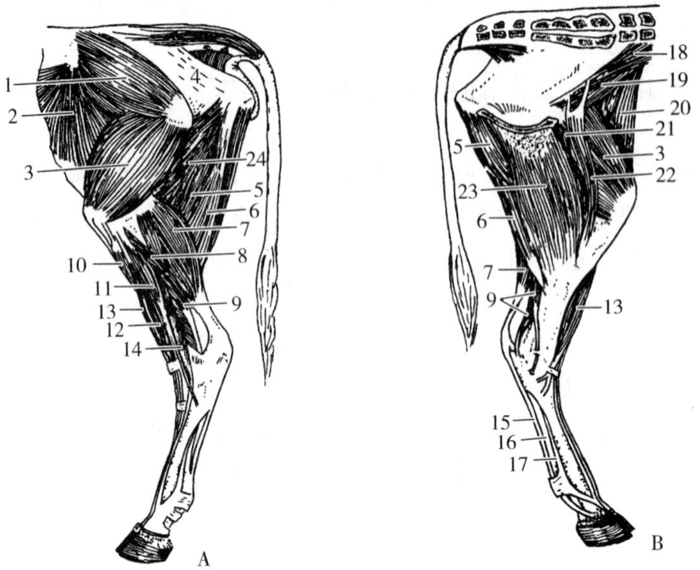

A.外侧 B.内侧

1.臀中肌 2.腹内斜肌 3.股四头肌 4.荐结节阔韧带 5.半膜肌 6.半腱肌 7.腓肠肌 8.比目鱼肌 9.趾深屈肌 10.胫骨前肌 11.腓骨长肌 12.趾长伸肌及趾内侧伸肌 13.腓骨第3肌 14.趾外侧伸肌 15.趾浅屈肌腱 16.趾深屈肌腱 17.悬韧带 18.腰小肌 19.髂腰肌 20.阔筋膜张肌 21.耻骨肌 22.缝匠肌 23.股薄肌 24.内收肌

图 2-25 牛的后肢肌(外侧臀股二头肌已切去)

侧肌和股中间肌。股直肌起于髂骨体的两侧,其余3肌起于股骨,4个头都止于膝盖骨。作用为伸膝关节。

2.股后肌群

(1)臀股二头肌 长而宽大,位于臀股外侧。分别起于荐骨、荐结节阔韧带及坐骨结节,止于膝盖骨、胫骨嵴和跟结节。可伸髋关节、膝关节、跗关节,在提举后肢时可屈膝关节。

(2)半腱肌 长而大,位于臀股二头肌的后方。牛的起于坐骨结节,马的起于前两个尾椎和荐结节阔韧带以及坐骨结节,止于胫骨嵴、小腿筋膜和跟结节。作用同臀股二头肌。

(3)半膜肌 呈三棱形,位于半腱肌的后内侧。牛的起于坐骨结节,止于股骨内侧上髁和胫骨近端内侧。马的起于荐结节阔韧带后缘及坐骨结节,止于股骨内侧上髁。有伸髋关节和内收后肢的作用。

3.股内侧肌群

(1)缝匠肌 为狭长的带状肌,位于股内侧前部,起于髂腰筋膜和腰小肌腱,止于膝内侧韧带和胫骨嵴。可屈髋关节和内收后肢。

(2)股薄肌 薄而宽,位于股内侧皮下,起于骨盆联合及耻前腱,止于膝内侧韧带、胫骨嵴和小腿筋膜。可内收后肢和伸膝关节。

(3)耻骨肌 呈锥形,位于耻骨前下方。起于耻骨前缘和耻前腱,止于股骨内侧缘中部。有内收后肢和屈髋关节的作用。

(4)内收肌　呈三棱形，位于耻骨肌后方，股薄肌的深面。起于耻骨和坐骨的腹侧面，止于股骨。有内收后肢和伸髋关节的作用。

(三)小腿及后脚部肌

小腿及后脚部肌的肌腹位于小腿部，可分为背外侧肌群和跖侧肌群。

1.背外侧肌群

(1)腓骨第3肌　位于小腿背侧面的浅层。马的腓骨第3肌为一强腱，位于胫骨前肌与趾长伸肌之间。起于股骨远端，止于大跖骨近端和跗骨。有屈跗关节的作用。

(2)趾长伸肌　位于小腿背外侧，肌腹上半部位于腓骨第3肌的深面，马的位于浅层。起于股骨远端，止于第3、4趾蹄骨伸肌突。有伸趾关节、屈跗关节的作用。

(3)趾内侧伸肌　又称第3趾固有伸肌。位于腓骨第3肌的深面及趾长伸肌的前内侧，起点同趾长伸肌，止于第3趾的冠骨。可伸和外展第3趾。

(4)腓骨长肌　位于趾长伸肌后方。起于胫骨外侧髁和腓骨，止于大跖骨近端和第1跗骨。主要作用为屈跗关节。马无此肌。

(5)趾外侧伸肌　又称第4趾固有伸肌。位于腓骨长肌的后方，马的位于趾长伸肌的后方。起于胫骨近端外侧，止于第4趾冠骨。作用同趾长伸肌。

(6)胫骨前肌　紧贴于胫骨的背外侧面。起于胫骨近端外侧，止于大跖骨近端和第2、3跗骨(牛)或第1、2跗骨(马)。可屈跗关节。

2.跖侧肌群

(1)腓肠肌　位于小腿后部。分内、外两个头，分别起于股骨远端跖侧，在小腿中部合并为一强腱，与趾浅屈肌腱、臀股二头肌腱和半腱肌腱共同形成跟腱，止于跟结节。作用为伸跗关节。

(2)趾浅屈肌　肌腹位于腓肠肌两个头之间。起于股骨髁上窝，在小腿远端移行为腱，至跟结节处变宽，呈帽状固着于跟结节近端两侧，腱继续下行，止点与前肢指浅屈肌相同。主要作用为屈趾关节，并有屈膝关节和伸跗关节的作用。

(3)趾深屈肌　位于胫骨后面。有3个头，均起于胫骨近端后外侧缘和后面。3肌腱在跗关节处合成一总腱，向下伸延，止点与前肢指深屈肌相同，有屈趾关节和伸跗关节的作用。

(4)腘肌　呈三角形，位于胫骨后面上部。起于股骨腘肌窝，止于胫骨近端后面。为股胫关节的屈肌。

实训项目一　全身骨及骨连结

【实训目的】

1.掌握全身骨的组成及各骨的形态特征。

2.掌握头、躯干及四肢主要关节的结构。

【实训材料】

牛、羊、猪、马、犬、猫、兔全身骨标本和关节标本。

【实训内容】

一、头骨及其连结

观察颅骨和面骨各骨的位置、毗邻和主要形态特征，额窦和上颌窦的位置及其表面投影，颞下颌关节的组成及运动形式。

二、躯干骨及其连结

观察颈椎、胸椎、腰椎、荐椎、尾椎及肋和胸骨的构造特点，寰枕关节、寰枢关节、椎间盘、棘上韧带以及肋椎关节和肋胸关节的结构。

三、四肢骨及其连结

观察前肢肩胛骨、肱骨、前臂骨、腕骨、掌骨、指骨和籽骨的形态结构，肩关节、肘关节、腕关节和指关节的构成及运动形式。

观察后肢髋骨、股骨、膝盖骨、小腿骨、跗骨、跖骨、趾骨和籽骨的形态结构，荐髂关节、髋关节、膝关节、跗关节和趾关节的构成及运动形式。

实训项目二　全身肌肉观察

【实训目的】

1. 了解脊柱肌、头部肌、颈腹侧肌的名称和位置。
2. 掌握胸壁肌、腹壁肌的层次和肌纤维方向。
3. 掌握前肢肌和后肢肌的分布和作用。

【实训材料】

牛、羊、猪和马全身肌肉模型；头颈部、躯干部、前肢、后肢的肌肉标本。

【实训内容】

一、头部肌

1. 面部肌

观察鼻唇提肌、犬齿肌、下唇降肌、颊肌、口轮匝肌和眼轮匝肌的形态及位置。

2. 咀嚼肌

观察咬肌、翼肌、颞肌和二腹肌的形态和位置。

二、躯干肌

1. 脊柱肌

观察背腰最长肌、髂肋肌、夹肌、头半棘肌、颈长肌和腰小肌的形态和位置。

2. 颈腹侧肌

观察胸头肌、胸骨甲状舌骨肌、肩胛舌骨肌的形态和位置。

3. 胸壁肌

胸壁肌主要有肋间外肌、肋间内肌和膈，联系机能观察其位置。

4. 腹壁肌

观察腹外斜肌、腹内斜肌、腹直肌、腹横肌及腹股沟管结构。

三、前肢肌

1. 肩带肌

背侧组有斜方肌、菱形肌、背阔肌、臂头肌和肩胛横突肌（牛），腹侧组有胸肌和腹侧锯肌，观察其形态和位置。

2. 肩部肌

观察外侧组的冈上肌、冈下肌和三角肌，内侧组的肩胛下肌、大圆肌和喙臂肌的形态和位置。

3. 臂部肌

伸肌组有前臂筋膜张肌和臂三头肌，屈肌组有臂二头肌和臂肌，观察其位置和作用。

4. 前臂及前脚部肌

观察背外侧肌群的腕桡侧伸肌、腕斜伸肌、指总伸肌、指内侧伸肌（牛）和指外侧伸肌，掌内侧肌群的腕外侧屈肌、腕尺侧屈肌、腕桡侧屈肌、指浅屈肌和指深屈肌的位置及作用。

四、后肢肌

1. 髋部肌

观察臀浅肌（马）、臀中肌、臀深肌、髂腰肌的形态和位置。

2. 股部肌

观察股前肌群（阔筋膜张肌、股四头肌）、股后肌群（臀股二头肌、半腱肌、半膜肌）和股内侧肌群（缝匠肌、股薄肌、耻骨肌、内收肌）各肌的形态、位置和作用。

3. 小腿及后脚部肌

背外侧肌群包括腓骨第 3 肌、趾内侧伸肌（牛）、趾长伸肌、腓骨长肌（牛）、趾外侧伸肌和胫骨前肌，跖侧肌群有腓肠肌、趾浅屈肌、趾深屈肌和腘肌，观察其位置和作用。

复习思考题

一、选择题

1. 家畜的髋骨包括（　　）（2013 年真题 21）

A. 髂骨、股骨、坐骨　　B. 髂骨、坐骨、膝盖骨
C. 髂骨、膝盖骨、耻骨　　D. 膝盖骨、耻骨、坐骨
E. 髂骨、坐骨、耻骨

2. 组成骨盆腔的骨骼是（　　）（2014 年真题 22）

A. 髋骨、荐骨和前 3(4)个尾椎　　B. 髋骨、腰椎和荐骨
C. 髋骨、股骨和前 3(4)个尾椎　　D. 髂骨、坐骨和耻骨
E. 髂骨、耻骨和荐骨

3. 关于牛髋骨的描述，错误的是（　　）（2017 年真题 22）

A. 由髂骨、坐骨和耻骨组成　　B. 耻骨和坐骨共同组成闭孔
C. 坐骨后侧角粗大称坐骨结节　　D. 髂骨翼内侧角称荐结节
E. 髂骨翼外侧角称髂骨结节

（4～7 题共用备选答案）

A. 髂骨翼　B. 髂骨体　C. 髋结节　D. 荐结节　E. 坐骨

4. 位于外上方，为三角形的扁骨，前部宽大，称（　　）

5. 位于外上方，为三角形的扁骨，后部窄小，称（　　）

6. 髂骨翼的外侧角粗大，称（　　）

7. 髂骨翼的内侧角，称（　　）

8. 关节的基本构造包括（　　）（2009 年真题 23）

A. 关节囊、关节腔、关节韧带、籽骨　B. 关节囊、关节腔、关节软骨、籽骨

C. 关节囊、关节面、关节软骨、籽骨　D. 关节囊、关节腔、关节盘、关节软骨

E. 关节囊、关节腔、关节面、关节软骨

9. 关节中分泌滑液的部位是（　　）（2010 年真题 23）

A. 韧带　B. 黏液囊　C. 滑膜层　D. 纤维层　E. 关节软骨

10. 髋关节具有副韧带的家畜是（　　）（2011 年真题 23）

A. 猪　B. 马　C. 犬　D. 羊　E. 牛

11. 牛股膝关节前方具有（　　）（2012 年真题 23）

A. 3 条膝直韧带　B. 2 条膝直韧带　C. 1 条膝直韧带　D. 十字韧带　E. 圆韧带

12. 构成哺乳动物肩关节的骨骼是（　　）（2013 年真题 22）

A. 肱骨和前臂骨　B. 前臂骨和腕骨　C. 腕骨和掌骨

D. 掌骨和指骨　E. 肩胛骨和肱骨

13. 马股胫关节的特殊结构是（　　）（2014 年真题 23）

A. 十字韧带　B. 圆韧带　C. 膝韧带　D. 副韧带　E. 悬韧带

14. 牛肩关节的特点是（　　）（2015 年真题 22）

A. 有十字韧带　B. 有悬韧带　C. 有侧（副）韧带　D. 无侧（副）韧带　E. 无关节囊

15. 构成牛肘关节的骨骼是（　　）（2016 年真题 23）

A. 肱骨和前臂骨　B. 肱骨和肩胛骨　C. 前臂骨、腕骨和掌骨

D. 掌骨、近指节骨和近籽骨　E. 前臂骨和腕骨

16. 寰枕关节的类型属于（　　）（2017 年真题 23）

A. 单轴单关节　B. 单轴复关节　C. 双轴关节

D. 多轴单关节　E. 多轴复关节

17. 犬膝（直）韧带有（　　）条（2018 年真题 22）

A. 1 条　B. 2 条　C. 3 条　D. 4 条　E. 5 条

18. 家畜后肢关节活动性最小的关节是（　　）（2019 年真题 23）

A. 荐髂关节　B. 髋关节　C. 膝关节　D. 跗关节　E. 趾关节

19. 荐骨翼与髂骨翼耳状关节面构成的关节称为（　　）（2019 年真题 24）

A. 腰荐关节　B. 髋关节　C. 荐髂关节　D. 耻骨联合　E. 坐骨联合

20. 家畜前肢的多轴关节是（　　）（2021 年 B 卷）

A. 系关节　B. 冠关节　C. 腕关节　D. 肩关节　E. 肘关节

21. 连接肩关节的骨是（　　）（2021 年 B 卷）

A. 桡骨　B. 掌骨　C. 尺骨　D. 肱骨　E. 腕骨

22. 髋关节连接的部位是(　　)(2021 年真题 A 卷)

A. 髌骨　B. 股骨　C. 腓骨　D. 胫骨　E. 桡骨

23. 家畜的后肢关节中几乎不能活动的关节是(　　)(2021 年真题 A 卷)

A. 髌关节　B. 髋关节　C. 趾关节　D. 跗关节　E. 荐髂关节

24. 组成家畜颈静脉沟的肌肉是(　　)(2009 年真题 24)

A. 胸肌和斜角肌　B. 胸头肌和臂头肌　C. 肋间肌和胸头肌

D. 斜角肌和臂头肌　E. 背最长肌和胸头肌

25. 组成腹股沟管的肌肉是(　　)(2010 年真题 24/2021 年真题 A 卷)

A. 腹直肌与腹横肌　B. 腹内斜肌与腹直肌　C. 腹外斜肌与腹直肌

D. 腹横肌与腹内斜肌　E. 腹内斜肌与腹外斜肌

26. 草食家畜腹壁肌外面被覆的深筋膜含有大量的弹性纤维,称为(　　)(2012 年真题 24)

A. 腹白膜　B. 腹黄膜　C. 腹横筋膜　D. 腹膜壁层　E. 腹膜脏层

27. 组成牛腿(总)腱的肌肉是(　　)(2013 年真题 23)

A. 腓肠肌、趾浅屈肌、臀股二头肌　B. 腓肠肌、趾深屈肌、臀股二头肌

C. 腓肠肌、趾浅屈肌、股四头肌　D. 腓肠肌、趾深屈肌、股四头肌

E. 腓肠肌、趾浅屈肌、趾深屈肌

28. 羊股四头肌有 4 个股头,除了股内侧肌、股外侧肌和肌中间肌外,还有(　　)(2014 年真题 24)

A. 半腱肌　B. 股方肌　C. 股直肌　D. 半膜肌　E. 股二头肌

29. 组成髂肋肌沟的肌肉是(　　)(2015 年真题 23)

A. 头半棘肌与髂肋肌　B. 头寰最长肌与髂肋肌

C. 髂肋肌与夹肌　D. 背腰最长肌与髂肋肌

E. 髂肋肌与颈多裂肌

30. 牛腓肠肌腱、趾浅屈肌腱、臀股二头肌腱和半腱肌腱合成一粗而坚硬的腱索称(　　)(2016 年真题 24)

A. 跟(总)腱　B. 中心腱　C. 悬韧带　D. 侧韧带　E. 耻前腱

31. 与臂头肌共同组成家畜颈静脉沟的肌肉是(　　)(2017 年真题 24)

A. 肩胛横突肌　B. 肩胛舌骨肌　C. 胸骨甲状肌　D. 胸骨舌骨肌　E. 胸头肌

32. 肩胛骨的冈上肌附着部称为(　　)(2019 年真题 22)

A. 盂上结节　B. 冈结节　C. 关节盂　D. 冈上窝　E. 冈下窝

(33～35 题共用备选答案)

A. 斜方肌　B. 背阔肌　C. 臂三头肌　D. 肩胛横突肌　E. 臂头肌

33. 犬起于肩胛冈上部、腰背部筋膜及最后两肋骨,止于大圆肌粗隆的肌肉是(　　)(2018 年真题 83)

34. 犬起于寰椎翼,止于肩胛骨冈下部的肌肉是(　　)(2018 年真题 84)

35. 犬起于锁骨,止于颈部中线,乳突和肱骨的肌肉是(　　)(2018 年真题 85)

36. 构成家畜颈静脉沟下缘的肌肉是(　　)(2021 年真题 B 卷 25)

A. 臂头肌　B. 胸头肌　C. 头最长肌肉　D. 肩胛舌骨肌　E. 颈长肌

二、简答题

1.简述骨的构造及全身骨划分。

2.椎骨由哪几部分构成？各段椎骨有何形态特征？

3.胸廓和骨盆是如何构成的？

4.关节的构造如何？前、后肢有哪些关节？

5.胸壁肌有哪些？位于何处？有何作用？

6.腹壁肌有几层？各层肌纤维的方向及相互位置关系如何？

7.试述前、后肢肌肉的名称、位置和作用。

第二章　复习思考题参考答案

第三章 消化系统

【知识目标】

1. 熟悉消化系统的组成和腹腔分区。

2. 掌握胃和肠的形态、位置及结构。

3. 掌握肝和胰的位置及结构。

【技能目标】

1. 能说出腹腔内消化器官的位置及体表投影。

2. 能在显微镜下区分食管、胃、空肠和结肠的组织结构特征。

微课程视频7
消化系统的组成(讲师:张利卫)

【思政目标】

1. 培养学生热爱祖国的感情,增强爱国主义情怀。

2. 帮助学生树立学科思想,并明确兽医人的职业理念,为维护动物福利和生物安全而奋斗。

消化系统的功能是摄食、消化、吸收和排粪,以保证机体新陈代谢的正常进行。首先动物从外界环境摄取食物,在消化道内经物理、化学和微生物的消化作用,分解成分子质量小、结构简单的可吸收物质,然后经过消化道管壁进入血液和淋巴,变成机体自身的养分,最后把食物残渣(粪便)通过肛门排出体外。

第一节 概 述

消化系统由消化管(又称消化道)和消化腺两类消化器官构成。消化管由口腔、咽、食管、胃、小肠、大肠和肛门组成。消化腺因其所在的部位不同,分为壁内腺和壁外腺。壁内腺位于消化道管壁内,如胃腺和肠腺等。壁外腺位于消化道管壁之外,有导管通消化管,如肝、胰和唾液腺等(图 3-1)。

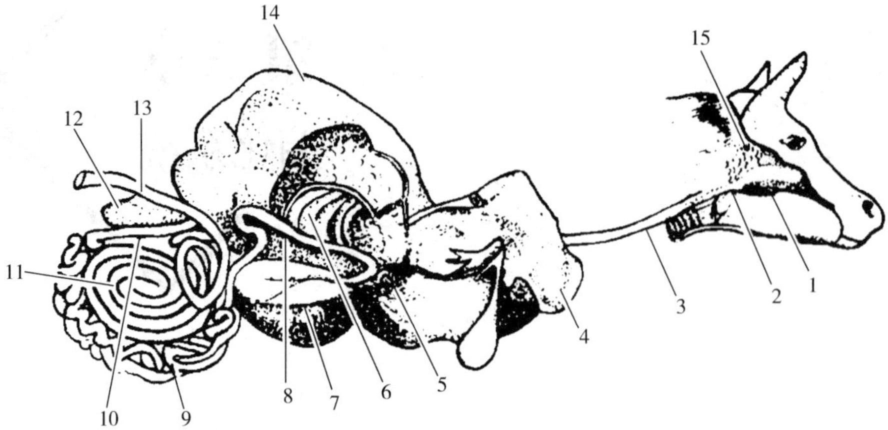

1.口腔　2.咽　3.食管　4.肝　5.网胃　6.瓣胃　7.皱胃　8.十二指肠
9.空肠　10.回肠　11.结肠　12.盲肠　13.直肠　14.瘤胃　15.腮腺

图 3-1　牛的消化系统模式图

一、消化管的一般结构

消化管各段在形态和机能上各有特点，但其管壁的组织结构，除口腔外，一般均可分为四层，由内向外分别为：黏膜、黏膜下层、肌层、外膜（或浆膜）（图3-2）。

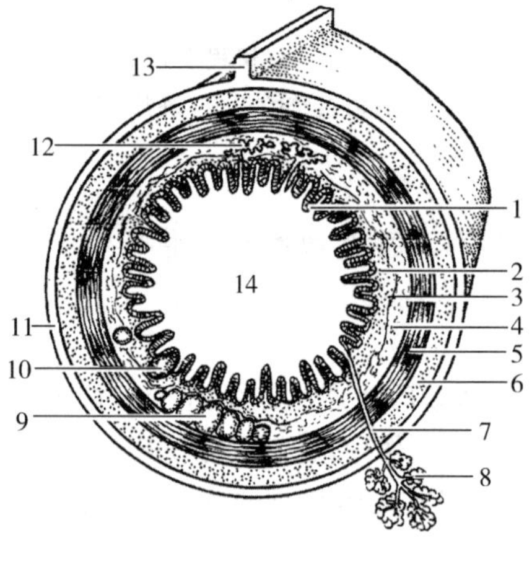

1.上皮　2.固有层　3.黏膜肌层　4.黏膜下层
5.内环行肌　6.外纵行肌　7.腺管　8.壁外腺
9.淋巴集结　10.淋巴孤结　11.浆膜
12.十二指肠腺　13.肠系膜　14.肠腔

图 3-2　管状器官结构模式图

（一）黏膜

黏膜呈淡红色，柔软而湿润，富有伸展性，当管腔内空虚时，常形成皱褶。黏膜具有保护、吸收和分泌等功能，由上皮、固有层和黏膜肌层三部分组成。

1. 上皮

上皮衬于消化管的腔面，其类型依部位而异。除口腔、咽、食管、胃的无腺部及肛门为复层扁平上皮外，其余部分均为单层柱状上皮。

2. 固有层

固有层由疏松结缔组织构成，内含丰富的毛细血管、毛细淋巴管、神经、淋巴组织和腺体等，具有支持和固定上皮的作用。

3. 黏膜肌层

黏膜肌层是固有层和黏膜下层之间较薄的平滑肌，除口腔及咽外，其余各段均有分布，一般可分为内环行肌和外纵行肌两层。

（二）黏膜下层

黏膜下层是位于黏膜和肌层之间的一层疏松结缔组织，内含较大的血管、淋巴管和神经丛。在食管和十二指肠,此层内还含有食管腺和十二指肠腺。

(三)肌层

除口腔、咽、食管(马前 2/3)和肛门的管壁为横纹肌外,其余各段均由平滑肌构成,一般可分为内层的环行肌和外层的纵行肌两层。

(四)外膜

外膜为富有弹性纤维的薄层疏松结缔组织,位于管壁的最表面。在食管前部、直肠后部与周围器官相连接处称为外膜;而在胃、肠外膜表面尚有一层间皮覆盖,合称浆膜。浆膜表面光滑并且能分泌浆液,有润滑作用,可减少器官间运动时的摩擦。

二、腹腔、骨盆腔与腹膜

(一)腹腔

腹腔是体内最大的腔,其前壁为膈,后通骨盆腔,顶壁为腰椎、腰肌和膈脚,两侧与底壁为腹肌与腱膜。腹腔内有大部分消化器官、脾、肾、输尿管、卵巢、输卵管、部分子宫和大血管。

(二)骨盆腔

骨盆腔是腹腔向后的延续,其背侧为荐骨和前 3～4 个尾椎,两侧为髂骨和荐结节阔韧带,底壁为耻骨和坐骨。前口由荐骨岬、髂骨体及耻骨前缘围成,后口由前几个尾椎、荐结节阔韧带后缘及坐骨弓围成。骨盆腔内有直肠、输尿管、膀胱及雌性动物的子宫后部和阴道或雄性动物的输精管、尿生殖道和副性腺等。

(三)腹膜

腹腔和骨盆腔内的浆膜称腹膜。贴于腹腔和骨盆腔壁内表面的部分为腹膜壁层,壁层从腔壁折转而覆盖于内脏器官外表面的为腹膜脏层,壁层与脏层之间的腔隙称腹膜腔。腹膜从腹壁、骨盆腔壁移行至脏器;或从某一脏器移行到另一脏器,这些移行部的腹膜形成了各种腹膜褶,分别称为系膜、网膜、韧带和皱褶。

三、腹腔分区

为了准确地表明各器官的位置,将腹腔划分为 10 个部分(图 3-3)。具体划分方法如下:通过两侧最后肋骨的最突出点和髋结节前缘各做两个横断面,将腹腔划分为腹前部、腹中部、腹后部。

1. 腹前部

腹前部分为 3 个部分:以肋弓为界,肋弓以下称剑状软骨部;肋弓以上正中矢状面两侧的为左、右季肋部。

2. 腹中部

腹中部分为 4 个部分:沿腰椎横突两侧顶点各做一个侧矢状面,将腹中部分为左、右髂部和中间部;在中间部沿第 1 肋骨的中点做额面,使中间部分为背侧的腰部和腹侧的脐部。

3. 腹后部

腹后部分为 3 个部分:通过腹中部的两个侧矢状面平行后移,将腹后部分为左、右腹股沟部和中间的耻骨部。

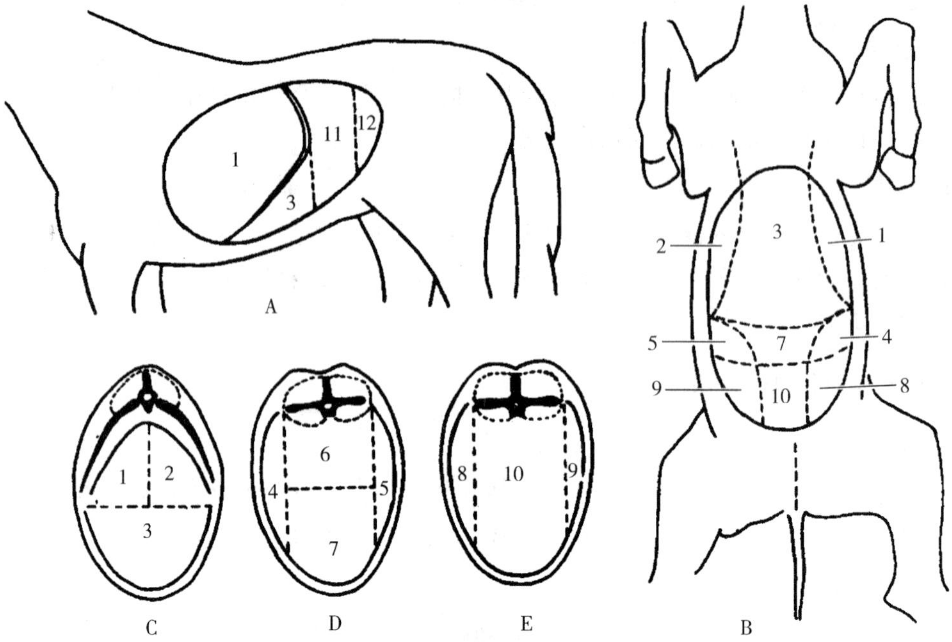

A. 侧面　B. 腹面　C. 腹前部横断面　D. 腹中部横断面　E. 腹后部横断面

1～3. 腹前部(1. 左季肋部　2. 右季肋部　3. 剑状软骨部)　4. 左髂部　5. 右髂部　6. 腰部

7. 脐部　8. 左腹股沟部　9. 右腹股沟部　10. 耻骨部　11. 腹中部　12. 腹后部

图 3-3　腹腔各部分的划分

第二节　消化器官的形态和结构

一、口腔

口腔为消化器官的起始部，具有采食、咀嚼、尝味、吞咽和泌涎等机能(图 3-4)。其前壁为唇；两侧壁为颊；顶壁为硬腭；底壁为口腔底和舌；后壁为软腭。口腔前由口裂与外界相通，后以咽峡与咽腔相通。唇、颊与齿弓之间的腔隙为口腔前庭；齿弓以内部分为固有口腔。口腔黏膜呈粉红色，常有色素沉着，黏膜上皮为复层扁平上皮。

(一)唇

唇构成口腔最前壁，分上唇和下唇，其游离缘共同围成口裂。上唇和下唇会合处称口角。唇主要以口轮匝肌为基础，内衬黏膜，外被皮肤。唇黏膜深层有唇腺，腺管直接开口于唇黏膜表面。

牛唇较坚实、宽厚、不灵活。唇黏膜上有角质乳头。上唇中部和两鼻孔之间的无毛区，称鼻唇镜，内有鼻唇腺，常分泌一种水样液体，使鼻唇镜保持湿润状态。羊唇薄而灵活，上唇中部有一条浅缝，两鼻孔之间形成无毛的鼻镜。猪唇运动不灵活，上唇宽厚，与鼻端一起形成吻突，下唇小而尖，口裂很大。马唇运动灵活，是采食的主要器官。犬、猫上唇与鼻端间形成鼻镜，鼻

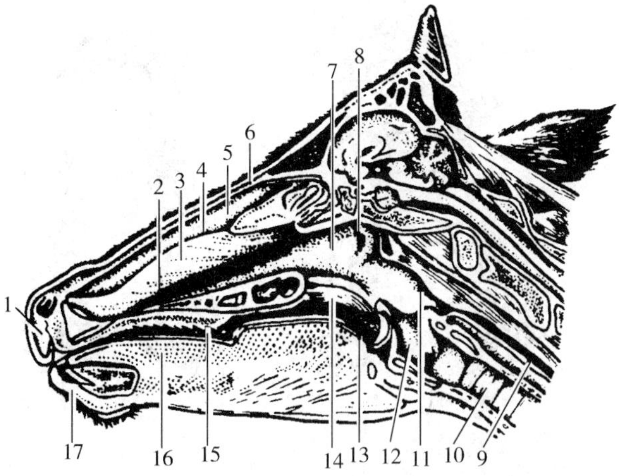

1. 上唇 2. 下鼻道 3. 下鼻甲 4. 中鼻道 5. 上鼻甲 6. 上鼻道 7. 鼻咽部 8. 咽鼓管咽口 9. 食管 10. 气管 11. 喉咽部 12. 喉 13. 口咽部 14. 软腭 15. 硬腭 16. 舌 17. 下唇

图 3-4 牛头纵剖面

镜正中有纵沟为人中。兔上唇中央有一裂缝，称唇裂，唇裂与上端圆厚的鼻端构成三瓣鼻唇。

（二）颊

颊构成口腔的侧壁，以颊肌为基础，内衬黏膜，外覆皮肤。在颊黏膜上有颊腺的开口和腮腺管的开口。牛的颊黏膜上有许多尖端向后的锥状乳头。而猪、马的颊黏膜平滑。犬、猫的颊部黏膜光滑，且常有色素。

（三）硬腭和软腭

1. 硬腭

硬腭构成固有口腔的顶壁，向后延续成软腭。硬腭黏膜厚而坚实，上皮高度角质化（图 3-5）。在硬腭的正中矢状面处，有一纵行的腭缝，腭缝的两侧各有一些横行的腭褶，腭褶上有角质化的锯齿状乳头。牛的硬腭前端无切齿，形成厚而致密的角质垫，称为齿垫，又称齿枕。在齿垫正中有一菱形突起，称为切齿乳头。牛、猪在其两侧各有一个切齿管（或称鼻腭管）的开口，管的另一端通鼻腔。马硬腭厚而坚实，有 16～18 条横行的腭褶，腭缝前端有一扁平的切齿乳头，幼驹的切齿乳头两侧有切齿管。犬硬腭也有腭褶，腭褶前有切齿乳头和切齿管。

2. 软腭

软腭构成口腔的后壁，为一含肌组织和腺体的黏膜褶，在吞咽过程中起活瓣的作用。马的软腭较发达，后缘伸达会厌基部，将口咽部与鼻咽部隔开，故马不能用口呼吸，病理情况下逆呕时逆呕物从鼻腔流出。软腭两侧以短而厚的黏膜褶连于舌根两侧，称腭舌弓。在腭舌弓之后，黏膜稍隆突处为腭扁桃体。

（四）口腔底和舌

1. 口腔底

大部分被舌占据，前部以下颌骨切齿部为基础，表面被覆黏膜。口腔底前部舌尖下面有 1 对突出物称为舌下肉阜，为颌下腺管的开口处。

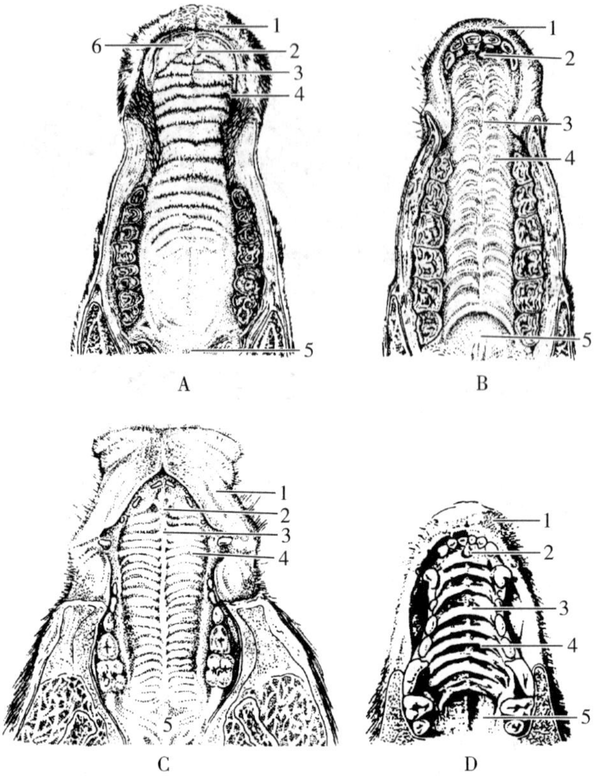

A. 牛的硬腭　B. 马的硬腭　C. 猪的硬腭　D. 犬的硬腭

1. 上唇　2. 切齿乳头　3. 腭缝　4. 腭褶　5. 软腭　6. 齿垫

图 3-5　硬腭

2. 舌

附着在舌骨上，占据固有口腔的大部分，主要由舌肌构成，表面被覆有黏膜，分舌尖、舌体和舌根 3 部分。舌尖为前端的游离部分，向后延续为舌体。在舌尖与舌体交界处的腹侧，有黏膜褶与口腔底相连，称为舌系带。舌体为舌系带至腭舌弓与两侧臼齿之间、附着于口腔底的部分。舌根为舌体后部附着于舌骨上的部分，其背侧的黏膜内含有大量淋巴组织，称舌扁桃体（图 3-6）。

舌主要由舌肌及其表面的黏膜所构成。舌肌为横纹肌，由固有肌和外来肌组成。固有肌起止点均在舌内，外来肌起于舌骨和下颌骨，止于舌内。舌的运动十分灵活，可参与采食、吸吮、咀嚼、吞咽等活动，并有触觉和味觉等功能。

在舌背表面的黏膜形成乳头状隆起，称为舌乳头。根据形状可分为 6 种：圆锥状乳头、丝状乳头、豆状乳头、菌状乳头、轮廓乳头和叶状乳头，后 3 种乳头有味蕾。圆锥状乳头数量多，呈较小的圆锥状，尖端向后且高度角质化，主要分布在舌背上。丝状乳头密布于舌背及舌尖两侧，豆状乳头分布在舌圆枕上，菌状乳头散布于舌两侧和舌背。轮廓乳头和叶状乳头一般均有两个，前者位于舌后部背面中线两侧，后者位于腭舌弓附着部前方。

牛（羊）的舌宽厚有力，是采食的主要器官。舌背后部有一椭圆形的隆起称舌圆枕。在舌背上分布有圆锥状乳头、豆状乳头、菌状乳头和轮廓乳头 4 种。轮廓乳头每侧有 8～17 个。猪和犬的舌黏膜上无豆状乳头。猪舌系带有2条,无舌下肉阜。犬的轮廓乳头每侧有2～3个。马和兔无豆状乳头和圆锥状乳头。猫的舌背面有丝状乳头、菌状乳头和轮廓乳头3种。丝状乳头呈倒钩状,表面覆盖硬的角质层。

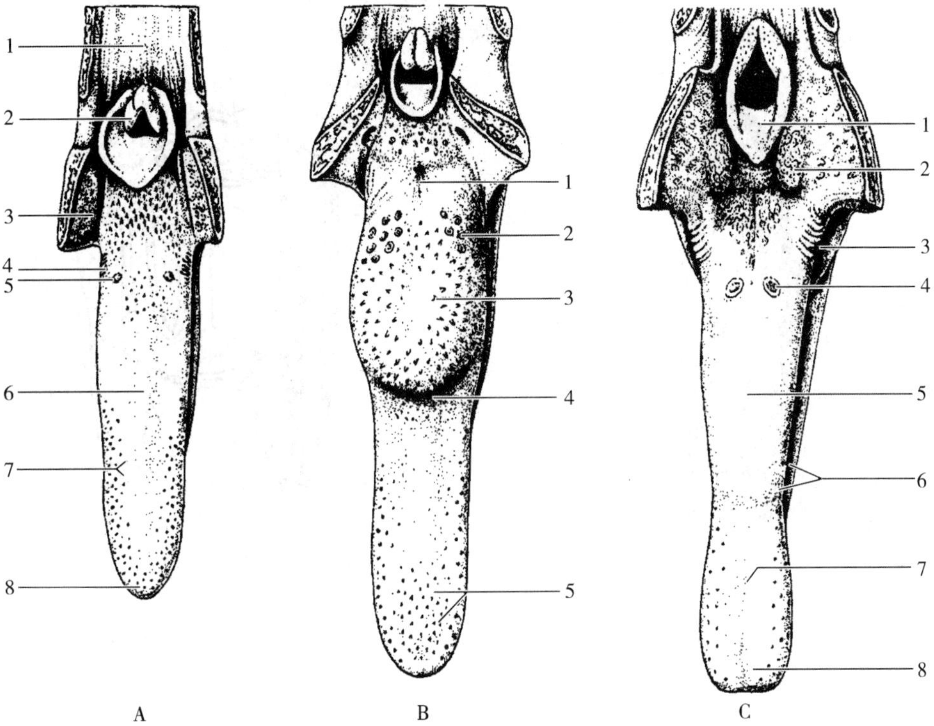

A.猪舌　1.食管　2.喉　3.腭扁桃体　4.叶状乳头　5.轮廓乳头　6.舌体　7.菌状乳头　8.舌尖

B.牛舌　1.舌根　2.轮廓乳头　3.舌圆枕　4.舌隐窝　5.菌状乳头

C.马舌　1.会厌　2.腭扁桃体　3.叶状乳头　4.轮廓乳头　5.舌体　6.菌状乳头　7.正中沟　8.舌尖

图3-6　舌的模式图

(五)齿

齿是体内最坚硬的器官,具有采食和咀嚼作用。齿镶嵌于上、下颌骨的齿槽内,因其排列成弓形,所以又分别称之为上齿弓和下齿弓。齿有切断和磨碎食物的作用。

1.齿的种类和齿式

每一侧的齿弓由前向后顺序排列为切齿、犬齿和臼齿(图3-7)。

(1)切齿　位于齿弓前部,与口唇相对(图3-8)。牛、羊无上切齿,下切齿有4对,由内向外分别称为门齿、内中间齿、外中间齿和隅齿。猪、马、犬、猫有上、下切齿各3对,由

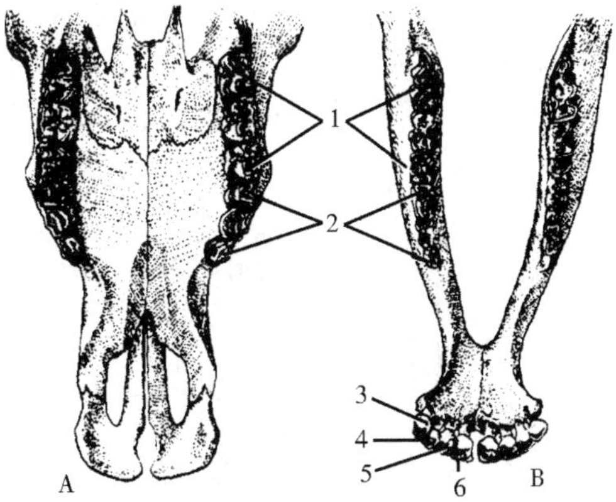

A.上颌　B.下颌

1.后臼齿　2.前臼齿　3.隅齿

4.外中间齿　5.内中间齿　6.门齿

图3-7　牛的齿

内向外又分别称为门齿、中间齿和隅齿。兔有上切齿 2 对，下切齿 1 对。

(2)犬齿　尖而锐，在隅齿和前臼齿之间，约与口角相对，牛、羊和兔无犬齿，猪、公马、犬、猫有上、下犬齿各 1 对。

(3)臼齿　位于齿弓后部，与颊相对，分前臼齿和后臼齿(图 3-9)。牛、马上、下颌各有前臼齿 3 对，猪上、下颌各有 4 对前臼齿。后臼齿均为 3 对。

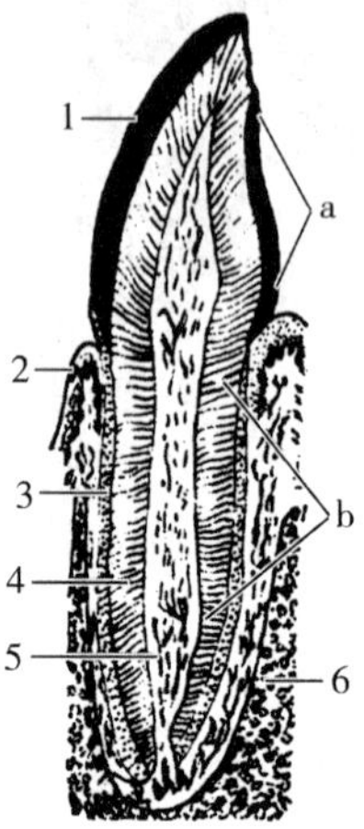

1. 釉质　2. 齿龈　3. 黏合质　4. 齿质　5. 齿腔
6. 下颌骨　a. 齿冠　b. 齿颈和齿根

图 3-8　牛切齿的构造

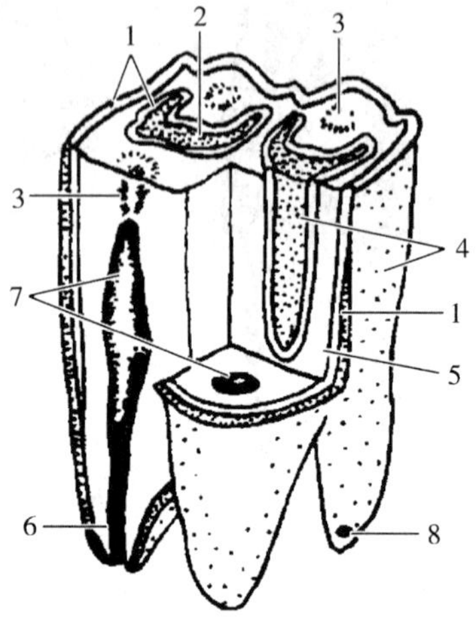

1. 釉质　2. 齿坎　3. 齿星　4. 黏合质
5. 齿质　6. 齿根管　7. 齿腔　8. 齿根尖孔

图 3-9　牛臼齿的构造

动物齿的排列方式称为齿式：

$$\frac{\text{上齿弓}}{\text{下齿弓}}=2\left(\frac{\text{切齿}\quad\text{犬齿}\quad\text{前臼齿}\quad\text{后臼齿}}{\text{切齿}\quad\text{犬齿}\quad\text{前臼齿}\quad\text{后臼齿}}\right)$$

齿在动物出生后逐个长出。除后臼齿和猪的第一前臼齿外，其余齿到一定年龄时均按一定顺序进行更换。更换前的齿称为乳齿，一般个体较小、颜色乳白，磨损较快；更换后的齿称为恒齿，相对较大而坚硬。在实践中，常根据齿出生和更换的时间次序来估测动物的年龄。

牛、羊、猪、马、犬、猫、兔的齿式如下：

	恒齿式	乳齿式
牛、羊：	$2\left(\frac{0\quad 0\quad 3\quad 3}{4\quad 0\quad 3\quad 3}\right)=32$	$2\left(\frac{0\quad 0\quad 3\quad 0}{4\quad 0\quad 3\quad 0}\right)=20$
猪：	$2\left(\frac{3\quad 1\quad 4\quad 3}{3\quad 1\quad 4\quad 3}\right)=44$	$2\left(\frac{3\quad 1\quad 3\quad 0}{3\quad 1\quad 3\quad 0}\right)=28$
马(♂)：	$2\left(\frac{3\quad 1\quad 3(4)\quad 3}{3\quad 1\quad 3\quad 3}\right)=40\sim42$	$2\left(\frac{3\quad 0\quad 3\quad 0}{3\quad 0\quad 3\quad 0}\right)=24$
马(♀)：	$2\left(\frac{3\quad 0\quad 3(4)\quad 3}{3\quad 0\quad 3\quad 3}\right)=36\sim38$	
犬：	$2\left(\frac{3\quad 1\quad 4\quad 2}{3\quad 1\quad 4\quad 3}\right)=42$	$2\left(\frac{3\quad 1\quad 3\quad 0}{3\quad 1\quad 3\quad 0}\right)=28$

猫：　$2\left(\frac{3\quad 1\quad 3\quad 1}{3\quad 1\quad 2\quad 1}\right)=30$　　　$2\left(\frac{3\quad 1\quad 3\quad 0}{3\quad 1\quad 2\quad 0}\right)=26$

兔：　$2\left(\frac{2\quad 0\quad 3\quad 3}{1\quad 0\quad 2\quad 3}\right)=28$　　　$2\left(\frac{2\quad 0\quad 3\quad 0}{1\quad 0\quad 2\quad 0}\right)=16$

2. 齿的形态构造

齿在外形上可分为齿冠、齿颈和齿根三部分，埋于齿槽内的部分称齿根，露于齿龈外的称齿冠，介于二者之间被齿龈覆盖的部分称为齿颈。上下齿冠相对的咬合面称为磨面。

齿壁由齿质、釉质和黏合质构成（图 3-9）。齿质位于内层，为齿的主体部分，呈淡黄色。在齿冠部齿质的外面包以光滑、坚硬、乳白色的釉质。在齿根部齿质的外面则被覆略黄色的黏合质。齿根的末端有孔通齿腔，腔内含有齿髓。齿髓为富含血管、神经的结缔组织，有营养齿组织的作用。

马的齿冠长且深入齿槽内，磨面上有一漏斗状齿窝。窝内填充食物残渣，腐败变质后呈黑色，因而称为黑窝（又称齿坎）。以后随着年龄的增长，齿冠磨损加大，黑窝逐渐消失，齿质暴露，成为一黄褐色的斑痕，称为齿星。因此常可根据马切齿的出齿、换齿、齿冠磨损情况、齿星出现等判定马的年龄。兔门齿生长较快，常有啃咬、磨牙习性。

3. 齿龈

为被覆于齿颈及邻近骨表面的黏膜，与口腔黏膜相延续，无黏膜下层，与齿根部的齿周膜紧密相连，并随齿伸入齿槽内，移行为齿槽骨膜。齿龈内神经分布少而血管多，呈淡红色，有固定齿的作用。

（六）唾液腺

唾液腺是导管开口于口腔，能分泌唾液的腺体，主要有腮腺、颌下腺和舌下腺 3 对（牛、羊、马、猪）（图 3-10）。犬、兔唾液腺发达，有 4 对（多眶下腺）。猫的唾液腺特别发达，有 5 对（多臼齿腺和眶下腺）。

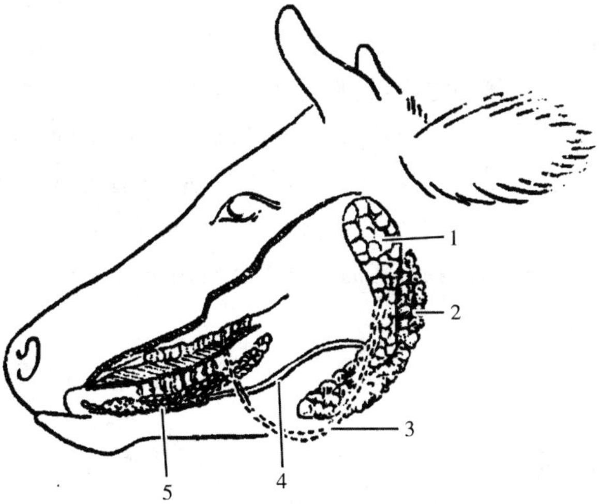

1. 腮腺　2. 颌下腺　3. 腮腺管　4. 颌下腺管　5. 舌下腺

图 3-10　牛的唾液腺

1. 腮腺

腮腺位于耳根下方，下颌骨后缘，又称耳下腺。腺管开口于颊黏膜上。犬有时可见小的副腮腺。

2. 颌下腺

颌下腺后部被腮腺所覆盖，自寰椎翼的腹侧向前下方伸达下颌间隙，在此几乎与对侧的颌下腺相接触。牛、犬的颌下腺比腮腺大。腺管开口于舌下肉阜（牛、羊、马）或舌系带附近的口腔底黏膜。

3. 舌下腺

舌下腺较小，位于舌体和下颌骨之间的黏膜下，呈淡黄色。腺管开口于口腔底的舌下黏膜褶上。牛、猪、犬的舌下腺分为短管舌下腺和长管舌下腺。短管舌下腺有许多小管开口于口腔底；长管舌下腺有一条总导管与颌下腺管伴行或合并，开口于舌下肉阜。

二、咽和食管

（一）咽

咽位于口腔、鼻腔的后方，喉和食管的前上方，是消化管和呼吸道相交叉的部位，可分鼻咽部、口咽部（即咽峡）和喉咽部三部分。鼻咽部位于软腭背侧，是鼻腔向后的延续；口咽部位于软腭和舌根之间；喉咽部位于喉口背侧，较狭窄。咽有 7 个孔与周围邻近器官相通：鼻咽部前上方经 2 个鼻后孔通鼻腔；前下方经咽峡通口腔；后背侧经食管口通食管；后腹侧经喉口通气管；两侧壁各有一耳咽管口通中耳。

咽壁由黏膜、肌层和外膜 3 层构成。黏膜衬于咽腔内面，内含咽腺和淋巴组织。咽的肌肉为横纹肌，有缩小和开张咽腔的作用。外膜是包围在咽肌外的一层纤维膜。

（二）食管

食管是将食物由咽运送入胃的一肌质性管道，分为颈、胸和腹三段。颈段起始于喉和气管的背侧，至颈中部逐渐转向气管的左侧，经胸腔前口入胸腔；胸段又转向气管的背侧并继续向后延伸，经纵隔到达膈，通过膈的食管裂孔进入腹腔；腹段很短，与胃的贲门相连接。

食管壁黏膜上皮为复层扁平上皮。黏膜下层很发达，含有丰富的食管腺，能分泌黏液，润滑食管，有利于食团通过。肌层一般由横纹肌和平滑肌组成，主要分为内环行、外纵行两层。牛（羊）和犬食管肌层全由横纹肌构成；猪的食管仅在胃附近转为平滑肌；马食管的后 1/3 为平滑肌；猫食管的后 1/5 为平滑肌。

三、胃

（一）胃的形态和位置

胃位于腹腔内，为消化管的膨大部分，前端以贲门接食管，后端以幽门通十二指肠，具有暂时储存食物、进行初步消化和推送食物进入十二指肠的作用。胃可分为多室胃（又称复胃）（牛、羊）和单室胃（又称单胃）（猪、马、犬、猫、兔）两种类型。

1. 牛(羊)的胃

微课程视频 8
瘤胃的形态和位置
(讲师:商艳红)

牛(羊)胃为多室胃,依次为瘤胃、网胃、瓣胃和皱胃。前 3 个胃的黏膜衬以复层扁平上皮,浅层细胞角化,且黏膜内不含腺体,主要起贮存食物和分解粗纤维的作用,常称为前胃。皱胃黏膜内分布有消化腺,能分泌胃液,具有化学性消化作用,所以也称为真胃(图 3-11)。

(1)瘤胃　瘤胃是成年牛最大的一个胃,约占 4 个胃总容积的 80%。呈前后稍长、左右略扁的椭圆形,占据整个腹腔的左侧和右侧的一部分。其前端接网胃,与第 7～8 肋间隙相对,后端达骨盆腔前口。左侧面与脾、膈和腹壁相邻,称为壁面;右侧面与瓣胃、皱胃、肠、肝、胰等器官相邻,称为脏面。

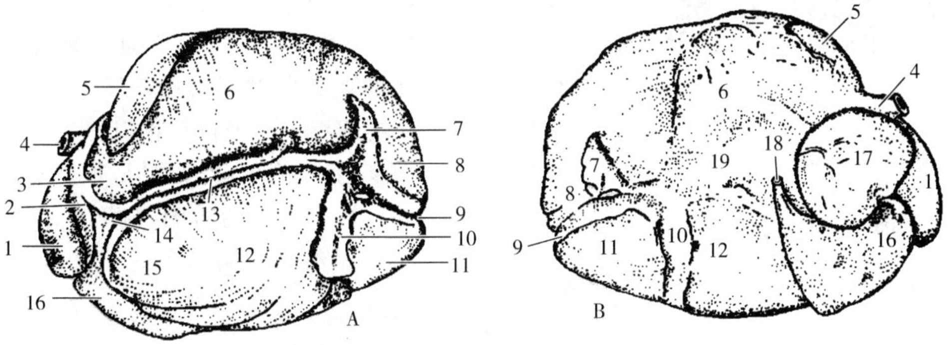

A. 左侧面　B. 右侧面

1. 网胃　2. 瘤网胃沟　3. 瘤胃房　4. 食管　5. 脾　6. 瘤胃背囊　7. 后背冠状沟　8. 后背盲囊　9. 后沟　10. 后腹冠状沟　11. 后腹盲囊　12. 瘤胃腹囊　13. 左纵沟　14. 前沟　15. 瘤胃隐窝　16. 皱胃　17. 瓣胃　18. 十二指肠　19. 右纵沟

图 3-11　牛胃

瘤胃的前、后两端有较深的前沟和后沟,左、右侧面有较浅的左纵沟和右纵沟,它们围成的环状沟,将瘤胃分为较大的背囊和腹囊。背囊和腹囊的前端称瘤胃房(又称前背盲囊)和瘤胃隐窝。后端由较深的后背冠状沟和后腹冠状沟将其分为后背盲囊和后腹盲囊。瘤胃的前端以瘤网口与网胃相通,瘤网口的腹侧和两侧有瘤网褶。背侧呈穹窿状,称瘤胃前庭,该处与食管相接的孔称贲门口。

瘤胃壁的黏膜呈棕黑色或棕黄色,无腺体,表面有密集的长约 1 cm 的瘤胃乳头,在与瘤胃各沟相对应的内侧面,有光滑的肉柱。在肉柱和瘤胃前庭黏膜上无瘤胃乳头。

羊瘤胃腹囊较大,且大部分位于腹腔右侧。黏膜乳头较短。

(2)网胃　牛网胃的容积约占 4 个胃总容积的 5%,是 4 个胃中最小的一个,略呈梨形,前后稍扁。位于季肋部的正中矢状面上,与第 6～8 肋骨相对。壁面(前面)凸,与膈、肝接触;脏面(后面)平,与瘤胃背囊贴连。瘤网口的右下方有网瓣口与瓣胃相通。网胃与心包之间仅以膈相隔,当牛吞食尖锐物体停留在网胃中时,常可穿通胃壁引起创伤性网胃炎,严重时还可穿过膈而刺破心包,引起创伤性心包炎。

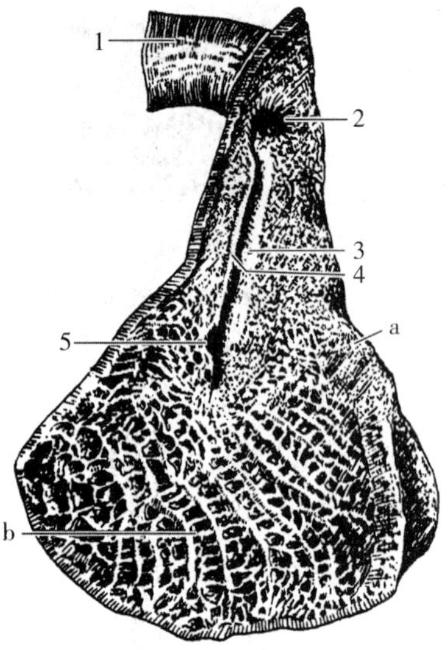

a. 瘤网褶 b. 网胃黏膜
1. 食管 2. 贲门 3. 网胃沟右唇
4. 网胃沟左唇 5. 网瓣口

图 3-12 牛的网胃沟

网胃黏膜呈黑褐色，表面形成许多高低不等的网格状皱褶，形似蜂房。房底还有许多较低的初级皱褶形成更小的网格。皱褶及其围成的房底上有许多细小的锥状角质乳头。瘤胃和网胃之间的网胃沟黏膜较为平滑，有纵行的皱褶。

网胃沟：起于贲门，沿瘤胃前庭和网胃右侧壁伸延到网瓣口（图 3-12）。沟的两侧缘有黏膜褶，称为唇，两唇之间为沟底。沟扭转成螺旋状。当幼畜吸吮乳汁或水时，可通过网胃沟两唇闭合后形成的管道，经瓣胃底直达皱胃。随着年龄的增大、饲料性质的改变，网胃沟闭合的机能逐渐减退。成年牛的网胃沟闭合不严。

羊的网胃比瓣胃大，下部向后弯曲与皱胃相接触。网格较大，但周缘褶皱较低，次级皱褶明显。

（3）瓣胃 牛的瓣胃占 4 个胃总容积的 7%～8%（羊 4 个胃中瓣胃最小），呈两侧稍扁的球形，很坚实，位于右季肋部，在网胃和瘤胃交界处的右侧，与第 7～11(12) 肋间隙相对，肩关节水平线通过瓣胃中线。壁面（右面）隔着小网膜与膈、肝接触；脏面（左面）与瘤胃、网胃及皱胃贴连。大弯凸，朝向右后方；小弯凹，朝向左前方。在小弯的上、下端有网瓣口和瓣皱口，分别通网胃和瓣胃。两口之间沿小弯腔面有瓣胃沟。液体和一些小颗粒饲料可从网胃经瓣胃沟直接进入皱胃。

瓣胃黏膜形成百余片大小、宽窄不同的瓣叶。瓣叶呈新月形，按宽窄分大、中、小和最小四级，呈有规律地相间排列，横切面很像一叠“百叶”，故又称为百叶胃。瓣叶上有许多乳头（图 3-13）。

羊的瓣胃比网胃小，呈卵圆形。瓣叶的数量比牛少，没有最小的叶。

（4）皱胃 皱胃的容积占 4 个胃总容积的 7%～8%，呈前端粗、后端细的弯曲长囊状，位于剑状软骨部和右季肋部，与第 8～12 肋骨相对。前部粗大称为胃底部，与瓣胃相连；后部狭窄称为幽门部，与十二指肠相接。皱胃后部弯向后上方，小弯朝上，与瓣胃相邻，大弯朝下与腹腔底壁贴连。

皱胃黏膜平滑而柔软，在底部形成 12～14 条螺旋形的大皱褶（图 3-14）。黏膜表面被覆单层柱状上皮，黏膜内有腺体，按其位置和颜色分为贲门腺区（色较淡）、胃底腺区（色深红）和幽门腺区（色黄）。

羊的皱胃在比例上较牛的大而长。

网膜为联系瘤胃与其他器官之间的腹膜褶，可分为大网膜和小网膜。

大网膜很发达，分浅、深两层。浅层起自瘤胃左纵沟，深层起自右纵沟，两层在后沟移行续接，浅层和深层分别沿瘤胃腹囊左面和右面下行，相遇紧贴，沿腹腔底壁和右壁绕过肠管右侧面止于皱胃大弯和十二指肠。浅深两层和瘤胃腹囊之间形成一个大的网膜囊。互相紧贴的浅深两层网膜与覆盖瘤胃右壁的网膜深层之间形成一个网膜上隐窝，容纳大部分肠管。

小网膜较小，起于肝的脏面，绕过瓣胃的壁面，止于皱胃小弯和十二指肠起始部。

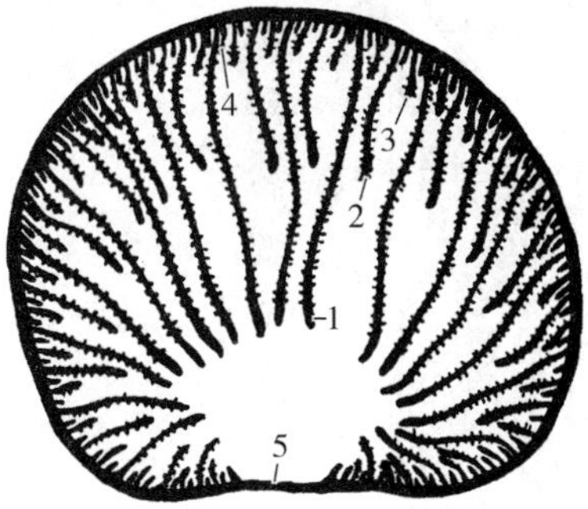

1. 大瓣叶 2. 中瓣叶 3. 小瓣叶
4. 最小瓣叶 5. 瓣胃沟

图 3-13 牛瓣胃的横切面

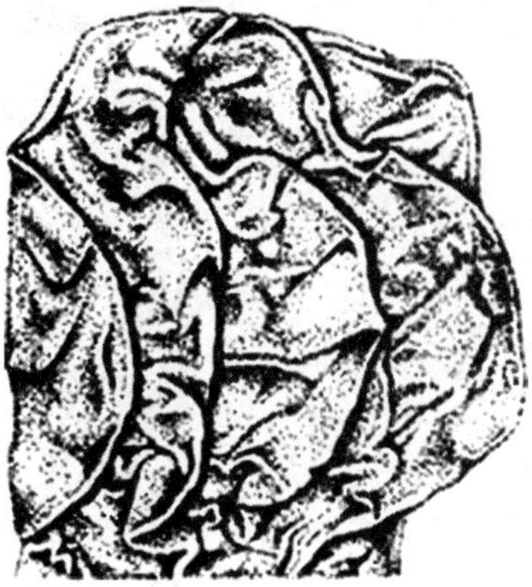

图 3-14 皱胃黏膜

［附］犊牛的胃的特点

哺乳期犊牛皱胃特别发达，瘤胃和网胃相加的容积约等于皱胃的 1/2。10～12 周龄后，由于瘤胃逐渐发育，皱胃仅为其容积的 1/2，此时，瓣胃因无机能，仍然很小。4 个月后，随着消化植物性饲料能力的出现，前胃迅速增大，瘤胃和网胃相加的容积约达瓣胃和皱胃的 4 倍。到 1 岁多时，瓣胃和皱胃的容积几乎相等，4 个胃的容积达到成年的比例(图 3-15)。

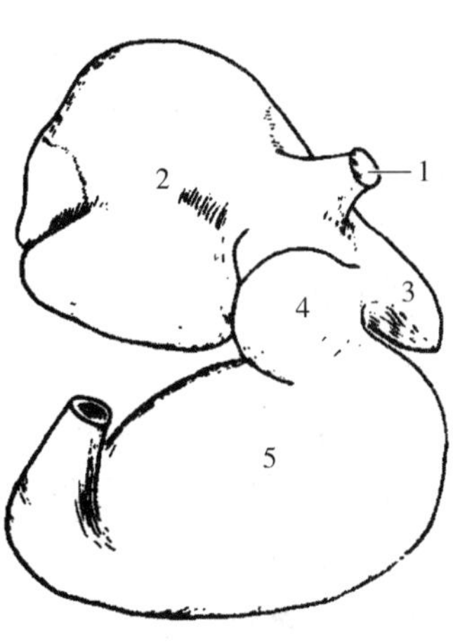

1. 食管 2. 瘤胃 3. 网胃 4. 瓣胃 5. 皱胃

图 3-15 犊牛的胃(右侧)

微课程视频 9

猪胃的形态和位置(讲师:李月勤)

2. 猪的胃

猪胃为单室混合胃，容积 5～7 L，呈弯曲的囊状。横位于腹前部，大部分在左季肋部，小部分在右季肋部。胃的凸缘称为大弯，凹缘称为小弯。饱食时胃大弯可向后伸达剑状软骨部和脐部之间的腹底壁，并与第 9～12 肋软骨相对的腹壁相贴。壁面向前，又称膈面，与肝、膈相邻；脏面向后，与大网膜、肠、肠系膜和胰等相接触。胃左侧特别发达，近贲门处有一盲突，称为胃憩室。在幽门的小弯处，有一纵长的鞍状隆起，称为幽门圆枕，与对侧的唇形隆起相对，有关闭幽门的作用(图 3-16)。

3. 马的胃

马胃的形态与猪胃相似，为单室混合胃，容积为 5～8 L，呈横向朝下弯曲的囊状。大部分位于左季肋部，小部分位于右季肋部。胃左端向后上方膨大形成胃盲囊，位于左膈脚和第 15～17 肋骨上端的腹侧。胃的左侧与脾相连，腹侧与大结肠膈曲相邻。壁面与肝和膈接触；脏面与大结肠、小结肠、小肠及胰等器官相邻。

4. 犬的胃

犬胃的容积大，呈弯曲的梨形。左侧贲门部和胃底部膨大，呈圆形。右侧的幽门部小，呈圆筒状。贲门腺区呈环带状，灰白色，较小；胃底腺区较大，占胃黏膜面积的 2/3，黏膜很厚；幽

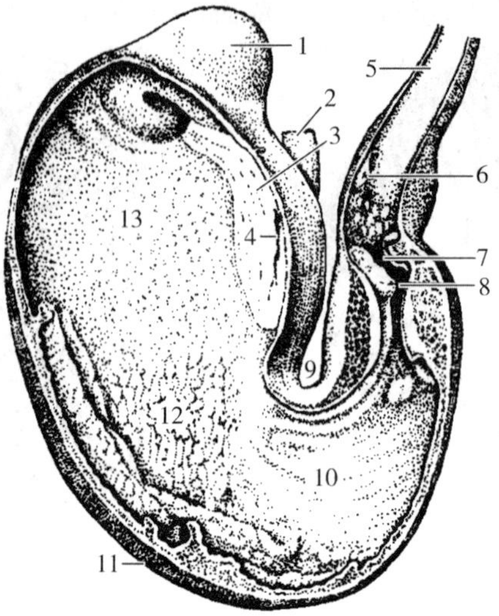

1.胃憩室　2.食管　3.无腺区　4.贲门　5.十二指肠　6.十二指肠憩室　7.幽门
8.幽门圆枕　9.胃小弯　10.幽门腺区　11.胃大弯　12.胃底腺区　13.贲门腺区

图 3-16　猪胃黏膜

门腺区黏膜较薄而小。大网膜特别发达，从腹面完全覆盖肠管。

5.猫的胃

猫胃呈弯曲的囊状，左端大，右端窄，幽门处黏膜突入管腔形成幽门瓣。猫胃属腺型胃，胃腺十分发达，整个胃壁上都有胃腺分布，没有无腺部。

6.兔的胃

兔胃属单室胃，呈椭圆形囊状，横位于腹腔前部。胃的入口处向左方扩大并向前方稍突起，形成一个相当大的盲囊。胃底腺区特别宽阔，其次是幽门腺区，而贲门腺区最小。

(二)胃的组织结构

1.单室胃的组织结构

胃壁由内向外分为黏膜、黏膜下层、肌层和浆膜 4 层(图 3-17)。

(1)黏膜　由上皮、固有层和黏膜肌层组成。

根据黏膜内有无腺体而分为有腺部和无腺部两大部分。有腺部黏膜有腺体，黏膜上皮为单层柱状上皮，其表面形成许多凹陷，称为胃小凹，是胃腺的开口。无腺部面积较小，黏膜上皮为复层扁平上皮，颜色苍白，黏膜无腺体。

有腺部根据其位置、颜色和腺体的不同，又分为贲门腺区、幽门腺区和胃底腺区。其中贲门腺区和幽门腺区主要分泌黏液；胃底腺区最大，位于胃底部，是分泌胃消化液的主要部位，其细胞主要有 4 种：①主细胞，数量较多，可分泌胃蛋白酶原、胃脂肪酶(少量)、凝乳酶(幼畜)，参与消化。②壁细胞，又称盐酸细胞，数量较少，夹在主细胞之间，分泌盐酸。③颈黏液细胞，一般成群的分布在腺体的颈部，分泌黏液，保护胃黏膜。④内分泌细胞，广泛存在于动物的全部消化道，具有内分泌功能。

(2)黏膜下层　由疏松结缔组织构成，猪的黏膜下层有淋巴小结。

(3)肌层　在各段消化管中，胃的肌层最厚。可分为3层：内层为斜行肌，仅分布于无腺部，在贲门部最发达，形成贲门括约肌；中层为环行肌，很发达，在胃的幽门部特别增厚，形成强大的幽门括约肌；外层为不完整的纵行肌，主要分布于胃的大弯和小弯处。

(4)浆膜　被覆于胃的表面。

2. 多室胃的组织结构

(1)瘤胃　黏膜表面形成许多大小不等的圆锥状或舌状乳头。乳头的中央为固有层，其表面为角化的复层扁平上皮。固有层由致密结缔组织构成，富含弹性纤维。黏膜内无腺体和黏膜肌层。黏膜下层薄，内含淋巴组织，但不形成淋巴小结。肌层发达，由内环行、外纵行(或斜行)两层平滑肌构成。瘤胃肉柱主要由环行肌伸入形成，此外，还含有大量的弹性纤维。浆膜富含胶原纤维和弹性纤维，外覆间皮。

(2)网胃　黏膜为角化的复层扁平上皮，固有层富含胶原纤维和弹性纤维网。在皱褶内近游离缘中央有一条平滑肌带(相当于黏膜肌层)，黏膜下层与固有层无明显界限，肌层由内环行、外纵行两层平滑肌构成。

(3)瓣胃　黏膜层形成瓣叶，瓣叶的两侧遍布粗糙而短小的角质乳头。黏膜的结构与瘤胃、网胃相似，但黏膜肌层较为发达。黏膜下层很薄，由胶原纤维和弹性纤维组成。肌层分两层，内环行肌厚，外纵行肌薄。

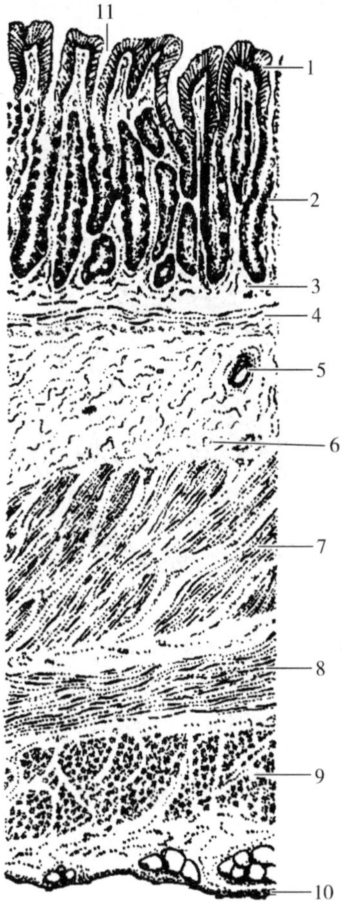

1. 黏膜上皮　2. 胃底腺　3. 固有层　4. 黏膜肌层　5. 血管　6. 黏膜下层　7. 内斜行肌　8. 中环行肌　9. 外纵行肌　10. 浆膜　11. 胃小凹

图 3-17　胃底部横切(低倍)

(4)皱胃　皱胃的组织结构与单室胃的有腺部相似。其特点是：贲门腺区很小，幽门腺较大；胃底腺区的黏膜有永久性皱襞；胃小凹比单室胃大；胃底腺短而密集。

四、肠

(一)肠的形态和位置

肠起于胃的幽门，止于肛门，可分小肠和大肠两部分。草食动物的肠管较长，肉食动物的肠管较短。

小肠可分为十二指肠、空肠和回肠。十二指肠位于右季肋部和腰部，位置较为固定。空肠是最长的一段，形成许多迂曲的肠圈，并以肠系膜固定于腹腔顶壁，活动范围较大。回肠较短，肠管直，肠壁较厚，末端开口于盲肠或盲肠与结肠交界处。回肠以回盲韧带与盲肠相连。

大肠比小肠短，管径较粗，可分为盲肠、结肠和直肠。草食动物的盲肠特别发达。多数动物盲肠位于腹腔右侧。结肠可分为升结肠、横结肠和降结肠。直肠位于骨盆腔内，以直肠系膜连于骨盆腔顶壁，后端以肛门与外界相通。其肠管直径增大部，称为直肠壶腹。

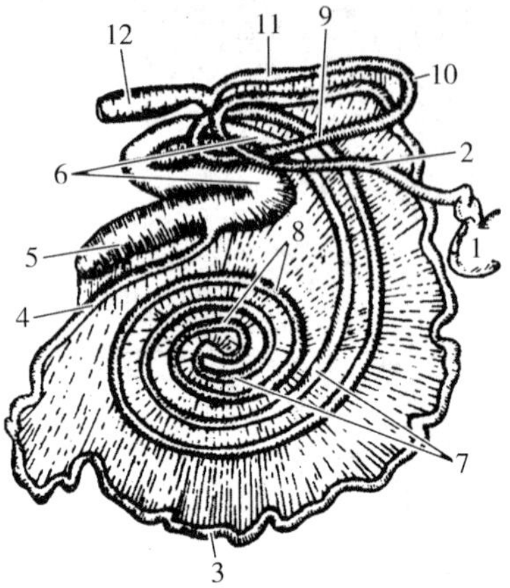

1. 胃　2. 十二指肠　3. 空肠　4. 回肠　5. 盲肠　6. 结肠初袢　7. 结肠旋袢向心回　8. 结肠旋袢离心回　9. 结肠终袢　10. 横结肠　11. 降结肠　12. 直肠

图 3-18　牛肠模式图

1. 牛(羊)的肠(图 3-18 至图 3-20)

(1)小肠　较细，牛的长 27～49 m，羊的长 17～34 m。

①十二指肠　起于皱胃的幽门，向前上方伸延，在肝的脏面形成乙状弯曲。由此向后上方伸延，到髋结节的前方，折转向左并向前方形成一后曲，再向前伸延到右肾腹侧，移行为空肠。

②空肠　位于腹腔右侧，借助于空肠系膜悬吊在结肠圆盘周围，形成花环状肠圈，空肠的右侧和腹侧隔着大网膜与腹壁相邻，左侧与瘤胃相邻，背侧为大肠，前方为瓣胃和皱胃。

③回肠　较短，长约 50 cm，从空肠最后肠圈起，直向前上方伸延至盲肠腹侧，以回肠口开口于盲结肠交界处腹内侧壁，此处黏膜形成一隆起的回肠乳头，突入盲肠腔内。

(2)大肠　牛的大肠长 6.4～10 m，羊的长 6.8～10 m。管径比小肠略粗，无肠袋和纵肌带。

①盲肠　管径较大，长 50～70 cm，呈长圆筒状，位于右髂部。起自回盲口，沿右髂部的上部向后伸延，盲端可达骨盆腔入口处，前端移行为结肠。

②结肠　借总肠系膜附着于腹腔顶壁，可分为升结肠、横结肠和降结肠，起始部的管径与盲肠相似，以后逐渐变细。

升结肠分为初袢、旋袢和终袢三段。初袢起自盲结口，形成乙状弯曲，在小肠和结肠旋袢的背侧，向前伸达第 2、3 腰椎腹侧，移行为旋袢。旋袢位于瘤胃右侧，呈一扁平的圆盘状，分为向心回和离心回。向心回是初袢的延续，以顺时针方向向内旋转约 2 圈(羊约 3 圈)至中心曲。离心回自中心曲起，按相反方向旋转约 2 圈(羊约 3 圈)，移行为终袢。终袢离开旋袢后，向后伸延到骨盆腔入口处，再折转向前并向左延续为横结肠。

横结肠由右侧通过肠系膜前动脉而至左侧，转而向后延续为降结肠。

降结肠沿肠系膜根的左侧面向后伸延，至骨盆前口处形成乙状弯曲，移行为直肠。

③直肠和肛门　直肠位于骨盆腔内，不形成直肠壶腹。肛门位于尾根的下方，平时不向外突出。

牛的内脏见图 3-19 和图 3-20。

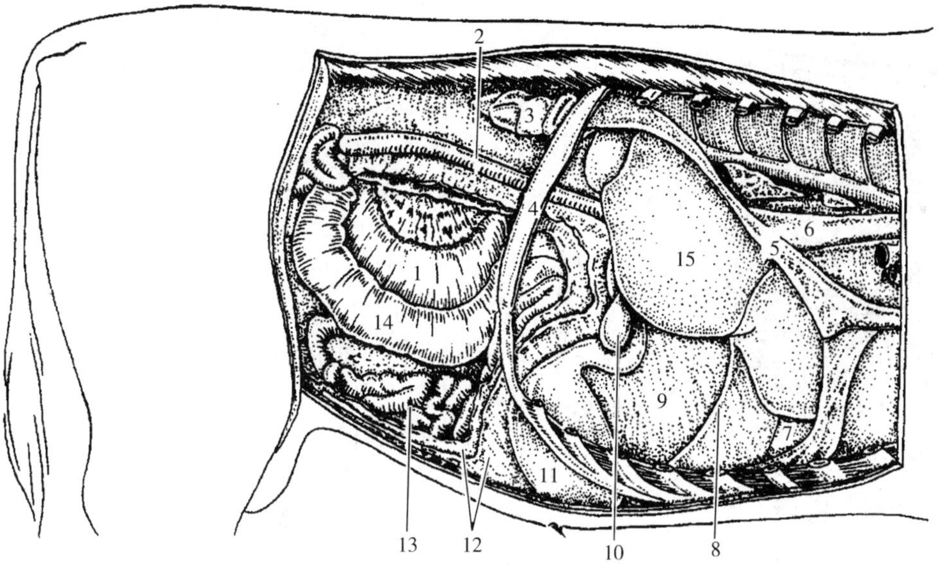

1.结肠　2.十二指肠　3.右肾　4.第13肋骨　5.膈　6.食管　7.网胃　8.镰状韧带及肝圆韧带
9.小网膜　10.胆囊　11.皱胃　12.大网膜　13.空肠　14.盲肠　15.肝

图 3-19　牛的内脏(右侧)

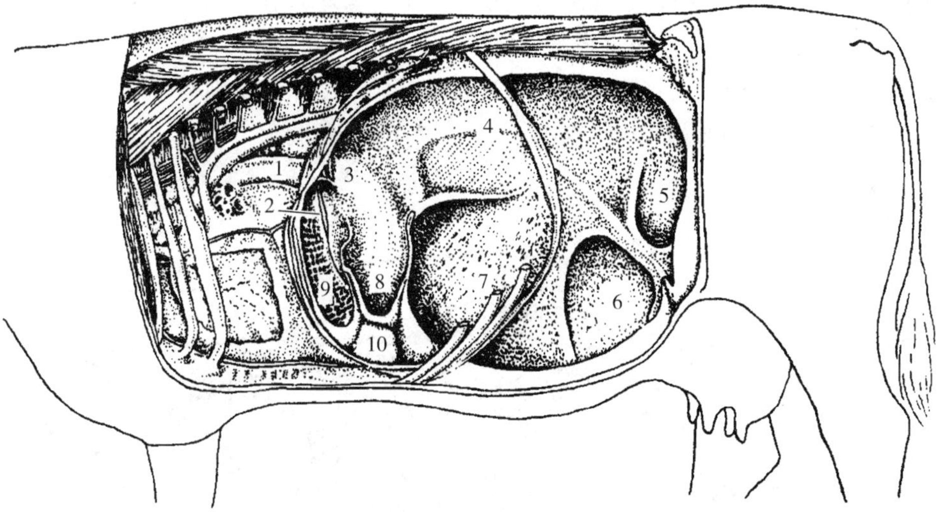

1.食管　2.网胃沟　3.瘤胃前庭　4.瘤胃背囊　5.后背盲囊
6.后腹盲囊　7.瘤胃腹囊　8.瘤胃房　9.网胃　10.皱胃

图 3-20　牛的内脏(左侧,胃已切开)

2.猪的肠(图 3-21 至图 3-23)

(1)小肠　全长 15～20 m。

①十二指肠　长 40～80 cm。起始部在肝的脏面形成乙状弯曲,然后经右肾和结肠之间,向后伸延至右肾的后端,转而向左再向前延续为空肠。

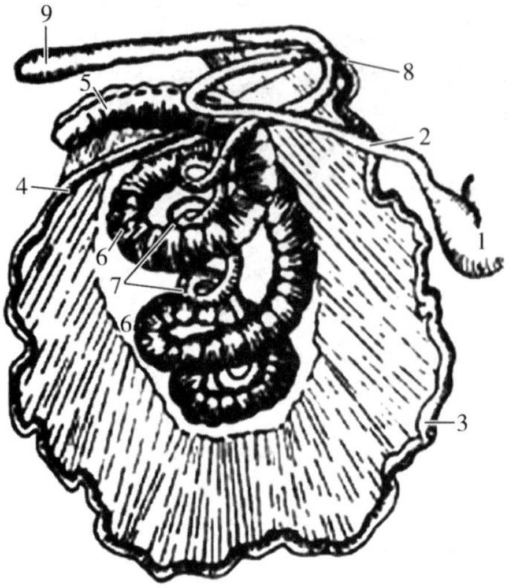

1.胃 2.十二指肠 3.空肠 4.回肠 5.盲肠 6.结肠圆锥向心回 7.结肠圆锥离心回 8.结肠终袢 9.直肠

图 3-21 猪肠模式图

②空肠 形成许多肠圈,以较长的空肠系膜与总肠系膜相连。空肠大部分位于腹腔右半部,在结肠圆锥的右侧。

③回肠 较短,开口于盲肠与结肠的交界处。

(2)大肠

①盲肠 短而粗,呈圆筒状,长 20～30 cm,有 3 条纵肌带和 3 列肠袋,位于左髂部。

②结肠 升结肠在肠系膜中盘曲成结肠圆锥或结肠旋袢。锥底朝向背侧,附着于腰部和左髂部;锥顶向下向左与腹腔底壁接触。结肠圆锥可分向心回和离心回,向心回位于结肠圆锥的外周,肠管较粗,有两条纵肌带和两列肠袋,按顺时针方向向下旋转约 3 圈到锥顶,然后转为离心回;离心回位于结肠圆锥的里面,肠管较细,纵肌带不发达,按逆时针方向旋转 3 圈半或 4 圈半到腰部转为横结肠。横结肠在腰下部前行至胃的后方,然后向左绕过肠系膜前动脉,折转向后移行为降结肠(结肠终袢)。降结肠在左肾内侧,向后伸延至骨盆前口移行为直肠。

微课程视频 10
内脏概述(讲师:刘忠虎)

③直肠和肛门 直肠形成直肠壶腹。肛门黏膜形成许多纵行的细褶。

猪的内脏见图 3-22 和图 3-23。

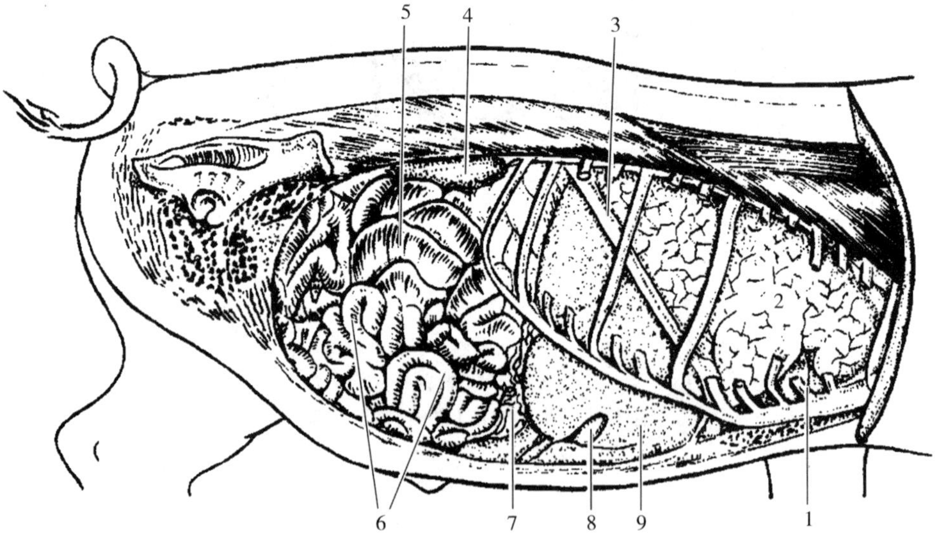

1.心脏 2.肺 3.膈 4.右肾 5.结肠 6.空肠 7.大网膜 8.胆囊 9.肝

图 3-22 猪的内脏(右侧)

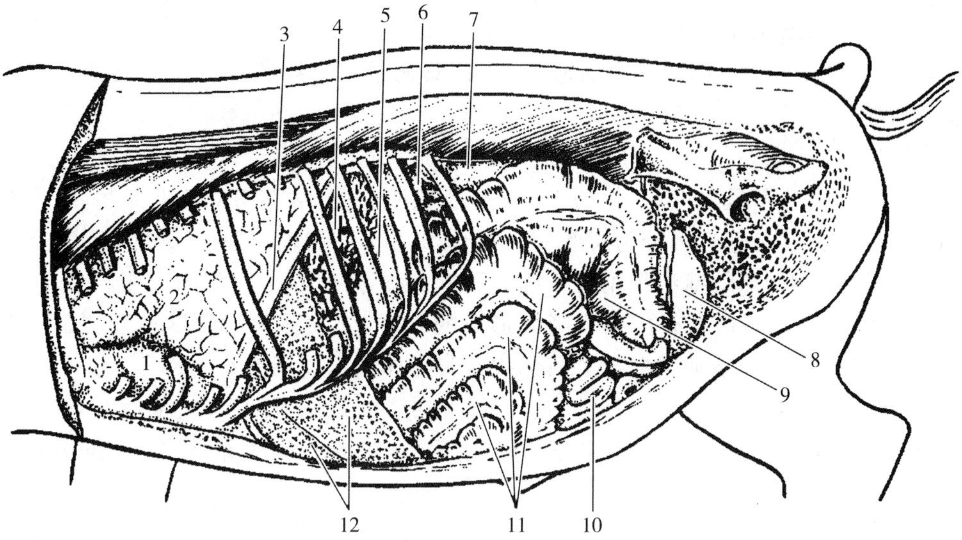

1.心脏　2.肺　3.膈　4.大网膜　5.脾　6.胰　7.左肾　8.膀胱　9.盲肠　10.空肠　11.结肠　12.肝

图 3-23　猪的内脏(左侧)

3.马的肠(图 3-24)

(1)小肠

①十二指肠　长约 1 m,起始部形成乙状弯曲,然后向后伸延到右肾的后下方,在盲肠底附着处弯向左侧,在左肾的腹侧移行为空肠。

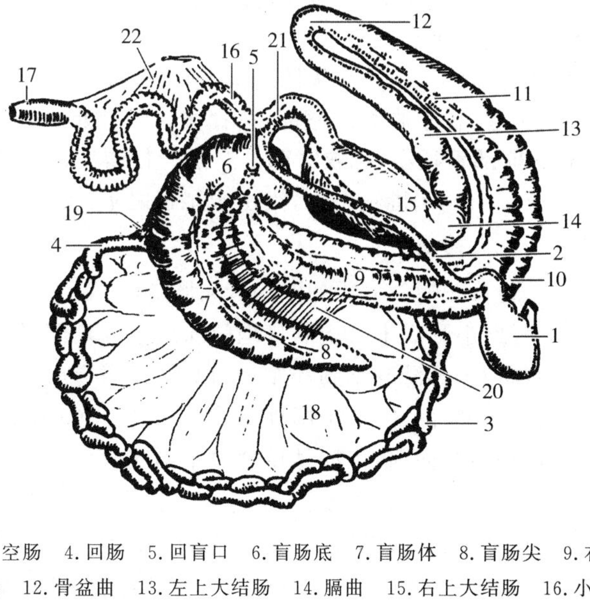

1.胃　2.十二指肠　3.空肠　4.回肠　5.回盲口　6.盲肠底　7.盲肠体　8.盲肠尖　9.右下大结肠　10.胸骨曲　11.左下大结肠　12.骨盆曲　13.左上大结肠　14.膈曲　15.右上大结肠　16.小结肠　17.直肠　18.空肠系膜　19.回盲韧带　20.盲结韧带　21.十二指肠结肠韧带　22.后肠系膜

图 3-24　马的肠

②空肠　长约22 m，借助空肠系膜悬吊于第2～3腰椎腹侧。空肠大部分位于左髂部的上2/3处，并与小结肠混在一起。

③回肠　长约1 m，肠壁较厚，肠管较直，以回盲韧带与盲肠相连。从左髂部斜向右后上方，开口于盲肠。

(2)大肠

①盲肠　发达，外形呈逗点状，长约1 m。位于腹腔右侧，从右髂部的上部起，沿腹侧壁向前下方伸延，达剑状软骨部。可分为盲肠底、盲肠体和盲肠尖3部分。盲肠底是后上方弯曲的部分，背缘较凸称大弯，借结缔组织附着于腹腔顶壁。腹缘凹成小弯，偏向内侧，有回盲口和盲结口。两口相距约5 cm，口上有由黏膜隆起形成的皱褶，分别称为回盲瓣和盲结瓣。盲肠体沿右侧腹壁和底壁向前向下伸达脐部。盲肠尖是盲肠体前端逐渐缩小的部分，为一盲端，在剑状软骨的稍后方。在盲肠底和盲肠体上有4条纵肌带和4列肠袋，盲肠尖部有2条纵肌带。

②结肠　可分为升结肠、横结肠和降结肠。升结肠通常称为大结肠，降结肠通常称为小结肠。

大结肠：特别发达，长3～3.7 m（驴约2.5 m），几乎占据腹腔的下3/4，盘曲成双层马蹄铁形。可分为四段三个弯曲，从盲结口开始，顺次为右下大结肠→胸骨曲→左下大结肠→骨盆曲→左上大结肠→膈曲→右上大结肠。大结肠管径的变化很大，下大结肠除起始部外均较粗，管径20～25 cm。至骨盆曲处突然变细，约8 cm。右上大结肠管径逐渐变粗，末端可达30 cm，因此又叫胃状膨大部。从胃状膨大部向后又突然变细成短的横结肠。下大结肠有4条纵肌带和4列肠袋，骨盆曲有1条纵肌带。左上大结肠开始有1条纵肌带，到中部增加至3条，经膈曲延续到右上大结肠。

大结肠除起始部和终末部以无浆膜区与周围器官相附着外，其余部分仅上、下大结肠之间有短的结肠系膜相连，与腹壁及其他内脏器官均无联系，呈游离状态。因此，有可能发生肠变位。

横结肠：为大结肠和小结肠之间的移行部，即自大结肠末端在肠系膜前动脉之前从右向左，横越正中面至左肾腹侧延续为小结肠。

小结肠：长约3 m，直径约6 cm，有2条纵肌带和2列肠袋，借后肠系膜连于腰椎腹侧，活动范围较大，常与空肠混在一起，位于腹腔左髂部，在骨盆腔入口处移行为直肠。

③直肠　长约30 cm。前部管径小，称狭窄部。后段管径增大，称直肠壶腹。

(3)肛门　呈圆锥状，位于第4尾椎正下方，突出于尾根之下。

4. 犬的肠

微课程视频11
犬的消化系统结构特点（讲师：张利卫）

肠管较短，小肠平均4 m，大肠60～75 cm（图3-25）。

(1)小肠　十二指肠自幽门向后上方延伸，经右髂部至骨盆前口处转而向左，再沿升结肠和左肾内侧前行至胃后部，然后转向后方移行为空肠。空肠由6～8个肠袢组成，位于肝、胃和骨盆前口之间。回肠短，沿盲肠内侧向前，以回结口开口于结肠起始处。

(2)大肠　无纵肌带和肠袋。盲肠呈螺旋状弯曲，位于右髂部内侧，在十二指肠和胰的腹侧。前端以盲结口与结肠相通，后方盲端尖。结肠呈U形袢，升结肠沿十二指肠降部前行，至幽门处转向左侧为横结肠，降结肠沿左肾腹内侧后行，入骨盆腔后延续为直肠。直肠壶腹宽大，在肛管两侧有肛囊，壁内有肛囊腺，其分泌物有难闻的异味。

1.胃　2.十二指肠　3.空肠　4.回肠　5.盲肠　6.升结肠　7.横结肠
8.降结肠　9.直肠　10.肠系膜前动脉　11.肠系膜后动脉

图 3-25　犬的肠

5.猫的肠

(1)小肠　长度约为猫身长的 3 倍。十二指肠长 12～14 cm,在幽门部后方形成一个 U 形弯曲。空肠与十二指肠分界不明显。回肠前段肠壁较后段肠壁厚。肠腺发达。

(2)大肠　盲肠不发达,是突于结肠前端的盲囊。盲肠有一锥形的突出,是阑尾的遗迹。结肠长约 23 cm,也分为升结肠、横结肠和降结肠,直径约为回肠的 3 倍。直肠长约 5 cm。肛门两侧各有一个大的肛门腺。

6.兔的肠

(1)小肠　十二指肠长约 50 cm,呈 U 形弯曲。空肠长约 2 m,形成许多肠袢,位于腹腔左侧。回肠较短,长约 40 cm,入盲肠处的肠壁膨大形成一壁厚的圆小囊,呈灰白色,为兔特有,黏膜富含淋巴组织。

(2)大肠　长约 2 m。盲肠特别发达,长约 50 cm,为卷曲的锥体状。盲肠基部粗大,体部和尖部逐渐变细。基部黏膜中有盲肠扁桃体,体部和尖部黏膜面有螺旋瓣,从盲肠外表可看到相应沟纹。盲肠尖部有长而细的蚓突,色较淡,壁厚,长约 10 cm,直径约 1 cm,结构类似盲肠扁桃体。升结肠粗大,有 3 条纵肌带和 3 列肠袋。横结肠和降结肠均较细,有一条很宽的纵肌带和 1 列肠袋。降结肠与直肠无明显界限,二者间有 S 形弯曲。直肠末端背外侧壁有直肠腺,分泌物有特异臭味。

(二)肠的组织结构

1.小肠壁的组织结构

小肠壁也分黏膜、黏膜下层、肌层和浆膜 4 层(图 3-26)。

(1)黏膜　黏膜和黏膜下层形成许多环形皱襞,黏膜表面有许多微细的指状突起,突向肠

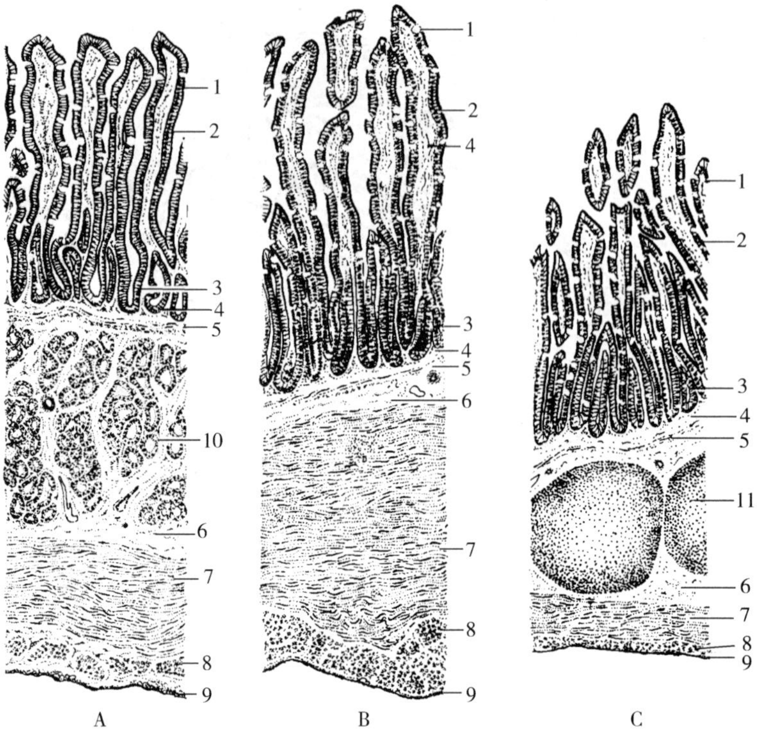

A. 十二指肠　B. 空肠　C. 回肠

1. 肠上皮　2. 绒毛　3. 肠腺　4. 固有层　5. 黏膜肌层　6. 黏膜下层　7. 内环行肌　8. 外纵行肌　9. 浆膜　10. 十二指肠腺(十二指肠)　11. 淋巴集结(回肠)

图 3-26　小肠横切(低倍)

腔,称肠绒毛。绒毛由上皮和固有层构成,固有层内有 1 条粗大的毛细淋巴管(绵羊有 2 条),它的起始端为盲端,称中央乳糜管。管壁由一层内皮细胞构成,通透性较大,便于大分子的脂肪乳糜颗粒进入管内。

①上皮　被覆于黏膜和绒毛的表面,为单层柱状上皮,由柱状细胞、杯状细胞和少量内分泌细胞构成。柱状细胞最多,呈高柱状,胞核呈椭圆形,位于细胞基部,细胞游离面有纹状缘。在柱状细胞之间夹有杯状细胞和内分泌细胞。

②固有层　分布于肠腺之间,并构成绒毛的中轴,为富含网状纤维的结缔组织,内含大量肠腺及毛细血管、淋巴管、神经和各种细胞成分,如淋巴细胞、嗜酸性粒细胞、浆细胞和肥大细胞等。

③黏膜肌层　由内环、外纵两层平滑肌组成。

(2)黏膜下层　由疏松结缔组织构成。内有较大的血管、淋巴管、神经丛及淋巴小结等,在十二指肠还有十二指肠腺。

(3)肌层　由内环、外纵两层平滑肌组成,内环行肌较厚。

(4)浆膜　与胃的浆膜相同。

2. 大肠壁的组织结构

大肠壁也由 4 层构成,主要有以下特点(图 3-27):

·黏膜表面比较平滑，不形成环形皱襞和绒毛。杯状细胞多，纹状缘不明显。

·固有层内肠腺比较发达，直而长。孤立淋巴小结较多，集合淋巴小结却很少。腺上皮含有大量杯状细胞，分泌碱性黏液，中和粪便发酵的酸性产物。分泌物不含消化酶，但有溶菌酶。

·肌层特别发达，猪和马的外纵行肌形成纵肌带。

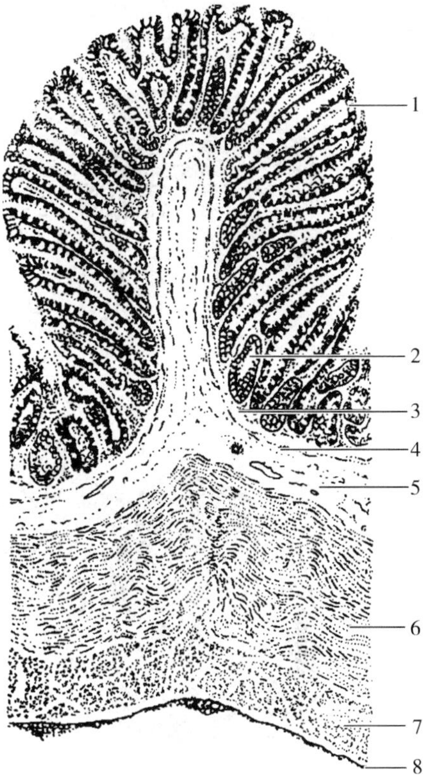

1. 黏膜上皮 2. 大肠腺 3. 固有层 4. 黏膜肌层 5. 黏膜下层 6. 内环行肌 7. 外纵行肌 8. 浆膜

图 3-27 大肠横切(低倍)

五、肝

(一)肝的形态和位置

肝呈扁平状，暗褐色，是动物体内最大的腺体。位于腹前部，膈的后方，大部分位于右季肋部。背缘短而厚，腹缘薄锐。在腹缘上有深浅不同的切迹，将肝分成大小不等的肝叶(图 3-28)。壁面凸，脏面凹，中部有肝门。门静脉和肝动脉经肝门入肝，胆汁的输出管和淋巴管经肝门出肝。肝各叶的输出管合并在一起形成肝总管。无胆囊的动物，肝总管和胰管一起开口于十二指肠。有胆囊的动物，胆囊管与肝管合并，称为胆总管，开口于十二指肠。

肝的表面被覆有浆膜，并形成左右冠状韧带、左右三角韧带、镰状韧带、圆韧带与周围器官相连。

1. 牛(羊)的肝

牛肝略呈长方形，大部分位于右季肋部，无叶间切迹，故分叶不明显，被胆囊和圆韧带分为左、中、右 3 叶。左叶在第 6～7 肋骨相对处，右叶在第 2～3 腰椎下方。中叶被肝门分为背侧的尾叶和腹侧的方叶。尾叶有凸向肝门的乳头突和盖于右叶脏面的尾状突。胆总管在十二指肠的开口距幽门 50～70 cm。

微课程视频 12
牛肝脏的形态和位置
(讲师:金鑫)

2. 猪的肝

猪肝较发达，中央厚，周缘薄。大部分位于腹前部的右侧，左缘与第 9 或第 10 肋间隙相对；右缘与最后肋间隙的上方相对；腹缘位于剑状软骨后方，距离剑状软骨 3～5 cm。肝被三条深的切迹分为左外叶、左内叶、右内叶和右外叶。右内叶内侧有不发达的中叶，方叶呈楔形，位于肝门和胆囊之间。肝门背侧为尾叶，尾状突向右突出，没有肾压迹。胆囊位于右内叶的胆囊窝内。胆总管开口于距幽门 2～5 cm 处的十二指肠憩室。

3. 马的肝

马肝没有胆囊，分叶较明显。大部分位于右季肋部，小部分位于左季肋部，其右上部达第

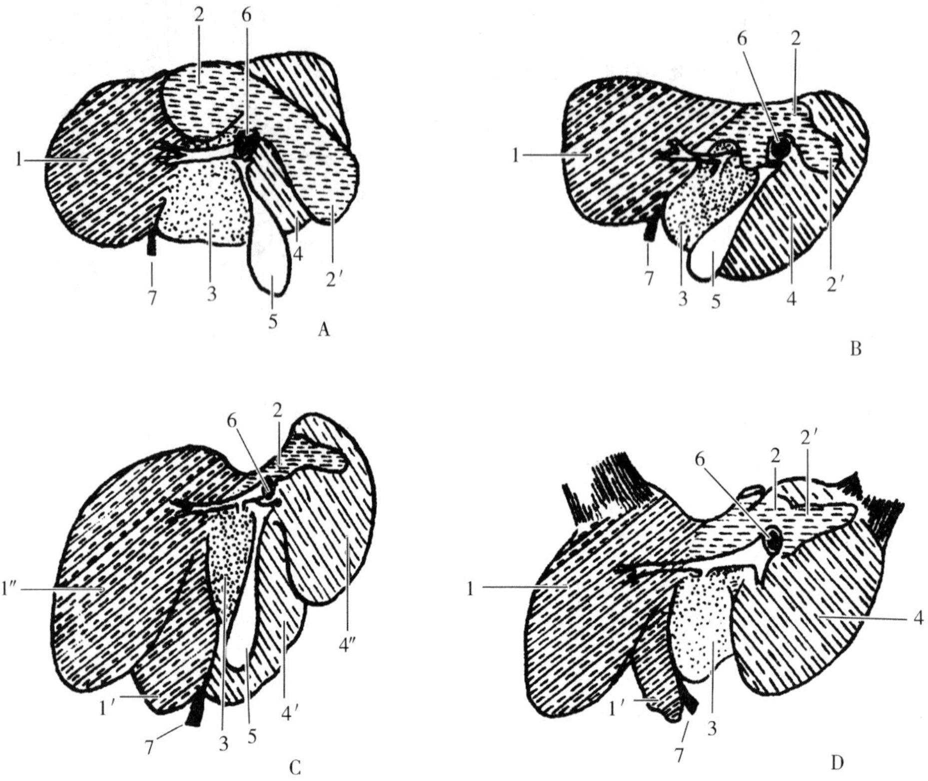

A. 牛肝　B. 羊肝　C. 猪肝　D. 马肝

1. 左叶　1′. 左内叶　1″. 左外叶　2. 尾叶　2′. 尾状突　3. 方叶　4. 右叶

4′. 右内叶　4″. 右外叶　5. 胆囊　6. 门静脉　7. 肝圆韧带

图 3-28　肝分叶模式图

16 肋骨中上部，左下部与第 7～8 肋骨的下部相对。在肝的腹侧缘上有两个切迹，将肝分为左、中、右三叶。肝总管开口于十二指肠憩室。

4. 犬的肝

犬肝体积较大，相当于体重的 3%，呈紫褐色。由辐射状的裂缝分为六叶，即左外叶、左内叶、右外叶、右内叶、方叶和尾叶。尾叶的右侧有尾状突，左侧有明显的乳头突。胆囊隐藏在脏面的右外叶和右内叶之间。肝管与胆囊管汇合成胆总管，开口于距幽门 5～8 cm 处的十二指肠。

5. 猫的肝

猫肝分叶明显，分为左外叶、左内叶、右外叶、右内叶和尾叶。胆囊位于右外叶和右内叶之间的脏面。胆总管开口于十二指肠。

6. 兔的肝

兔肝分六叶，即左外叶、左内叶、右外叶、右内叶、方叶和尾叶。胆囊位于右内叶的脏面，肝管与胆囊管汇合成胆总管，在距幽门约 1 cm 处开口于十二指肠。

(二)肝的组织结构

肝表面大部分被覆一层富含弹性纤维的结缔组织被膜,被膜表面有浆膜覆盖,结缔组织在肝门处随门静脉、肝动脉和肝管的分支伸入肝实质内,将肝实质分隔成许多肝小叶,猪、猫的肝小叶间结缔组织发达,所以肝小叶很明显。

1. 肝小叶

肝小叶是肝的基本结构和功能单位,呈多面棱柱状。每个肝小叶的中央沿长轴都贯穿着一条中央静脉。肝细胞以中央静脉为轴心呈放射状排列,切片上则呈索状,称为肝细胞索。由于肝细胞呈单行排列,构成板状结构,所以又称肝板。肝血窦位于肝板之间,通过肝板上的孔彼此相通(图 3-29)。

(1)中央静脉　位于肝小叶的中央,由内皮和少量结缔组织构成,有许多肝血窦的开口,故管壁不完整。

(2)肝细胞　呈多面形,胞体较大,界限清楚。胞核圆而大,位于细胞中央(有的细胞有 2 个核),核染色质稀疏,着色较淡,核膜清楚,有 1～2 个核仁。

(3)肝血窦　肝血窦是位于肝板之间、相互吻合的管道(即扩大的毛细血管或血窦)(图 3-30)。窦壁由扁平的内皮细胞构成,核呈扁圆形,突入窦腔内。此外,在窦腔内还散在一种巨噬细胞,称为枯否细胞。细胞体积较大,形状不规则,以突起与窦壁相连,具有吞噬功能。

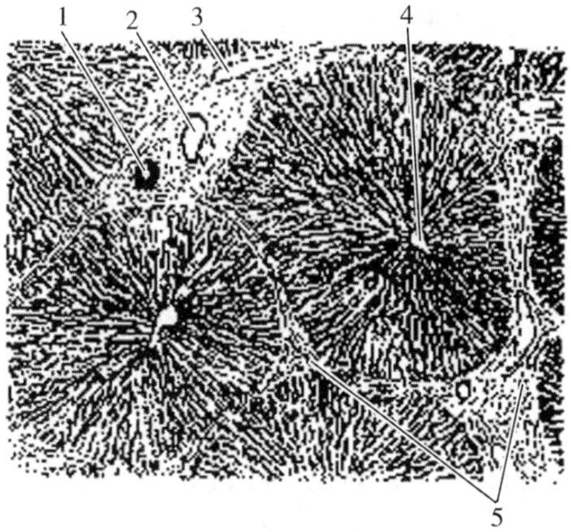

1. 小叶间胆管　2. 小叶间动脉　3. 小叶间静脉
4. 中央静脉　5. 小叶间结缔组织

图 3-29　猪的肝小叶(低倍)

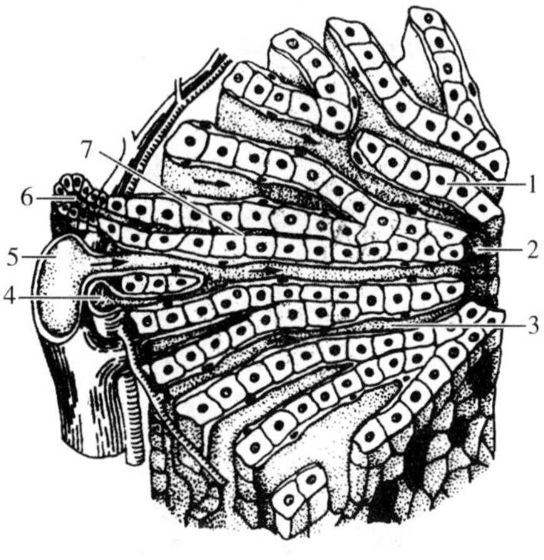

1. 肝细胞索　2. 中央静脉　3. 肝血窦　4. 小叶间动脉
5. 小叶间静脉　6. 小叶间胆管　7. 胆小管

图 3-30　肝板和肝血窦

(4)窦周隙　在肝细胞与窦壁内皮细胞之间有宽约 0.4 μm 的间隙,称窦周隙或狄氏隙。其内充满来自血窦的血浆,肝细胞血窦面上的微绒毛浸入其中,与血窦接触,有利于肝细胞和血液间的物质交换。

(5)胆小管　直径 0.5～1.0 μm,是由相邻肝细胞膜凹陷形成的微细管道,以盲端起始于中央静脉周围的肝板内,并互相通连成网,呈放射状走向肝小叶边缘,与小叶内胆管连接。

2. 门管区

门管区是相邻几个肝小叶之间的结缔组织内小叶间静脉、小叶间动脉和小叶间胆管所伴行分布的三角形区域。在门管区内还有淋巴管和神经纤维。

3.肝的血液循环

进入肝的血管有门静脉和肝动脉。

(1)门静脉　门静脉属于肝的功能血管。它收集来自胃、肠、脾、胰的血液,经肝门入肝,在肝小叶间分支形成小叶间静脉,再分支成终末分支开口于肝血窦,然后血液流向小叶中心的中央静脉。营养物质在肝血窦处可被吸收、贮存或经加工、改造后再排入血液中,运到机体各处,供机体利用。

(2)肝动脉　肝动脉是肝的营养血管。它来自腹腔动脉,含有丰富的氧气和营养物质,可供肝细胞物质代谢使用。肝动脉经肝门入肝后,在肝小叶间分支形成小叶间动脉,并伴随小叶间静脉分支后,进入肝血窦和门静脉血混合。部分分支还可到被膜和小叶间结缔组织等处。

4.胆汁排出途径

肝细胞分泌的胆汁排入胆小管内,自肝小叶中央向周边流动,在肝小叶边缘,胆小管汇合成短小的小叶内胆管。小叶内胆管穿出肝小叶,汇入小叶间胆管。小叶间胆管在肝门处汇集成肝管出肝,开口于十二指肠(马)或与胆囊管汇合成胆总管后,再通入十二指肠内(牛、羊和猪等)。

六、胰

(一)胰的形态和位置

胰柔软而分叶明显,其形状、大小各种动物差异较大。胰位于腹腔背侧,靠近十二指肠,可分为左、中、右 3 叶,中叶又称胰头。胰的输出管有的动物(牛、猪)有 1 条,有的动物(马、犬)有 2 条,其中一条叫胰管,另一条叫副胰管。

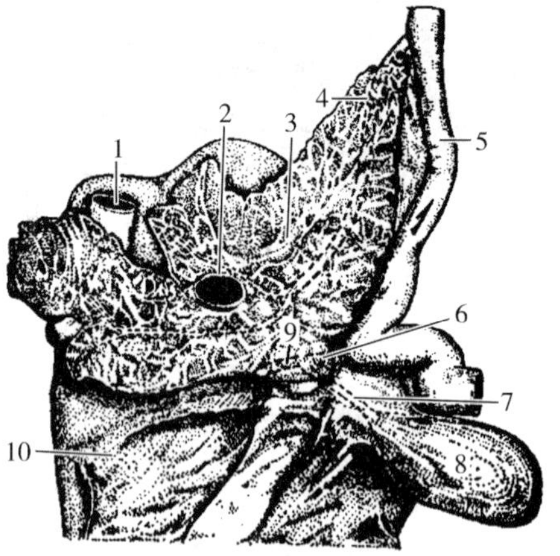

1.后腔静脉　2.门静脉　3.胰　4.胰管　5.十二指肠　6.胆管　7.胆囊管　8.胆囊　9.肝管　10.肝

图 3-31　牛的胰

1.牛(羊)的胰

牛(羊)的胰呈不正的四边形,黄褐色,位于右季肋部和腰部(图 3-31)。胰头靠近肝门附近。左叶短而宽,背侧附着于膈脚,腹侧与瘤胃背囊相连。右叶发达,较长,向后伸延到肝尾叶的后方,背侧与右肾邻接,腹侧与十二指肠和结肠相邻。胰管自右叶末端穿出,在胆总管后方 30 cm 处开口于十二指肠内。羊的胰管和胆管合成一条总管开口于十二指肠。

2.猪的胰

猪的胰呈不规则三角形,灰黄色,位于最后 2 个胸椎和前 2 个腰椎的腹侧。胰头稍偏右侧,位于门静脉和后腔静脉腹侧;左叶位于左肾的下方和脾的后方;右叶较左叶小,沿十二指肠向后方伸延到右肾的内侧缘。胰管由右叶末端发出,开口于距幽门 10～12 cm 处的十二指肠内(图 3-32)。

3. 马的胰

马的胰呈不正三角形，淡红黄色，横位于腹腔顶壁的下方，大部分位于右季肋部，在第16～18胸椎的腹侧。胰头位于胰的右前部，向前伸入十二指肠乙状曲内；左叶伸入胃盲囊与左肾之间；右叶较钝，位于右肾和右肾上腺腹侧。胰管由左、右两支汇合而成，从胰头穿出与肝总管一同开口于十二指肠憩室。副胰管开口于十二指肠憩室对侧的黏膜上。

4. 犬的胰

犬的胰呈V形，左、右叶均狭长，两叶在幽门后方汇合。位于十二指肠、胃和横结肠之间，呈粉红色。胰管与胆总管共同开口于十二指肠，副胰管较粗，开口于胰管入口的后方3～5 cm处。

5. 猫的胰

猫的胰位于十二指肠袢内，呈扁平状。胰管与胆总管一起开口于十二指肠。副胰管在胰管后方约2 cm处开口于十二指肠。

6. 兔的胰

兔的胰呈浅红黄色，分左、右两叶，位于十二指肠袢间的系膜内，其叶间结缔组织比较发达，使胰呈松散的枝叶状结构。胰管有1条，开口于十二指肠距末端约14 cm处。

(二)胰的组织结构

胰的表面包有薄层结缔组织被膜，结缔组织伸入腺内，将腺实质分隔成许多小叶。胰的实质分外分泌部和内分泌部，外分泌部分泌胰液，内分泌部分泌激素(图3-33)。

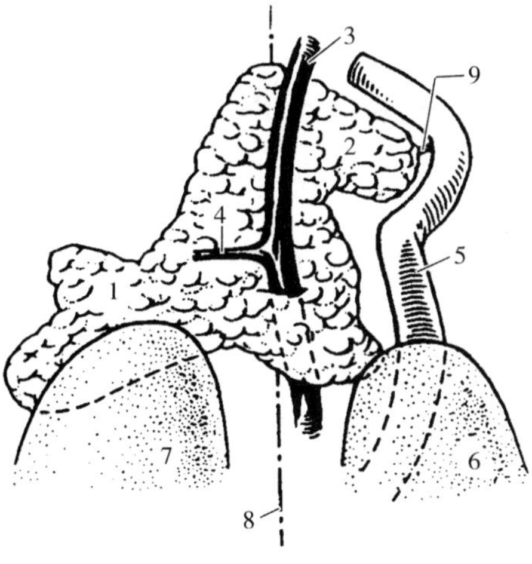

1.胰左叶　2.胰右叶　3.门静脉　4.胃脾静脉
5.十二指肠降部　6、7.右、左肾前极
8.正中平面近侧位置　9.胰管

图3-32　猪的胰(背侧面)

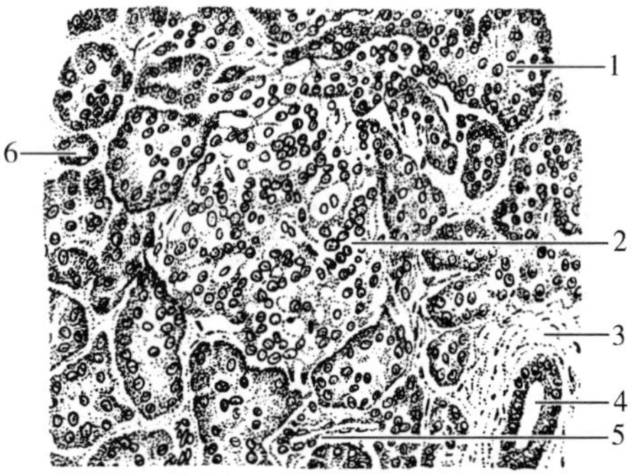

1.腺泡　2.胰岛　3.小叶间结缔组织
4.小叶间导管　5.闰管纵切面　6.闰管横切面

图3-33　胰腺(低倍)

1. 外分泌部

外分泌部属消化腺，占腺体的绝大部分，为浆液性的复管泡状腺，分腺泡和导管两部分。腺泡呈球状或管状，腺腔很小，由浆液性腺细胞组成。导管包括闰管、小叶内导管、小叶间导管、叶间导管和胰管。各级导管的管壁为单层上皮，随着管腔的增大，细胞逐渐增高，胰管上皮呈高柱状。细胞合成的分泌物，在细胞顶端排入腺泡腔内，再由各级导管把分泌物排出。

2. 内分泌部

内分泌部位于外分泌部的腺泡之间，是由大小不等的内分泌细胞构成的圆形或卵圆形细胞团，形似小岛，故又称胰岛。胰岛细胞呈不规则索状排列，且互相吻合成网，细胞间有丰富的毛细血管和血窦，利于激素的通过。胰岛细胞主要分泌胰岛素和胰高血糖素，有调节血糖代谢的作用。胰岛用特殊染色法可显示几种细胞：①A 细胞，胞体较大，多分布于胰岛的外周，可分泌胰高血糖素；②B 细胞，胞体略小，多分布于胰岛的中央，可分泌胰岛素；③D 细胞，数量较少，多散在 A、B 细胞之间，可分泌生长抑素；④PP 细胞，数量很少，可分泌胰多肽。

实训项目一　消化器官的形态构造

【实训目的】

1. 掌握口腔、咽的结构和食管的径路。
2. 掌握胃、小肠、大肠、肝和胰的形态、结构和位置关系。
3. 掌握牛、羊、猪、马、犬、猫和兔消化器官的结构特点。

【实训材料】

牛、羊、猪和马等动物消化器官标本、模型。

【实训内容】

一、口腔、咽和食管

1. 口腔

观察唇、颊、硬腭、软腭，唾液腺，齿的种类、构造以及年龄鉴别的形态依据，舌的形态，舌黏膜上各种乳头的形态及分布。

2. 咽

区分鼻咽部、口咽部和喉咽部，识别咽的 7 个开口及与周围器官的关系。

3. 食管

在标本上观察食管颈段、胸段和腹段的位置及与气管的位置关系。

二、胃

1. 复胃

观察牛、羊的瘤胃、网胃、瓣胃和皱胃的形态和位置；各胃黏膜的形态特点；贲门、瘤网口、网瓣口、瓣胃沟、瓣皱口、幽门和食管沟的结构。

2. 单胃

观察猪、马、犬、猫和兔胃的形态和位置；胃黏膜无腺部、有腺部（贲门腺区、胃底腺区和幽门腺区）的区分和形态特点。

三、肠

1. 小肠

观察十二指肠、空肠和回肠的形态、位置和分界。

2. 大肠

观察盲肠、结肠和直肠的形态、位置及各种家畜盲肠和升结肠的结构特点。

四、肝和胰

1. 肝

观察肝的形态、位置和分叶；胆囊（马无胆囊）的位置及胆管或肝管的开口。

2. 胰

观察胰的形态、位置及导管的开口。

实训项目二　小肠和肝的组织结构

【实训目的】

1. 掌握小肠的组织结构。
2. 掌握肝的组织结构。

【实训材料】

猪空肠切片（HE 染色）；猪肝切片（HE 染色）。

【实训内容】

一、小肠

1. 肉眼观察

空肠管腔内壁黏膜形成数个皱襞。

2. 低倍镜观察

区分肠壁的 4 层结构，注意黏膜层的皱襞、绒毛和肠腺等结构。

3. 高倍镜观察

观察肠壁各层微细结构。

（1）黏膜层　小肠黏膜向管腔内伸出许多指状突起即绒毛。绒毛外面被覆一层单层柱状细胞，细胞游离面有呈带状的染成红色的纹状缘，柱状细胞之间的杯状细胞呈空泡状。绒毛中轴为固有层，中央有一乳糜管。固有层内有小肠腺，开口于绒毛之间，肠腺细胞主要是柱状细胞和杯状细胞，还有散在其间的内分泌细胞（银染可见）。黏膜肌层很薄，由内环、外纵的平滑肌构成。

（2）黏膜下层　为疏松结缔组织，内有较大的血管和淋巴管。

（3）肌层　内层环行肌较厚，外层纵行肌较薄，两层间有结缔组织和肌间神经丛。

（4）浆膜　为薄层结缔组织，外覆间皮。

二、肝脏

1. 肉眼观察

肝脏切片着紫红色，内有许多呈多角形的肝小叶。

2. 低倍镜观察

肝表面包有被膜，肝实质被结缔组织分隔成许多断面呈多角形的肝小叶。猪肝小叶间结缔组织发达，肝小叶清晰。相邻的几个肝小叶之间的区域为门管区，结缔组织内有小叶间动脉、小叶间静脉和小叶间胆管。

3. 高倍镜观察

选择典型的肝小叶和门管区观察。

(1)肝小叶　中央静脉位于肝小叶的中央，管壁薄且不完整，由内皮和少量结缔组织构成，与肝血窦相通。肝细胞索由肝细胞组成，以中央静脉为中心向周围呈放射状排列，并互相连接成网状。肝细胞较大，呈多边形。胞质嗜酸性，核圆形，位于细胞中央，有的细胞有 2 个核。肝血窦为肝细胞索之间的不规则腔隙，窦壁由内皮细胞围成，窦腔内可见胞体较大的星形细胞即枯否细胞。

(2)门管区　在小叶间结缔组织内，有 3 种管道：

①小叶间动脉　管腔小，管壁厚，内皮外有数层平滑肌纤维。

②小叶间静脉　管腔大而不规则，管壁薄，内皮外有少量结缔组织，腔内常有血细胞。

③小叶间胆管　管壁由单层立方或柱状上皮构成。

【绘图】

1. 部分空肠壁结构(低倍镜)。

2. 一个肝小叶及门管区结构(低倍镜)。

复习思考题

一、选择题

1. 不属于消化腺的是(　　)(2011 年真题 27)

A. 肝　B. 胰　C. 肠腺　D. 舌下腺　E. 舌扁桃体

2. 网胃位于(　　)(2011 年真题 27)

A. 脐部　B. 腰部　C. 左季肋部　D. 右季肋部

E. 季肋部的正中矢状面上

3. 反刍动物的胃中，起化学消化作用的胃是(　　)(2012 年真题 26)

A. 前胃　B. 瘤胃　C. 皱胃　D. 瓣胃　E. 网胃

4. 牛为多室胃动物，成年牛容积最大的胃是(　　)(2013 年真题 25)

A. 腺胃　B. 瓣胃　C. 网胃　D. 瘤胃　E. 皱胃

5. 牛皱胃的黏膜上皮为(　　)(2013 年真题 26)

A. 单层扁平上皮　B. 单层柱状上皮

C. 单层立方上皮　D. 复层扁平上皮

E. 假复层纤毛皮

6. 牛有 4 个胃，顺序依次为(　　)(2017 年真题 26)

A. 瘤胃、瓣胃、皱胃、网胃　B. 网胃、瓣胃、皱胃、瘤胃

C. 瓣胃、瘤胃、网胃、皱胃　D. 皱胃、瓣胃、瘤胃、网胃

E. 瘤胃、网胃、瓣胃、皱胃

（7～9 题共用备选答案）

A. 左侧腹壁　　B. 左侧第 5～7 肋

C. 左侧前下方 6～8 肋　　D. 右侧第 7～11 肋

E. 右侧第 8～12 肋

7. 成年牛瘤胃的体表投影位于（　　）（2018 年真题 86）

8. 成年牛皱胃体表投影位于（　　）（2018 年真题 87）

9. 成年牛网胃体表投影位于（　　）（2018 年真题 88）

（10～11 题共用备选答案）

A. 马　B. 牛　C. 猪　D. 犬　E. 兔

10. 升结肠形成圆锥状肠袢动物是（　　）（2012 年真题 79）

11. 升结肠形成圆盘状肠袢的动物是（　　）（2012 年真题 80）

12. 升结肠在肠系膜中盘曲成结肠圆锥，锥底朝向背侧，锥尖朝向左腹侧的动物是（　　）（2014 年真题 80）

A. 马　B. 牛　C. 兔　D. 猪　E. 犬

（13～15 题共用备选答案）

A. 马　B. 牛　C. 猪　D. 犬　E. 兔

13. 盲肠呈逗点状的动物是（　　）（2015 年真题 77）

14. 盲肠呈螺旋状弯曲的动物是（　　）（2015 年真题 78）

15. 回肠与盲肠交界处有圆小囊的动物是（　　）（2015 年真题 79）

16. 马大肠有一段形态特殊，盘曲成双层马蹄铁形的是（　　）（2016 年真题 74）

A. 十二指肠　B. 空肠　C. 回肠　D. 盲肠　E. 结肠

17. 盲肠发达、外形似逗号状、盲肠尖位于剑状软骨部的家畜是（　　）（2017 年真题 27）

A. 马　B. 牛　C. 羊　D. 猪　E. 犬

二、简答题

1. 牛、猪、马的口腔结构各有何特点？

2. 牛（羊）胃的形态和位置关系如何？

3. 比较猪胃和马胃的形态、结构的异同点。

4. 比较牛（羊）、猪、马的升结肠的结构特点。

5. 小肠与大肠的组织结构有何不同？

6. 牛（羊）肝、猪肝、马肝的形态、位置和组织结构如何？

第三章　复习思考题参考答案

第四章
呼吸系统

【知识目标】

1. 熟悉呼吸系统的组成及功能。
2. 掌握鼻腔、喉和气管的结构。
3. 掌握肺的形态、位置和结构。

【技能目标】

1. 能说出经鼻腔投送胃管至食管的行进路径。
2. 能说明肺泡的结构与机能的关系。

【思政目标】

培养学生爱上兽医，懂得兽医的使命和职责。

微课程视频 13
呼吸系统的组成
（讲师：张曼）

呼吸系统由鼻、咽、喉、气管、支气管和肺等呼吸器官以及胸膜和纵隔等辅助器官组成。鼻、咽、喉、气管和支气管是气体出入肺的通道，称为呼吸道，其特征是由骨或软骨作为支架围成开放性管腔，以保证气体出入畅通。肺是气体交换的器官，主要由肺泡构成。呼吸道和肺在辅助器官协助下共同实现呼吸机能。此外，鼻具有嗅觉功能，喉与发音有关，肺还参与多种具有生物活性物质的合成与代谢过程（图 4-1）。

第一节　鼻

鼻位于面部的中央，既是气体出入的通道，又是嗅觉器官，对发声也有辅助作用。鼻包括鼻腔和鼻旁窦。

一、鼻腔

鼻腔是呼吸道的起始部，呈长圆筒状，前端经鼻孔与外界相通，后端经鼻后孔通咽。鼻腔被鼻中隔分为左、右两半，鼻中隔的后部以筛骨垂直板为支架，其余大部以鼻中隔软骨为基础。每半鼻腔由鼻孔、鼻前庭和固有鼻腔 3 部分组成。

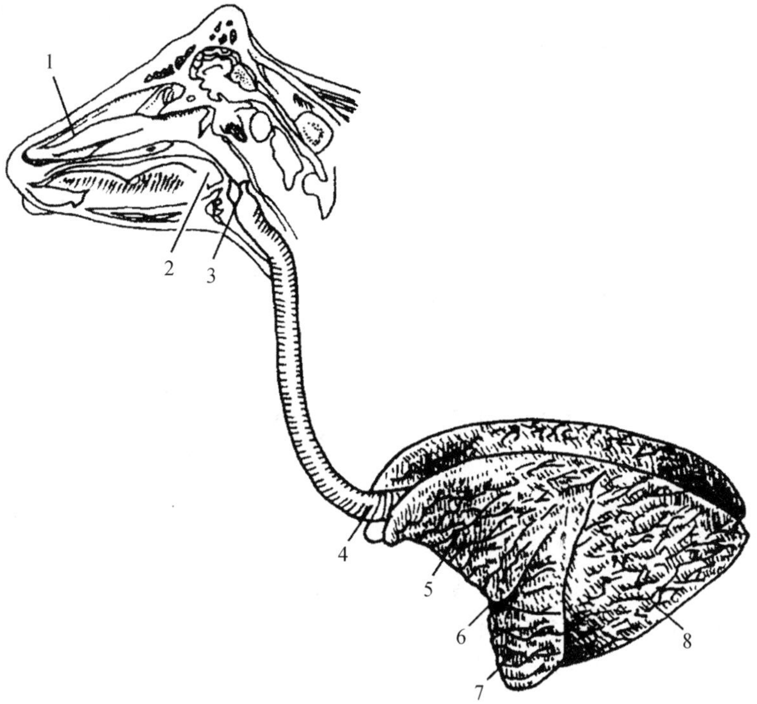

1. 鼻腔　2. 咽　3. 喉　4. 气管　5. 左肺前叶前部　6. 心切迹　7. 左肺前叶后部　8. 左肺后叶

图 4-1　牛呼吸系统模式图

1. 鼻孔

鼻孔为鼻腔的入口，由内、外侧鼻翼围成。鼻翼为内含鼻翼软骨和肌肉的皮肤褶。牛的鼻孔小，呈不规则的椭圆形，鼻翼厚而不灵活。猪的鼻孔为卵圆形，马和犬的鼻孔呈逗点状，兔的鼻孔与唇裂相连，鼻端随呼吸而活动。

2. 鼻前庭

鼻前庭为鼻腔前部衬有皮肤的部分，相当于鼻翼所围成的空间，表面有色素沉着，并长有短毛。其内侧壁有鼻泪管的开口，但常被下鼻甲的延长部所覆盖。马的鼻前庭背外侧皮下有鼻盲囊，向后伸达鼻切齿骨切迹。

3. 固有鼻腔

固有鼻腔位于鼻前庭之后，由骨性鼻腔覆以黏膜构成，是鼻腔的主体部位。在每侧鼻腔侧壁上附有上、下两个纵行的鼻甲，将鼻腔分为上、中、下三个鼻道。上鼻道通嗅区，中鼻道通副鼻窦，下鼻道经鼻后孔通咽。鼻中隔与上、下鼻甲之间的竖缝叫总鼻道，与上、中、下鼻道相通（图 4-2）。

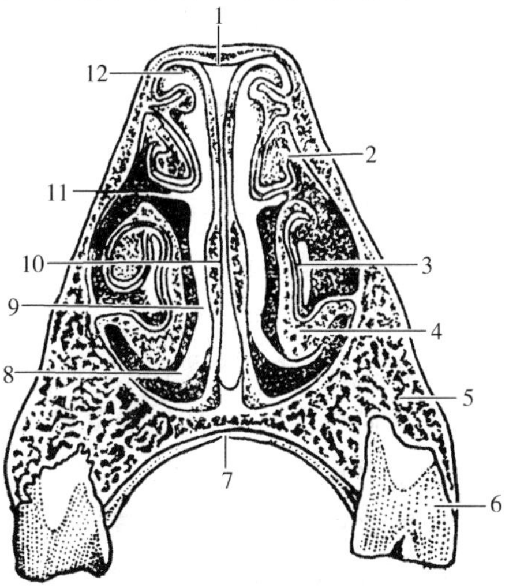

图 4-2　马鼻腔横断面

1. 鼻骨　2. 上鼻甲　3. 下鼻甲　4. 鼻静脉丛　5. 上颌骨　6. 臼齿　7. 硬腭　8. 下鼻道　9. 总鼻道　10. 鼻中隔　11. 中鼻道　12. 上鼻道

鼻黏膜被覆于固有鼻腔内表面，分为呼吸区和嗅区。呼吸区位于鼻前庭和嗅区之间，黏膜呈粉红色，含有丰富的血管和腺体，可净化、湿润和温暖吸入的空气。嗅区位于呼吸区后方，黏膜内有嗅细胞，可感受嗅觉刺激。猫的嗅区黏膜内有2亿多个嗅细胞，所以嗅觉特别灵敏。兔的嗅区黏膜也分布有大量嗅细胞，对气味有较强的分辨力。

二、鼻旁窦

鼻旁窦是鼻腔周围头骨内的含气空腔，它们直接或间接与鼻腔相通。副鼻窦可减轻头骨重量、温暖和湿润空气及对发声起共鸣作用。牛的额窦较大，与角突的腔相通。

第二节　咽、喉、气管和支气管

一、咽

咽是消化管和呼吸道相交叉的部位（详见第三章消化系统）。

二、喉

喉位于下颌间隙的后方，头颈交界处的腹侧，前端与咽相通，后端与气管相连。它是气体出入肺的通道，也是发声的器官。喉由喉软骨、喉肌、喉腔和喉黏膜构成。

（一）喉软骨和喉肌

1. 喉软骨

喉软骨包括不成对的会厌软骨、甲状软骨、环状软骨和成对的勺状软骨。它们借关节和韧带连接起来，共同构成喉的软骨基础（图4-3）。猫的喉软骨由甲状软骨、环状软骨和会厌软骨组成。

（1）会厌软骨　位于喉的前部，呈卵圆形，基部较厚，由弹性软骨构成，借弹性纤维附着于甲状软骨上，尖端稍窄而游离，弯向前方，表面覆盖有黏膜，合称会厌。在吞咽时会厌翻转关闭喉口，防止食物误入气管。

（2）甲状软骨　最大，位于会厌软骨和环状软骨之间，呈弯曲的板状，可分为体和侧板。体较厚，连于两侧板之间，构成喉腔底壁，腹侧面后部在牛和犬有1隆凸，称喉结。侧板呈四边形，构成喉腔两侧壁的大部分。

（3）环状软骨　位于甲状软骨之后，呈环状。背侧部宽，称为板，其余部分窄，称为弓。环状软骨前缘和后缘以弹性纤维分别与甲状软骨和气管软骨相连。

（4）勺状软骨　有1对，位于环状软骨的前上方和甲状软骨板的内侧，构成喉腔背侧壁的前部。勺状软骨呈角锥形，可分为底和尖2部分。底呈三角形，上有发达的肌突，供肌肉附着。尖又称角小突，弯向背内侧，表面包有黏膜。

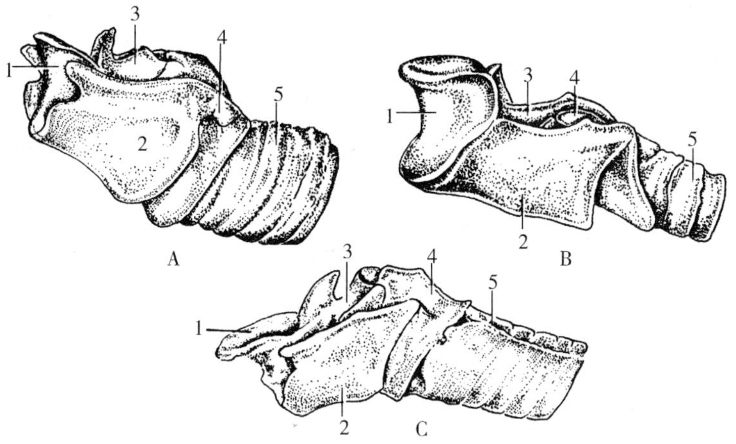

A.牛　B.猪　C.马

1.会厌软骨　2.甲状软骨　3.勺状软骨　4.环状软骨　5.气管软骨

图 4-3　喉软骨

2.喉肌

喉肌属横纹肌，可分为固有肌和外来肌 2 种。前者可使喉腔扩大或缩小，后者可牵引喉前后移动。

(二)喉腔和喉黏膜

1.喉腔

喉软骨彼此借关节和韧带等连成支架、内衬黏膜所围成的腔隙，称喉腔，前端由喉口与咽相通，后端与气管连通。喉口由会厌软骨、勺状软骨和连于二者之间的勺状会厌褶共同围成。在喉腔中部的侧壁上，有 1 对黏膜褶称声襞，连于勺状软骨声带突和甲状软骨体之间，内含声韧带和声带肌，合称声带，是发声器官。声带将喉腔分为前、后两部，前部为喉前庭，猪、马、犬和猫喉前庭两侧壁凹陷形成 1 对喉侧室，后部为喉后腔。两声襞之间的裂隙称声门裂，喉前庭和喉后腔经声门裂相通。

牛的声带较短，声门裂宽大。猪的喉较长，声门裂狭窄。兔的声襞不发达。猫喉腔内有前后 2 对皱襞，前面 1 对皱襞即前庭襞，又称假声带，其震动可发出特殊的呼噜声。后面 1 对为声襞，与声韧带、声带肌共同构成真正的声带，是猫的发音器官。

2.喉黏膜

喉腔内面覆盖喉黏膜，与咽的黏膜相连续，由上皮和固有层构成。上皮有两种，被覆于喉前庭和声带的上皮为复层扁平上皮，喉后腔的上皮为假复层柱状纤毛上皮。固有层由结缔组织构成，内有淋巴小结和喉腺，喉腺可分泌黏液和浆液，有润滑声带的作用。

三、气管和支气管

气管和支气管为连接喉与肺之间的管道。气管为一圆筒状长管,分颈段和胸段。颈段由喉向后,沿颈腹侧正中线而进入胸腔转为胸段,胸段经心前纵隔至心基背侧分出左、右两条主支气管,分别进入左、右两肺。牛、羊、猪的气管在分出左、右主支气管之前,还分出右尖叶支气管(也称气管支气管),进入右肺前叶。

气管由U形软骨环构成支架,相邻软骨环借环韧带连接。软骨环缺口游离的两端分开或重叠,由结缔组织和平滑肌相连。

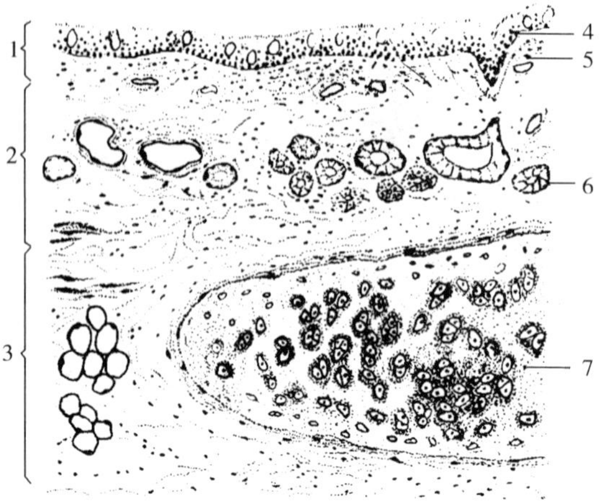

1. 黏膜 2. 黏膜下层 3. 外膜 4. 黏膜上皮
5. 固有层 6. 混合腺 7. 透明软骨

图 4-4 气管

气管壁(图4-4)由黏膜、黏膜下层和外膜构成。黏膜上皮为假复层柱状纤毛上皮,夹有杯状细胞。固有层为富含弹性纤维的疏松结缔组织,并分布有较多的浆细胞和弥散淋巴组织。黏膜下层含有丰富的血管、神经和气管腺,可分泌黏液和浆液。外膜由透明软骨和致密结缔组织构成。

第三节 肺

一、肺的形态和位置

微课程视频 14
肺脏的形态和位置
(讲师:张利卫)

肺位于纵隔两侧的胸腔内,左、右各一,右肺通常略大于左肺。健康动物的肺呈粉红色,海绵状,质轻软,富有弹性。

左、右肺一起呈斜截的圆锥形,锥底朝向后方。每个肺具有3个面和3个缘:肋面凸,与胸腔侧壁接触,有肋骨压迹。纵隔面即内侧面,较平,与脊柱和纵隔接触,并有心压迹、食管压迹和主动脉压迹。在心压迹的后上方有肺门,是主支气管、肺动脉、肺静脉和神经等出入肺的地方,上述这些结构被结缔组织包在一起,称为肺根。膈面凹,与膈接触。肺的背侧缘钝而圆,位于肋椎沟中。腹侧缘和底缘薄而锐。腹侧缘位于胸外侧壁和纵隔间的沟中。腹侧缘有心切迹,左肺心切迹一般大于右肺心切迹,使心脏左壁在此处外露,左侧心包较多地外露于肺并与左胸壁接触,兽医临床常将左肺心切迹作为心脏听诊部位。底缘位于胸外侧壁与膈之间的沟中。

牛、羊、猪、犬、猫、兔的肺叶间裂较深,分叶都很明显,左肺分2叶,即前叶和后叶;右肺分4叶,即前叶、中叶、后叶和副叶。马的右肺缺中叶,仅分3叶(图4-5)。此外,犬右肺显著大于左肺,右肺心压迹大,呈三角形,右侧心包直接与右胸壁接触。

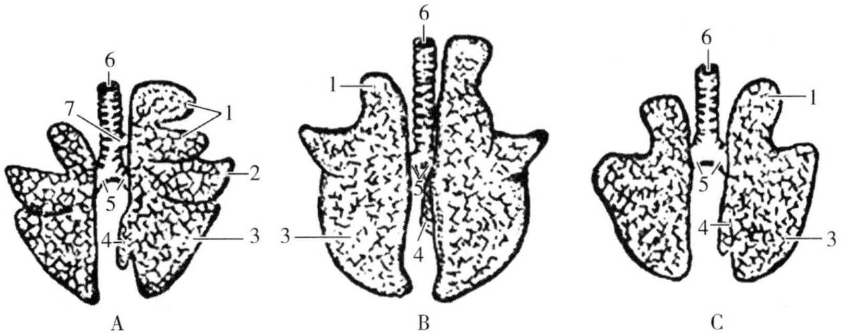

A.牛　B.猪　C.马

1.前叶　2.中叶　3.后叶　4.副叶　5.支气管　6.气管　7.右尖叶支气管

图 4-5　肺分叶模式图

二、肺的组织结构

肺表面覆盖光滑而湿润的浆膜(肺胸膜),浆膜下的结缔组织伸入肺内,构成肺的间质,其中有血管、淋巴管和神经等。肺实质是肺内各级支气管和肺泡。

支气管经肺门入肺后,反复分支,呈树枝状,故称为支气管树(图 4-6)。支气管分支进入肺叶称叶支气管,叶支气管进而分支形成段支气管,段支气管以下的多级分支称小支气管。小支气管分支管径在 1 mm 以下时,称细支气管。细支气管再分支,管径至 0.3～0.5 mm 时则称终末细支气管。终末细支气管以上的各级支气管是空气进出的通道,称导气部。终末细支气管继续分支为呼吸性细支气管,管壁上出现散在的肺泡。呼吸性细支气管再分支为肺泡管,肺泡管再分支为肺泡囊。肺泡管和肺泡囊壁上有更多的肺泡。呼吸性细支气管以下的部分均有肺泡开口,可进行气体交换,称呼吸部。

每个细支气管及其所属的分支和肺泡,构成一个肺小叶。肺小叶呈锥体形或不规则多面形,小叶之间为小叶间结缔组织(图 4-7)。动物小叶性肺炎即肺以肺小叶为单位发生了病变。

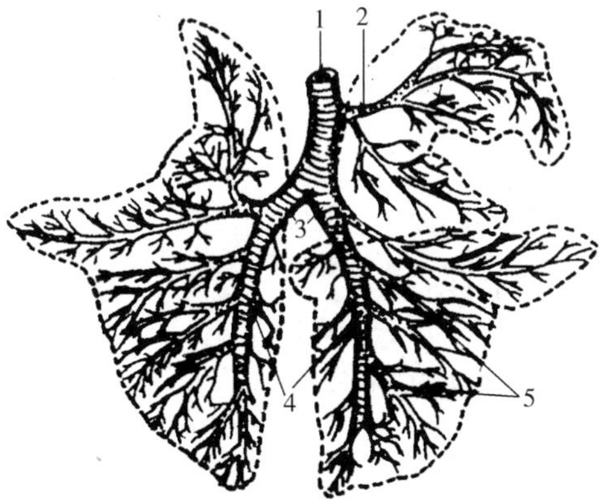

1.气管　2.右尖叶支气管　3.主支气管

4.后叶支气管　5.肺段支气管

图 4-6　牛肺的支气管树模式图

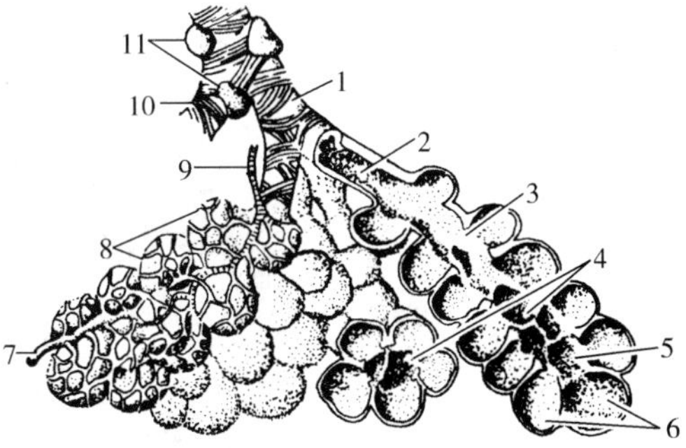

1.细支气管　2.终末细支气管　3.呼吸性细支气管

4.肺泡管　5.肺泡囊　6.肺泡　7.静脉

8.毛细血管　9.动脉　10.平滑肌　11.软骨

图 4-7　肺小叶模式图

(一)肺的导气部

导气部包括叶支气管、段支气管、小支气管、细支气管、终末细支气管,其组织结构与气管、主支气管基本相似,只是管径逐渐变小,管壁随之变薄,结构渐趋简单。

1.叶支气管至小支气管

管壁结构与支气管相似,分为黏膜、黏膜下层和外膜。上皮为假复层柱状纤毛上皮,杯状细胞数量逐渐变少。固有层渐薄,分布有弥散淋巴组织。固有层外侧的平滑肌逐渐增多,黏膜逐渐出现皱襞。黏膜下层内的气管腺逐渐减少。外膜内的软骨呈片状,并不断减少。

2.细支气管

黏膜上皮由假复层柱状纤毛上皮逐渐过渡为单层柱状纤毛上皮,管壁的三层结构不明显。杯状细胞、软骨片和腺体基本上消失,但仍有零散分布,环行平滑肌相对增多,形成较为完整的一层。

3.终末细支气管

黏膜上皮为单层柱状上皮,部分细胞有纤毛。杯状细胞、腺体和软骨均完全消失,平滑肌形成完整的一层。

(二)肺的呼吸部

呼吸部包括呼吸性细支气管、肺泡管、肺泡囊和肺泡(图 4-8)。

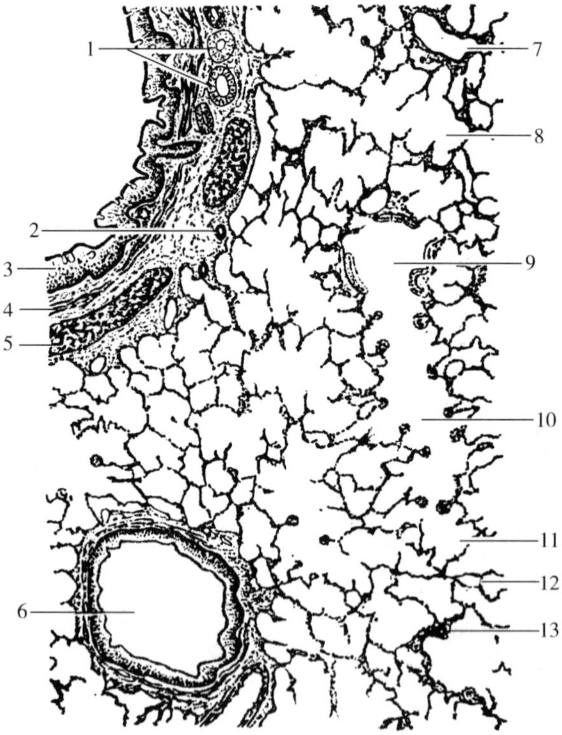

1.混合腺 2.支气管动脉 3.上皮 4.平滑肌 5.透明软骨 6.细支气管 7.肺静脉 8、11.肺泡囊 9.呼吸性细支气管 10.肺泡管 12.肺泡壁 13.尘细胞

图 4-8 肺的组织结构

1. 呼吸性细支气管

呼吸性细支气管较短，为终末细支气管的分支，其上皮为单层立方上皮，近肺泡开口处变为单层扁平上皮。固有层极薄，有弹性纤维和散在的平滑肌纤维。

2. 肺泡管

肺泡管为呼吸性细支气管的分支，管壁上有许多肺泡和肺泡囊的开口，显微镜下看不见完整的管壁，在相邻肺泡开口之间，表面为单层立方或扁平上皮，上皮下有薄层结缔组织和少量平滑肌。

3. 肺泡囊

肺泡囊呈梅花状，为数个肺泡共同开口的囊腔，与肺泡管相延续。上皮已全部变为肺泡上皮，平滑肌完全消失。

4. 肺泡

肺泡为半球形或多面形薄壁囊泡，开口于肺泡囊、肺泡管或呼吸性细支气管，是气体交换的场所，与相邻肺泡的肺泡壁相贴形成肺泡隔。肺泡壁很薄，仅由单层肺泡上皮细胞和基膜构成。

肺泡上皮由Ⅰ型和Ⅱ型两种肺泡细胞共同组成。Ⅰ型细胞覆盖了肺泡内表面的95%，细胞扁平，表面光滑，核扁圆，参与构成血-气屏障。Ⅱ型细胞数量较Ⅰ型细胞多，胞体较小，呈圆形或立方形，位于Ⅰ型细胞之间。Ⅱ型细胞能分泌表面活性物质，可降低肺泡表面张力，防止肺泡塌陷或过度扩张，起到稳定肺泡直径的作用。此外，Ⅱ型细胞还具有分化、增殖潜能，可分化为Ⅰ型细胞。

5. 肺泡隔

肺泡隔是相邻肺泡之间的薄层结缔组织，含有丰富的毛细血管网、弹性纤维、成纤维细胞和巨噬细胞等(图 4-9)。毛细血管网参与血液与肺泡之间的气体交换；弹性纤维有助于保持肺泡的弹性，有利于肺泡扩张后的回缩；肺巨噬细胞可游走入肺泡腔内，能吞噬吸入的灰尘、细菌、异物及渗出的红细胞等，吞入了大量尘粒后的巨噬细胞又称尘细胞。吞噬异物后的巨噬细胞，可游走到导气部，随呼吸道分泌物排出，也可进入肺门淋巴结或沉积于肺间质内。

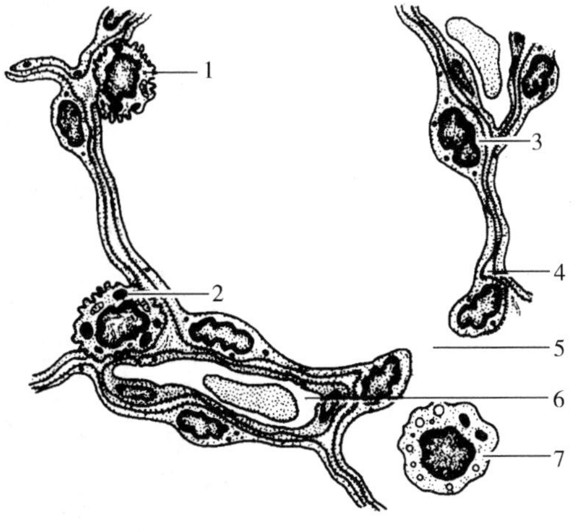

1. Ⅱ型肺泡细胞　2. 板层小体　3. Ⅰ型肺泡细胞
4. 肺泡隔　5. 肺泡孔　6. 毛细血管　7. 巨噬细胞

图 4-9　肺泡与肺泡隔

6. 肺泡孔

肺泡孔是相邻肺泡之间的小孔，它是肺泡间气体通路，一个肺泡可有一至数个肺泡孔。当细支气管阻塞时，可通过肺泡孔与邻近肺泡建立侧支通气，有利于气体交换。

7. 血-气屏障

血-气屏障又称呼吸膜，是肺泡与血液之间进行气体交换时必须透过的结构，由肺泡表面液体层、Ⅰ型肺泡细胞与基膜、薄层结缔组织、毛细血管基膜与内皮组成。膜的厚度仅为0.2～0.5 μm，有利于气体通过。

第四节 胸腔、胸膜和纵隔

一、胸腔

胸腔是以胸廓的骨骼、肌肉、皮肤和膈为周壁，呈截顶圆锥形的空腔。锥顶向前，为胸腔前口，由第一胸椎、第一对肋和胸骨柄围成。锥底向后，为胸腔后口，呈倾斜的卵圆形，由最后胸椎、肋弓和剑状软骨围成，以膈与腹腔分开。胸腔内有心脏、肺、气管、食管和大血管等。

二、胸膜

胸腔内的浆膜称胸膜。覆盖在肺表面的称胸膜脏层或肺胸膜，衬贴于胸腔壁的称胸膜壁层。壁层按部位又分衬贴于胸腔侧壁的肋胸膜、贴于膈胸腔面的膈胸膜和参与构成纵隔的纵隔胸膜。胸膜脏层和壁层在肺根处互相折转移行，共同围成两个胸膜腔，其间仅有少量浆液，起润滑作用。胸膜发炎时，胸膜出现大量渗出液——胸水，或者胸膜壁层与脏层间发生粘连，均影响动物的呼吸运动(图 4-10)。

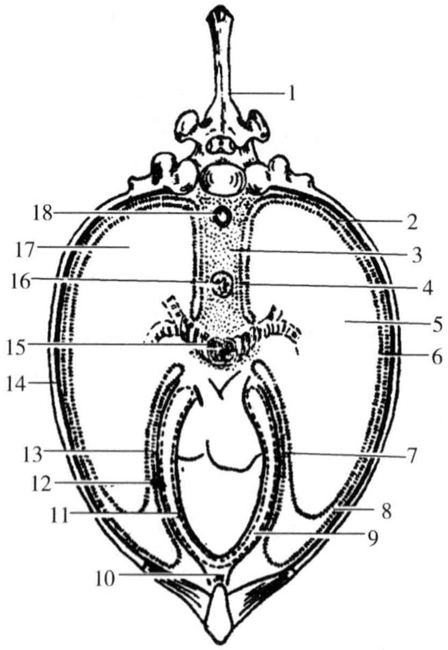

1. 胸椎 2. 肋胸膜 3. 纵隔 4. 纵隔胸膜 5. 左肺 6. 肺胸膜 7. 心包胸膜 8. 胸膜腔 9. 心包腔 10. 胸骨心包韧带 11. 心包浆膜脏层 12. 心包浆膜壁层 13. 心包纤维膜 14. 肋骨 15. 气管 16. 食管 17. 右肺 18. 主动脉

图 4-10 胸膜和纵隔

三、纵隔

纵隔是两侧的纵隔胸膜及其之间的所有器官和组织的总称。纵隔位于胸腔正中，左、右胸膜腔之间，除马属动物外，其他动物左、右胸膜腔一般互不相通。

纵隔内含有胸腺、心包、心脏、食管、气管、大血管（除后腔静脉外）和神经（除右膈神经外）、胸导管和淋巴结等。

纵隔在心脏所在的部分，称为心纵隔；在心脏之前的称心前纵隔；在心脏之后的称心后纵隔。

实训项目一　呼吸器官的形态构造

【实训目的】

1. 掌握呼吸系统各器官的形态、结构和位置关系。
2. 熟悉胸膜、胸膜腔和纵隔的构造。

【实训材料】

牛、羊、猪和马头部正中矢状面标本；鼻腔横断面标本；喉、气管、肺离体标本；整体标本及模型。

【实训内容】

一、鼻

在鼻腔纵、横断面标本上观察鼻孔，鼻前庭，鼻中隔，上、下鼻甲骨，上、中、下鼻道，各鼻道的通路，鼻旁窦的位置与鼻腔的关系。

二、喉

观察喉软骨（会厌软骨、甲状软骨、环状软骨、勺状软骨）、喉腔、声带、声门裂、喉前庭、喉后腔和喉肌。（咽如前述）

三、气管和支气管

观察气管颈段、胸段的走向及与周围器官的关系，气管环、左主支气管、右主支气管和气管支气管的形态特点。

四、肺

观察肺的 3 个面（肋面、膈面、纵隔面）和 3 个缘（背侧缘、底缘、腹侧缘），注意心压迹、心切迹和肺门。在肺的铸型标本上观察支气管树和肺动脉、肺静脉的相互关系。比较观察牛、羊、猪、马、犬、猫、兔肺的分叶。

五、胸膜和纵隔

观察胸膜脏层（肺胸膜）和胸膜壁层（肋胸膜、纵隔胸膜、膈胸膜），胸膜腔，心纵隔、心前纵隔和心后纵隔。

实训项目二　气管和肺的组织结构

【实训目的】

1.掌握气管的组织结构。

2.掌握肺的组织结构。

【实训材料】

猪气管切片(HE 染色);猪肺切片(HE 染色)。

【实训内容】

一、气管

猪气管切片,HE 染色。

1.肉眼观察

标本呈环形,中央是管腔,周围紫红色的是管壁。

2.低倍镜观察

从腔面向外区分气管壁的黏膜层、黏膜下层和外膜。

3.高倍镜观察

黏膜上皮为假复层柱状纤毛上皮,细胞间夹有杯状细胞,柱状上皮细胞游离面有纤毛。固有层为富含弹性纤维的疏松结缔组织。黏膜下层内含丰富的气管腺及血管。外膜由透明软骨及结缔组织构成,在软骨缺口处有平滑肌纤维。

二、肺

猪肺切片,HE 染色。

1.肉眼观察

标本呈紫红色,可见大小不等的管腔和小泡状结构。

2.低倍镜观察

被膜为浆膜,实质由无数肺泡和数个大小不等的各级支气管组成。

3.高倍镜观察

观察肺导气部和呼吸部结构。

(1)小支气管　管腔较大,管壁有小的软骨片。上皮为假复层柱状纤毛上皮,有杯状细胞。固有膜内有散在的平滑肌纤维束及少量气管腺和较大的血管断面。

(2)细支气管　管腔较小,黏膜有小皱襞,上皮为单层柱状纤毛上皮,上皮外有少量结缔组织和较为完整的环行平滑肌纤维,腺体和软骨基本上消失。

(3)终末细支气管　黏膜上皮接近为单层柱状上皮,上皮外有薄层平滑肌。

(4)呼吸性细支气管　黏膜上皮为单层立方上皮,管壁上有散在的肺泡,上皮外有少量平滑肌。

(5)肺泡管　肺泡管没有固有管壁,是数个肺泡共同开口围成的囊状的通道。

(6)肺泡　呈半球形或泡状,肺泡隔内含丰富毛细血管及少量结缔组织。肺泡壁由单层扁平上皮细胞和立方分泌细胞组成。在肺泡腔内可见尘细胞。

【绘图】

1. 小支气管结构(低倍镜)。

2. 肺细支气管以下各部的结构(高倍镜)。

复习思考题

一、选择题

1. 肺进行气体交换的最主要场所是(　　)(2009 年真题 26)

A. 肺泡　B. 肺泡囊　C. 肺泡管　D. 细支气管　E. 呼吸性细支气管

(2～3 题共用备选答案)

A. 隔细胞　B. 尘细胞　C. Ⅰ型肺细胞　D. Ⅱ型肺泡细胞　E. Ⅲ型肺泡细胞

2. 能分泌肺泡表面活性物质的细胞是(　　)(2011 年真题 79)

3. 位于相邻的肺泡之间,具有吞噬功能的细胞是(　　)(2011 年真题 80)

4. 呼吸系统中,真正执行气体交换功能的器官是(　　)(2012/2014 年真题 26)

A. 鼻　B. 咽　C. 喉　D. 肺　E. 气管

5. 固有鼻腔呼吸区黏膜上皮的类型是(　　)(2013 年真题 27)

A. 复层扁平上皮　B. 单层扁平上皮　C. 单层柱状上皮

D. 假复层柱状纤毛上皮　E. 变移上皮

6. 喉软骨中成对的是(　　)(2013 年真题 28)

A. 会厌软骨　B. 甲状软骨　C. 环状软骨　D. 杓状软骨　E. 盘状软骨

7. 肺是气体(　　)(2016 年真题 26)

A. 进入的器官　B. 排出的器官　C. 存储的器官　D. 冷却的器官　E. 交换的器官

8. 家畜喉软骨中,最大的是(　　)(2017 年真题 28)

A. 甲状软骨　B. 会厌软骨　C. 环状软骨　D. 勺状软骨　E. 剑状软骨

9. 能关闭喉口的软骨是(　　)(2019 年真题 28)

A. 会厌软骨　B. 甲状软骨　C. 环状软骨　D. 勺状软骨　E. 剑状软骨

10. 肺泡内巨噬细胞主要所在的位置(　　)(2021 年真题 A 卷)

A. 肺泡隔　B. 肺泡囊　C. 肺泡管　D. 肺泡　E. 终末细支气管

二、简答题

1. 试述牛(羊)、猪和马肺的形态、位置和分叶。

2. 试述肺导气部与呼吸部的组织结构特点。

3. 肺泡壁由哪几种细胞构成？各有何功能？

4. 胸膜腔是如何形成的？

第四章　复习思考题参考答案

第五章
泌尿系统

【知识目标】

1. 熟悉各种类型肾的结构特点。
2. 掌握肾的组织结构。
3. 掌握膀胱的形态和位置。

【技能目标】

1. 能指出肾的位置及体表投影。
2. 能联系机能说明肾单位各部分的结构特征。

【思政目标】

让学生珍爱生命,热爱兽医,培养爱国主义情怀。

泌尿系统包括肾、输尿管、膀胱和尿道。肾是生成尿液的器官;输尿管为输送尿液至膀胱的管道;膀胱为暂时贮存尿液的器官;尿道是将尿液排出体外的管道(图 5-1)。

第一节 肾

机体在新陈代谢过程中产生的最终产物和多余水分,小部分通过肺(二氧化碳)、皮肤(汗液)和肠道(粪便)排出体外,大部分(如尿素、尿酸、水分及无机盐类)则通过血液循环带到肾,在肾内形成尿液,经排尿管道排出体外。肾除了排泄功能外,在维持机体水盐代谢、渗透压和酸碱平衡等方面也起着重要作用。此外,肾还具有内分泌功能,能产生多种生物活性物质如肾素、前列腺素等,对机体的某些生理功能起调节作用。

一、肾的一般构造

肾是成对的实质性器官,左、右各一,形似蚕豆,红褐色。位于最后几个胸椎和前 3 个腰椎的腹侧,腹主动脉和后腔静脉两侧的腹膜外间隙内。营养状况良好的动物,肾的外周包裹有脂肪囊。肾的内侧缘中部凹陷称为肾门，是肾的血管、淋巴管、神经和输尿管出入的地方。肾门伸入肾内形成肾窦，肾窦是由肾实质围成的腔隙。

肾表面被覆有结缔组织构成的纤维膜，也称为被膜，在健康动物中容易剥离。肾实质由若干个肾叶组成，每个肾叶分为浅部的皮质和深部的髓质。皮质富含血管，新鲜时呈红褐色，主要由肾小体和大部分肾小管构成，切面上有许多细小红点状颗粒，为肾小体。伸入相邻肾锥体之间的皮质，在肾的切面上称为肾柱。髓质位于皮质的深部，血管较少，颜色较浅，由许多平行排列的肾小管组成淡红色条纹状。每个肾叶的髓质部均呈圆锥形，称为肾锥体，其底部较宽大，并稍向外凸与皮质相连，但与皮质分界不清。肾锥体的顶部(末端)钝圆称为肾乳头，与肾盏或肾盂相对。

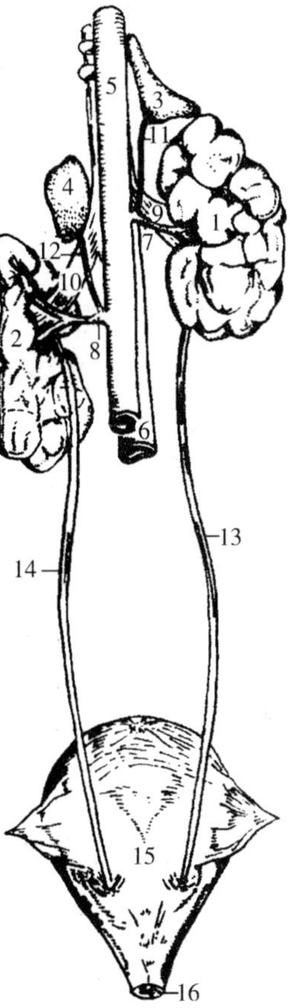

1. 右肾　2. 左肾　3. 右肾上腺
4. 左肾上腺　5. 腹主动脉
6. 后腔静脉　7. 右肾动脉
8. 左肾动脉　9. 右肾静脉
10. 左肾静脉　11. 右肾上腺动脉
12. 左肾上腺动脉　13、14. 输尿管
15. 膀胱　16. 尿道

图 5-1　牛泌尿系统

二、肾的类型

动物的肾由许多肾叶构成，肾叶常连在一起，肾叶皮质与髓质融合的程度随动物种类而不同。根据肾叶间融合程度的不同，哺乳动物的肾可分为 4 种类型。

1. 复肾

见于鲸、熊、水獭等动物。由许多完全分开的肾叶聚集形成葡萄串状，每个肾叶又称为一个小肾。复肾肾叶的数目因动物的种类而不同，如巨鲸可达 3 000 个，海豚的也可超过 200 个。肾叶呈锥体形，外周的皮质为泌尿部，中央的髓质为排尿部，末端形成肾乳头，各肾乳头突入各自的肾小盏。

2. 有沟多乳头肾

见于牛。在肾的表面有许多区分肾叶的沟，但各肾叶的中间部分相互连接。在肾的切面上，可见每个肾叶内部各自形成的肾乳头，肾乳头被输尿管分支形成的肾小盏包围，许多肾小盏汇合成两条集收管，后者再汇入输尿管。

3. 平滑多乳头肾

见于猪，人的也属此类型。各肾叶的皮质部完全合并成一整体，肾表面光滑而无分界。但在切面上仍可见到显示肾叶髓质形成的肾锥体，肾锥体末端为肾乳头，每个肾乳头与一个肾小盏相对，肾小盏开口于肾盂或肾盂分出的肾大盏。

4. 平滑单乳头肾

见于大多数哺乳动物，如羊、马、犬、猫和兔等。各肾叶的皮质和髓质完全合并在一起，肾表面光滑无沟，肾乳头形成一个长嵴状的肾总乳头，突入于输尿管在肾内扩大形成的肾盂中。在肾的切面上，仍可见到显示各肾叶髓质部的肾锥体，有的动物比较明显(图 5-2)。

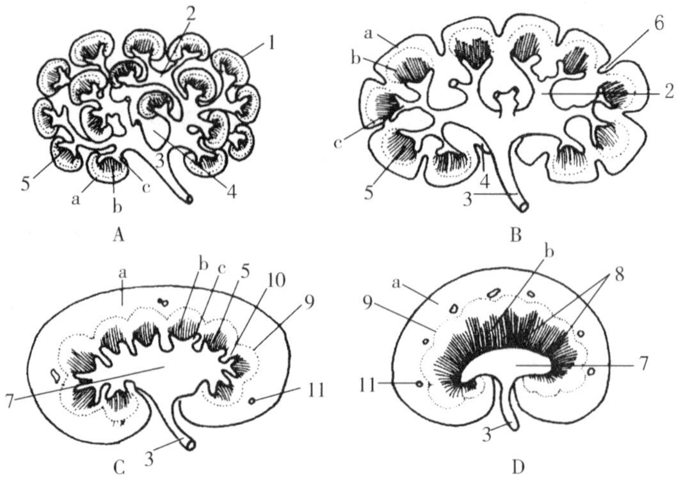

A.复肾　B.有沟多乳头肾　C.平滑多乳头肾　D.平滑单乳头肾

1.小肾(肾小叶)　2.肾盏管　3.输尿管　4.肾窦　5.肾乳头　6.肾沟　7.肾盂

8.肾总乳头　9.交界线　10.肾柱　11.弓状血管　a.泌尿区　b.导管区　c.肾盏

图 5-2　哺乳动物肾类型半模式图

三、肾的形态和位置

微课程视频 15
肾的位置和形态
(讲师:彭永帅)

1.牛肾

牛肾属于有沟多乳头肾(图 5-3)。左、右两肾形态不同、位置不对称,其大小也因品种和体重而有差异。

(1)右肾　呈上下压扁的长椭圆形,位于右侧第 12 肋间隙至第 2 或第 3 腰椎横突的腹侧,前端伸入肝的肾压迹内。肾门位于腹侧面的前部,接近内侧缘。

(2)左肾　略呈三棱形,前端较小,后端大而钝圆,通常位于第 3～5 腰椎椎体腹侧,肾门位于其前方。左肾因有较长的系膜,位置不固定,常因瘤胃充满程度而发生改变。瘤胃充满时,左肾横过体正中线到右侧,位于右肾的后下方;瘤胃空虚时,则左肾的一部分,仍位于左侧。初生犊牛因瘤胃还不发达,左、右肾的位置近于对称。

输尿管的起始端,在肾窦内形成前、后两条集收管。每条集收管又分出许多分支,分支的末端膨大形成肾小盏。每个肾小盏包围一个肾乳头。

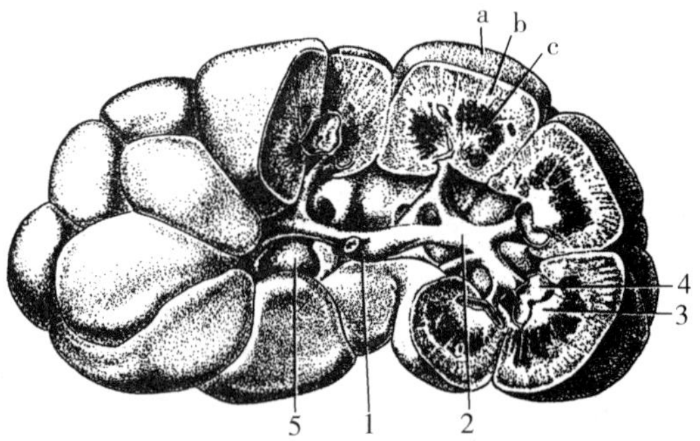

1.输尿管　2.集收管　3.肾乳头　4.肾小盏　5.肾窦

a.纤维膜　b.皮质　c.髓质

图 5-3　牛肾(部分切开)

2.羊肾

羊肾属于平滑单乳头肾(图 5-4)。两肾均呈豆形,每个肾重约 120 g。右肾位于最后肋骨至第 2 腰椎横突腹侧,前端伸入肝的肾压迹内。

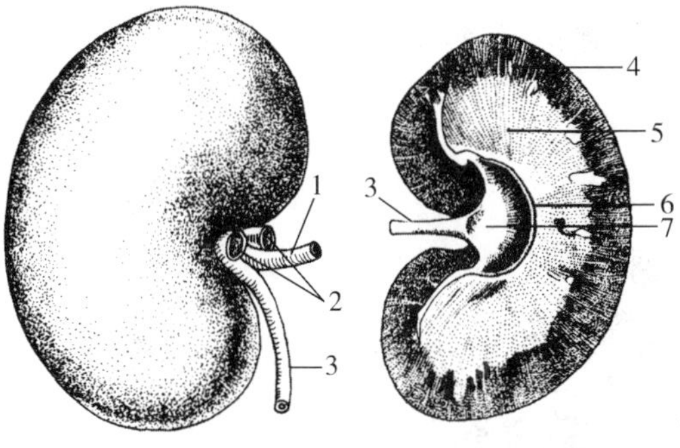

1.肾动脉　2.肾静脉　3.输尿管　4.皮质　5.髓质　6.肾总乳头　7.肾盂

图 5-4　羊肾

左肾在瘤胃背囊的后方，以短的系膜悬于第 4～5 腰椎横突腹侧，有的前缘可达最后胸椎。左肾位置变化很大。当瘤胃空虚时，左肾的位置相当于第 2～4 腰椎椎体腹侧；当瘤胃充满时，左肾可被推至正中矢状面右侧，并向后移，其前端约与右肾后端相对应。

肾门位于肾内侧缘。肾锥体有 10～16（绵羊）或 10（山羊）个；肾乳头集合为总乳头。肾除在中央纵轴为肾总乳头突入肾盂外，在总乳头两侧尚有多个肾嵴。肾盂除有中央的腔外，还形成相应的隐窝。

3. 猪肾

猪肾属于平滑多乳头肾（图 5-5）。表面光滑，棕黄色，左、右肾均呈背腹稍扁的椭圆形。每肾重 200～250 g，两肾几乎相等。两肾位置对称，均位于最后胸椎及前 3 腰椎横突腹面两侧。右肾前端不与肝脏接触；左肾有时稍偏前。肾脂肪囊很发达。

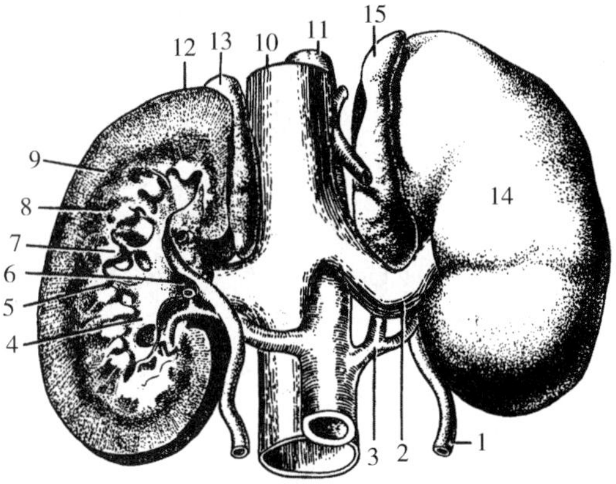

1.左输尿管　2.肾静脉　3.肾动脉　4.肾大盏　5.肾小盏　6.肾盂　7.肾乳头　8.髓质　9.皮质　10.后腔静脉　11.腹主动脉　12.右肾　13.右肾上腺　14.左肾　15.左肾上腺

图 5-5　猪肾（腹侧面，右肾剖开）

肾门位于肾内侧缘正中部。肾乳头的大小不一，少数直接突入肾盂内，肾小盏汇入两个肾大盏，肾大盏汇注于肾盂，肾盂延接输尿管。

4. 马肾

马肾属于平滑单乳头肾（图 5-6）。成年马的肾平均重约 700 g，左、右肾分别位于体中线两侧，但位置并不对称，形态也不相同。

右肾略大，位置靠前，呈钝角三角形，位于最后 2～3 肋骨椎骨端及第 1 腰椎横突的腹侧。横径大于纵径。肾门位于内侧缘中部。

左肾呈豆形，比右肾长而狭，位置偏后，靠近体正中面，位于最后肋骨椎骨端与前 2～3 腰椎横突的腹侧。肾门位于内侧缘约与右肾后端相对处。

肾乳头融合成嵴状的肾总乳头。肾盂呈漏斗状，中部稍宽，延接输尿管。肾盂向肾的两端伸延形成裂隙状的终隐窝。乳头管在肾嵴部开口于肾盂，肾两端的乳头管开口于终隐窝。

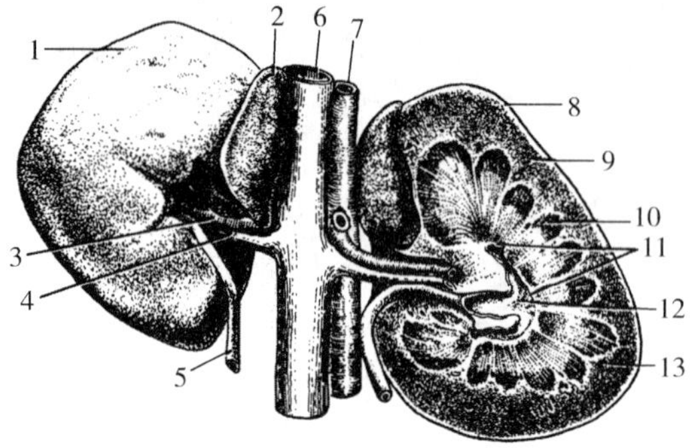

1. 右肾　2. 右肾上腺　3. 肾动脉　4. 肾静脉　5. 输尿管　6. 后腔静脉
7. 腹主动脉　8. 左肾　9. 皮质　10. 髓质　11. 肾总乳头　12. 肾盂　13. 弓状血管

图 5-6　马肾(腹侧面，左肾剖开)

5. 犬肾

犬肾属于平滑单乳头肾。两肾均呈豆形，重 50～60 g。右肾靠前，位置比较固定，一般位于前 3 个腰椎椎体的腹侧。左肾靠后，位置变化较大。当胃近于空虚时，左肾位置相当于第 2～4 腰椎椎体腹侧；当胃内充满食物时，左肾向后移，其前端约与右肾后端相对应。肾乳头集合成肾总乳头突入肾盂。

6. 猫肾

猫肾属于平滑单乳头肾。两肾均呈豆形。右肾位于第 2～3 腰椎腹侧，左肾位于第 3～4 腰椎腹侧。肾乳头顶端有许多收集管的开口。

7. 兔肾

兔肾属于平滑单乳头肾。两肾均呈卵圆形，色暗红而质脆。右肾位于最后肋骨椎骨端和前两个腰椎横突的腹侧，左肾位于第 2～4 腰椎横突的腹侧。只有一个肾总乳头，有许多乳头管开口于肾盂。

四、肾的组织结构

各种动物肾的类型不同，但在结构上均由被膜和实质两部分构成。

被膜包于肾表面，由致密结缔组织组成，可分内、外两层。外层致密，内层疏松，猪、马和犬被膜内层常含有一些平滑肌纤维，牛、羊则形成平滑肌层。

实质可分为外周的皮质和深部的髓质。皮质呈颗粒状；髓质呈条纹状结构，并伸延到皮质内称为髓放线。两条髓放线之间的皮质称为皮质迷路。每个髓放线及其周围的皮质迷路构成肾小叶，小叶间有小叶间动脉和静脉穿行。

肾实质主要由大量的泌尿小管构成，其间有血管和少量的结缔组织。泌尿小管包括肾单位和集合小管两部分(表 5-1)。

表 5-1 泌尿小管的组成

- 泌尿小管
  - 肾单位
    - 肾小体
      - 血管球
      - 肾小囊
    - 肾小管
      - 近端小管
        - 曲部
        - 直部
      - 细段
      - 远端小管
        - 直部
        - 曲部
      - （近端小管直部、细段、远端小管直部）髓袢
  - 集合小管
    - 弓形集合小管
    - 直集合小管
    - 乳头管

(一)肾单位

肾单位是肾的结构和功能单位,包括肾小体和肾小管。肾单位的数量随动物的种类、年龄和肾的体积不同而有差异。根据肾小体在皮质中分布位置不同,分为浅表肾单位和髓旁肾单位。浅表肾单位的肾小体分布在皮质的浅层及中部,数量较多,体积较小,髓袢短,在尿液滤过中起重要作用;髓旁肾单位的肾小体位于皮质深部近髓质处,其数量较少,体积较大,髓袢很长,对尿的浓缩具有重要的生理意义。

1. 肾小体

肾小体呈圆形或卵圆形,直径 120～200 μm。由血管球和肾小囊组成。每个肾小体的一侧,都有一血管极,是血管球的血管出入处。血管极的对侧叫尿极,与近端小管相接。

(1)血管球　由一团盘曲成球状的毛细血管组成,周围有肾小囊包裹。血管球的一侧连有入球微动脉和出球微动脉。入球微动脉由血管极进入肾小体内,分成数小支,自每个小支上又分出许多相互吻合的毛细血管袢。这些毛细血管袢又逐步汇合成一支出球微动脉,从血管球离开肾小体。

(2)肾小囊　是肾小管起始端膨大凹陷形成的双层杯状囊,囊壁分壁层和脏层,两层上皮之间的腔隙称为肾小囊腔。壁层为单层扁平上皮,与近端小管相续。脏层为一层具有突起的足细胞。足细胞自胞体伸出几个大的初级突起,初级突起又分出许多细指状的次级突起,相邻的次级突起互相嵌合成栅栏状,紧贴于毛细血管基膜外面。次级突起间有狭窄裂隙,称裂孔,裂孔上覆盖有裂孔膜(图 5-7)。

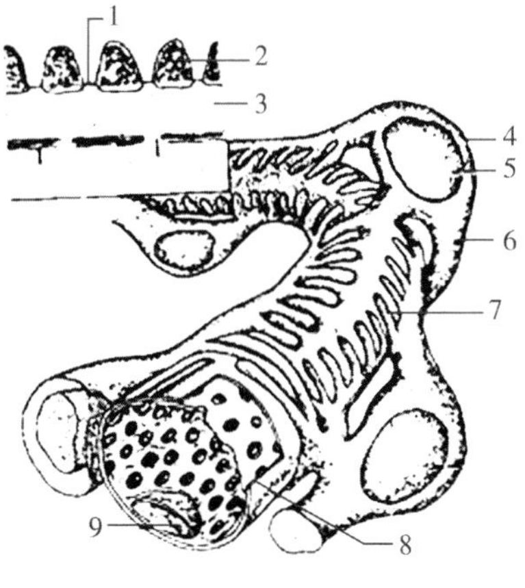

图 5-7　肾小囊内层的足细胞与血管球毛细血管电镜模式图(左上:滤过屏障示意图)

1. 裂孔膜　2. 足细胞突起　3、8. 基膜　4. 足细胞　5. 足细胞核　6. 足细胞的初级突起　7. 足细胞的次级突起　9. 内皮细胞核

当血液流经血管球毛细血管时,血浆成分经有孔内皮、血管球基膜和裂孔膜滤入肾小囊腔形成原尿,这 3 层结构合称为滤过屏障,又称滤过膜。

2. 肾小管

肾小管是由单层上皮围成的小管,包括近端小管、细段和远端小管,主要具有重吸收、分泌

和排泄作用(图 5-8)。

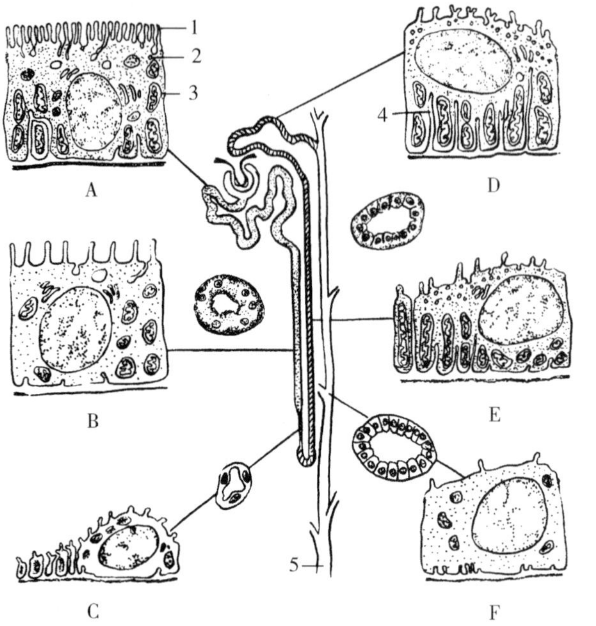

A. 近端小管曲部　B. 近端小管直部　C. 细段　D. 远端小管曲部　E. 远端小管直部　F. 集合管
1. 微绒毛　2. 吞饮小管或小泡　3. 线粒体　4. 质膜内褶　5. 乳头管

图 5-8　泌尿小管各段上皮细胞光镜与超微结构模式图

(1)近端小管　是肾小管中最长最粗的一段,包括曲部和直部。近端小管盘绕在肾小体附近,此段为近端小管曲部又称近曲小管,随后沿髓放线直行入髓质,此段称为近端小管直部。

近端小管曲部管壁由单层立方或锥形上皮细胞组成,细胞界限不清,胞质强嗜酸性。胞核大而圆,位于细胞的基部。细胞的游离面有明显的刷状缘,细胞的基底部有纵纹。刷状缘由大量密集而整齐排列的微绒毛构成。细胞基底的质膜内褶之间嵌有大量纵行排列的线粒体,二者构成纵纹。

近端小管直部又称近直小管,管壁结构与曲部基本相似,但上皮细胞略矮,微绒毛较少。

近端小管具有重要的重吸收功能,原尿中几乎所有葡萄糖、氨基酸、蛋白质以及 85%以上的水、无机盐离子和尿素等均在此重吸收。此外,近端小管还能向管腔分泌一些物质,如马尿酸、肌酐等,这些物质不能由肾小体滤出,可经近端小管的细胞分泌进入尿液。

(2)细段　位于髓放线和髓质内,管径小,管壁薄,由单层扁平上皮构成。胞质很少,着色淡,胞核呈椭圆形,突向管腔内,细胞游离面无刷状缘。细段的主要功能是重吸收水分,使尿液浓缩。

(3)远端小管　包括直部和曲部。由细段折返管径增粗,直行向皮质的部分为远端小管直部,又称远直小管;至肾小体附近呈盘曲状的部分为远端小管曲部,又称远曲小管。远端小管的管腔大而明显,直部和曲部的结构相似,管壁为单层立方上皮,细胞界限清晰,着色浅。核圆形,位于细胞中央,无刷状缘,细胞游离面有短而少的微绒毛,基底面纵纹较明显。远端小管有重吸收水、钠离子和排出钾离子、氢离子的功能,对维持体液酸碱平衡有重要作用。

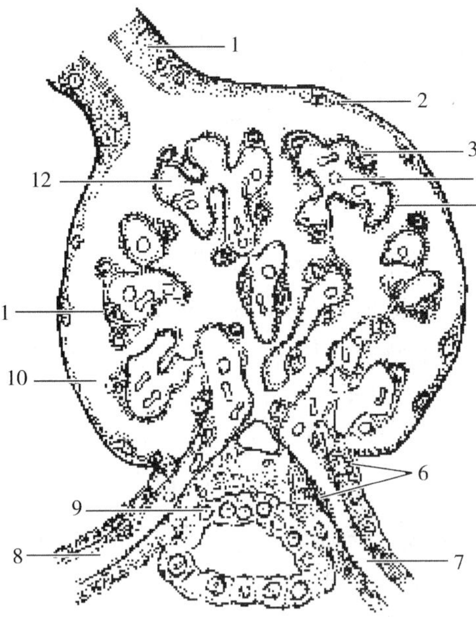

1. 近端小管起始部(肾小体尿极)　2. 肾小囊外层
3. 肾小囊内层(足细胞)　4. 毛细血管内的红细胞
5. 基膜　6. 球旁细胞　7. 入球微动脉　8. 出球微动脉
9. 远端小管上的致密斑　10. 肾小囊腔
11. 毛细血管内皮　12. 血管球毛细血管

图 5-9　肾小体半模式图

(二)集合小管

集合小管由弓形集合小管、直集合小管和乳头管三部分构成(图 5-8)。弓形集合小管起始端与远端小管曲部相接,呈弓形进入髓放线,与直集合小管相连。直集合小管由皮质向髓质下行,在肾乳头处移行为乳头管,开口于肾盏或肾盂。集合小管上皮一般为单层立方上皮,细胞界限清晰,管腔大而平整,细胞着色较淡。微绒毛、侧突、纵纹均少。随着直集合小管下行,小管上皮转变为变移上皮。集合小管也有重吸收水、钠离子和排出钾离子的作用。

(三)球旁复合体

球旁复合体也称肾小球旁器,位于肾小体血管极,由球旁细胞、致密斑和球外系膜细胞组成(图 5-9)。

1. 球旁细胞

入球微动脉近肾小体血管极处的管壁平滑肌细胞转变成上皮样细胞,称球旁细胞。细胞体积较大,呈立方形或多边形,核圆形,胞质弱嗜碱性,内含有丰富的 PAS 阳性颗粒,颗粒中含有肾素,可使血管平滑肌收缩、升高血压及增强肾小体的滤过作用。

2. 致密斑

致密斑是远曲小管靠近肾小体血管极一侧的管壁上皮细胞转变而成,细胞呈高柱状,排列紧密,形成一个椭圆形斑,称为致密斑。致密斑可感受远曲小管滤液中钠离子浓度的变化,对球旁细胞分泌肾素起调节作用。

3. 球外系膜细胞

球外系膜细胞位于入球微动脉和出球微动脉与致密斑之间的三角区内,又称极垫细胞。细胞着色较浅,具有突起,胞质内有分泌颗粒,它们的功能可能与信息传导有关。

(四)肾的血液循环

肾动脉由肾门入肾,依次分为叶间动脉、弓形动脉、小叶间动脉和入球微动脉。入球微动脉进入肾小体形成血管球,再汇成出球微动脉。出球微动脉离开肾小体后,又分支形成毛细血管,分布于皮质和髓质内肾小管周围。这些毛细血管网又依次汇合成小叶间小静脉、弓形静脉和叶间静脉,最后汇集成肾静脉,经肾门出肾入后腔静脉。

第二节 输尿管、膀胱和尿道

一、输尿管

输尿管是一对细长的肌性管道，左、右各一。起于集收管（牛）或肾盂（羊、猪、马、犬、猫、兔），出肾门后，沿腹腔顶壁向后伸延，左侧输尿管在腹主动脉的外侧，右侧输尿管在后腔静脉的外侧，横过髂内动脉的腹侧进入骨盆腔，行于公畜的尿生殖褶或母畜的子宫阔韧带内，在近膀胱颈处穿入膀胱背侧壁，在膀胱黏膜下斜行 3～5 cm，以缝状的输尿管口开口于膀胱。这种结构可以保证在尿液充满膀胱时，壁内这段输尿管因受压闭合，防止尿液回流入输尿管，但并不妨碍输尿管蠕动时将尿液继续送入膀胱。

输尿管管壁由黏膜、肌层和外膜构成。黏膜有纵行皱褶。黏膜上皮为变移上皮。马的输尿管在离肾盂 10 cm 以后，黏膜的固有层内含有管泡状黏液腺。肌层较发达，由平滑肌构成，可分为内纵行、中环行和薄而分散的外纵行肌层。外膜大部分为浆膜。

二、膀胱

膀胱是贮存尿液的器官，略呈梨形。前端钝圆为膀胱顶，中间膨大为膀胱体，后端逐渐变细称膀胱颈，延续为尿道。膀胱空虚时缩小而壁增厚，缩入骨盆腔内。充满尿液时，膀胱扩大而壁变薄，向前伸出骨盆腔外达腹腔底壁。公畜膀胱的背侧与直肠、尿生殖褶、输精管末端、精囊腺及前列腺相接。母畜膀胱的背侧与子宫及阴道相接。

膀胱的位置由 3 个浆膜褶固定，即膀胱中韧带和膀胱侧韧带。膀胱中韧带是连于骨盆腔底壁和膀胱腹侧之间的腹膜褶。膀胱侧韧带连于膀胱两侧与骨盆腔侧壁之间。在膀胱侧韧带的游离缘有一条索状物，称膀胱圆韧带，为胚胎时期脐动脉的遗迹。

膀胱由黏膜、肌层和外膜构成。无尿时，黏膜形成不规则的皱褶，上皮为变移上皮。肌层为平滑肌，可分为内纵、中环和外纵三层，以中环肌较厚，在膀胱颈部形成膀胱括约肌。在膀胱顶部和体部外层为浆膜，颈部为结缔组织外膜。

三、尿道

尿道是尿液从膀胱向外排出的肌性管道。

公畜的尿道很长，除有排尿功能外，还兼有排精的作用，又称尿生殖道（或雄性尿道）。它起于膀胱颈的尿道内口，开口于阴茎头的尿道外口，依其所在部位，可分为骨盆部和阴茎部（详见第六章生殖系统的第一节雄性生殖器官）。

母畜的尿道很短，只是排尿，位于阴道腹侧，骨盆腔底壁上。起于膀胱颈的尿道内口，以尿道外口开口于阴道前庭的腹侧、阴瓣的后方。

实训项目一　泌尿器官的形态构造

【实训目的】

1. 掌握肾的形态、位置和结构。

2. 熟悉输尿管的径路和膀胱与周围器官的位置关系。

【实训材料】

牛、羊、猪和马泌尿器官标本、模型，肾剖面标本；肾铸型标本；显示泌尿器官位置的整体标本。

【实训内容】

一、肾

观察肾脂肪囊、肾门、肾窦、皮质、髓质、髓放线、肾锥体、肾窦、肾乳头、肾盂、肾盏，比较牛、羊、猪、马、犬、猫、兔肾的形态与内部结构；在肾的铸型标本上观察肾动脉、肾静脉的分布和肾盏（肾盂）的形态。

二、输尿管

观察输尿管的走向、位置及其在膀胱上的开口。

三、膀胱

观察膀胱的形态（顶、体、颈）、位置和固定以及与雌性、雄性尿道的关系。

四、尿道

观察尿道的起点，开口部位，雌性、雄性尿道特点。

实训项目二　肾的组织结构

【实训目的】

掌握肾的组织结构。

【实训材料】

猪肾纵切片（HE 染色）。

【实训内容】

1. 肉眼观察

标本染色较深的部分是皮质，染色较浅的部分是髓质。

2. 低倍镜观察

被膜位于肾表面，深层为皮质和髓质。皮质染色红，可见许多圆球状的肾小体和其周围的肾小管断面。髓质位于皮质的深面，染色淡红，其中只有袢部的肾小管和集合管。

3. 高倍镜观察

着重观察被膜、皮质和髓质结构。

(1)被膜　由致密结缔组织构成。

(2)皮质　主要由肾小体、近曲小管和远曲小管构成。

肾小体由血管球和肾小囊组成。血管球是肾小体中央的一团毛细血管。肾小囊的脏层与血管球紧贴不易分清;肾小囊的壁层为单层扁平上皮;两层囊壁之间的腔隙为肾小囊腔。

近曲小管(近端小管曲部)位于肾小体附近,管腔小而不规则,上皮细胞呈锥形或立方形,细胞界限不明显,胞质强嗜酸性,胞核圆形或椭圆形,位于细胞基部。

远曲小管(远端小管曲部)也位于肾小体附近,与近曲小管比较断面少,管腔大。管壁上皮为单层立方上皮,细胞界限较清楚,胞质弱嗜酸性,胞核圆形,位于细胞中央。

(3)髓质　主要由近端小管直部、远端小管直部、细段和集合管构成。

近端小管直部和远端小管直部其形态特点与近曲小管和远曲小管相似,只是近端小管直部上皮细胞略低。

细段管径细,管腔小,管壁薄,由单层扁平上皮围成。胞核扁椭圆形,并突向管腔。

集合管从皮质延伸到髓质,管腔较大,上皮细胞由立方形转变为高柱状。胞质清晰,界限清楚,胞核圆形,位于细胞基部。

【绘图】

1. 部分肾皮质结构(高倍镜)。

2. 部分肾髓质结构(低倍镜)。

复习思考题

一、选择题

1. 牛肾类型属于(　　)(2009/2016/2021 年真题)

A. 复肾　B. 有沟多乳头肾　C. 有沟单乳头肾　D. 光滑多乳头肾

E. 光滑单乳头肾

2. 膀胱的黏膜上皮是(　　)(2011 年真题 29)

A. 变移上皮　B. 复层柱状上皮　C. 单层柱状上皮　D. 单层立方上皮

E. 假复层柱状纤毛上皮

3. 犬肾为(　　)(2012 年真题 27)

A. 复肾　B. 光滑多乳头肾　C. 光滑单乳头肾　D. 有沟单乳头肾

E. 有沟多乳头肾

4. 给公牛导尿带来困难的结构是(　　)(2013 年真题 30)

A. 尿道峡前方的半月形黏膜襞　B. 精阜　C. 尿道突

D. 尿道内口　E. 尿道脊

5. 具有尿道下憩室的家畜是(　　)(2014/2021 年真题)

A. 母马　B. 母犬　C. 母牛　D. 母兔　E. 母驴

6. 属于有沟多乳头肾的动物是(　　)(2019 年真题 28)

A. 猪　B. 马　C. 羊　D. 牛　E. 犬

二、简答题

1. 泌尿系统的组成及其功能如何？
2. 牛、羊、猪、马肾的形态、位置有何不同？
3. 肾脏的组织结构如何？
4. 从解剖学的角度说明为什么在临床上公畜导尿要比母畜导尿困难？

第五章　复习思考题参考答案

第六章
生殖系统

【知识目标】

1. 掌握雄性、雌性生殖器官的组成及其功能。
2. 掌握睾丸、附睾和阴囊的形态结构。
3. 熟悉不同动物副性腺的形态结构。
4. 掌握卵巢和子宫的形态、位置和结构。

【技能目标】

1. 能根据雄性生殖器官的结构说明精子发生部位及排出途径。
2. 能说明卵巢内不同发育阶段卵泡的形态结构变化。

【思政目标】

培养学生树立珍爱生命、保护环境、保护动物的意识。

微课程视频 16
睾丸的形态、位置和构造
(讲师:闫峰宾)

动物不断地繁殖后代,一是为了扩大种群数量,二是为了保证种族延续。保证种族延续的全部生理过程称生殖,完成生殖功能的器官组成生殖系统。生殖系统能产生生殖细胞,并能分泌性激素,在神经系统与垂体的共同作用下,调节生殖器官的功能活动,性激素对维持第二性征有重要作用。生殖系统包括雄性生殖器官和雌性生殖器官。

第一节 雄性生殖器官

雄性生殖器官由睾丸、附睾、输精管、尿生殖道、副性腺、阴茎、包皮和阴囊组成(图 6-1)。其中睾丸为生殖腺,阴茎、包皮和阴囊为外生殖器官。

一、睾丸

(一)睾丸的形态和位置

睾丸位于阴囊中,左、右各一,中间由阴囊中隔分开。睾丸可产生精子、分泌雄性激素以及促进第二性征出现和其他性器官的发育。

睾丸呈左、右稍扁的椭圆形，表面光滑。外侧面稍隆凸，与阴囊外侧壁接触；内侧面平坦，与阴囊中隔相贴。附睾附着的一侧为附睾缘，另一侧为游离缘。血管和神经进出的一端为睾丸头，接附睾头；另一端为睾丸尾，与附睾尾相连；两端之间为睾丸体。

在胚胎时期，睾丸位于腹腔内，在肾脏附近。随着胚胎的发育，在出生前后，睾丸和附睾一起经腹股沟管下降到阴囊中，这一过程称为睾丸下降。家畜出生后，如果有一侧或两侧睾丸没有下降到阴囊，仍留在腹腔内，称为单睾或隐睾。这种家畜生殖功能弱或无生殖能力，不宜用作种畜。

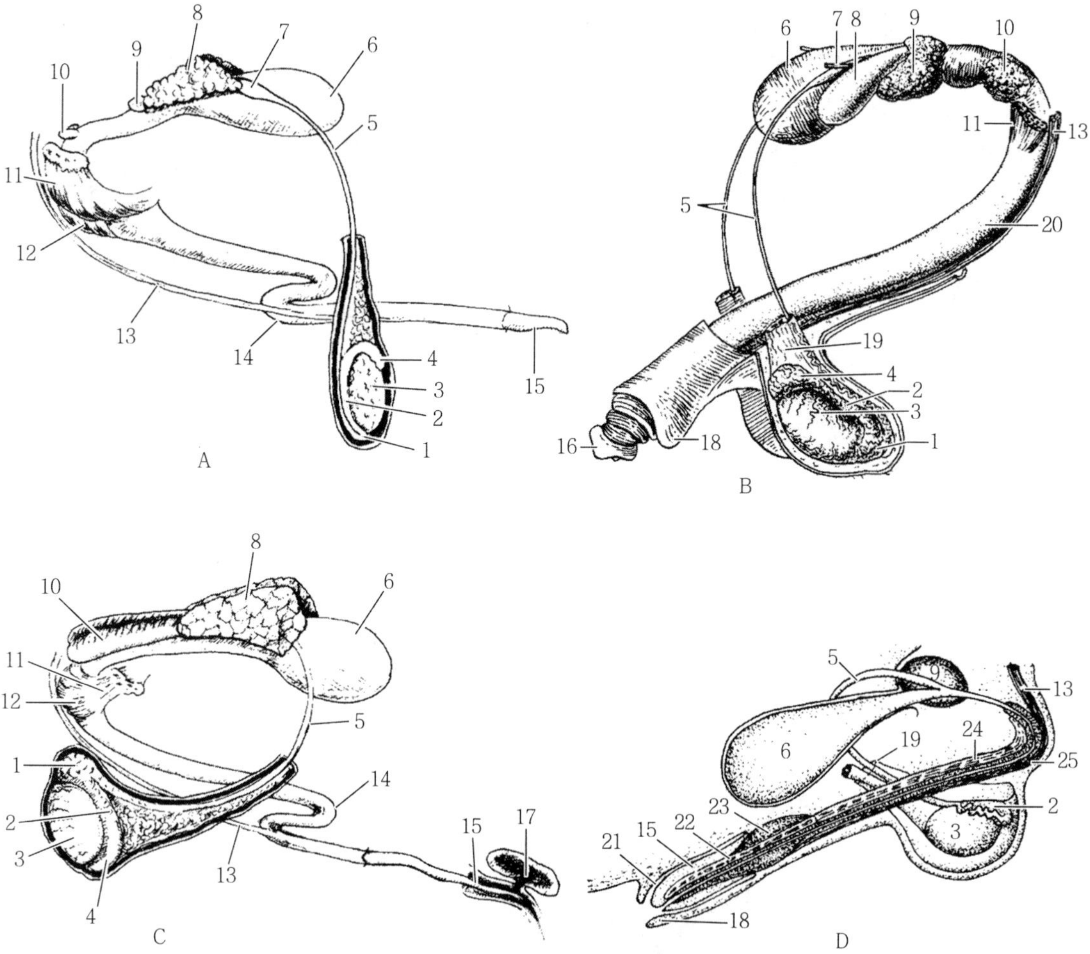

A. 公牛　B. 公马　C. 公猪　D. 公犬

1. 附睾尾　2. 附睾体　3. 睾丸　4. 附睾头　5. 输精管　6. 膀胱　7. 输精管壶腹　8. 精囊腺　9. 前列腺　10. 尿道球腺　11. 坐骨海绵体肌　12. 球海绵体肌　13. 阴茎缩肌　14. 乙状弯曲　15. 阴茎头　16. 龟头　17. 包皮盲囊　18. 包皮　19. 精索　20. 阴茎　21. 包皮腔　22. 阴茎骨　23. 阴茎头球　24. 阴茎海绵体　25. 尿道海绵体

图 6-1　公畜生殖器官模式图

1. 牛(羊)的睾丸

牛(羊)的睾丸较大,呈长椭圆形,长轴方向与地面垂直,睾丸头位于上方,附睾位于睾丸的后缘(图 6-2)。牛的睾丸实质呈微黄色,羊的则呈白色。

2. 猪的睾丸

猪的睾丸很大,质较软,长轴斜向后上方。睾丸头位于前下方。游离缘朝向后方。睾丸实质呈淡灰色,但因品种不同常有深浅之分。

3. 马的睾丸

马的睾丸呈椭圆形,长轴与地面平行,睾丸头向前。睾丸实质呈淡棕色。左侧睾丸通常较大。

4. 犬、猫、兔的睾丸

犬和兔的睾丸呈卵圆形,猫的近似球形。兔的腹股沟管短而宽,终生不封闭,与腹腔相通,睾丸可自由地下降到阴囊或缩回腹腔。

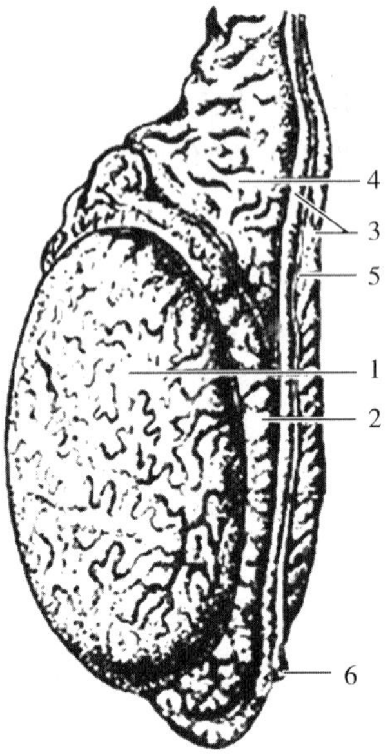

1. 睾丸 2. 附睾 3. 输精管及褶 4. 精索 5. 睾丸系膜 6. 阴囊韧带

图 6-2 公牛的睾丸(外侧面)

(二)睾丸的组织结构

睾丸的结构包括被膜和实质两部分(图 6-3)。

1. 被膜

除附睾缘与附睾借结缔组织连接外,睾丸表面均被覆着一层浆膜,即睾丸固有鞘膜。浆膜的深面为致密结缔组织构成的白膜。白膜的结缔组织从睾丸头伸入睾丸实质内,由睾丸头向睾丸尾延伸,形成睾丸纵隔。马的睾丸纵隔只局限在睾丸头,其他家畜的睾丸纵隔贯穿睾丸的长轴。纵隔结缔组织分出睾丸小隔,将睾丸实质分成许多锥形的睾丸小叶。牛、羊的睾丸小隔薄而不完整,肉食动物、猪和马的睾丸小隔较发达。

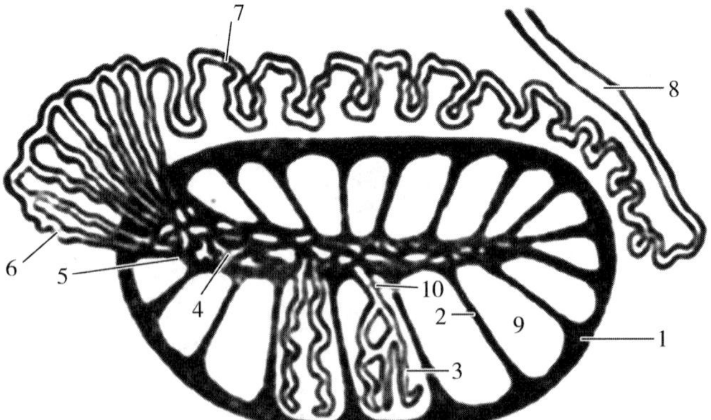

1. 白膜 2. 睾丸小隔 3. 曲精小管 4. 睾丸网 5. 睾丸纵隔
6. 输出小管 7. 附睾管 8. 输精管 9. 睾丸小叶 10. 直精小管

图 6-3 睾丸和附睾结构模式图

2. 实质

睾丸实质由精小管、睾丸网和间质组织组成。在每个睾丸小叶内，有 2～3 条精小管，精小管之间为间质组织。精小管在睾丸纵隔内吻合成睾丸网。睾丸网在睾丸头处汇合成睾丸输出小管，穿出睾丸形成附睾头。

(1)精小管　包括曲精小管和直精小管两部分。

①曲精小管　为精子发生的场所，是细而弯曲的上皮性管道，管壁由基膜和多层上皮细胞组成。上皮包括 2 种类型的细胞：一种是产生精子的生精细胞；另一种是支持细胞，具有支持和营养生精细胞的作用(图 6-4)。

a. 生精细胞　在性成熟动物的睾丸曲精小管的管壁中，可见不同发育阶段的生精细胞。包括精原细胞、初级精母细胞、次级精母细胞、精子细胞和精子。

精原细胞：紧靠基膜，体积较小，呈圆形或椭圆形，胞核相对较大，圆形。精原细胞分 A 型和 B 型两种。A 型又分暗 A 型和明 A 型两种。暗 A 型精原细胞的胞核着色深，常有一小空泡，此种细胞是原始的精原细胞，能不断地分裂增殖。分裂后产生的子细胞中，一半仍为暗 A 型精原细胞，继续保持其作为干细胞的分化能力；另一半为明 A 型精原细胞。明 A 型精原细胞的胞核着色浅，再经分裂数次产生 B 型精原细胞。B 型精原细胞分裂后，体积增大，分化为初级精母细胞。

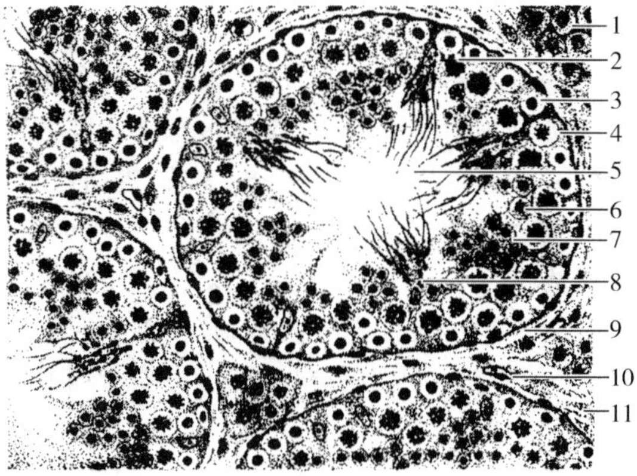

1. 间质细胞　2. 支持细胞　3. 精原细胞
4. 初级精母细胞　5. 曲精小管　6. 次级精母细胞
7. 精子细胞　8. 精子　9. 基膜肌样细胞
10. 毛细血管　11. 结缔组织

图 6-4　睾丸曲精小管组织结构模式图

初级精母细胞：体积较大，位于精原细胞的内侧，常有数层，胞核大而圆，经第 1 次减数分裂，形成 2 个次级精母细胞。

次级精母细胞：体积较小，圆形，胞质较少，核染色质呈细粒状，不见核仁。存在时间很短，它很快完成第 2 次减数分裂，生成 2 个精子细胞。

精子细胞：体积更小，数量多，胞核染色深，位于曲精小管管腔浅层。精子细胞不再分裂，经过复杂的形态变化后形成精子。

精子：家畜的精子形似蝌蚪，头部多呈扁卵圆形，主要为浓缩的细胞核。头的前部有顶体覆盖。精子尾部细长，又称鞭毛，是精子的运动装置。刚形成的精子其头部常陷入支持细胞游离端内，尾部朝向管腔。精子成熟后，即脱离支持细胞。

b. 支持细胞　呈不规则的高柱状或锥状，基部附着在基膜上，顶端到达管腔。细胞界限不清，胞核较大，呈椭圆形或三角形，着色浅，有 1～2 个明显的核仁，常有多个精子的头部嵌附于支持细胞的顶端。支持细胞具有支持和营养生精细胞，吞噬退变的精子细胞和残余体及合成雄性激素结合蛋白的功能。

②直精小管　是曲精小管在近睾丸纵隔处变成短而直的一段管道，其管径细，管壁衬以单

层立方或扁平上皮。

(2)睾丸网　由直精小管进入睾丸纵隔内互相吻合而成的网状小管,管腔大小不一,管壁上皮是单层立方或扁平上皮。公牛睾丸网的管壁上皮呈两层排列的复层上皮。公猪在立方上皮细胞顶端常有水泡状隆突,可能有分泌活动。公马的睾丸网可穿出白膜形成睾丸外的睾丸网。

(3)间质组织　为填充在曲精小管之间的疏松结缔组织,其中含有血管、淋巴管、神经纤维和间质细胞。间质细胞常成群分布在曲精小管之间,胞体较大,呈圆形或多边形,胞核大而圆,细胞质呈嗜酸性,含有脂滴和褐色素。间质细胞分泌雄激素,可促进精子的发生和成熟,维持正常的性欲活动,促进生殖器官发育和第二性征的出现。

二、附睾

附睾位于阴囊中,附着于睾丸边缘,外面也被覆有固有鞘膜和薄的白膜。附睾是贮存精子和精子进一步成熟的场所,由睾丸输出小管和附睾管构成。

附睾可分为附睾头、附睾体和附睾尾3部分。附睾头膨大,由睾丸输出小管构成,与睾丸头相对应。睾丸输出小管有12~25条,进而汇合成一条较粗且较长的附睾管,迂曲并逐渐增粗,构成附睾体和附睾尾,在附睾尾处管径增大,最后延续为输精管。附睾尾借睾丸固有韧带与睾丸尾相连。

睾丸固有韧带又称附睾韧带,是睾丸系膜变厚的部分。睾丸固有韧带由附睾尾延续到阴囊(总鞘膜)的部分,称为阴囊韧带。去势时切开阴囊后,必须切断阴囊韧带和睾丸系膜,方能摘除睾丸和附睾。

牛、羊的附睾位于睾丸的后外侧,猪的位于睾丸的前上方,马的位于睾丸背侧缘稍偏外侧,犬和兔的附着于睾丸的背外侧,猫的在睾丸前端的内侧面。

三、输精管

输精管为输送精子的管道,由附睾管直接延续而成。输精管起始于附睾尾,沿附睾体至附睾头附近,进入精索后缘内侧的输精管褶中,经腹股沟管入腹腔,然后向后上方进入骨盆腔,在膀胱背侧的尿生殖褶内继续向后伸延,与精囊腺管共同开口于尿生殖道起始部背侧壁的精阜。有些家畜的输精管在膀胱背侧的尿生殖褶内膨大形成输精管壶腹,其黏膜内分布有腺体,分泌物参与构成精液。牛、羊和犬的输精管壶腹很小,马的很发达,猪和猫缺如。

四、精索

精索呈扁平的圆锥形索状,其基部附着于睾丸和附睾上,上端达腹股沟管内环,内由睾丸动脉、静脉、神经、淋巴管、睾内提肌和输精管等组成,外表包以固有鞘膜。

五、尿生殖道

公畜的尿道兼有排尿和排精作用,故称为尿生殖道。其前端以尿道内口起于膀胱颈,沿骨盆腔底壁向后伸延,绕过坐骨弓,再沿阴茎腹侧的尿道沟,向前伸延至阴茎头末端,以尿道外口开口于外界。

尿生殖道可分为骨盆部和阴茎部两部分,二者以坐骨弓为界。在两部分交界处,尿生殖道的管腔稍变窄，称为尿道峡。公畜导尿时，要在坐骨弓部压迫导尿管的前端，使其绕过坐骨弓，转向骨盆腔，以利插入膀胱。

尿生殖道骨盆部是指自膀胱到骨盆后口的一段，位于骨盆腔底壁与直肠之间。在起始部背侧壁的中央有一圆形隆起，称为精阜。输精管和精囊腺管共同开口于此。此外，在骨盆部黏膜表面，还有其他副性腺的开口。

尿生殖道阴茎部是骨盆部的直接延续，起于坐骨弓，经左、右阴茎脚之间进入阴茎腹侧的尿道沟，末端以尿道外口开口于阴茎头。

尿生殖道管壁从内向外由黏膜层、海绵体层、肌层和外膜构成。黏膜层有很多皱褶，猪、马有一些小腺体，海绵体层主要是由毛细血管膨大而形成的海绵腔，在尿道峡处，海绵体层稍变厚，形成尿道球。在阴茎部较发达，称尿道海绵体。肌层由深层的平滑肌和浅层的横纹肌组成。横纹肌在骨盆部呈环行，称为尿道肌；延续至尿道球和尿道海绵体部则称为球海绵体肌，其分布情况因动物而异。肌层收缩有协助射精和排空余尿的作用。外膜为结缔组织。

六、副性腺

副性腺是位于尿生殖道骨盆部背侧的腺体，包括精囊腺、前列腺和尿道球腺，有的动物还包括输精管壶腹。副性腺分泌物称为精清，与输精管壶腹部的分泌物以及睾丸生成的精子共同组成精液。副性腺分泌物有稀释精子、营养精子以及改善阴道内环境等作用，有利于精子的生存和活动。

（一）精囊腺

精囊腺 1 对，位于膀胱颈背侧的尿生殖褶中，在输精管的外侧。每侧精囊腺的导管与同侧输精管共同开口于精阜。其分泌物为白色或黄白色的胶状物，富含果糖，可供射出的精子作为能量来源。

牛、羊的精囊腺较发达，是 1 对实质性的分叶性腺体；猪的精囊腺特别发达，外形似菱形三面体，由许多腺小叶组成；马的精囊腺为囊状，呈长梨形，表面光滑，内腔宽大；犬、猫无精囊腺；兔的精囊腺呈椭圆形，位于精囊的后方、前列腺的前方。

（二）前列腺

前列腺位于尿生殖道起始部背侧，以许多导管开口于尿生殖道内。其分泌物可中和精液中精子代谢时产生的 CO_2。

牛、猪的前列腺分为体部和扩散部；羊无体部；马的前列腺较发达，由左、右两侧腺叶和中间的峡部构成；犬的前列腺呈球形，发达而坚实；猫的前列腺呈双叶状结构；兔的前列腺呈半球状，被结缔组织中隔分为左、右两部分。

（三）尿道球腺

尿道球腺 1 对，位于尿生殖道骨盆部末端的背面两侧，导管开口于尿生殖道黏膜上。其分泌物可冲洗和润滑尿生殖道及母畜阴道。

牛的尿道球腺为圆形的实质性腺体，大小似核桃；猪的尿道球腺很发达，呈圆柱状，大公猪的长达 12 cm，位于尿生殖道骨盆部后 2/3 的两侧和背侧；马的尿道球腺呈椭圆形；犬无尿道球腺；猫的尿道球腺位于阴茎基部的尿道两侧；兔的尿道球腺呈暗红色，分为两叶。兔的副性腺除了精囊腺、前列腺和尿道球腺外，还有精囊和旁前列腺。

幼龄去势的家畜，其副性腺不能正常发育。猪副性腺发达，所以每次射精量很大。

七、阴茎

阴茎是公畜的排尿、排精和交配器官，平时很柔软，退缩在包皮内，交配时勃起，伸长并变粗变硬，利于交配。阴茎位于腹壁之下，起自坐骨弓，附着于两侧的坐骨结节，经两股部之间，沿中线向前伸延至脐部的后方。

阴茎可分为阴茎根、阴茎体和阴茎头 3 部分。阴茎根以 2 个阴茎脚附着于坐骨弓的两侧，起于坐骨结节腹面，两阴茎脚向前合并为阴茎体。阴茎头为阴茎的游离端，位于阴茎的前端，其形态因家畜种类不同而有较大差异。

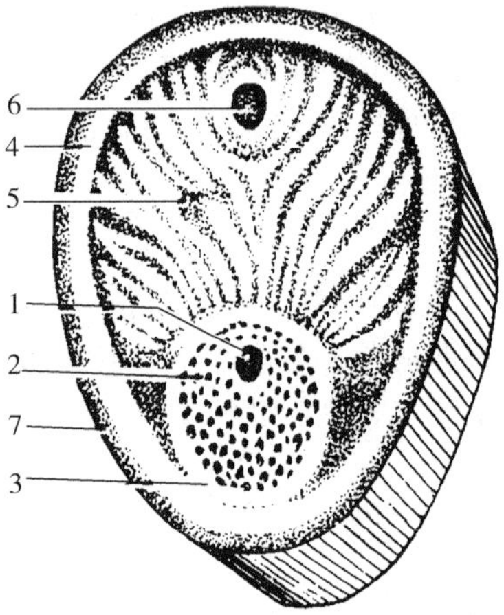

1. 尿生殖道　2. 尿道海绵体　3. 尿道白膜　4. 阴茎白膜
5. 阴茎海绵体　6. 阴茎海绵体血管　7. 阴茎筋膜

图 6-5　公牛阴茎横断面

阴茎主要由阴茎海绵体、尿生殖道阴茎部和肌肉构成（图 6-5）。阴茎海绵体外面包有很厚的致密结缔组织白膜。白膜的结缔组织伸入海绵体内形成小梁，并分支互相连接成网。小梁内含有血管和神经。在小梁及其分支之间有许多腔隙，称为海绵腔。腔壁衬以内皮，并与血管直接相通。海绵腔实为扩大的毛细血管。当海绵体充血时，阴茎膨大变硬而发生勃起现象。尿生殖道阴茎部位于阴茎海绵体腹侧的尿道沟内，周围包有尿道海绵体，尿道海绵体的外面被覆有球海绵体肌。

阴茎的肌肉除球海绵体肌外，还有坐骨海绵体肌和阴茎缩肌。坐骨海绵体肌较发达，起于坐骨结节，止于阴茎脚的表面。收缩时将阴茎向后向上牵拉，压迫阴茎海绵体及阴茎背侧静脉，阻止血液回流，使阴茎海绵体腔充血，阴茎勃起。阴茎缩肌为 2 条带状平滑肌，起于荐椎或尾椎腹侧，沿阴茎腹侧向前伸延，止于阴茎头后方。收缩时可使阴茎退缩，将阴茎头隐藏于包皮腔内。

牛的阴茎呈圆柱状，长而细，阴茎体在阴囊的后方形成一乙状弯曲，勃起时伸直。阴茎头长而尖，呈扭转状，尿生殖道外口位于阴茎头前端左侧螺旋沟中的尿道突上。

羊的阴茎与牛的基本相似，阴茎头前端有一细而长的尿道突，绵羊的长 3～4 cm，呈弯曲状，山羊的稍短而直。

猪的阴茎与牛的阴茎相似，但乙状弯曲部在阴囊前方。阴茎头呈螺旋状扭转，尿生殖道外口为一裂隙状口，位于阴茎头前端的腹外侧。

马的阴茎粗大，呈左右压扁的圆柱状。阴茎海绵体发达。阴茎头膨大形成龟头，其基部的周缘显著隆起形成龟头冠。在龟头前端的腹侧面有一凹陷的龟头窝。龟头窝内有一短的尿道突，尿道外口在此开口。

犬的阴茎后部有两个阴茎海绵体，前端有 1 块阴茎骨，长约 10 cm，其腹侧有尿生殖道沟。

猫的阴茎平时向后，排尿也向后，配种时阴茎向前。阴茎的远端有角质化乳头。

兔的阴茎呈圆柱状，阴茎头细而稍弯。在平静时阴茎长约 2.5 cm，向后伸至肛门腹侧；在勃起时阴茎长达 4～5 cm，且因坐骨海绵体肌收缩，牵引阴茎游离端向前。

八、包皮

包皮为皮肤折转而形成的一管状皮肤鞘，有容纳和保护阴茎头的作用。阴茎勃起时包皮即展平。

牛的包皮长而狭窄，具有 2 对较发达的包皮肌；猪的包皮口狭窄，前部背侧壁有一圆孔，通入一卵圆形盲囊，称为包皮盲囊或包皮憩室；马的包皮为双层皮肤褶，分外包皮和内包皮，均由深浅两层构成；犬的包皮呈圆筒状，内含淋巴结；兔的包皮连于阴囊的皮肤，包皮开口处有包皮腺，在交配时可分泌黏液。

九、阴囊

阴囊是呈袋状的腹壁囊，内有睾丸、附睾和部分精索。阴囊具有保护睾丸和附睾等功能，并可调节阴囊内的温度略低于体腔内的温度，有利于精子的生成、发育和活动。

牛的阴囊位于两股之间，在松弛状态下呈瓶状，阴囊颈较明显；猪的阴囊位于股后部、肛门腹侧，与周围皮肤的界限不明显；马的阴囊位于两股之间，阴囊颈较明显；犬的阴囊位于两股间后部；猫的阴囊位于肛门腹侧；兔的阴囊位于股后部，呈八字形，阴囊皮肤多毛。

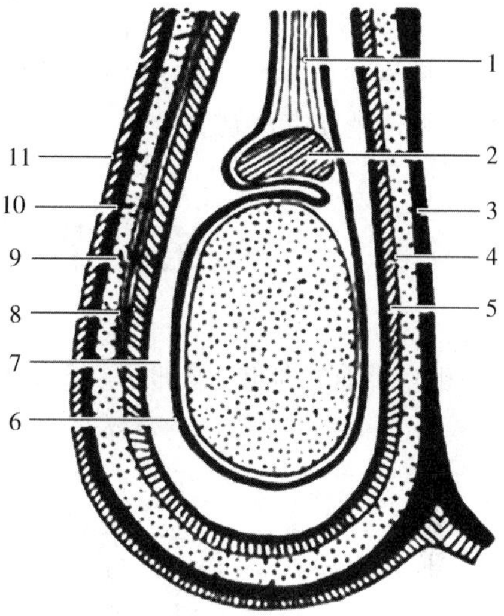

1. 精索　2. 附睾　3. 阴囊中隔　4. 总鞘膜纤维层　5. 总鞘膜　6. 固有鞘膜　7. 鞘膜腔　8. 睾外提肌　9. 筋膜　10. 肉膜　11. 皮肤

图 6-6　阴囊结构模式图

阴囊壁的结构与腹壁相似，由外向内依次分为皮肤、肉膜、阴囊筋膜和鞘膜（图 6-6）。

（一）皮肤

阴囊皮肤薄而柔软，富有弹性，表面生有短而细的毛，内含丰富的皮脂腺和汗腺。阴囊表面的腹侧正中有一条阴囊缝，将阴囊从外表分为左、右两部分。阴囊缝是畜牧生产中去势定位的标志。

（二）肉膜

肉膜紧贴于皮肤的内面，相当于皮下组织，由含有弹性纤维和平滑肌纤维的致密结缔组织构成。肉膜在阴囊的正中矢状面形成阴囊中隔，将阴囊分为左、右互不相通的两个腔。阴囊中隔背侧分为两层，沿阴茎两侧附着于腹壁。肉膜的收缩和舒张有调节阴囊内温度的作用：天冷时肉膜收缩，使阴囊起皱，面积减小；天热时肉膜松弛，使阴囊下垂，面积扩大。公猪去势时切开阴囊中隔，可取出另一侧的睾丸。

（三）阴囊筋膜

阴囊筋膜位于肉膜深面，由腹壁深筋膜和腹外斜肌腱膜伸延而来，将肉膜与总鞘膜较疏松的连接起来，其深面有睾外提肌，是由腹内斜肌分出的横纹肌，包于总鞘膜的外侧面和后缘。睾外提肌的收缩和舒张，可调节阴囊和睾丸与腹壁的距离，以获得利于精子发育和生存的适宜温度。

（四）鞘膜

鞘膜包括总鞘膜和固有鞘膜。总鞘膜为阴囊最内层，由腹膜壁层延伸而来，为腹横筋膜所加强。总鞘膜折转而覆盖于睾丸和附睾表面，称为固有鞘膜。折转处所形成的浆膜褶，称为睾丸系膜。在总鞘膜和固有鞘膜之间的腔隙，称为鞘膜腔，内有少量浆液。鞘膜腔上段细窄，形成鞘膜管，精索包于其中，通过腹股沟管以鞘膜管口或鞘环与腹膜腔相通。当鞘膜管口过大时，小肠可脱入鞘膜管或鞘膜腔内，形成腹股沟疝或阴囊疝，严重者需进行手术治疗。

第二节 雌性生殖器官

雌性生殖器官由卵巢、输卵管、子宫、阴道、尿生殖前庭和阴门等组成（图 6-7），其中的卵巢、输卵管、子宫和阴道为内生殖器官，尿生殖前庭和阴门为外生殖器官。

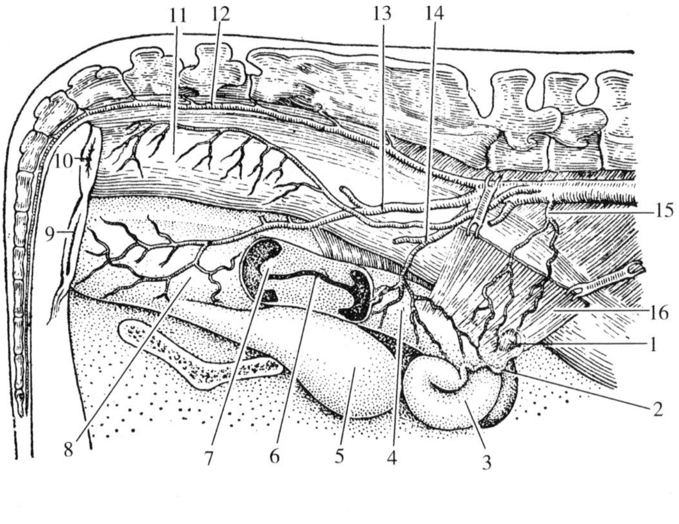

1. 卵巢 2. 输卵管 3. 子宫角 4. 子宫体 5. 膀胱 6. 子宫颈管 7. 子宫颈阴道部 8. 阴道 9. 阴门 10. 肛门 11. 直肠 12. 荐中动脉 13. 尿生殖动脉 14. 子宫动脉 15. 子宫卵巢动脉 16. 子宫阔韧带

图 6-7 母牛生殖器官位置关系（右侧观）

微课程视频 17
卵巢的形态、位置和构造（讲师：闫峰宾）

一、卵巢

卵巢是产生卵子和分泌雌性激素的器官，雌性激素可以促进其他生殖器官及乳腺的发育。

（一）卵巢的形态和位置

卵巢的形状和大小因畜种、个体、年龄及性周期而异。卵巢由卵巢系膜悬吊在腹腔的腰下部，在肾的后方或骨盆前口两侧。卵巢的子宫端借卵巢固有韧带与子宫角的末端相连，前端接输卵管伞。背侧缘为卵巢系膜缘，血管、神经和淋巴管由此出入卵巢，此处称为卵巢门。腹侧缘为游离缘。

1. 牛(羊)的卵巢

牛(羊)的卵巢一般位于骨盆前口的两侧附近，子宫角起始部的上方。未怀过孕的母牛，卵巢多位于骨盆腔内；经产母牛的卵巢则位于腹腔内，在耻骨前缘的前下方。牛的卵巢呈稍扁的椭圆形，平均长约 3.7 cm，厚 1.5 cm，宽 2.5 cm。羊的较圆，较小，长约 1.5 cm，宽 1～1.8 cm。性成熟后，成熟的卵泡和黄体可突出于卵巢表面。成年牛右侧的卵巢比左侧的稍大。卵巢系膜较短，卵巢囊宽大。

2. 猪的卵巢

猪的卵巢一般较大，呈卵圆形，其形状、大小和位置因年龄和发育程度等不同而有明显差异。4 月龄前性未成熟的小母猪，卵巢较小，约为 0.5 cm×0.4 cm，表面光滑，呈粉红色，位于荐骨岬两侧稍后方，在腰小肌腱附近。5～6 月龄接近性成熟时，卵巢表面有突出的小卵泡而呈桑葚状，大小约 2 cm×1.5 cm，位置稍下垂前移，位于髋结节前缘横断面处的腰下部。性成熟后母猪或经产母猪，卵巢长 3～5 cm，表面因有卵泡、黄体突出而呈结节状，位于髋结节前缘 4 cm 的横断面上，或在髋结节与膝关节连线中点的水平面上，一般左侧卵巢在正中矢状面上，右侧卵巢在正中矢状面稍偏右侧。

3. 马的卵巢

马的卵巢较大，呈豆形，平均长约 7.5 cm，厚 2.5 cm，宽 3.5 cm，借卵巢系膜悬于腰下部肾的后方，约在第 4 或第 5 腰椎横突腹侧，常与腰部的腹壁相接。经产老年马的卵巢，常因卵巢系膜松弛，而被肠管挤到骨盆前口处。卵巢的腹缘游离，有一凹陷部，称为排卵窝，成熟卵泡由此排出卵细胞，这是马属动物的特征。

4. 犬的卵巢

犬的卵巢较小，其长度平均约为 2 cm，呈长卵圆形。两侧卵巢位于距同侧肾脏的后端 1～2 cm 处的卵巢囊内，卵巢囊的腹侧有裂口。性成熟后的卵巢内含有卵泡，其表面隆凸不平。

5. 猫的卵巢

猫的卵巢位于腹腔内肾的后方，长约 1 cm，宽 0.5 cm，表面有突出的白色小泡。卵巢由卵巢韧带和子宫阔韧带固定。阔韧带形成卵巢囊，包围卵巢。

6. 兔的卵巢

兔的卵巢呈椭圆形，粉红色，长 1.0～1.7 cm，宽 0.3～0.7 cm，重 0.3～0.5 g。以卵巢系膜固定在腹腔背侧肾的后方。左侧卵巢位于第 4 腰椎横突端部的腹侧，右侧卵巢稍靠前。幼兔卵巢表面光滑，成年兔卵巢表面有凸出的透明圆形的成熟卵泡或暗色丘状的黄体。

(二)卵巢的组织结构

卵巢的结构随动物种类、年龄和性周期不同而异。卵巢为实质性器官，可分为被膜和实质，实质由外周的皮质和中央的髓质构成。马属动物卵巢皮质和髓质的位置与其他动物相反，即皮质在内部，髓质在外周(图 6-8)。

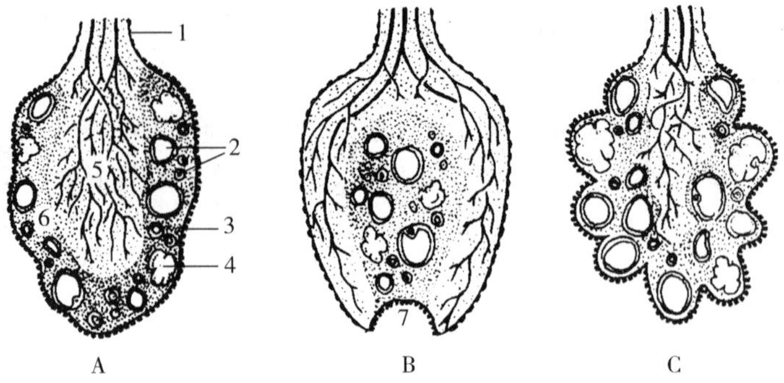

A.牛 B.马 C.猪

1.浆膜 2.卵泡 3.生殖上皮 4.黄体 5.髓质 6.皮质 7.排卵窝

图 6-8 卵巢结构示意图

1.被膜

卵巢的被膜由生殖上皮和白膜组成。卵巢表面除卵巢系膜附着部外，都覆盖着一层扁平或立方上皮细胞，称生殖上皮。年轻动物的生殖上皮为单层立方或柱状上皮，到老年时变为扁平。生殖上皮的深面为致密结缔组织构成的白膜。马卵巢的生殖上皮仅分布于排卵窝处，其余部分均被覆浆膜。

2.皮质

卵巢的皮质较厚，由基质、不同发育阶段的卵泡、黄体和闭锁卵泡等组成(图 6-9)。

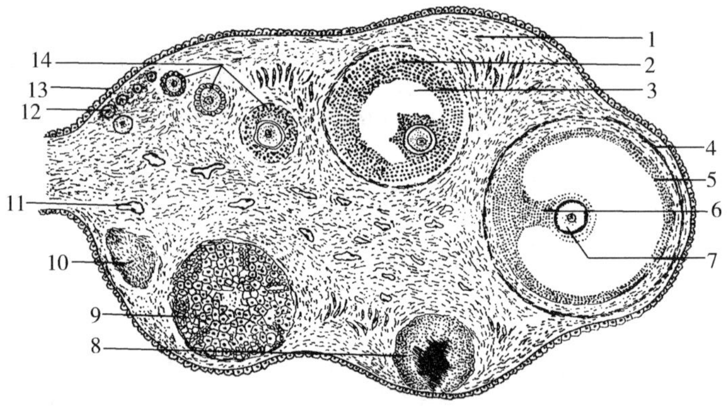

1.基质 2.次级卵泡 3.卵泡腔 4.成熟卵泡 5.颗粒层 6.卵丘 7.卵母细胞
8.血体 9.黄体 10.白体 11.血管 12.原始卵泡 13.生殖上皮 14.初级卵泡

图 6-9 卵巢结构模式图

(1)基质 由致密结缔组织构成，含有大量的网状纤维和少量的胶原纤维和弹性纤维。基质内还有较多的梭形结缔组织细胞，形状类似于平滑肌细胞，胞核细长，排列紧密。基质的结缔组织参与形成卵泡膜和间质腺。

（2）卵泡　由中央的一个卵母细胞和包在其周围的一些卵泡细胞构成。在皮质中有许多处于不同发育阶段的卵泡。可根据发育程度的不同，将卵泡分成原始卵泡、生长卵泡和成熟卵泡。

①原始卵泡　由初级卵母细胞及周围的单层扁平的卵泡细胞构成，位于卵巢皮质的浅层，数量多、体积小。

②生长卵泡　性成熟后，原始卵泡在垂体分泌的卵泡刺激素作用下开始生长发育。此时原始卵泡的卵泡细胞由扁平变为立方或柱状。根据发育阶段不同，可将生长卵泡分为初级卵泡和次级卵泡。

a. 初级卵泡　卵泡内的初级卵母细胞逐渐增大，卵母细胞周围出现一层嗜酸性、折光强的透明带。卵泡细胞变成立方或柱状，并通过分裂增生而成为多层。随着卵泡的变大，围绕卵泡的结缔组织细胞逐渐分化成卵泡膜。

b. 次级卵泡　当卵泡体积不断增大时，在卵泡细胞之间出现卵泡腔，腔内有卵泡液。随着卵泡腔的扩大和卵泡液的增多，卵母细胞及其周围的一些卵泡细胞被挤到卵泡腔的一侧，形成一个突入卵泡腔的丘状隆起，称为卵丘。卵丘上紧靠透明带的卵泡细胞呈高柱状，围绕透明带呈放射状排列，称为放射冠。其余的卵泡细胞密集排列成数层，衬在卵泡内壁上，称为颗粒层，组成颗粒层的卵泡细胞也改称为颗粒细胞。随着卵泡的增大，卵泡膜逐渐分化为内、外两层。内层为细胞性膜，可分泌雌激素；外层为结缔组织性膜，与周围结缔组织无明显界限。

③成熟卵泡　生长卵泡发育到最后阶段成为成熟卵泡。卵泡体积显著增大，向卵巢表面隆起。成熟卵泡的大小因动物种类而异。

（3）排卵　发生在动物发情后的数日内，成熟卵泡破裂，初级卵母细胞及其周围的放射冠，随同卵泡液一起排出，此过程称为排卵。排卵时，由于毛细血管受损可以引起出血，血液充于卵泡腔内，形成血体。

（4）黄体　排卵后，残留在卵泡内的颗粒层细胞和卵泡内膜细胞随同血管一起向卵泡腔内塌陷，在垂体黄体生成素的作用下，增殖分化为富有血管的细胞团索，称为黄体。颗粒层细胞分化成粒性黄体细胞，卵泡内膜细胞分化成膜性黄体细胞。前者主要分泌孕酮，后者主要分泌雌激素。

黄体的发育程度和存在时间，决定于排出的卵是否受精。如果受精，则黄体继续发育，并存在到妊娠后期（马除外），这种黄体称为妊娠黄体或真黄体。如果未受精，黄体逐渐退化，这种黄体称为发情黄体或假黄体。真黄体或假黄体在完成其功能后即退化。退化的黄体被结缔组织代替，形成瘢痕，称为白体。

（5）闭锁卵泡　在正常情况下，卵巢内的绝大多数卵泡不能发育成熟，而在各发育阶段中逐渐退化，这些退化的卵泡称为闭锁卵泡。原始卵泡和初级卵泡退化时，初级卵母细胞和卵泡细胞最后都解体消失。次级卵泡和成熟卵泡退化时，有时可见萎缩的卵母细胞和皱缩的透明带，此时的卵泡内层细胞增大，呈多角形，如黄体细胞。这些细胞被结缔组织分隔成团索状，形成间质腺细胞，如兔和肉食类。间质腺可分泌雌激素、孕酮和雄激素。

3. 髓质

由富含弹性纤维的疏松结缔组织构成，其中有许多血管、淋巴管和神经等，而梭形细胞和平滑肌纤维较少。在卵巢门处有一种特殊的细胞称门细胞，形态类似间质腺细胞，有分泌雄激素的功能。

二、输卵管

输卵管是位于卵巢和子宫角之间的一对细长而弯曲的管道，是输送卵细胞和受精的场所。输卵管通过输卵管系膜与卵巢、子宫连接和固定。输卵管系膜与卵巢固有韧带之间形成卵巢囊。卵巢囊能保证卵巢排出的卵细胞顺利进入输卵管(图 6-10)。

输卵管可分为漏斗部、壶腹部和峡部。漏斗部为输卵管起始膨大的部分，漏斗的边缘有许多不规则的皱褶，呈伞状，称为输卵管伞。漏斗的中央有一小的开口为输卵管腹腔口，与腹膜腔相通。壶腹部较长，是位于漏斗部和峡部之间的膨大部分，壁薄而弯曲，为卵子受精处。峡部位于壶腹部之后，细而直。末端以小的输卵管子宫口与子宫角相接。

输卵管的管壁由黏膜、肌层和浆膜 3 层构成。黏膜形成许多纵行的皱褶，大部分黏膜上皮为单层柱状，由有纤毛的柱状细胞和无纤毛的分泌细胞组成。肌层为平滑肌，分内环、外纵两层。浆膜参与形成输卵管系膜。

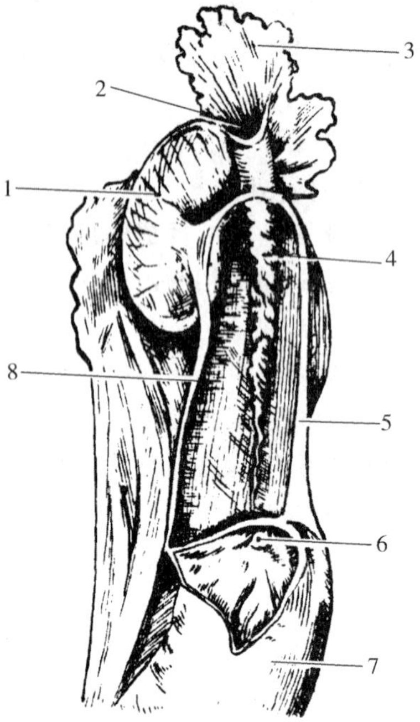

1. 卵巢　2. 输卵管腹腔口　3. 输卵管伞
4. 输卵管　5. 输卵管系膜　6. 输卵管子宫口
7. 子宫角　8. 卵巢固有韧带

图 6-10　马卵巢和周围器官

牛的输卵管长，弯曲少，输卵管伞较大，卵巢囊较宽，末端与子宫角的连接处无明显分界；猪的输卵管弯曲度小；马的输卵管壶腹部明显且特别弯曲，末端与子宫角之间界限明显；犬的输卵管细小，输卵管伞大部分位于卵巢囊内；猫的输卵管伞紧贴着卵巢；兔的输卵管壶腹不甚膨大，峡部后端连接子宫，二者无明显界限。

三、子宫

(一)子宫的形态和位置

子宫是胚胎生长发育的器官，借子宫阔韧带附着于腹腔顶壁和骨盆腔侧壁，大部分位于腹腔内，小部分位于骨盆腔内，背侧为直肠，腹侧为膀胱，前端与输卵管相接，后端与阴道相通。

家畜的子宫均属双角子宫(除兔外)，可分为子宫角、子宫体和子宫颈 3 部分。

子宫角有 1 对，为子宫的前部，呈弯曲的圆筒状，位于腹腔内(未经产的牛、羊则位于骨盆腔内)。前端以输卵管子宫口与同侧输卵管相通，后端会合形成子宫体。

子宫体呈背腹略扁的圆筒状，位于骨盆腔内，部分在腹腔内。前接子宫角，向后延续为子宫颈。

子宫颈为子宫的后段，位于骨盆腔内，管壁厚，内腔狭窄，称子宫颈管，前端以子宫颈内口通子宫体，后端以子宫颈外口开口于阴道。子宫颈管平时闭合，发情时稍松弛，分娩时扩大。

1. 牛(羊)的子宫(图 6-11)

由于受瘤胃的影响，成年母牛的子宫大部分位于腹腔内，妊娠子宫大部分偏于腹腔的右半部。子宫角较长，平均 35～40 cm(羊 10～20 cm)。子宫角的前部互相分开，开始先弯向前下外方，然后又转向后上方，卷曲成绵羊角状；左、右子宫角的后部因有肌组织和结缔组织相连，表面又包以腹膜，外表看很像子宫体，故称为伪体。子宫体短，长 3～4 cm(羊约 2 cm)。子宫颈长 10 cm(羊约 4 cm)，壁厚而坚实；后端突入阴道内形成子宫颈阴道部；子宫颈管窄细，由于黏膜突起的互相嵌合而呈螺旋状，平时紧闭，不易开张，子宫颈外口黏膜形成辐射状皱褶，呈菊花状。

子宫体和子宫角的黏膜上有特殊的圆形隆起，称为子宫阜或子宫子叶，约 100 多个。未妊娠时，子宫阜很小，直径约 15 mm；妊娠时逐渐增大，最大的有拳头那样大，是胎膜与子宫壁结合的部位。在牛胎衣不下时，剥离胎衣就是将子宫阜与胎盘之间的联系进行分离。羊的子宫阜有 60 多个，其顶端有一凹陷。

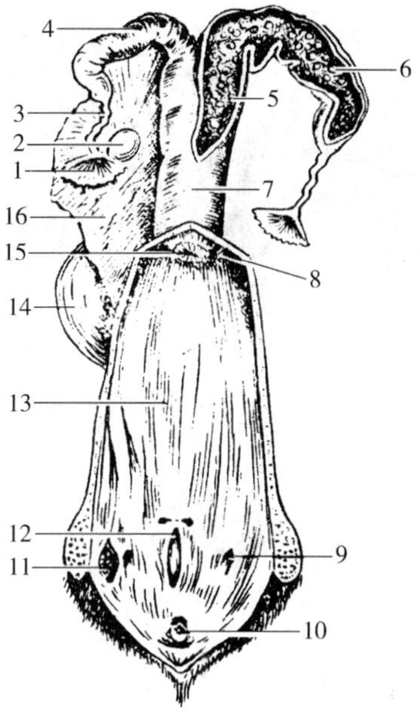

1. 输卵管伞　2. 卵巢　3. 输卵管　4. 子宫角
5. 子宫内膜　6. 子宫阜　7. 子宫体　8. 阴道穹窿
9. 前庭大腺开口　10. 阴蒂　11. 剥开的前庭大腺
12. 尿道外口　13. 阴道　14. 膀胱　15. 子宫颈外口
16. 子宫阔韧带

图 6-11　母牛的生殖器官(背侧面)

2. 猪的子宫(图 6-12)

母猪的子宫角特别长，经产母猪可达 1.2～1.5 m，外形弯曲似小肠，故又称子肠。2 月龄以前的小母猪，子宫角细而弯曲，壁厚色红。子宫角的位置依年龄而不同，在较大的小母猪，位于骨盆腔入口处附近；性成熟后子宫角增粗，壁厚色白，因子宫阔韧带较长，子宫角移向前下方，位于髋结节的前下部。子宫体很短，长约 5 cm。子宫颈较长，成年母猪长 10～15 cm。无子宫颈阴道部，因此子宫颈与阴道无明显界限。黏膜褶形成两行半圆形隆起，交错排列，使子宫颈管呈狭窄的螺旋形。

3. 马的子宫(图 6-13)

母马子宫呈 Y 形。子宫角稍弯曲成弓状，背侧缘凹，有子宫阔韧带附着，腹侧缘凸而游离。子宫体与子宫角等长。子宫颈后端突入阴道内，形成明显的子宫颈阴道部，其黏膜褶呈花冠状。妊娠后期子宫位于腹腔左下部。

4. 犬的子宫(图 6-14)

母犬子宫角细长而直，中等体型的长 12～15 cm。两子宫角在骨盆联合前方自子宫体呈 V 形分出。子宫体和子宫颈均很短。子宫颈后端形成子宫颈阴道部。

5. 猫的子宫

母猫子宫呈 Y 形。子宫角从子宫体向前外方伸延至输卵管。子宫体位于腹腔内。子宫颈后端突入阴道。

6. 兔的子宫(图 6-15)

母兔属于双子宫，左右子宫完全分离，无子宫角与子宫体之分，子宫全长 7 cm。每侧子宫后端的内括约肌形成子宫颈，开口于阴道。兔为多胎动物，妊娠期短，仅为 30～31 d，两侧子宫可同时孕育胚胎，但胚胎数量不一定相同。

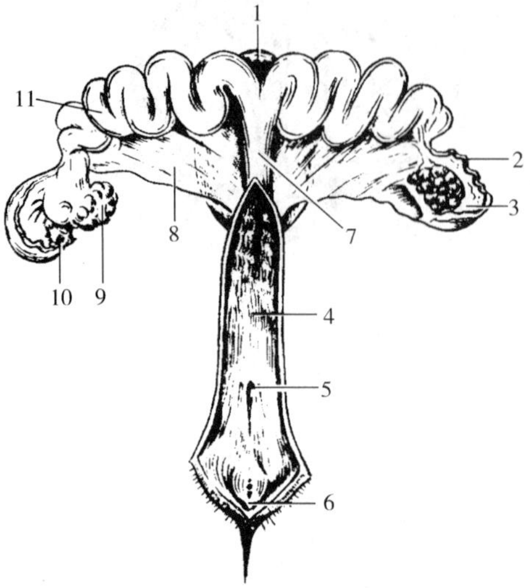

1. 膀胱　2. 输卵管　3. 卵巢囊　4. 阴道黏膜
5. 尿道外口　6. 阴蒂　7. 子宫体　8. 子宫阔韧带
9. 卵巢　10. 输卵管腹腔口　11. 子宫角

图 6-12　母猪的生殖器官(背侧面)

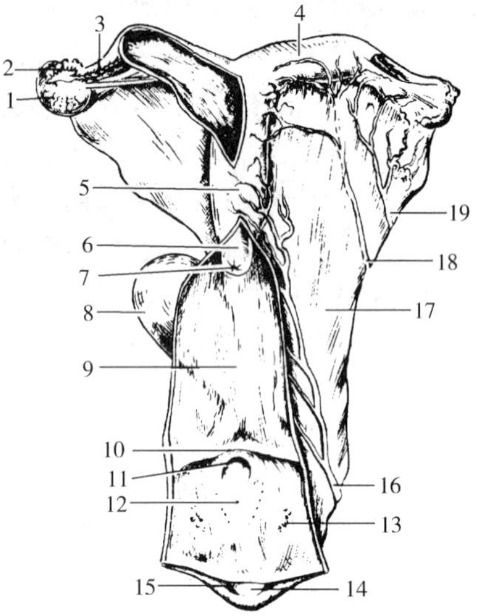

1. 卵巢　2. 输卵管伞　3. 输卵管　4. 子宫角　5. 子宫体
6. 子宫颈阴道部　7. 子宫颈外口　8. 膀胱　9. 阴道　10. 阴瓣
11. 尿道外口　12. 尿生殖前庭　13. 前庭大腺开口　14. 阴蒂
15. 阴蒂窝　16. 子宫后动脉　17. 子宫阔韧带
18. 子宫中动脉　19. 子宫卵巢动脉

图 6-13　母马的生殖器官(背侧面)

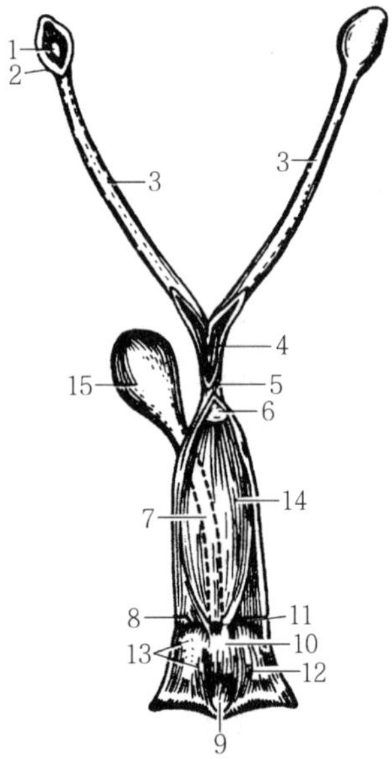

1. 卵巢　2. 卵巢囊　3. 子宫角　4. 子宫体
5. 子宫颈　6. 子宫颈阴道部　7. 尿道　8. 阴瓣
9. 阴蒂　10. 阴道前庭　11. 尿道外口
12、13. 前庭小腺开口　14. 阴道　15. 膀胱

图 6-14　母犬的生殖器官(背侧面)

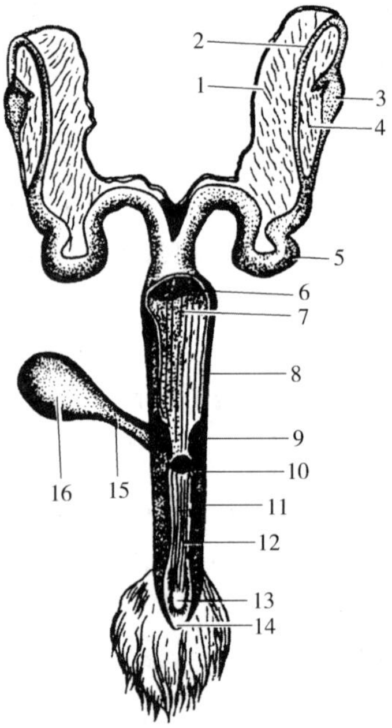

1. 卵巢系膜　2. 输卵管　3. 卵巢　4. 卵巢囊　5. 子宫
6. 子宫颈　7. 子宫内膜　8. 阴道　9. 尿道瓣
10. 尿道开口　11. 静脉丛　12. 阴道前庭
13. 阴蒂　14. 阴门　15. 尿道　16. 膀胱

图 6-15　母兔的生殖器官(背侧面)

(二)子宫的组织结构

子宫的形态及结构因发情周期及妊娠而有变化。子宫壁由子宫内膜、肌膜和外膜 3 层组成。

1. 子宫内膜

子宫内膜包括黏膜上皮和固有层,无黏膜下层。

内膜上皮随家畜发情周期而有变化,一般为单层柱状。反刍动物和猪为假复层或单层柱状上皮。马、犬和猫为单层柱状上皮。上皮具有分泌作用,上皮细胞游离缘有暂时性纤毛。在发情期及妊娠期,黏液分泌最多,并可流入阴道。妊娠期黏液变稠形成子宫颈黏液塞。

固有层分为深、浅两层。浅层的细胞成分较多,主要是一种呈星形的胚型结缔组织细胞,细胞借突起互相连接,其间有各种白细胞及巨噬细胞。固有层深层的细胞成分少,内有子宫腺分布。子宫腺为弯曲的分支管状腺,腺体底部弯曲度最大。牛、羊的子宫阜上无子宫腺分布。子宫腺的多少因畜种、胎次和发情周期而不同。腺上皮由分泌黏液的柱状细胞构成,胞质内充满黏原颗粒。子宫腺的分泌物可供给附植前早期胚胎的营养。

2. 肌膜

肌膜由发达的内环行、外纵行平滑肌构成。内层薄、外层厚,两层之间为血管层,内有许多血管和神经分布。牛和猪的血管层有时夹于环行肌内。在牛、羊的子宫阜处血管层特别发达。

3. 外膜

外膜为浆膜,由疏松结缔组织和间皮组成,在子宫外膜中有时可见少量平滑肌。

四、阴道

阴道是雌性的交配器官,也是产道。阴道呈扁管状,位于骨盆腔内,背侧为直肠,腹侧为膀胱和尿道;前接子宫,后接尿生殖前庭。在阴道前端由于子宫颈阴道部突入而形成一个环状(马)或半环状(牛)的陷窝,称为阴道穹窿。阴道壁的外层前部被覆有腹膜,后部为结缔组织外膜;中层为肌膜;内层为黏膜,粉红色,较厚,形成许多纵褶,没有腺体。

五、尿生殖前庭

尿生殖前庭又称阴道前庭,是交配器官和产道,也是尿液排出的径路。位于骨盆腔内,直肠的腹侧,左、右压扁,前接阴道,后连阴门。在与阴道交界处腹侧形成一横行的黏膜褶,称为阴瓣。在尿生殖前庭的腹侧壁上,靠近阴瓣的后方有一尿道外口。在尿道外口后方两侧,有前庭小腺的开口;两侧壁内有前庭大腺的开口。牛、羊的阴瓣不明显,在尿道外口的腹侧,有一个伸向前方的短盲囊,称尿道下憩室。因此,给母牛导尿时应避免导尿管插入憩室内。

六、阴门

阴门是尿生殖前庭的外口,也是泌尿和生殖系统与外界相通的天然孔,与尿生殖前庭共同构成母畜的外生殖器。阴门位于肛门腹侧,以短的会阴部与肛门隔开,由左、右两片阴唇构成,两阴唇间的垂直裂缝称为阴门裂。两阴唇上、下两端的联合,分别称为阴门背侧联合和阴门腹侧联合。在阴门腹侧联合前方有一阴蒂窝,内有小而凸出的阴蒂。阴蒂相当于公畜的阴茎,也由海绵体构成,与阴茎属同源器官。

实训项目一　生殖器官的形态构造

【实训目的】

掌握雄性、雌性生殖器官的形态构造及相互位置关系。

【实训材料】

牛、羊、猪和马生殖器官标本、模型；显示雄性、雌性各生殖器官位置关系的标本、模型。

【实训内容】

一、雄性生殖器官

· 睾丸和附睾：观察睾丸和附睾的形态，在纵切面标本上观察其构造。

· 输精管和精索：观察精索的组成及输精管的径路和起止点。

· 副性腺：观察精囊腺、前列腺和尿道球腺的位置及开口。

· 尿生殖道：观察尿生殖道骨盆部、阴茎部的分界，以及与膀胱和输精管壶腹的位置关系。

· 阴囊：观察阴囊各层构造及其与睾丸、附睾的关系。

· 阴茎和包皮：观察阴茎和包皮的形态、结构。

· 比较各种雄性动物生殖器官的结构特点。

二、雌性生殖器官

· 卵巢：观察卵巢的形态、大小、位置和结构。

· 输卵管：观察漏斗部、壶腹部和峡部的形态，输卵管系膜和卵巢囊的结构。

· 子宫：观察子宫角、子宫体和子宫颈的形态和位置，子宫黏膜结构特点，子宫阔韧带上卵巢动脉、子宫动脉的位置和分布。

· 阴道、尿生殖前庭和阴门：观察阴道穹窿的位置，尿生殖前庭与周围器官的位置关系，阴门的结构。

· 比较各种雌性动物生殖器官的结构特征。

实训项目二　睾丸和卵巢的组织结构

【实训目的】

1. 掌握睾丸的组织结构。

2. 掌握卵巢的组织结构。

【实训材料】

兔睾丸切片（HE 染色）；兔卵巢切片（HE 染色）。

【实训内容】

一、睾丸

1. 肉眼观察

标本呈紫红色，一侧深染的线状结构是白膜。

2. 低倍镜观察

睾丸表面覆以被膜，深面的实质内可见许多曲精小管的断面，曲精小管间的结缔组织为睾丸间质。

3. 高倍镜观察

观察被膜、曲精小管和间质细胞。

(1)被膜　表层为浆膜(固有鞘膜),由单层扁平上皮和少量结缔组织构成。浆膜深面为白膜,由致密结缔组织构成。

(2)曲精小管　从曲精小管基底面至管腔,上皮细胞由不同发育阶段的生精细胞和支持细胞组成。

精原细胞紧贴于基膜上,胞体较小,呈圆形或椭圆形,胞质染色淡,胞核圆形或椭圆形,染色较深。初级精母细胞位于精原细胞内侧,细胞体积大,因常处于分裂状态,故可见到粗线状的染色体或成团的染色体。次级精母细胞体积较小,因存在时间短,故在标本中不易见到。精子细胞靠近管腔面,细胞更小,呈圆形。核小而圆,染色深。精子呈蝌蚪状,染成深蓝色的头部附着在支持细胞上,染成淡红色的尾部朝向管腔。

支持细胞数目少,分散在生精细胞之间,细胞呈高柱状或锥形,细胞轮廓不清。胞核大,呈椭圆形或三角形,染色浅。

(3)间质细胞　位于曲精小管之间的结缔组织中,常成群分布。细胞体积较大,呈多边形或圆形,胞核大而圆,胞质嗜酸性。

二、卵巢

1. 肉眼观察

标本为椭圆形,周围染色稍深的为皮质,内有大小不等的空泡,即为各级卵泡。中央部分染色稍浅的为髓质。

2. 低倍镜观察

卵巢表面覆以立方形或扁平形的生殖上皮,其深面为致密结缔组织构成的白膜。白膜的深面为皮质,由致密结缔组织基质和不同发育阶段的卵泡构成。卵巢的中央为髓质,由疏松结缔组织构成,含有血管、淋巴管和神经。

3. 高倍镜观察

着重观察皮质中不同发育阶段的卵泡。

(1)原始卵泡　位于皮质浅层,数量多,体积小,卵泡中央为大而圆的初级卵母细胞,周围由一层扁平的卵泡细胞所包围。

(2)初级卵泡　由原始卵泡发育而来,中央初级卵母细胞体积增大,其周围的卵泡细胞由扁平变成立方形或柱状,由单层变成双层或多层。在卵泡细胞和初级卵母细胞之间出现一层较厚的均质的染成红色的透明带。卵泡周围的结缔组织细胞密集,形成一层卵泡膜。

(3)次级卵泡　由初级卵母细胞发育而来,卵泡细胞之间出现卵泡腔,内含卵泡液。初级卵母细胞和其周围的卵泡细胞被挤到卵泡的一侧,形成卵丘。紧靠卵母细胞的一层柱状卵泡细胞呈放射状排列,形成放射冠。围绕卵泡腔的数层卵泡细胞称颗粒层。卵泡膜明显地分为内、外两层,内层含较多的细胞和血管,外层纤维成分多。

(4)成熟卵泡　卵泡腔很大,接近卵巢表面,标本上很少见到。

(5)闭锁卵泡　卵母细胞萎缩或消失,透明带皱缩并与周围的卵泡细胞分离,卵泡壁的卵泡细胞离散,卵泡壁塌陷。

(6)黄体　位于卵巢皮质，外包以致密结缔组织膜，其内为密集成群的细胞团。组成黄体的细胞有2种。位于中央的细胞体积较大，呈多边形，染色较浅，为粒性黄体细胞；周边一些体积较小、染色较深的细胞为膜性黄体细胞。

【绘图】

1. 睾丸曲精小管及其间质结构(高倍镜)。
2. 卵巢原始卵泡、初级卵泡和次级卵泡结构(低倍镜)。

复习思考题

一、选择题

(1～2题共用备选答案)

A. 尿道球　B. 精囊腺　C. 前列腺　D. 尿道球腺　E. 输精管壶腹

1. 犬的副性腺仅有(　　)(2009年真题81)

2. 马呈梨形囊状的副性腺称(　　)(2009年真题82)

3. 与其他家畜相比，犬阴茎的特殊结构是(　　)(2010年真题29)

A. 阴茎骨　B. 阴茎头　C. 阴茎体　D. 阴茎根　E. 乙状弯曲

4. 只有前列腺而无精囊腺和尿道球腺的家畜是(　　)(2012年真题28)

A. 牛　B. 犬　C. 羊　D. 马　E. 猪

5. 副性腺只有前列腺的雄性家畜是(　　)(2015年真题27)

A. 马　B. 牛　C. 羊　D. 猪　E. 犬

6. 雄性幼龄家畜去势后，其副性腺(　　)(2016年真题28)

A. 发育良好　B. 发育不良　C. 功能亢进　D. 退化消失　E. 更加发达

7. 牛、羊睾丸的长轴呈(　　)(2017年真题30)

A. 上下垂直位　B. 前后水平位　C. 前下后上斜位

D. 前上后下斜位　E. 横向水平位

8. 阴茎具有乙状弯曲结构的动物是(　　)(2021年真题B卷)

A. 牛　B. 马　C. 犬　D. 猫　E. 兔

9. 马卵巢的特殊结构是(　　)(2009年真题28)

A. 卵巢囊　B. 卵巢门　C. 排卵窝　D. 卵巢系膜　E. 卵巢固有韧带

10. 具有子宫阜的家畜是(　　)(2010年真题28)

A. 马　B. 牛　C. 猪　D. 犬　E. 兔

11. 具有子宫颈枕的家畜是(　　)(2014年真题29)

A. 马　B. 牛　C. 羊　D. 猪　E. 犬

12. 马子宫的形态特点是(　　)(2014年真题30)

A. 子宫角弯曲呈绵羊角状，子宫体短

B. 子宫整体呈Y形，子宫角呈弓形，子宫角与子宫体等长

C. 子宫角长而弯曲似小肠，子宫体短

D. 子宫整体呈Y形，子宫角细长而直，子宫体短

E. 子宫角弯曲呈绵羊角状，子宫角与子宫体等长

13. 子宫角弯曲呈绵羊角状，子宫体较短的动物是(　　)(2015 年真题 29)

A. 马　　B. 猪　　C. 牛　　D. 犬　　E. 猫

(14～15 题共用备选答案)

A. 子宫阜　　B. 子宫颈枕　　C. 伪子宫体　　D. 子宫颈阴道部

E. 子宫角间(背侧和腹侧)韧带

14. 牛子宫不具有(　　)(2017 年真题 72)

15. 猪子宫具有(　　)(2017 年真题 73)

16. 卵巢上有排卵窝的家畜是(　　)(2019/2021 年真题)

A. 牛　　B. 马　　C. 羊　　D. 猪　　E. 犬

17. 具有肠袢状子宫的家畜是(　　)(2021 年真题 A 卷)

A. 猪　　B. 马　　C. 牛　　D. 羊　　E. 犬

二、简答题

1. 简述睾丸的形态结构。

2. 说明阴囊的构造。

3. 试述雄性尿生殖道的结构。

4. 母牛(羊)、母猪和母马卵巢的形态、位置如何？

5. 试述卵巢的组织结构。

6. 母牛(羊)、母猪的子宫结构有何特点？

第六章　复习思考题参考答案

第七章 心血管系统

【知识目标】

1. 掌握心脏的形态结构。
2. 熟悉体循环、肺循环和胎儿血液循环途径。
3. 掌握体循环的动脉主干及分支和分布。
4. 掌握体循环静脉主干的分布及汇集血液范围。

【技能目标】

1. 能在动物体上指出脉搏检查部位和静脉注射部位。
2. 能说明药物经内服吸收或静脉注射后到达各器官的径路。

【思政目标】

引导学生无偿献血，培养学生关爱他人，并培养学生要有无私奉献的精神。

第一节 概 述

一、心血管系统的组成

心血管系统由心脏、动脉、毛细血管和静脉组成，内有流动的血液。心脏是推动血液循环的动力器官，在神经和体液的调节下，通过有节律的收缩和舒张，使血液在心血管系统内不停地循环流动。动脉是输送血液到全身各部的血管，起自心室，沿途不断分支，越分越细，最后移行为毛细血管。毛细血管是连于小动脉和小静脉之间的微细血管，也是血液与周围组织进行物质交换的场所。静脉是收集血液回心的血管，起于毛细血管，在回心途中逐渐汇合增粗，最后注入心房。

二、血液循环的途径

血液由心室流入动脉、毛细血管，然后经静脉返回心房，这一循环过程称为血液循环。根据循环途径和功能的不同，可将血液循环分为体循环和肺循环。

（一）体循环

血液从左心室输出，经主动脉及其分支到全身各部的毛细血管，再经各级静脉汇合注入前、后腔静脉，最后回流到右心室，这一循环途径称为体循环或大循环。体循环流经范围广，路程长，将富含氧和营养物质的动脉血运送到全身各部组织，同时带走组织在新陈代谢过程中产生的二氧化碳和代谢产物。

（二）肺循环

血液从右心室输出，经肺动脉及其在左、右肺内的各级分支，至肺泡壁毛细血管，然后经肺静脉流回左心房，这一循环途径称肺循环或小循环。肺循环路程短，将血液中的二氧化碳经肺泡排出体外，并摄入氧气，使静脉血转变成动脉血。

第二节　心　　脏

一、心脏的形态和位置

微课程视频 18
心脏的形态和位置
（讲师：商艳红）

心脏呈倒置的圆锥形，左、右稍扁，外被心包包裹。心脏的上部宽大称为心基，连接出入心的大血管；下部钝圆而游离，称为心尖。心脏的前缘凸，后缘平直。表面有一近似环形的冠状沟，是心房与心室在心表面的分界。在心脏的左前方和右后方，分别有一锥旁室间沟和一窦下室间沟，两室间沟是左、右心室在心表面的分界。牛的左心室后缘还有一浅的中间沟。在冠状沟、室间沟及中间沟内有营养心脏的血管和脂肪组织（图 7-1 和图 7-2）。

心脏位于胸腔纵隔内，夹在左、右两肺之间。牛心脏的 5/7，猪、马心脏的 3/5 偏于正中矢状面的左侧。牛、马的心脏位于 3～6 肋骨之间，猪的心脏位于 2～6 肋骨之间。牛的心基大致位于肩关节水平线上，马的心基大致位于胸高中点（鬐甲最高点至胸骨的腹侧缘）之下 3～4 cm。

二、心腔的构造

心腔以纵走的房间隔和室间隔分为左、右心房和左、右心室，同侧的心房和心室经房室口相通（图 7-3 和图 7-4）。

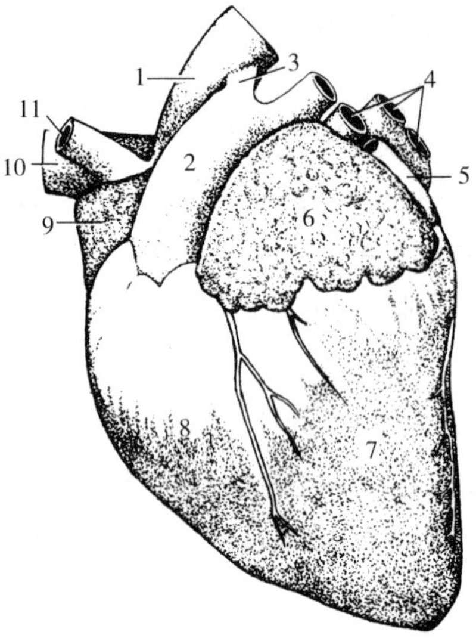

1.主动脉 2.肺动脉 3.动脉韧带 4.肺静脉
5.左奇静脉 6.左心房 7.左心室 8.右心室
9.右心房 10.前腔静脉 11.臂头动脉干

图 7-1 牛心脏左侧面

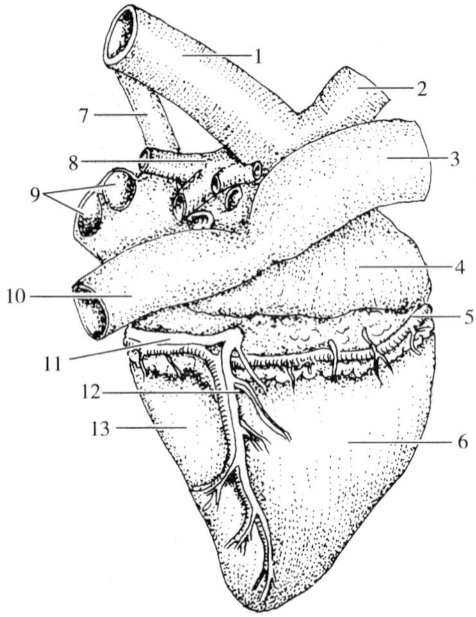

1.主动脉 2.臂头动脉干 3.前腔静脉 4.右心房
5.右冠状动脉 6.右心室 7.左奇静脉 8.肺动脉 9.肺静脉
10.后腔静脉 11.心大静脉 12.心中静脉 13.左心室

图 7-2 牛心脏右侧面

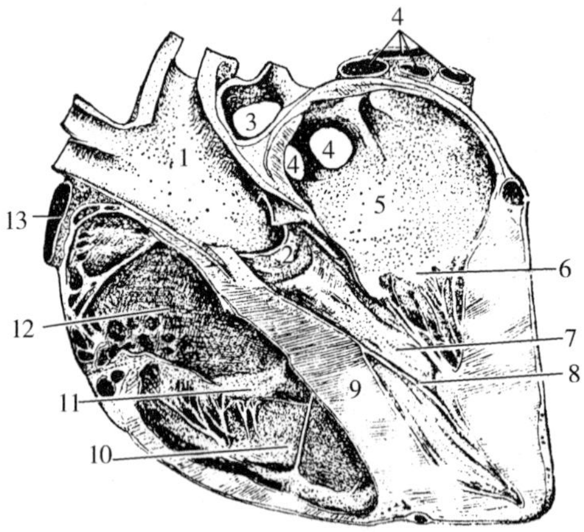

1.主动脉 2.主动脉瓣 3.肺动脉 4.肺静脉
5.左心房 6.二尖瓣 7.左心室 8.隔缘肉柱 9.室间隔
10.右心室 11.三尖瓣 12.右心房 13.前腔静脉

图 7-3 马心脏的纵剖面

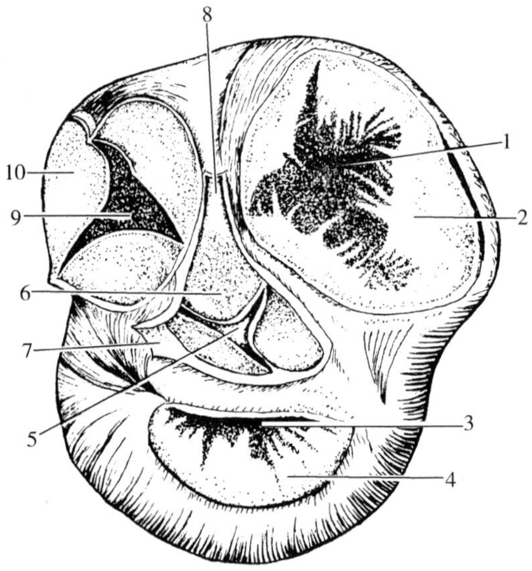

1.右房室口 2.三尖瓣 3.左房室口 4.二尖瓣
5.主动脉口 6.主动脉半月瓣 7.左冠状动脉
8.右冠状动脉 9.肺动脉口 10.肺动脉半月瓣

图 7-4 马心脏的瓣膜

1. 右心房

右心房构成心基部的右前部，由静脉窦和右心耳构成。静脉窦为前、后腔静脉的开口与右房室口间的空腔。右心耳为一圆锥形盲囊，尖端向左向后伸至肺动脉干的前方，内壁有许多排列不规则的肉嵴，称梳状肌，可防止血液在此形成涡流。

在右心房的背侧壁和后壁分别有前、后腔静脉的开口，两口之间的背侧壁有发达的静脉间结节，有分流前、后腔静脉血液，避免互相冲击的作用。后腔静脉口的腹侧有一冠状窦，窦口常有瓣膜，以防止血液倒流。牛和猪的左奇静脉开口于冠状窦，马的右奇静脉开口于右心房的背侧或前腔静脉根部。在后腔静脉口附近的房间隔上有一稍凹陷的卵圆窝，是胎儿卵圆孔闭锁后的遗迹。右心房的腹侧有右房室口通右心室。

2. 右心室

右心室构成心室的右前部，室壁较薄。右心室的入口为右房室口，出口为肺动脉口。

（1）右房室口　周围有纤维环，其上附着有3片三角形的瓣膜，称三尖瓣或右房室瓣，瓣膜的游离缘下垂入心室，通过腱索连于心室壁的乳头肌上。乳头肌为突出于心室壁的圆锥形肌肉。当心室收缩时，瓣膜受血流冲击和腱索牵拉，将右房室口封闭，阻止血液逆流，而使右心室血液经肺动脉入肺。

（2）肺动脉口　也由纤维环围成，纤维环上附有3个袋口向上的半月形瓣膜，称半月瓣。当右心室舒张时，半月瓣被倒流的血液充盈而相互靠拢，将肺动脉口关闭，防止肺动脉血液倒流入右心室。此外，在室中隔上有横过室腔走向室侧壁的隔缘肉柱，可防止心室过度扩张。

3. 左心房

左心房构成心基的左后部，构造与右心房相似，有向左前方突出的圆锥状盲囊，为左心耳，内壁也有梳状肌。左心房的后背侧壁上有6～8条肺静脉的开口，腹侧有左房室口通左心室。

4. 左心室

左心室构成心室的左后部及心尖，室壁很厚，约为右心室壁厚度的3倍。腔内的乳头肌和腱索较强大。左心室的入口为左房室口，出口为主动脉口。

（1）左房室口　周缘纤维环上附有两片强大的瓣膜，称二尖瓣或左房室瓣，其结构和作用与三尖瓣相同。

（2）主动脉口　纤维环上也具有三个半月瓣，其结构及作用同肺动脉口的半月瓣。牛的主动脉纤维环上有左、右两枚心骨。左心室内也有隔缘肉柱。

三、心壁的构造

心壁由内向外可分为心内膜、心肌和心外膜三层。

微课程视频19
心腔的构造
（讲师：李月勤）

1. 心内膜

心内膜衬贴于心腔的内表面，由内皮、内皮下层和心内膜下层组成。内皮薄而光滑，与血管内皮相连续。内皮下层由较细密的结缔组织构成，含少量平滑肌。心内膜下层由疏松结缔组织构成，靠近心肌，内含小血管、神经和浦肯野纤维。心内膜在房室口和动脉口处，折叠形成房室瓣和半月瓣。

2. 心肌

心肌由心肌纤维构成，是心壁最厚的一层。心房的肌层较薄，心室的肌层厚，左心室的肌层最厚。心肌纤维大致可分为内纵、中环、外斜三层，肌纤维间有丰富的毛细血管和结缔组织。在心房肌和心室肌之间有致密结缔组织相隔，使两者不相连接。

3. 心外膜

心外膜为被覆于心肌外面的一层浆膜，即心包的脏层。其表面为间皮，间皮深面为薄层结缔组织，内含血管、淋巴管和神经。

四、心脏的传导系统

心脏的传导系统由特殊的心肌纤维构成，能产生兴奋和传导冲动，维持心脏正常节律性运动，包括窦房结、房室结、房室束和浦肯野纤维(图 7-5)。

1. 窦房结

窦房结是心脏的正常起搏点，位于前腔静脉和右心耳间界沟内的心外膜下。

2. 房室结

房室结位于房间隔右心房面的心内膜下，冠状窦口的前下方。

3. 房室束

房室束是房室结向下的直接延续，在室间隔上部分为较细的右束支(右脚)和较粗的左束支(左脚)，左束支穿过室间隔。两束支分别沿室间隔的两侧心内膜向下伸延，分出小分支至室间隔，尚有分支经隔缘肉柱到心室的侧壁。许多细小分支在心内膜下形成浦肯野纤维网，与心室肌纤维相连。

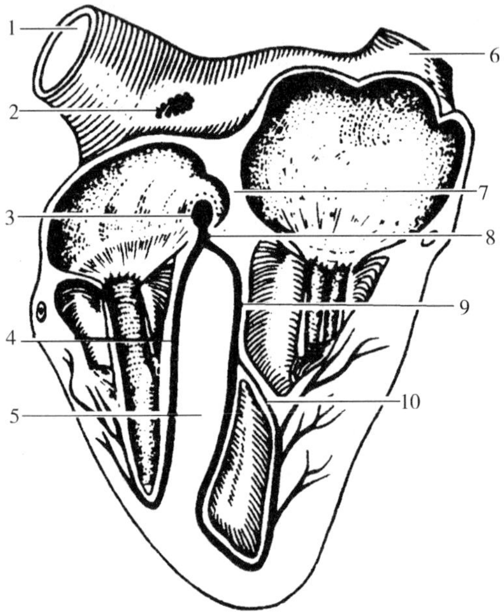

1. 前腔静脉　2. 窦房结　3. 房室结　4. 右束支
5. 室间隔　6. 后腔静脉　7. 房间隔　8. 房室束
9. 左束支　10. 隔缘肉柱

图 7-5　心脏的传导系统示意图

五、心脏的血管和神经

(一)心脏的血管

心脏的血管包括冠状动脉和心静脉。

1. 冠状动脉

冠状动脉有左、右两条，分别由主动脉根部发出。左冠状动脉又分为两支，一支沿冠状沟向后伸延，另一支沿锥旁室间沟伸达心尖。右冠状动脉沿冠状沟和窦下室间沟延伸。

2. 心静脉

心静脉分为心大静脉、心中静脉、心右静脉和心最小静脉。心大静脉和心中静脉起于心尖，分别与左、右冠状动脉伴行，最后开口于右心房的冠状窦。有时心中静脉可直接开口于右心房。心右静脉常为数支短小的静脉，从右心室上升，越过冠状沟，直接注入右心房。有时以上各支汇合成一支心右静脉，注入右心房。心最小静脉为行于心肌内的小静脉，直接开口于各心腔，或者主要是开口于右心房梳状肌之间。

(二)心脏的神经

心脏的运动神经有交感神经和副交感(迷走)神经。交感神经兴奋可加强心肌活动，副交感神经的作用与交感神经相反。心脏的感觉神经分布于心壁各层，其纤维随交感神经和迷走神经进入脑和脊髓。

六、心包

心包为包围心的圆锥形纤维浆膜囊，分内、外两层，外层为纤维心包，内层为浆膜心包。纤维心包是坚韧的结缔组织囊，在心基部与出入心的大血管外膜相延续，在心尖部借胸骨心包韧带与胸骨相连。浆膜心包分壁层和脏层。壁层衬贴于纤维心包的内面，脏层覆盖于心肌表面，构成心外膜。壁层和脏层在大血管根部折转移行，两层之间的腔隙称为心包腔，内有少量浆液，有润滑作用，以减少心搏动时的摩擦(图 7-6)。

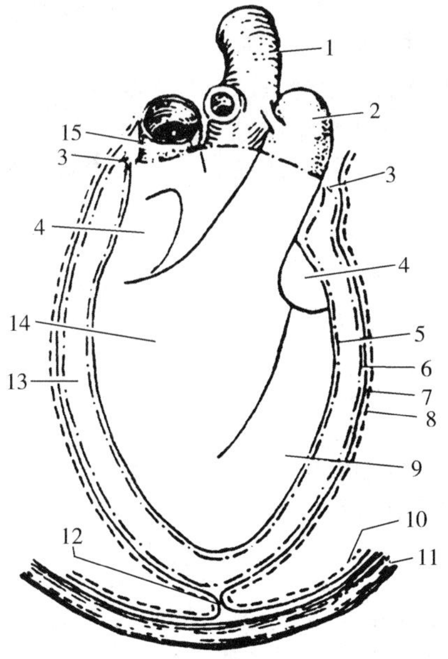

1. 主动脉　2. 肺动脉　3. 心包脏层与壁层折转处　4. 心房肌　5. 心外膜　6. 心包壁层　7. 纤维膜
8. 心包胸膜　9. 心　10. 肋胸膜　11. 胸壁　12. 胸骨心包韧带
13. 心包腔　14. 心室肌　15. 前腔静脉

图 7-6　心包的结构模式图

第三节 血 管

一、血管的种类和结构

血管是血液流通的管道，根据结构和机能不同，分为动脉、静脉和毛细血管。

(一)动脉

动脉按管径的大小可分为大、中、小动脉和微动脉。动脉管壁较厚，由内、中、外三层膜构成(图 7-7)。

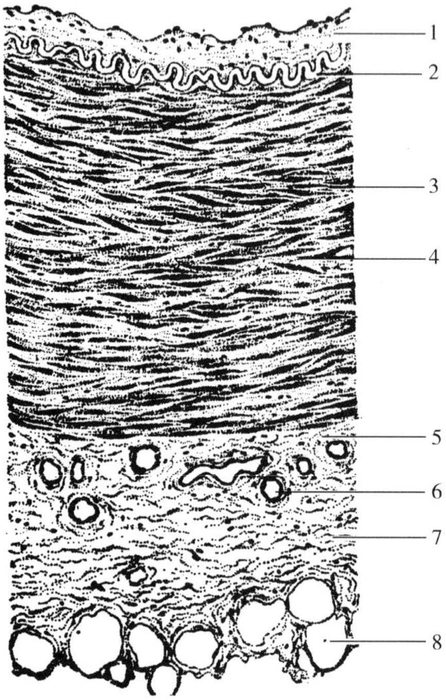

1. 内膜 2. 内弹性膜 3. 中膜 4. 平滑肌 5. 外弹性膜 6. 自养血管 7. 外膜 8. 脂肪细胞

图 7-7 中动脉

1. 内膜

内膜较薄，由内皮、内皮下层和内弹性膜组成。内皮为一层单层扁平上皮，光滑而有利于血液流动。内皮下层为薄层结缔组织，内含少量胶原纤维、弹性纤维和平滑肌纤维。内弹性膜由弹性蛋白构成，微动脉无内弹性膜。

2. 中膜

中膜较厚，主要由环形平滑肌和弹性纤维等组成。大动脉的中膜主要由弹性纤维构成，也有少量平滑肌，管壁富有弹性，故又称弹性动脉。可随心脏的舒缩而搏动，促使血液向前流动。中动脉的中膜主要由平滑肌构成，肌纤维间夹有一些弹性纤维和胶原纤维，管壁收缩性强，故又称肌性动脉。小动脉的中膜有几层平滑肌，微动脉仅有 1～2 层平滑肌。

3. 外膜

外膜较中膜薄，主要由结缔组织构成，中动脉在靠近中膜处有一层明显的外弹性膜。外膜内有营养血管和神经。

(二)静脉

与伴行的动脉相比较，静脉管腔大，管壁薄。静脉可分为大、中、小静脉和微静脉，管壁也由内、中、外三层膜构成，但三层膜的分界不清楚。静脉内膜较薄，内弹性膜不明显。中膜平滑肌和弹性纤维较少。外膜一般比中膜厚，由结缔组织构成，大静脉的外膜内常含有较多的纵行平滑肌束。管径在 2 mm 以上的静脉常有静脉瓣，有防止血液倒流或改变血流方向的作用。

静脉有浅、深之分。浅静脉位于皮下，有些部位在体表可以看见，临床上可用来采血、放血和静脉注射。深静脉位于深筋膜深面或体腔内。

（三）毛细血管

毛细血管的管径细，管壁薄，分布广，互相连通成网。管内血流速度缓慢，通透性强，有利于血液与周围组织进行物质交换。动物体内除上皮、软骨、角膜、晶状体和蹄匣外，毛细血管遍布全身各处。

1. 毛细血管的结构

毛细血管的管径为 7～9 μm，仅允许血细胞单行通过。管壁结构简单，主要有一层内皮细胞和基膜构成。内皮细胞呈扁平梭形或不规则形，含核部分略厚，周边菲薄。内皮外有一层很薄的基膜，基膜外有少量的结缔组织。在内皮和基膜之间散在一种扁平有突起的周细胞。周细胞的功能有人认为它主要起机械性支持作用，也有人认为它属于间充质细胞，可分化为内皮细胞、平滑肌细胞和成纤维细胞。

2. 毛细血管的分类

根据毛细血管结构特点的不同，可分为三类。

（1）连续毛细血管　有一层连续的内皮细胞，细胞外有完整的基膜，细胞间有紧密连接或桥粒封闭，胞质内有许多吞饮小泡，可在内皮细胞里移动，有向毛细血管内外运送物质的作用。连续毛细血管分布于结缔组织、肌组织、肺和中枢神经系统等处。

（2）有孔毛细血管　内皮细胞连续，基膜完整。细胞不含核的部分很薄，有许多贯穿细胞的小孔，有的小孔有很薄的隔膜封闭。有孔毛细血管的通透性较大，主要分布于胃肠黏膜、肾血管球和某些内分泌腺等处。

（3）血窦　又称窦状毛细血管，管腔大而壁薄，形状不规则。内皮细胞有孔，相邻细胞间有较大的间隙，基膜不完整或缺如。血窦主要分布于肝、脾、红骨髓和一些内分泌腺。

二、肺循环的血管

（一）肺动脉干

肺动脉干是一条短而粗的动脉干，起于右心室，在升主动脉的左侧向后上方斜行，至主动脉弓后方分为左、右肺动脉，分别与同侧支气管一起经肺门入肺。牛、羊、猪的右肺动脉还分出一支到右肺前叶。肺动脉干与主动脉弓之间有一条动脉韧带相连，该韧带是胎儿时期动脉导管闭锁后的遗迹。肺动脉在肺实质内经多次分支，最后在肺泡周围形成毛细血管网。

（二）肺静脉

肺静脉起于肺泡的毛细血管网，在肺内逐级汇合，最后形成 6～8 支肺静脉，由肺门出肺后注入左心房。

三、体循环的血管

（一）体循环的动脉

体循环的动脉主干为主动脉（图 7-8），起于左心室，按行程可分为升主动脉、主动脉弓和降主动脉。升主动脉在肺动脉干和左、右心房间上升，出心包向后上方呈弓形伸延，形成主动脉弓，至第 5 胸椎腹侧延续为降主动脉，沿脊柱腹侧向后延伸，穿过膈的主动脉裂孔至腹腔。降主动脉在胸腔的一段称胸主动脉，在腹腔的一段称腹主动脉。腹主动脉在第 5～6 腰椎处分为左、右髂外动脉和左、右髂内动脉及荐中动脉。

升主动脉在起始部发出左、右冠状动脉，分布于心。

主动脉弓向前分出臂头动脉干，为输送血液至头、颈、前肢和胸廓前部的动脉总干，沿气管腹侧向前伸延，分出左锁骨下动脉，于胸前口处分出双颈动脉干后，延续为右锁骨下动脉。

左、右锁骨下动脉绕过第1肋骨前缘出胸腔，分别延续为左、右前肢的腋动脉。锁骨下动脉在胸腔内分出许多分支，分布于胸前部、鬐甲部和颈后部的肌肉和皮肤。其中较大的一支为胸廓内动脉，沿胸骨背侧向后伸延，至第7肋软骨间隙分出膈肌动脉后延续为腹壁前动脉，向后伸达脐部与腹壁后动脉吻合。

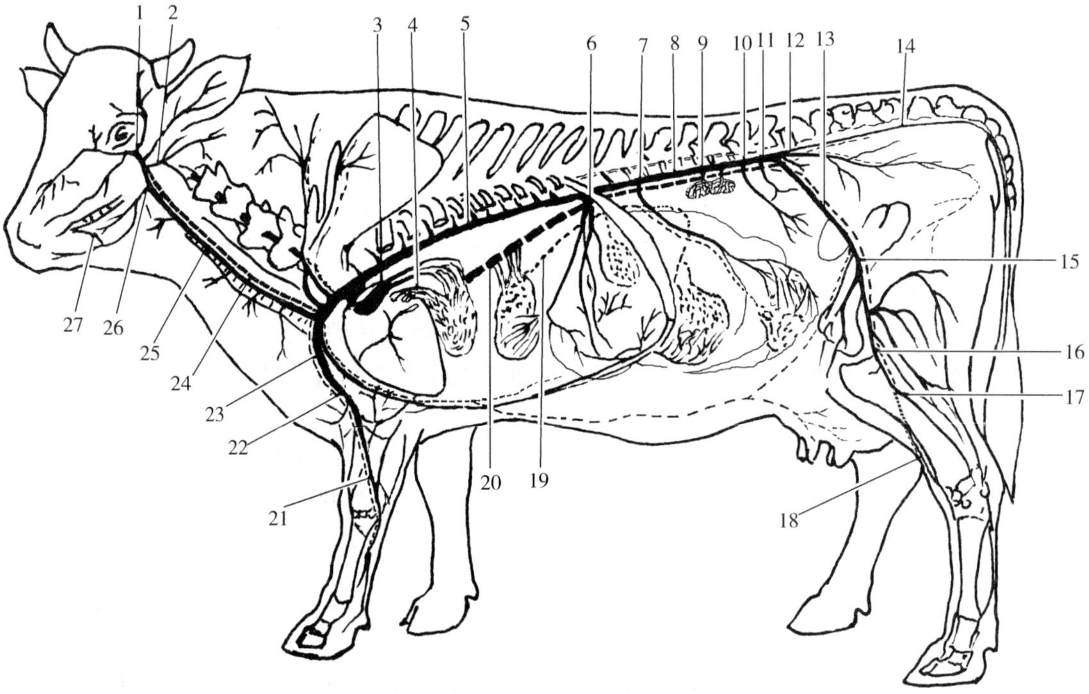

1. 颈外动脉 2. 枕动脉 3. 肺动脉 4. 肺静脉 5. 胸主动脉 6. 腹腔动脉 7. 肠系膜前动脉 8. 腹主动脉 9. 肾动脉 10. 睾丸动脉或卵巢动脉 11. 肠系膜后动脉 12. 髂内动脉 13. 髂外动脉 14. 荐中动脉 15. 股动脉 16. 腘动脉 17. 胫后动脉 18. 胫前动脉 19. 门静脉 20. 后腔静脉 21. 正中动脉 22. 臂动脉 23. 腋动脉 24. 颈静脉 25. 颈总动脉 26. 舌面动脉干 27. 面动脉

图 7-8 牛的全身动脉模式图

1. *头颈部动脉*

双颈动脉干是头颈部动脉的主干，在胸前口处分为左、右颈总动脉。颈总动脉位于颈静脉沟的深部，分别沿食管的左侧和气管的右侧向前上方伸延，至寰枕关节处分为枕动脉、颈内动脉和颈外动脉。猪的枕动脉和颈内动脉以同一干起于颈总动脉。枕动脉（牛）或颈内动脉的起始处略膨大，称颈动脉窦，窦壁内有压力感受器，可感受血压的变化。颈总动脉分叉处的角内有一小结节，称颈动脉球或颈动脉体，为化学感受器，可感受血液中氧和二氧化碳分压及氢离子浓度的变化。

颈总动脉在伸延途中分出很多分支，分布于颈部的肌肉、皮肤及气管、食管和甲状腺等。

(1)枕动脉　较细,分支分布于脑和脊髓及寰枕关节附近的肌肉和皮肤。

(2)颈内动脉　经破裂孔入颅腔,分布于脑。成年牛颈内动脉退化成索。

(3)颈外动脉　为颈总动脉的延续,向前上方伸延,沿途分出舌面动脉干、耳后动脉和颞浅动脉,至颞下颌关节腹侧延续为上颌动脉。分支分布于头部大部分器官及肌肉和皮肤。羊和猪无舌面动脉干,马的舌面动脉干分出的面动脉较粗,行经下颌骨血管切迹皮下,临床上可用于诊脉。

2. 前肢动脉

前肢动脉主干为锁骨下动脉的延续,沿前肢的内侧向指端伸延,由近端至远端依次为腋动脉、臂动脉、正中动脉和指掌侧第 3 总动脉(牛)或指掌侧第 2 总动脉(马)(图 7-9)。

(1)腋动脉　位于肩关节内侧,为锁骨下动脉的延续,分出胸廓外动脉、肩胛上动脉和肩胛下动脉,分布于胸肌及肩臂部的肌肉和皮肤。

(2)臂动脉　在臂内侧沿喙臂肌和臂二头肌的后缘向下伸延,至前臂近端延续为正中动脉。臂动脉分出臂深动脉、尺侧副动脉、肘横动脉(即桡侧副动脉)和骨间总动脉,分布于臂肌及前臂部的肌肉和皮肤。

(3)正中动脉　在前臂内侧伴随同名静脉和神经,沿桡骨和腕桡侧屈肌之间向下伸延,至掌指关节上方延续为指掌侧第 3 总动脉。分支分布于前臂部的肌肉和皮肤。

(4)指掌侧第 3 总动脉　为正中动脉的延续,下行至指间隙处,分为第 3 和第 4 指掌轴侧固有动脉,沿第 3、第 4 指掌轴侧向指端伸延。

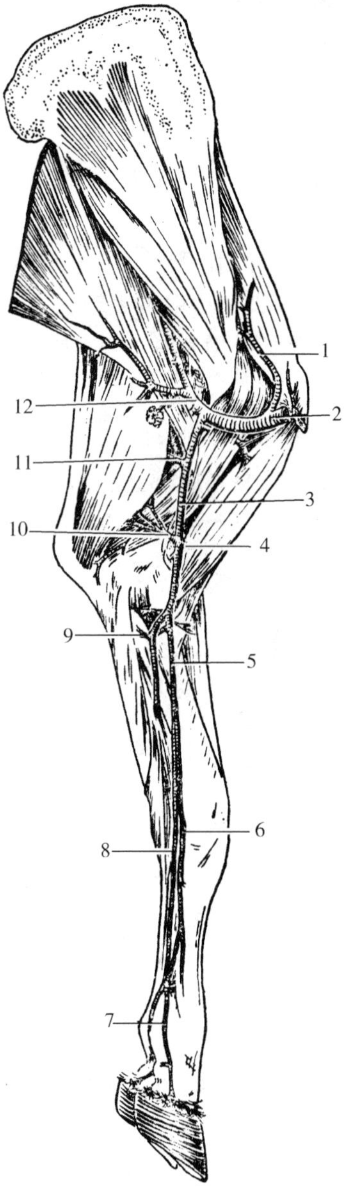

1. 肩胛上动脉　2. 腋动脉　3. 臂动脉　4. 桡侧副动脉　5. 正中动脉　6. 桡动脉　7. 指掌侧第 2 总动脉　8. 指掌侧第 3 总动脉　9. 骨间总动脉　10. 尺侧副动脉　11. 臂深动脉　12. 肩胛下动脉

图 7-9　牛的前肢动脉

马的正中动脉沿桡骨后内侧缘向下伸延,至前臂远端移行为指掌侧第 2 总动脉(指总动脉),沿途分支分布于腕、指屈肌和腕关节掌侧面。指掌侧第 2 总动脉沿指屈肌腱内侧缘下行,至掌指关节上方分为第 3 指掌内侧固有动脉和第 3 指掌外侧固有动脉,分别沿指的内、外侧面下行,经蹄软骨深面进入蹄骨半月管,形成终动脉弓。

3. 胸主动脉

胸主动脉为胸部动脉主干，位于胸椎椎体腹侧，其分支有支气管食管动脉和肋间背侧动脉。

(1)支气管食管动脉　分为支气管支和食管支，牛和猪的常分别起于胸主动脉。支气管支又分左、右两支，分别进入左、右肺，分布于肺内支气管。食管支沿食管背侧向后伸延，分布于食管和纵隔等。

(2)肋间背侧动脉　牛、羊 12 对，猪 13 对，马 17 对。牛、羊前 3 对由肋颈动脉干的最上肋间动脉发出，其余均由胸主动脉发出。每一肋间背侧动脉在椎间孔附近分为背侧支和腹侧支，背侧支分布于脊髓和脊柱背侧的肌肉和皮肤，腹侧支沿肋骨后缘向下伸延，分布于胸侧壁的肌肉和皮肤。

4. 腹主动脉

腹主动脉是腰腹部动脉的主干，位于腰椎腹侧，其分支有脏支和壁支。脏支有腹腔动脉、肠系膜前动脉、肾动脉、肠系膜后动脉、睾丸动脉或卵巢动脉。壁支有腰动脉和膈后动脉。

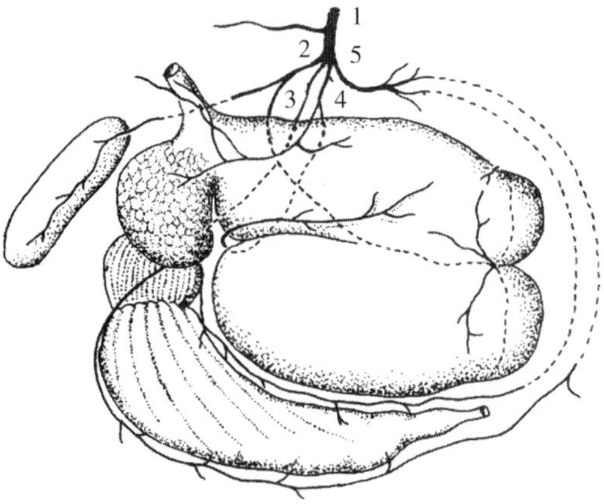

1. 腹腔动脉　2. 脾动脉　3. 胃左动脉
4. 瘤胃左动脉　5. 肝动脉

图 7-10　牛的腹腔动脉

(1)腹腔动脉　在膈的主动脉裂孔后方由腹主动脉分出，为分布于胃、脾、肝和胰的动脉主干(图 7-10)。

①牛的腹腔动脉

a. 肝动脉　经肝门入肝，还分支到胆囊、胰、十二指肠、皱胃和大网膜。主要分支有胃右动脉和胃十二指肠动脉。

b. 脾动脉　主干在贲门后方横过瘤胃背侧经脾门入脾，还分出：①瘤胃左动脉，有时起于胃左动脉，沿瘤胃左纵沟向后伸延，分布于瘤胃，并有分支到网胃、膈和食管等。②瘤胃右动脉，沿瘤胃右纵沟向后伸延至瘤胃左纵沟，与瘤胃左动脉吻合。

c. 胃左动脉　在瘤胃右侧向前下方伸延至瓣胃，分支分布于瓣胃、皱胃小弯和幽门。

②猪的腹腔动脉　分为肝动脉和脾动脉。

a. 肝动脉　主干入肝，并分出胰支、胃十二指肠动脉和胃右动脉等。分布于肝、胰、十二指肠、胃、大网膜和食管。

b. 脾动脉　在脾门上部入脾，还分出胃左动脉、胰支和胃网膜左动脉等。分布于脾、胰、胃和网膜等。

③马的腹腔动脉

a. 肝动脉　经肝门进入肝内，并发出分支分布于胰、十二指肠、幽门、胃大弯和网膜。

b. 脾动脉　沿脾门延伸，沿途分出胰支、脾支和胃短动脉，分布于胰、脾、胃大弯和大网膜。

c. 胃左动脉　伸向胃的贲门，分布于胃的壁面和脏面以及胰和食管。

(2)肠系膜前动脉　短而粗,在腹腔动脉后方起于腹主动脉,分布于胰和大部分肠管(图 7-11)。

①牛的肠系膜前动脉

a. 胰十二指肠后动脉　分布于胰及十二指肠,并与十二指肠前动脉相吻合。

b. 结肠中动脉　分布于横结肠和降结肠。

c. 回结肠动脉　分为四支:结肠右动脉,分布于结肠离心回和远袢;结肠支,分布于结肠向心回和近袢;盲肠动脉,分布于回肠和盲肠;回肠系膜侧支,分布于回肠。

d. 侧副支　在空肠系膜中沿结肠旋袢腹侧向后伸延,并与肠系膜前动脉汇合,分布于空肠,羊无侧副支。

e. 空肠动脉　数目多,由肠系膜前动脉的凸面分出,分布于空肠。

②猪的肠系膜前动脉　其主要分支与牛的肠系膜前动脉分支相似,但不存在胰支和侧副支。

③马的肠系膜前动脉

a. 胰十二指肠后动脉　沿十二指肠向前伸延,分布于胰和十二指肠。

b. 空肠动脉　有 18～20 支,在肠系膜中呈放射状延伸,分布于空肠。

c. 回结肠动脉　分布于回肠、盲肠和下大结肠。

d. 结肠右动脉(上结肠动脉)和结肠中动脉　以同一总干起于肠系膜前动脉,分别分布于上大结肠和升结肠末端、横结肠及降结肠起始部。

(3)肾动脉　为成对的动脉,在第 2 腰椎腹侧自腹主动脉分出,经肾门入肾,在入肾前常有分支至肾上腺。

(4)肠系膜后动脉　在第 4～5 腰椎腹侧起于腹主动脉,分为前、后两支:前支为结肠左动脉,分布于降结肠;后支为直肠前动脉,分布于直肠。在牛还分出乙状结肠动脉(图 7-11)。

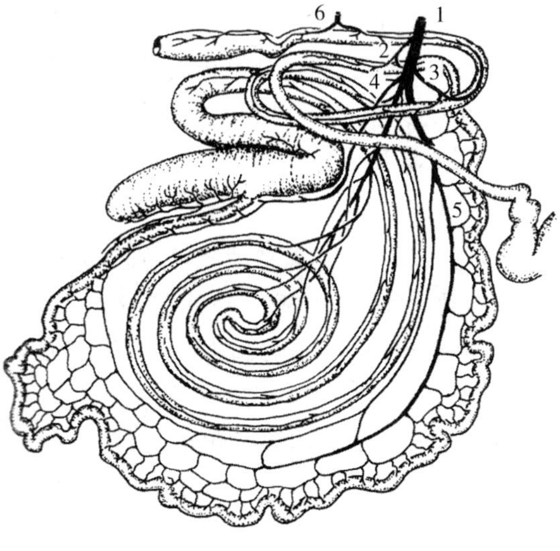

1. 肠系膜前动脉　2. 胰十二指肠动脉　3. 结肠中动脉
4. 回结肠动脉　5. 空肠动脉　6. 肠系膜后动脉

图 7-11　牛肠系膜前后动脉分布图

(5)睾丸动脉或卵巢动脉　在肠系膜后动脉附近由腹主动脉发出,为成对的动脉。睾丸动脉向后下方伸延,经腹股沟管进入精索,分布于精索、睾丸和附睾。卵巢动脉从卵巢门处进入卵巢,并分出输卵管支和子宫支,分别分布于输卵管和子宫角。

(6)腰动脉　有 6 对,除最后 1 对由髂内动脉分出外,均起自腹主动脉。腰动脉分布于腰腹部的肌肉、皮肤和脊髓。

(7)膈后动脉　起于腹主动脉或腹腔动脉,分布到膈和肾上腺。

5.骨盆和尾部动脉

髂内动脉是骨盆部动脉的主干，沿荐骨翼腹侧和荐结节阔韧带的内侧面向后伸延，沿途分支分布于骨盆腔器官及荐臀部的肌肉和皮肤。

(1)牛骨盆和尾部动脉主要分支

①脐动脉　脐动脉是胎儿时期脐动脉的遗留部分，出生后远端闭锁形成膀胱圆韧带，近端有分支到输尿管、膀胱和输精管(公牛)。在母牛分出一粗大的子宫动脉(子宫中动脉)，分布于子宫角和子宫体。

②前列腺动脉或阴道动脉　前列腺动脉在坐骨棘内侧由髂内动脉分出，分布于输精管、精囊腺、前列腺、输尿管和膀胱后部。阴道动脉为公畜前列腺动脉的同源动脉，在阴道腹侧分为前、后两支，前支为子宫后动脉，分布于子宫体、子宫颈和阴道，后支分布于阴道前庭、直肠、肛门和阴唇。

③阴部内动脉　阴部内动脉是髂内动脉的延续，公畜的阴部内动脉分布于直肠、阴茎和会阴部，母畜的阴部内动脉分布于阴道前庭、阴蒂、会阴部和乳房等。

此外，在腹主动脉分出左、右髂内动脉后，主干延续为荐中动脉，牛的很发达，沿荐骨腹侧后行至尾根腹侧，称为尾中动脉，分布于尾部的肌肉和皮肤。临床上，常在尾根部利用此动脉触诊脉搏。

(2)马骨盆和尾部动脉主要分支

①阴部内动脉　从髂内动脉起始部发出，沿荐结节阔韧带的内侧面向后下方伸延，沿途分支分布于直肠，膀胱，输尿管，公马的输精管和副性腺，母马的子宫(子宫后动脉)和阴道等处。

②臀后动脉　沿荐骨翼和荐骨外侧部腹侧面向后伸延，主要侧支有：臀前动脉，分布于臀肌，并分出一闭孔动脉，经闭孔出骨盆腔，分布于内收肌和股后肌群及阴茎(公马)或阴蒂(母马)；尾正中动脉，沿荐骨和尾椎腹侧向尾尖延伸，分布于荐尾腹内侧肌和皮肤；尾腹外侧动脉，分布于尾肌和尾的皮肤。

6.后肢动脉

腹主动脉分出的髂外动脉是后肢动脉的主干，向趾端依次延续为股动脉、腘动脉、胫前动脉、足背动脉和跖背侧第3动脉(图7-12)。

(1)髂外动脉　沿骨盆腔入口侧缘向后下方伸延，至耻骨前缘出腹腔延续为股动脉。其分支有旋髂深动脉和股深动脉。公马的髂外动脉还分出提睾肌动脉，随同睾丸动脉进入腹股沟管，分布于提睾肌和鞘膜。母马则分出子宫动脉(子宫中动脉)，在子宫阔韧带中呈波状向子宫延伸，分布于子宫角和子宫体，并有分支与卵巢动脉的子宫支和阴道动脉的子宫支吻合。

①旋髂深动脉　从髂外动脉的起始处发出，向外侧伸延，分为前、后两支。前支分布于腹肌和髂腰肌等，后支分布于股前部肌肉、腹肌和髂下淋巴结等。

②股深动脉　在耻骨前缘附近起于髂外动脉，分出阴部腹壁动脉干，向后伸延分布于股内侧肌群和股后肌群。

阴部腹壁动脉干又分为腹壁后动脉和阴部外动脉。腹壁后动脉分布于腹壁后部，并与腹壁前动脉吻合。阴部外动脉经腹股沟管出腹腔，公牛主要分布于阴囊和包皮，母牛的阴部外动脉发达，分布于乳房，称为乳房动脉。

（2）股动脉　在股薄肌的深面沿股管下行，至膝关节后方延续为腘动脉，主要分支有旋股外侧动脉、隐动脉和股后动脉，分布于股部肌和小腿跖侧肌。牛的隐动脉粗大，沿股部和小腿内侧皮下向下伸延，在跗关节后方分为足底内侧动脉和足底外侧动脉，分布于趾部。

马的隐动脉细而长，沿股内侧皮下向下伸延，至小腿近端分为前、后两支，前支下行分布于小腿内侧部，后支下行至跗关节跖侧，分为足底内侧动脉和足底外侧动脉。

（3）腘动脉　在腘肌的深部向下伸延，至小腿近端分出胫后动脉，主干延续为胫前动脉。胫后动脉分布于胫骨后面的肌肉。

（4）胫前动脉　沿胫骨背侧向下伸延，至跗部背侧延续为足背动脉，沿途分支分布于跖骨背外侧肌肉。

（5）足背动脉　位于跗关节背侧，分出跗穿动脉后，至跖部延续为跖背侧第3动脉。

（6）跖背侧第3动脉　沿跖骨背侧沟下行，至跖骨远端延续为趾背侧第3总动脉，向下延伸至趾间隙，分为第3和第4趾背侧固有动脉，其分支分布情况与前肢的指固有动脉相同。

马的跖背侧第3动脉，斜经第3跖骨背外侧面，至第3和第4跖骨之间的沟中，下行至第3跖骨跖侧面，在跖趾关节上方分为第3趾跖内、外侧固有动脉，分支分布情况与前肢第3指掌内侧固有动脉和第3指掌外侧固有动脉相同。

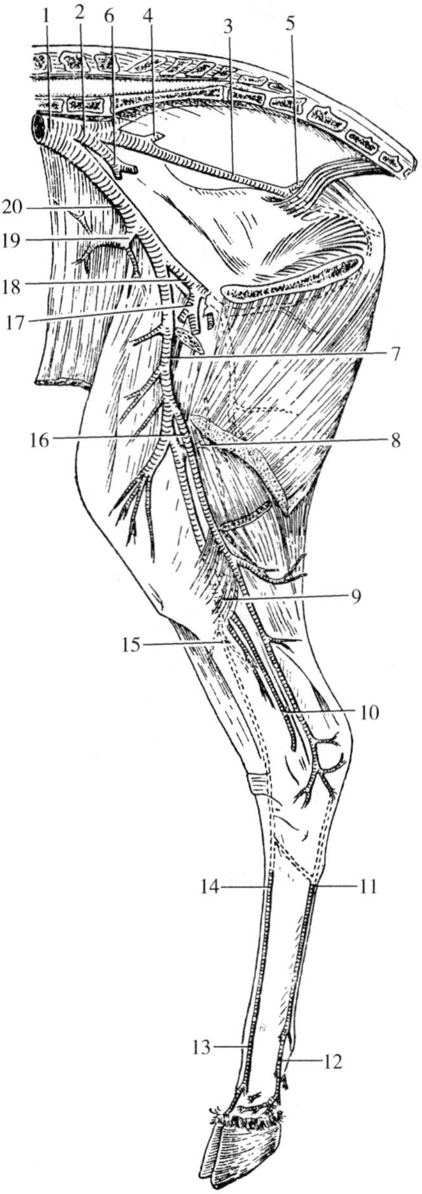

1. 腹主动脉　2. 髂内动脉　3. 阴部内动脉
4. 臀前动脉　5. 臀后动脉　6. 脐动脉
7. 股动脉　8. 股后动脉　9. 腘动脉　10. 胫后动脉
11. 足底内侧动脉　12. 第3趾跖远轴侧动脉
13. 趾背侧第3总动脉　14. 跖背侧第3动脉
15. 胫前动脉　16. 隐动脉　17. 阴部腹壁动脉干
18. 股深动脉　19. 旋髂深动脉　20. 髂外动脉

图7-12　牛的后肢动脉

(二)体循环的静脉

体循环的静脉可分为心静脉、奇静脉、前腔静脉和后腔静脉四个静脉系。

1. 心静脉

参见心脏的血管。

2. 奇静脉

左奇静脉(牛)为胸壁静脉的主干,汇集部分胸壁、腹壁及支气管和食管的静脉血液。在胸主动脉的左侧面向前伸延,注入冠状窦。马为右奇静脉,沿胸主动脉右上方向前下方延伸,横过食管和气管的右侧,注入前腔静脉或右心房。

3. 前腔静脉

前腔静脉是汇集头、颈、前肢和部分胸壁、腹壁静脉血液的静脉主干,在胸腔前口处由左、右颈内、外静脉和左、右锁骨下静脉汇合而成。前腔静脉在心前纵隔内沿气管和臂头动脉干的腹侧向后伸延,途中接受肋颈静脉、胸廓内静脉和右奇静脉,最后注入右心房。

(1)颈内静脉　较细,见于牛和猪。由枕静脉和甲状腺中静脉汇合而成,与颈总动脉伴行,在胸腔前口处与左、右颈外静脉汇合,注入前腔静脉。

(2)颈外静脉　较粗大,相当于马的颈静脉,为头颈部静脉主干,由舌面静脉和上颌静脉汇合而成,位于颈静脉沟内,是临床上采血和静脉注射的常用部位。

(3)锁骨下静脉　为前肢的深静脉主干,起于蹄静脉丛,随同名动脉伴行,汇入腋静脉,与颈外静脉汇合,注入前腔静脉。

(4)头静脉　又称臂皮下静脉,为前肢的浅静脉干,起源于蹄静脉丛,上行至胸腔前口处注入颈外静脉。途中有副头静脉汇入。

4. 后腔静脉

后腔静脉是汇集腹部、骨盆部、尾部和后肢静脉血液的静脉干,由左、右髂总静脉汇合而成,前行途中接纳腰静脉、睾丸(卵巢)静脉、肾静脉和肝静脉,穿过膈的腔静脉孔进入胸腔,经右肺后叶与副叶之间注入右心房。

(1)髂总静脉　由同侧的髂内静脉和髂外静脉汇合而成。

①髂内静脉　为骨盆部静脉主干,与髂内动脉伴行,由与动脉分支伴行的同名静脉汇集而成。

②髂外静脉　为后肢静脉主干,起于蹄静脉丛,伴随同名动脉向上伸延,途中接纳伴随动脉分支的同名静脉,最后注入髂总静脉。

后肢的浅静脉为内侧隐静脉(隐大静脉)和外侧隐静脉(隐小静脉),内侧隐静脉为小腿内侧皮下静脉,汇入股静脉。外侧隐静脉为小腿外侧皮下静脉,汇入旋股内侧静脉或腘静脉。

(2)门静脉　位于后腔静脉的腹侧,汇集胃、小肠、大肠(直肠后段除外)、脾和胰的静脉血液,由胃十二指肠静脉、脾静脉、肠系膜前静脉和肠系膜后静脉汇合而成。向前下方伸延,经肝门入肝,在肝内反复分支,汇入肝血窦,最后汇集成数支肝静脉,注入后腔静脉。

(3)乳房静脉　乳房两侧的阴部外静脉与腹皮下静脉和会阴静脉在乳房基部互相吻合形成静脉环。阴部外静脉沿腹股沟管上行,注入髂外静脉。奶牛腹皮下静脉特别发达,在腹壁皮下弯曲前行，进入腹壁汇入胸廓内静脉。会阴静脉沿内侧向后上方延伸，注入阴部内静脉(图 7-13)。

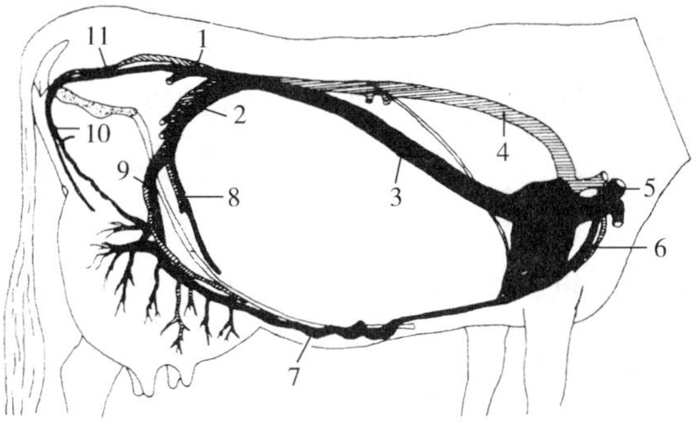

1. 髂内动、静脉　2. 髂外动、静脉　3. 后腔静脉　4. 主动脉
5. 前腔静脉　6. 胸内动、静脉　7. 腹皮下静脉
8. 腹壁后动、静脉　9. 阴部外动、静脉
10. 会阴动、静脉　11. 阴部内动、静脉

图 7-13　牛乳房血液循环模式图

四、胎儿血液循环

胎儿在母体子宫内发育，所需的营养物质和氧都是通过胎盘由母体供给，代谢产物也通过胎盘由母体排出，其心血管系统及血液循环途径均与此相适应(图 7-14)。

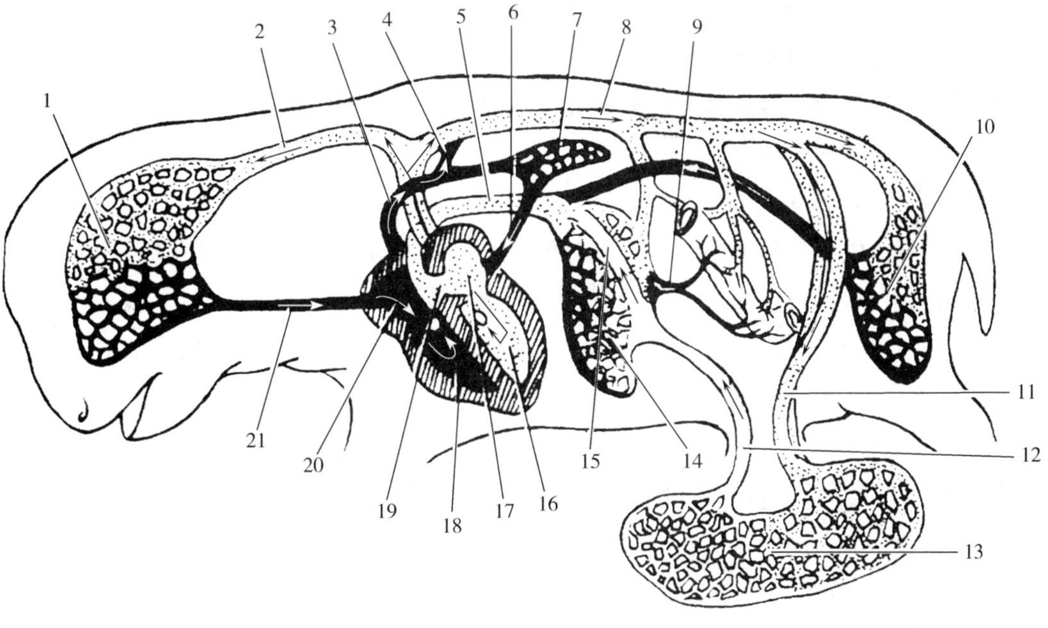

1. 身体前部毛细血管　2. 走向身体前部的动脉　3. 肺动脉　4. 动脉导管　5. 后腔静脉　6. 肺静脉　7. 肺毛细血管
8. 主动脉　9. 门静脉　10. 身体后部毛细血管　11. 脐动脉　12. 脐静脉　13. 胎盘毛细血管　14. 肝毛细血管
15. 静脉导管　16. 左心室　17. 左心房　18. 右心室　19. 卵圆孔　20. 右心房　21. 前腔静脉

图 7-14　胎儿血液循环模式图

(一)心血管结构特点

1. 卵圆孔

胎儿心脏房间隔上有一卵圆孔，左、右心房经卵圆孔相通。卵圆孔的左侧有瓣膜，血液只能自右心房流入左心房。

2. 动脉导管

动脉导管是连接肺动脉干和主动脉的血管，血液由右心室进入肺动脉干后，大部分经动脉导管流入主动脉。

3. 脐动脉和脐静脉

脐动脉有两条，自髂内动脉(牛)或阴部内动脉(马)发出。沿膀胱侧韧带到膀胱顶，再沿腹腔底壁向前下方伸延至脐孔，经脐带到胎盘，分支形成毛细血管网，将含有二氧化碳和代谢产物的血液运往胎盘。脐静脉有两条(牛)或一条(猪、马)，起于胎盘上的毛细血管网，经脐带由脐孔进入腹腔(牛的两条脐静脉合为一条)，沿肝的镰状韧带伸延，经肝门入肝。

(二)血液循环途径

胎盘内富有营养物质和氧气的动脉血经脐静脉输送到胎儿肝内，通过肝血窦，再经肝静脉注入后腔静脉(牛有部分血液经静脉导管直接入后腔静脉)，与身体后半部的静脉血相混合入右心房。胎儿肺没有功能活动，右心房的血流压力高于左心房，因此大部分血液通过卵圆孔进入左心房、左心室，经主动脉的分支，大部分到头颈部和前肢。

从头颈和前肢回流的静脉血，经前腔静脉入右心房，到右心室，再进入肺动脉干，由于肺不扩张，所以肺动脉干中的血液只有少量入肺，大部分血液经动脉导管流入主动脉。主动脉中的部分血液供应身体后半部，另一部分血液经脐动脉到胎盘，与母体血液进行气体和物质交换后，再由脐静脉运送到胎儿体内。

(三)出生后的变化

胎儿出生后，由于肺开始呼吸和胎盘血液循环中断，心血管随之发生相应的变化。

1. 卵圆孔封闭

由于肺静脉的血液大量回流进入左心房，左心房的压力升高，将卵圆孔封闭，在房间隔的右侧形成卵圆窝，故左心房和右心房完全分开。

2. 动脉导管闭锁

由于肺开始呼吸而扩张，肺动脉内的血液大量流入肺内，动脉导管逐渐闭锁，形成动脉韧带或动脉导管索。

3. 脐动脉和脐静脉闭锁

出生后脐带切断，脐动脉退化形成膀胱圆韧带，脐静脉闭锁形成肝圆韧带，牛、羊的静脉导管闭锁形成静脉导管索。

实训项目　心脏和全身动脉、静脉

【实训目的】

1. 掌握心脏的结构。

2. 掌握全身动、静脉血管主干起止、径路、分支和分布。

【实训材料】

心脏标本、模型;心脏传导系统标本;头部、躯干、前肢、后肢动脉和静脉血管标本。

【实训内容】

一、心脏

1. 心脏外形

识别冠状沟、锥旁室间沟、窦下室间沟、中间沟(牛),心房和心室的外部分界,心基部相连的血管。在显示胸腔器官的标本上观察心脏的位置。

2. 心腔结构

观察右心房、右心室、左心房和左心室,房间隔、室间隔,左、右房室口,二尖瓣、三尖瓣、腱索、乳头肌、主动脉瓣和肺动脉瓣的形态和构造。

3. 心壁构造

观察心外膜(心包浆膜层)、心肌和心内膜,注意各室的厚薄与功能间的关系。

4. 心脏血管

区分左、右冠状动脉的分支和分布,心大静脉、心中静脉、心右静脉和心最小静脉的位置。

5. 心包

观察浆膜层和纤维层的结构,浆膜脏层和壁层之间的心包腔。

6. 心脏传导系统

观察窦房结和房室结的形态和位置,房室束和浦肯野纤维的径路与分支。

二、全身动脉、静脉

1. 肺循环的血管

肺动脉、肺静脉。

2. 体循环的动脉

(1)主动脉　观察升主动脉、主动脉弓、胸主动脉、腹主动脉。

(2)臂头动脉干　观察左锁骨下动脉、双颈动脉干、右锁骨下动脉。

(3)头颈部动脉　观察左、右颈总动脉及其分支枕动脉、颈外动脉和颈内动脉。

(4)胸、腹部动脉　胸主动脉的分支有支气管食管动脉、肋间背侧动脉。腹主动脉分出的脏支有腹腔动脉、肠系膜前动脉、肾动脉、肠系膜后动脉、睾丸动脉或卵巢动脉,壁支有腰动脉、膈后动脉。

(5)骨盆部动脉　观察髂内动脉的分支及分布。

(6)前肢动脉　观察腋动脉、臂动脉、正中动脉的分支和分布。

(7)后肢动脉　观察髂外动脉、股动脉、腘动脉、胫前动脉、足背动脉的分支和分布。

3. 全身静脉

(1)前腔静脉　由左、右颈内、外静脉和左、右锁骨下静脉汇合而成。观察与应用有关的浅静脉的位置。

(2)奇静脉　牛为左奇静脉，马为右奇静脉，观察来自胸壁和胸腔器官的属支。

(3)后腔静脉　由左、右髂总静脉汇合而成。每侧髂总静脉由髂内静脉和髂外静脉汇合而成，分别观察骨盆和后肢静脉。

(4)门静脉　由胃十二指肠静脉、脾静脉、肠系膜前静脉和肠系膜后静脉汇合而成，经肝门入肝。观察各静脉的形态位置。

复习思考题

一、选择题

1. 前腔静脉和后腔静脉的血液汇入(　　)(2011 年真题 30)

A. 左心房　B. 右心房　C. 左心室　D. 右心室　E. 冠状窦

2. 心脏自身的营养动脉是(　　)(2012 年真题 31)

A. 主动脉　B. 肺动脉　C. 肺静脉　D. 前腔静脉　E. 后腔静脉

3. 左心室血液流入(　　)(2012 年真题 32)

A. 主动脉　B. 肺动脉　C. 肺静脉　D. 前腔静脉　E. 后腔静脉

4. 由左心室发出的血管是(　　)(2014 年真题 31)

A. 肺动脉　B. 肺静脉　C. 主动脉　D. 前腔静脉　E. 后腔静脉

5. 血液由左心室输出，经主动脉及分支到全身组织，由毛细血管和静脉回到右心房，此循环称为(　　)(2014 年真题 32)

A. 微循环　B. 小循环　C. 门脉循环　D. 体循环　E. 肺循环

6. 家畜心脏的正常形态是(　　)(2015 年真题 30)

A. 圆形　B. 扁圆形　C. 椭圆形　D. 圆柱形　E. 倒圆锥形

7. 位于房间膈右心房侧内心膜下，呈结节状，属于心传导系统的结构是(　　)

A. 窦房结　B. 房室结　C. 静脉间结节　D. 房室束　E. 浦肯野纤维

8. 右心室口上的瓣膜称为(　　)(2018 年真题 27)

A. 二尖瓣　B. 三尖瓣　C. 半月瓣　D. 主动脉瓣　E. 肺干瓣

9. 富含氧气的血液回到左心房所经过的血管是(　　)(2021 年真题 A 卷)

A. 颈静脉　B. 肺静脉　C. 奇静脉　D. 后腔静脉　E. 前腔静脉

10. 心脏将血液输送到全身各处的血管是(　　)(2021 年真题 B 卷)

A. 主动脉　B. 肺动脉　C. 颈动脉　D. 肝动脉　E. 肾动脉

二、简答题

1. 简述心脏的形态、位置和心腔的结构。
2. 简述分布于全身各部动脉主干的分支和分布。
3. 体循环的静脉包括哪些？汇集血液范围如何？
4. 颈静脉注入药物，经何途径到达肝？
5. 胎儿血液循环途径与成年动物有何不同？
6. 临床上牛、马的诊脉部位在何处？

第七章　复习思考题参考答案

第八章
淋巴系统

【知识目标】

1. 熟悉淋巴系统的组成。
2. 掌握淋巴器官的结构和功能。

【技能目标】

1. 能在动物活体上指出浅在淋巴结的位置。
2. 能识别组织器官内的淋巴组织。

【思政目标】

培养学生"关爱生命、珍惜生命、关注健康"的意识与思想。

淋巴系统由淋巴管、淋巴组织和淋巴器官组成,管道内流动着无色透明的淋巴液。当血液经动脉输送到毛细血管时,水及营养物质透过毛细血管壁进入组织间隙,形成组织液。组织液与细胞进行物质交换后,大部分渗入毛细血管静脉端回到血液,经静脉系回心。小部分组织液进入毛细淋巴管成为淋巴,淋巴经各级淋巴管向心流动,最后注入静脉。因此,淋巴管可视为静脉的辅助导管(图 8-1)。淋巴组织和淋巴器官可产生淋巴细胞,滤过淋巴,参与动物机体的免疫反应。

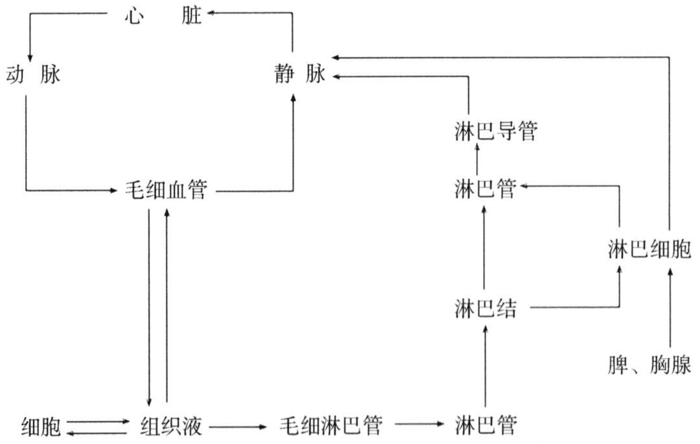

图 8-1　淋巴循环途径及其与心血管系统的关系

第一节　淋　巴　管

淋巴管根据结构和功能可分为毛细淋巴管、淋巴管、淋巴干和淋巴导管(图 8-2)。

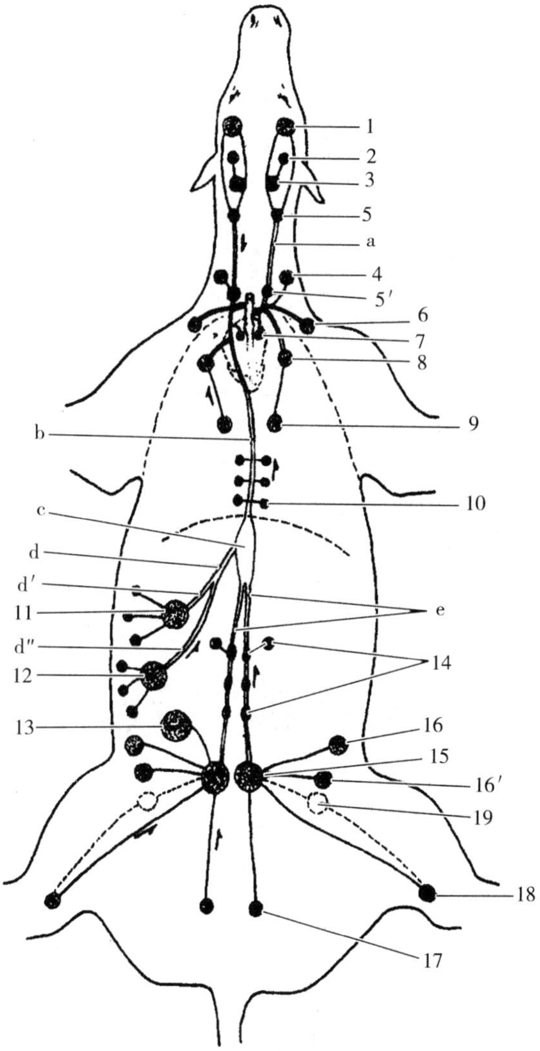

a. 气管淋巴干　b. 胸导管　c. 乳糜池　d. 内脏淋巴干　d′. 腹腔淋巴干　d″. 肠淋巴干　e. 腰淋巴干
1. 下颌淋巴结　2. 腮腺淋巴结　3. 咽后淋巴结　4. 颈浅淋巴结　5. 颈前淋巴结　5′. 颈后淋巴结
6. 腋淋巴结　7. 胸腹侧淋巴结　8. 纵隔淋巴结　9. 支气管淋巴结　10. 胸背侧淋巴结
11. 腹腔淋巴结　12. 肠系膜前淋巴结　13. 肠系膜后淋巴结　14. 腰淋巴结　15. 髂内侧淋巴结
16. 髂下淋巴结　16′. 腹股沟浅淋巴结　17. 肛门直肠淋巴结　18. 腘淋巴结　19. 腹股沟深淋巴结

图 8-2　马淋巴管及淋巴结分布模式图(背侧观)

一、毛细淋巴管

毛细淋巴管是由单层内皮细胞构成的闭锁管道，以盲端起始于组织间隙，彼此吻合成网，管径粗细不均，管壁内皮细胞连接呈叠瓦状，通透性比毛细血管大，一些不易经毛细血管壁透入血液的大分子物质，如蛋白质、细菌、异物等都较易进入毛细淋巴管。毛细淋巴管分布广泛，除脑、脊髓、骨髓、软骨、上皮、角膜以及晶状体外，几乎遍及全身。

二、淋巴管

淋巴管由毛细淋巴管汇合而成，管壁结构与小静脉相似，管壁较薄，有丰富的瓣膜，外观呈串珠状。淋巴管在向心的行程中，一般要经过一个或多个淋巴结，进入淋巴结的称输入淋巴管，离开淋巴结的称输出淋巴管。浅淋巴管位于皮下，多与浅静脉伴行，收集皮肤和皮下组织的淋巴。深淋巴管与深部的血管、神经伴行，收集肌肉、骨和内脏的淋巴。浅、深淋巴管之间有吻合支。

三、淋巴干

全身的浅、深淋巴管经过局部淋巴结后，主要汇集成 5 条较大的淋巴干，即左、右气管淋巴干，左、右腰淋巴干和单一的内脏淋巴干。

(一)气管淋巴干

气管淋巴干有两条，位于气管腹侧，分别伴随左、右颈总动脉后行，收集头、颈和前肢的淋巴。左气管淋巴干注入胸导管，右气管淋巴干注入右淋巴导管或前腔静脉或颈静脉。

(二)腰淋巴干

腰淋巴干由髂内侧淋巴结的输出淋巴管形成，左、右各 1 条，收集骨盆壁、部分腹壁、后肢及骨盆腔器官的淋巴，分别沿腹主动脉和后腔静脉前行，注入乳糜池。

(三)内脏淋巴干

内脏淋巴干由腹腔淋巴干和肠淋巴干汇合而成，注入乳糜池，有时两者分别注入乳糜池。

四、淋巴导管

淋巴导管由淋巴干汇合而成，全身有 2 条淋巴导管，即右淋巴导管和胸导管。

(一)右淋巴导管

右淋巴导管是一条短干，为右气管淋巴干的延续，末端注入前腔静脉。右淋巴导管收集头颈右侧、右前肢、右肺、心右半以及右侧胸下壁的淋巴。

(二)胸导管

胸导管是全身最大的淋巴管，起始部呈长梭形膨大，称乳糜池，位于最后胸椎和前 3 个腰椎腹侧，在主动脉和右膈脚之间，由左、右腰淋巴干和内脏淋巴干汇合而成。胸导管经膈的主动脉裂孔入胸腔，沿胸主动脉右上方前行，然后越过食管和气管的左侧向前下方伸延，在胸前口处注入前腔静脉。胸导管收集后肢、骨盆部、腹部、左胸壁、左肺、心左半、左前肢和头颈左侧的淋巴。

第二节 淋巴组织

淋巴组织是富含淋巴细胞的网状组织。根据其形态主要分为弥散淋巴组织和淋巴小结两种。

一、弥散淋巴组织

弥散淋巴组织没有特定的外形结构，淋巴细胞分布稀疏，与周围组织无明显界限，常分布于消化管、呼吸道和泌尿生殖道的黏膜上皮下，以及淋巴结副皮质区和脾白髓动脉周围淋巴鞘等处，以抵御外来细菌或异物的入侵。

二、淋巴小结

淋巴小结又称淋巴滤泡，是呈圆形或卵圆形的密集淋巴组织，边界清楚，分布于淋巴结皮质部、脾白髓及消化道和呼吸道等处的黏膜。其中单独存在的称为淋巴孤结，聚集成团的称为淋巴集结，如回肠黏膜的淋巴孤结和淋巴集结。

第三节 淋巴器官

淋巴器官是以淋巴组织为主要成分构成的器官，根据结构和功能的不同，分为中枢淋巴器官和周围淋巴器官。中枢淋巴器官又称初级淋巴器官，包括胸腺和禽类的腔上囊，发育较早，是培育淋巴细胞的场所。胸腺是 T 细胞成熟的器官，腔上囊是 B 细胞成熟的器官。哺乳动物无腔上囊，胚胎时期的肝和骨髓类似腔上囊的功能。周围淋巴器官又称次级淋巴器官，包括淋巴结、脾、血淋巴结和扁桃体等，发育较晚，是成熟淋巴细胞定居的部位，其淋巴细胞由中枢淋巴器官迁移而来。周围淋巴器官是进行免疫应答的主要场所。

一、胸腺

(一)胸腺的形态和位置

胸腺位于心前纵隔内及颈部气管两侧，呈粉红色，犊牛和仔猪的胸腺可向前伸达喉部(图 8-3)。单蹄类和肉食类的胸腺主要在胸腔内。胸腺发育到一定年龄即开始萎缩退化(牛 4～5 岁，羊 1～2 岁，猪 1 岁，马 2～3 岁)，老年时逐渐被结缔组织或脂肪组织所代替。

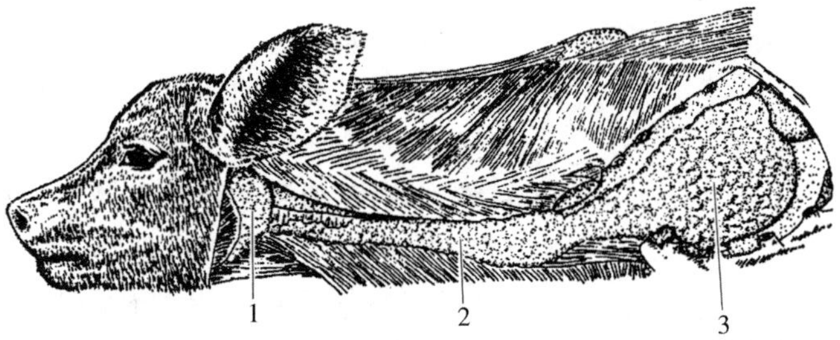

1. 腮腺 2. 颈部胸腺 3. 胸部胸腺

图 8-3 犊牛的胸腺

胸腺是T淋巴细胞增殖分化的场所，是机体免疫活动的重要器官。

(二)胸腺的组织结构

胸腺表面覆有薄层结缔组织被膜，被膜结缔组织伸入胸腺实质形成小叶间隔，把实质分隔成许多不完全分开的小叶，小叶的周边为皮质，中央为髓质，相邻小叶的髓质相互连接。

1. 皮质

由胸腺上皮细胞和密集的胸腺细胞及少量巨噬细胞构成。胸腺上皮细胞主要有扁平上皮细胞和星形上皮细胞2种。扁平上皮细胞分布于被膜下和小叶间隔旁，能分泌胸腺素和胸腺生成素；星形上皮细胞有较多突起，能诱导胸腺细胞发育分化。胸腺细胞主要分布于皮质内，从皮质浅层向深层是淋巴干细胞迁移分化为T细胞的过程，大部分胸腺细胞在分化过程中将凋亡，并被巨噬细胞吞噬，仅小部分分化为成熟的T细胞经血液转移到周围淋巴器官或淋巴组织中。

2. 髓质

细胞排列较疏松，含有大量胸腺上皮细胞和少量T细胞、巨噬细胞。上皮细胞有髓质上皮细胞和胸腺小体上皮细胞两种。髓质上皮细胞呈球形或多边形，能分泌胸腺素；胸腺小体上皮细胞为扁平形，呈同心圆状包绕排列形成胸腺小体，小体散在于髓质中，其功能尚不清楚，但缺乏胸腺小体的胸腺不能培育出T细胞。

二、淋巴结

淋巴结呈豆形、卵圆形或不规则形，大小不一，在活体上呈粉红色或微红褐色，死后呈灰色或灰黄色。淋巴结的一侧凹陷，称淋巴结门，有输出淋巴管和血管、神经出入，其输入淋巴管由淋巴结表面进入淋巴结。猪的输入淋巴管从淋巴结表面任何一处或多处进入淋巴结，汇集成输出淋巴管，分别从不同部位穿出。

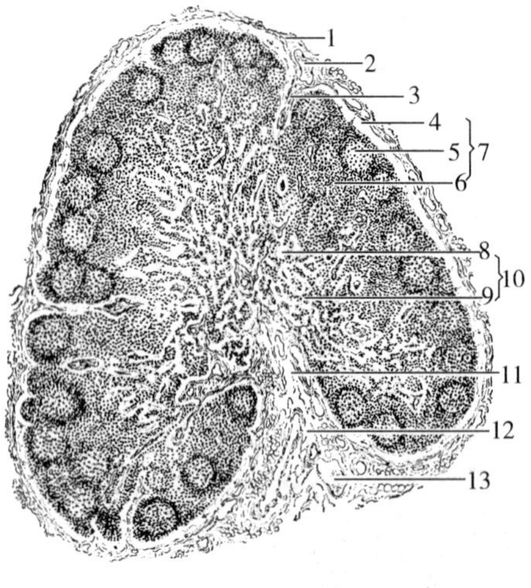

1. 被膜 2. 输入淋巴管 3. 小梁 4. 皮质淋巴窦 5. 淋巴小结 6. 副皮质区 7. 皮质 8. 髓窦 9. 髓索 10. 髓质 11. 门部 12. 血管 13. 输出淋巴管

图 8-4 牛的淋巴结(低倍镜)

(一)淋巴结的组织结构

淋巴结的表面有结缔组织构成的被膜，并深入实质形成许多小梁，小梁互相连接成网，构成淋巴结的粗支架。淋巴结的实质分为周围的皮质和中央的髓质(图 8-4)。猪的淋巴结皮质和髓质的位置恰好相反。

1. 皮质

皮质位于被膜下，由浅层皮质、深层皮质和皮质淋巴窦构成。

(1)浅层皮质　由淋巴小结和薄层弥散淋巴组织组成，淋巴小结为主要结构，内含大量的B细胞和少量巨噬细胞、T细胞。淋巴小结生发中心的B细胞能分裂分化，产生新的B淋巴细胞。

(2)深层皮质　又称副皮质区，为浅层皮质与髓质之间的厚层弥散淋巴组织，主要由T细胞组成。

(3)皮质淋巴窦　包括被膜下窦和小梁周窦。被膜下窦位于被膜下，包绕整个淋巴结实质，小梁周窦位于小梁周围，窦壁由内皮细胞构成，腔内有许多网状细胞和巨噬细胞。

2. 髓质

髓质由髓索及其间的髓窦组成。

(1)髓索　由密集排列成索状的淋巴组织构成，相互连接成网。髓索内主要含 B 细胞、浆细胞和巨噬细胞，其数量可因免疫状态的不同而变化。

(2)髓窦　即髓质淋巴窦，其结构与皮质淋巴窦相似，但窦腔较宽大，含有较多的巨噬细胞。

(二)淋巴结的功能

1. 滤过淋巴液

当淋巴流经淋巴结时，淋巴窦内的巨噬细胞可以将细菌和异物吞噬而清除，使淋巴液得以净化。

2. 参与免疫应答

当抗原物质进入淋巴结后，即引起免疫应答，淋巴结内的 T 细胞和 B 细胞大量分裂增殖，产生 T 效应细胞和 B 效应细胞，分别参与细胞免疫和体液免疫。

(三)全身主要淋巴结的位置

淋巴结的数目众多，各种家畜的同名淋巴结或淋巴结群常位于身体的同一部位，并汇集几乎相同区域的淋巴，这个淋巴结或淋巴结群称为该区域的淋巴中心。牛、马全身有 19 个淋巴中心，羊和猪有 18 个淋巴中心，分别属于 7 个部位，即头部、颈部、前肢、胸腔、腹腔、腹壁和骨盆壁及后肢，现将各部位主要淋巴结的位置及引流区域分述如下。

1. 头部淋巴结

下颌淋巴结：位于下颌间隙内，一般有 1～3 个。牛的在面血管切迹后方；猪的在下颌骨后腹侧缘，颌下腺的前方；马的与血管切迹相对，两侧淋巴结前端相连呈 V 形；犬的位于下颌角附近的面静脉周围皮下。引流头腹侧、鼻腔前半部、口腔和唾液腺的淋巴。汇入咽后外侧淋巴结(图 8-5)。

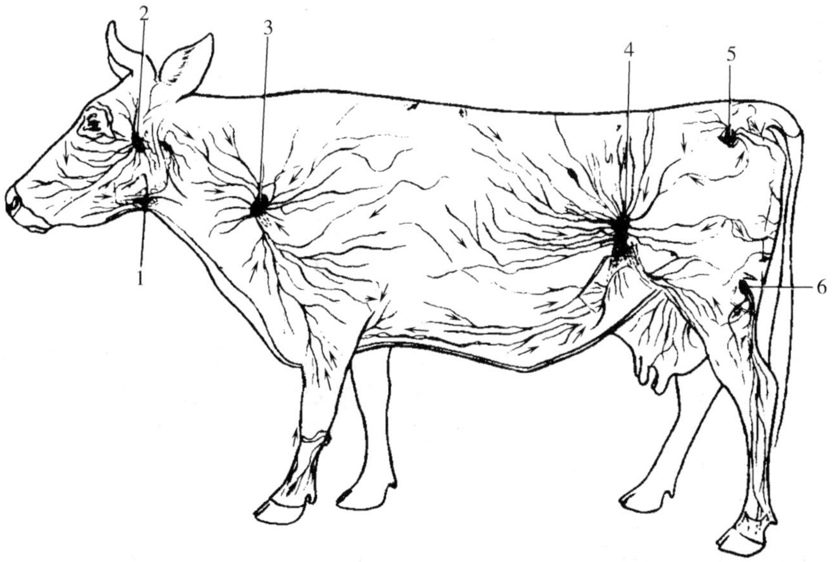

1. 下颌淋巴结　2. 腮腺淋巴结　3. 颈浅淋巴结　4. 髂下淋巴结　5. 坐骨淋巴结　6. 腘淋巴结

图 8-5　牛的主要浅表淋巴结

2. 颈部淋巴结

颈浅淋巴结：又称肩前淋巴结，位于肩关节前上方，通常有1个。牛的在臂头肌和肩胛横突肌的深面，引流前肢、颈部和胸壁的淋巴，汇入胸导管或右气管干；猪的颈浅背侧淋巴结，相当于牛、马的颈浅淋巴结，被斜方肌和肩胛横突肌所覆盖，输出管汇入气管淋巴干或静脉；马的颈浅淋巴结位于臂头肌的深层，汇入颈深后淋巴结(图8-5)。

3. 前肢淋巴结

第1肋腋淋巴结：位于肩关节的前内侧，第1肋或第1肋间的胸骨端，胸深肌深面。引流前肢、胸肌和腹侧锯肌等处的淋巴。输出管汇入颈深后淋巴结、气管干或胸导管。

4. 胸腔淋巴结(图8-6)

(1)纵隔淋巴结　位于纵隔内，可分为纵隔前、中、后淋巴结3群。猪无纵隔中淋巴结，有时也缺纵隔后淋巴结。纵隔前淋巴结位于心前纵隔内，随大血管、气管和食管分布；纵隔中淋巴结在心基背侧；纵隔后淋巴结位于心后纵隔中，沿胸主动脉和食管间分布，牛、羊的其中有一个很大，长达5～10 cm。纵隔淋巴结主要引流食管、气管、心、肺、胸腺、胸膜和纵隔的淋巴，汇入胸导管或气管干或右淋巴导管。

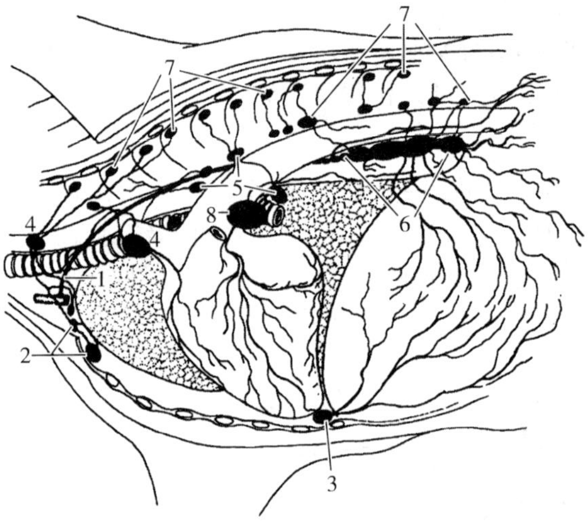

1. 胸导管　2. 颈深后淋巴结　3. 胸骨后淋巴结　4. 纵隔前淋巴结
5. 纵隔中淋巴结　6. 纵隔后淋巴结　7. 血淋巴结　8. 气管支气管左淋巴结

图8-6　牛胸腔淋巴结

(2)气管支气管淋巴结　分为气管支气管前、左、右、中淋巴结4群。气管支气管前淋巴结位于气管支气管前方的气管右侧，马无气管支气管前淋巴结；气管支气管左、右、中淋巴结分别位于气管叉的左侧、右侧和夹角内。气管支气管淋巴结引流支气管、食管、肺、心的淋巴，汇入胸导管或纵隔前淋巴结。

5. 腹腔内脏淋巴结(图8-7)

(1)胃淋巴结　牛、羊的数目多，沿胃各室血管分布，引流各相应部位的淋巴，汇入腹腔淋巴干。猪和马的胃淋巴结位于胃小弯和贲门附近，引流胃、胰、食管、网膜和纵隔等的淋巴，汇入腹腔淋巴结。

(2)肝淋巴结　位于肝门附近，沿门静脉和肝动脉分布，引流肝、胰、十二指肠和网膜的淋巴，汇入腹腔淋巴干。

(3)空肠淋巴结　数目很多，大小不一，分布在空肠系膜内。输出管汇合成肠淋巴干。

(4)肠系膜后淋巴结　有2～5个，分布于肠系膜后动脉起始处至分出结肠左动脉和直肠前动脉之间的系膜内。引流降结肠和直肠前部的淋巴，输出管汇入髂内侧淋巴结或直接注入腰淋巴干。

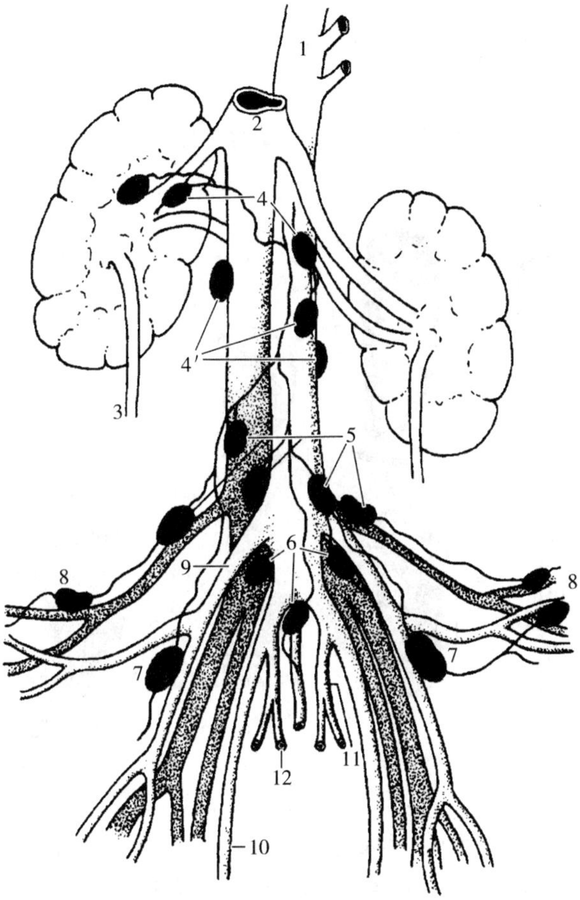

图 8-7　牛腹腔淋巴结

1.主动脉　2.后腔静脉　3.输尿管　4.肾淋巴结　4′.腰主动脉淋巴结　5.髂内侧淋巴结　6.荐淋巴结　7.腹股沟深淋巴结　8.髂外淋巴结　9.髂外动脉　10.髂内动脉　11.脐动脉　12.子宫动脉

6.腹壁和骨盆壁淋巴结

(1)髂内侧淋巴结　位于髂外动脉起始处附近，引流腰荐部、尾部、腹壁后部、后肢等处的淋巴，输出管形成左、右腰淋巴干，向前注入乳糜池(图8-7)。

(2)腹股沟浅淋巴结　位于腹股沟管皮下环附近，公畜的称阴囊淋巴结，在阴茎的背侧；母畜的称乳房淋巴结，在母牛和母马位于乳房基部后上方两侧皮下，母猪位于倒数第2对乳头的外侧。引流腹底壁肌肉、皮肤，股部和小腿部皮肤，公畜的阴茎、阴囊、包皮，母畜的乳房和外生殖器等处的淋巴。输出管经腹股沟管入腹腔，汇入髂内侧淋巴结。

(3)髂下淋巴结　又称股前淋巴结，位于膝关节前上方，阔筋膜张肌前缘皮下。引流腹侧壁、骨盆、股部和小腿部的淋巴。汇入髂内侧淋巴结(图 8-5)。

7. 后肢淋巴结

腘淋巴结：位于膝关节后方，臀股二头肌和半腱肌之间，腓肠肌外侧头的表面。引流膝关节以下的淋巴，汇入髂内侧淋巴结或坐骨淋巴结(牛、猪)(图 8-5)或腹股沟深淋巴结(马)。

三、脾

(一)脾的形态和位置

脾是体内最大的淋巴器官，均位于腹前部，胃的左侧。因动物种类不同其形态存在差异(图 8-8)。

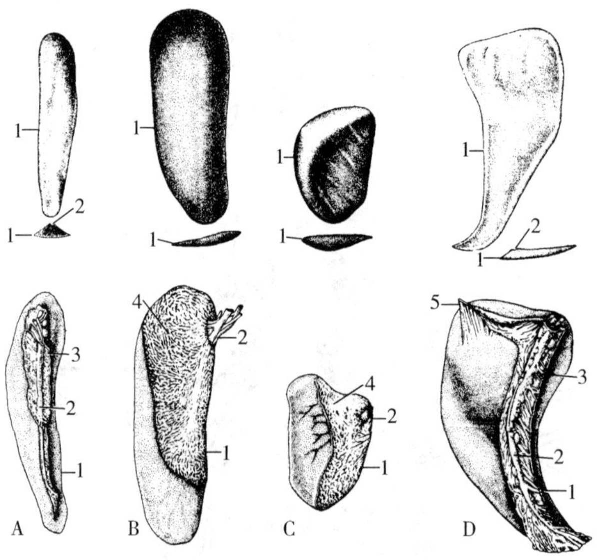

A. 猪脾　B. 牛脾　C. 绵羊脾　D. 马脾

1. 前缘　2. 脾门　3. 胃脾网膜　4. 脾和瘤胃粘连处　5. 脾悬韧带

图 8-8　脾(上图为壁面，中图为中段横断面，下图为脏面)

1. 牛脾

牛脾为椭圆形，长而扁，蓝紫色，质较硬，位于瘤胃背囊的左前方。

2. 羊脾

羊脾为扁而略呈钝三角形，红紫色，质较软，位于瘤胃的左侧。

3. 猪脾

猪脾为长而狭窄，紫红色，质较软，位于胃大弯左侧。

4. 马脾

马脾呈扁平镰刀形，上端宽大，下端狭小，蓝红色或铁青色，位于胃的左后方。

5. 犬脾

犬脾为狭长镰刀形，下端宽，上端窄，深红色，在胃左侧和左肾之间。

6. 猫脾

猫脾为扁平，细长而弯曲，深红色，位于胃大弯后方。

7. 兔脾

兔脾呈长条状，色深红，紧贴胃大弯的左侧。

(二)脾的组织结构

脾由被膜和实质构成，结构与淋巴结相似。但脾实质无皮质和髓质之分，脾内无淋巴窦，而有大量血窦(图 8-9)。

1. 被膜与小梁

被膜较厚，由致密结缔组织构成，内含平滑肌纤维，表面覆有间皮。被膜结缔组织向实质伸入形成许多小梁，小梁互相连接，构成脾的支架。

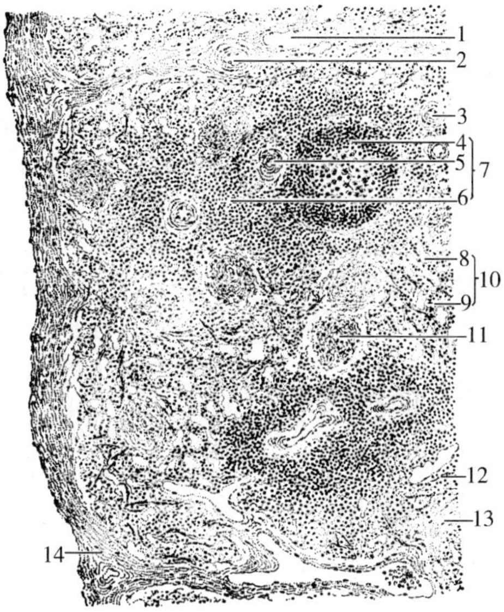

1. 小梁静脉　2. 小梁动脉　3. 鞘微动脉　4. 淋巴小结　5. 中央动脉　6. 淋巴鞘　7. 白髓　8. 脾窦　9. 脾索　10. 红髓　11. 鞘毛细血管　12. 平滑肌纤维　13. 小梁　14. 被膜

图 8-9　猪脾

2. 白髓

在新鲜脾的切面上，呈分散的灰白色小点状，故称白髓。白髓由动脉周围淋巴鞘和脾小结组成。

(1)动脉周围淋巴鞘　是位于中央动脉周围的弥散淋巴组织，主要含 T 细胞，当发生细胞免疫应答时，鞘内 T 细胞分裂增殖，鞘增厚。

(2)脾小结　即淋巴小结，位于动脉周围淋巴鞘的一侧，主要含 B 细胞。脾小结常有中央动脉分支穿过。当发生体液免疫应答时，脾小结体积增大，数量增多。

3. 边缘区

边缘区位于白髓与红髓交界处。该区的淋巴细胞较白髓稀疏，但较红髓密集，主要含 T 细胞，还有 B 细胞和巨噬细胞。中央动脉的分支末端在白髓和边缘区之间膨大形成边缘窦，是淋巴细胞由血液进入淋巴组织的重要通道。

4. 红髓

红髓由脾索和脾血窦组成，因含大量血细胞，在新鲜脾的切面上呈红色。

(1)脾索　由富含血细胞的淋巴组织索构成，相互连接成网，内含较多的 B 细胞、巨噬细胞和浆细胞。脾索是滤过血液、产生抗体的主要场所。

(2)脾血窦　简称脾窦，位于脾索之间，为形状不规则的腔隙。窦壁由长杆状的内皮细胞纵行排列而成，相邻细胞有间隙，基膜不完整，外有网状纤维环绕，形成栅栏状的多缝隙结构，有利于血细胞的出入。

(三)脾的功能

1. 滤血

脾内有大量的巨噬细胞,可清除血液中的细菌、异物及衰老的红细胞和血小板。

2. 造血

胚胎时期脾可以产生各种血细胞,自骨髓开始造血后,便演变为淋巴器官,但仍保持产生多种血细胞的潜能,当机体严重缺血或某些病理情况下,可恢复其造血功能。

3. 储血

脾可储存一定量的血液,当机体需要时,脾内平滑肌收缩,可将所储血液输入血液循环。

4. 免疫

脾内含有大量的淋巴细胞、浆细胞等多种免疫细胞,对侵入血液的各种抗原均可产生免疫应答。

四、血淋巴结

血淋巴结较小,直径 1～3 mm,呈紫红色。位于脾血管附近,或包埋于胸腺后面的结缔组织内。具有输入和输出淋巴管。血淋巴结有滤血作用,并可能参与免疫应答。血淋巴结见于牛、羊、猪、鼠和灵长类。

五、扁桃体

扁桃体位于舌、软腭和咽的黏膜下组织内,含有大量淋巴组织,呈卵圆形隆起,表面被覆复层扁平上皮,上皮向固有层内凹陷形成许多分支的隐窝,上皮下及隐窝周围有大量的弥散淋巴组织和淋巴小结,隐窝深部的上皮内含有许多淋巴细胞、浆细胞和少量巨噬细胞。扁桃体主要参与机体免疫反应。

实训项目一　淋巴器官的形态构造

【实训目的】

1. 掌握主要淋巴结的名称和位置。

2. 掌握脾、胸腺的形态和位置。

【实训材料】

显示淋巴管和淋巴结的标本;脾、胸腺标本、模型。

【实训内容】

一、胸腺

胸腺位于心前纵隔内及颈部气管两侧,犊牛和仔猪的胸腺颈部向前可伸延到喉部,马属动物的胸腺主要在胸腔的纵隔内。性成熟后胸腺逐渐退化萎缩。

二、淋巴管

观察左、右气管淋巴干,左、右腰淋巴干和内脏淋巴干的注入部位和收集范围,乳糜池和胸导管的位置和注入部位。

三、淋巴结

1. 体表浅淋巴结

观察下颌淋巴结、颈浅淋巴结、髂下淋巴结、乳房淋巴结(母羊)的位置、大小、色泽、收集范围和引流方向。

2. 胸部主要淋巴结

观察纵隔淋巴结和气管支气管淋巴结的位置、大小和色泽。

3. 腹腔内脏主要淋巴结

观察胃淋巴结、肝淋巴结、空肠淋巴结、肠系膜后淋巴结的位置和形态。

4. 腹壁和骨盆壁主要淋巴结

观察髂内侧淋巴结的位置、收集范围和引流方向。

5. 前肢和后肢主要淋巴结

观察前肢第1肋腋淋巴结、后肢腘淋巴结的位置。

四、脾

脾位于腹前部,在胃的左侧。牛脾呈长而扁的椭圆形,羊脾略呈钝三角形,猪脾形状狭而长,马脾呈扁平镰刀状。

实训项目二　淋巴结和脾的组织结构

【实训目的】

1. 掌握淋巴结的组织结构。
2. 掌握脾的组织结构。

【实训材料】

牛淋巴结纵切片(HE染色);牛脾切片(HE染色)。

【实训内容】

一、淋巴结

1. 肉眼观察

标本呈豆形,一侧凹陷为淋巴门。表面淡红色是被膜,其深面紫蓝色部分为皮质,中央淡红色部分为髓质。

2. 低倍镜观察

分辨淋巴结的被膜、小梁、皮质和髓质。

3. 高倍镜观察

(1)被膜和小梁　被膜由致密结缔组织和少量平滑肌构成,染成淡红色,偶见输入淋巴管。被膜深入实质形成小梁,其断面粗细不等,其中含小血管。

(2)皮质　位于被膜下方。淋巴小结为密集的淋巴组织构成的圆形或椭圆形结构,小结中央染色较浅，为生发中心。副皮质区是位于淋巴小结之间或皮质深层的弥散淋巴组织，其边界不明显。在被膜深面或小梁周围的一些间隙为皮质淋巴窦，窦壁由内皮围成。

(3)髓质　位于淋巴结的中央。髓索是条索状的淋巴组织，相互连接成网状。髓索之间为髓窦，窦腔较大，结构与皮质淋巴窦相同而且相通。

二、脾

1. 肉眼观察

标本呈三角形或长椭圆形，其中紫红色部分为红髓，散在红髓间蓝色的块状结构为白髓。

2. 低倍镜观察

区分脾的被膜、小梁、白髓和红髓。

3. 高倍镜观察

(1)被膜和小梁　被膜由致密结缔组织构成，表面覆以间皮，内含平滑肌纤维。被膜结缔组织深入实质形成小梁。

(2)白髓　略呈圆形，染成蓝紫色，包括动脉周围淋巴鞘和脾小结。动脉周围淋巴鞘在切面上是围绕着1～2个小动脉周围的一团淋巴组织。脾小结是位于淋巴鞘一侧的淋巴小结。

(3)边缘区　位于白髓和红髓交界处，是结构较疏松的淋巴组织。

(4)红髓　位于白髓和小梁之间，包括脾索和脾窦，脾索为较密集的细胞索，由网状组织和血细胞构成。脾窦为脾索间不规则的腔隙，腔内含有各种血细胞。

【绘图】

1. 部分淋巴结结构(低倍镜)。

2. 部分脾脏结构(低倍镜)。

复习思考题

一、选择题

1. 牛脾呈(　　)(2009年真题31)

A. 镰刀形　B. 钝三角形　C. 舌形或靴形　D. 细而长的带状　E. 长而扁的椭圆形

2. 牛腭扁桃体位于(　　)(2010年真题33)

A. 喉咽部　B. 口咽部侧壁　C. 舌根部背侧　D. 软腭口腔面　E. 鼻咽部后背侧壁

3. 位于阔筋膜张肌前缘膝褶中的淋巴结是(　　)(2011年真题31)

A. 腘淋巴结　B. 髂下淋巴结　C. 髂内侧淋巴结　D. 腹股沟浅淋巴结　E. 腹股沟深淋巴结

4. 大多数家畜淋巴结的实质分为外周的皮质和中央的髓质，但皮质与髓质位置颠倒的是(　　)(2012年真题33)

A. 猪　B. 马　C. 牛　D. 羊　E. 犬

5. 母牛乳房临床检查时，常触诊的淋巴结是(　　)(2014年真题33)

A. 腹股沟浅淋巴结　B. 髂下淋巴结　C. 腹股沟深淋巴结

D. 腘淋巴结　E. 髂内淋巴结

6. 位于口咽部侧壁的扁桃体称为(　　)(2016 年真题 30)

A. 舌扁桃体　B. 腭扁桃体　C. 腭帆扁桃体　D. 咽扁桃体　E. 盲肠扁桃体

7. 脾呈扁平镰刀形的动物是(　　)(2021 年真题 A 卷)

A. 羊　B. 牛　C. 犬　D. 马　E. 猪

二、简答题

1. 淋巴液是如何生成的?

2. 简述各种淋巴器官的形态、位置、结构和功能。

3. 兽医临床上和卫生检疫中常检的淋巴结主要有哪些?

第八章　复习思考题参考答案

第九章 神经系统

【知识目标】

1. 熟悉脊髓、脑的形态和结构。
2. 掌握脑神经和脊神经的分布。
3. 掌握植物性神经的结构特征。

【技能目标】

1. 能在脑和脊髓的标本和模型上指出其各部结构。
2. 能结合标本说明脊神经的组成及一般分布规律。
3. 能指出心、肺、胃和肠等器官交感神经和副交感神经的来源。

【思政目标】

引导学生将个人梦想同中国梦结合起来，进而实现中华民族的伟大复兴。

神经系统可分为中枢神经系统和周围神经系统(表 9-1)。中枢神经系统包括脑和脊髓，周围神经系统包括脑神经、脊神经和植物性神经。脑神经和脊神经分别从脑和脊髓发出，分布于动物的体表、骨、关节和骨骼肌；植物性神经分布于内脏、血管平滑肌、心肌和腺体，依形态和功能的不同又分为交感神经和副交感神经。

表 9-1　神经系统的分类

- 神经系统
  - 中枢神经系统
    - 脊髓
    - 脑：延髓、脑桥、中脑、间脑、小脑、大脑
  - 周围神经系统
    - 脊神经
    - 脑神经
    - 植物性神经
      - 交感神经
      - 副交感神经

神经系统的基本结构和功能单位是神经元，神经元的胞体和突起在不同的部位聚集而具有不同的名称。在中枢神经系统内，神经元的胞体和树突集中的部位，呈灰白色，称为灰质，分

布在大脑和小脑表层的灰质称皮质。神经纤维集中的部位，呈白色，称为白质。形态和功能相似的神经元的胞体在中枢神经系统内聚集而成的团块，称神经核；在周围神经系统中聚集形成神经节。在中枢神经系统内起止、行程和功能相同的神经纤维集合成束，称纤维束或传导束；在周围神经系统内神经纤维聚集在一起构成神经。在中枢神经系统内，神经纤维交错成网，灰质团块散在其中，称网状结构。

第一节　中枢神经系统

一、脊髓

(一)脊髓的位置和外形

脊髓位于椎管内，呈背、腹略扁的圆柱状，前端在枕骨大孔处与延髓相连，后端达荐骨中部。脊髓的全长粗细不等，有两处膨大，即颈膨大和腰膨大。在颈后部和胸前部由于分出神经至前肢，神经细胞和纤维含量较多，形成颈膨大。在腰荐部由于分出神经至后肢，故也较粗大，称腰膨大。腰膨大之后则逐渐变细呈圆锥状，称脊髓圆锥。自脊髓圆锥向后伸出一根来自软膜的细丝，称终丝。后数对荐神经和尾神经在穿出椎间孔之前，在椎管内向后伸延较长一段距离，围绕终丝聚集成束，形成马尾。

脊髓表面有几条纵行的沟，在背侧面正中的浅沟，称背正中沟，深部为背正中隔。在背正中沟的两侧，各有一条背外侧沟，脊神经的背侧根通过背外侧沟进入脊髓。脊髓腹侧面正中的深沟，称腹正中裂，在腹正中裂的两侧，各有一条腹外侧沟，脊神经的腹侧根由此穿出脊髓。脊髓的背正中沟、背正中隔和腹正中裂把脊髓分为对称的两半。

(二)脊髓的内部结构

脊髓由灰质和白质构成，在脊髓的横断面上，可见中央有一纵行小管，称中央管，中央管的周围是灰质，灰质的外周为白质(图 9-1)。

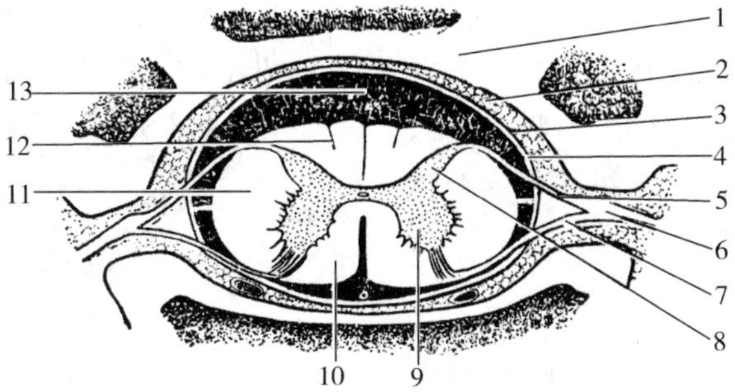

1.椎弓　2.硬膜外腔　3.脊硬膜　4.硬膜下腔　5.背侧根　6.脊神经节　7.腹侧根
8.背侧柱　9.腹侧柱　10.腹侧索　11.外侧索　12.背侧索　13.蛛网膜下腔

图 9-1　脊髓的横断面模式图

1.灰质

灰质呈H形，纵贯脊髓全长，主要由神经元的胞体和树突及外来轴突终末构成。每侧灰质向背侧和腹侧突出的部分，分别称为背侧角和腹侧角，在脊髓的胸段和腰前段的背侧角和腹侧角之间还有向外突出的外侧角，它们在脊髓前后连贯形成纵柱，分别称为背侧柱、腹侧柱和外侧柱。背侧柱内含有中间神经元的胞体，接受脊神经背侧根感觉纤维传来的冲动，将其传导到运动神经元或下一个中间神经元。腹侧柱内有两类运动神经元的胞体，大型的叫 α 运动神经元，支配梭外肌纤维，引起骨骼肌收缩。小型的叫 γ 运动神经元，支配梭内肌纤维，对维持肌张力起主要作用。外侧柱内有植物性神经节前神经元的胞体，其轴突随腹侧根穿出。

2.白质

白质主要由纵行的神经纤维束组成。每侧的白质借脊髓的沟、裂被分为3个索：背正中沟与背外侧沟之间为背侧索；背外侧沟与腹外侧沟之间为外侧索；腹外侧沟与腹正中裂之间为腹侧索。背侧索内的神经束是感觉传导束。外侧索内位于浅层的神经束是感觉传导束，位于深层的是运动传导束。腹侧索内的神经束主要是运动传导束。靠近灰质周围有一层短距离的纤维，起止点均在脊髓内，称脊髓固有束。

(三)脊髓的功能

1.传导功能

脊髓白质内有大量的纤维束，通过上行纤维束将躯干和四肢的感觉信息传至脑，产生感觉。通过下行纤维束，将脑发放的冲动下传至脊髓运动神经元，以支配效应器的活动。

2.反射功能

脊髓灰质内有许多低级反射中枢，通过脊髓固有束和背、腹侧根完成一些反射活动。如颈、腰膨大处有伸肌和屈肌反射中枢，荐部脊髓有排粪和排尿反射中枢。

二、脑

脑位于颅腔内，后端在枕骨大孔处与脊髓相连。脑可分为延髓、脑桥、中脑、间脑、小脑和大脑。通常把延髓、脑桥和中脑合称为脑干(图9-2至图9-5)。

(一)脑干

脑干由后向前依次为延髓、脑桥和中脑，前和间脑相接，后与脊髓相续，背侧面连于小脑。脑干腹侧面与第3～12对脑神经根相连接。

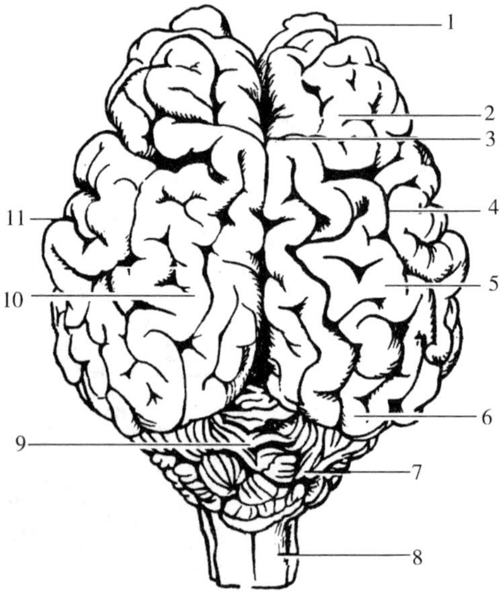

图9-2 牛脑(背侧面)

1.嗅球 2.额叶 3.大脑纵裂 4.脑沟 5.脑回 6.枕叶 7.小脑半球 8.延髓 9.小脑蚓部 10.顶叶 11.颞叶

脑干由灰质和白质构成。灰质形成许多神经核团，位于白质中。脑干内的神经核可分为两类：一类是与脑神经直接相连的神经核，其中接受感觉纤维的，称脑神经感觉核；发出运动纤维的，称脑神经运动核。另一类为传导径上的神经核，是传导径上的联络站，如薄束核、楔束核、红核等。此外，脑干内还有网状结构，它既是上行和下行传导径的联络站，又是某些反射中枢。

1. 延髓

延髓位于枕骨基底部的背侧，呈前宽后窄、背腹侧稍扁的锥形。前端连脑桥，后端在枕骨大孔处接脊髓，背侧面大部分被小脑覆盖。

延髓腹侧面有腹正中裂，裂两侧的纵行隆起称锥体，由大脑皮质到脊髓的皮质脊髓束构成。在锥体后方，大部分纤维左、右交叉，形成锥体交叉。在延髓前端，锥体的两侧有一窄的横行隆起，称斜方体，由耳蜗神经核发出并走向对侧的横行纤维构成。在延髓腹侧由前向后依次有第 6～12 对脑神经根。

延髓背侧面前半部为开放部，中央管敞开形成第 4 脑室底的后部；后半部的形态与脊髓相似，称为闭合部。第 4 脑室后部两侧走向小脑的隆起，称绳状体或小脑后脚，主要由出入小脑的部分纤维构成。绳状体的后部外侧有结节状隆凸，内侧的为薄束核结节，外侧的为楔束核结节，深部分别含有薄束核和楔束核。

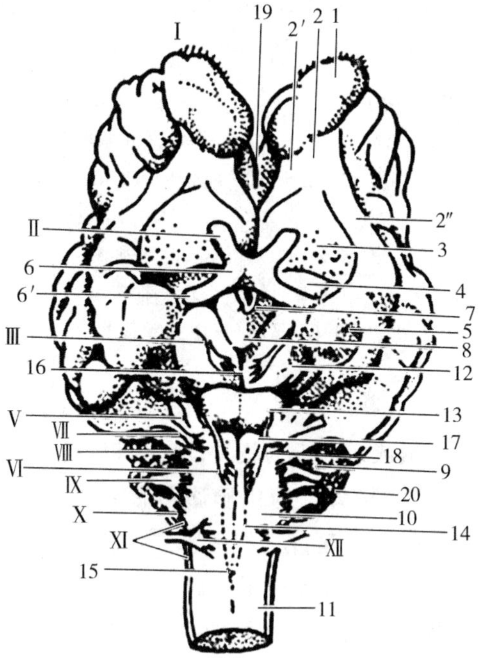

1. 嗅球　2. 嗅总回　2′. 内侧嗅回　2″. 外侧嗅回　3. 嗅三角　4. 前穿质　5. 梨状叶　6. 视交叉　6′. 视束　7. 漏斗和灰结节　8. 乳头体　9. 小脑　10. 延髓　11. 脊髓　12. 大脑脚　13. 脑桥　14. 锥体　15. 锥体交叉　16. 脚间窝　17. 斜方体　18. 面神经丘　19. 大脑纵裂　20. 小脑半球　Ⅰ. 嗅神经　Ⅱ. 视神经根　Ⅲ. 动眼神经根　Ⅴ. 三叉神经根　Ⅵ. 外展神经根　Ⅶ. 面神经根　Ⅷ. 前庭耳蜗神经根　Ⅸ. 舌咽神经根　Ⅹ. 迷走神经根　Ⅺ. 副神经根　Ⅻ. 舌下神经根

图 9-3　牛脑(腹侧面)

2. 脑桥

脑桥位于小脑腹侧，在中脑和延髓之间。腹侧面为横行隆起，正中央有一纵行的基底沟。脑桥腹侧部从两侧向背侧伸入小脑，形成小脑中脚或脑桥臂。在腹侧部与小脑中脚交界处有粗大的三叉神经根。脑桥背侧面凹，形成第 4 脑室底的前部。在背侧部的前端两侧有联系小脑和中脑、间脑的小脑前脚或结合臂。

脑桥在横切面上可分为背侧的被盖部和腹侧的基底部。被盖部是延髓背侧部的延续，内有三叉神经核、中继核(外侧丘系核)和网状结构。基底部由纵行纤维、横行纤维和散在其中的脑桥核组成。纵行纤维为大脑皮质至延髓和脊髓的锥体束。横行纤维由脑桥核发出，伸向对侧形成小脑中脚，而后入小脑。

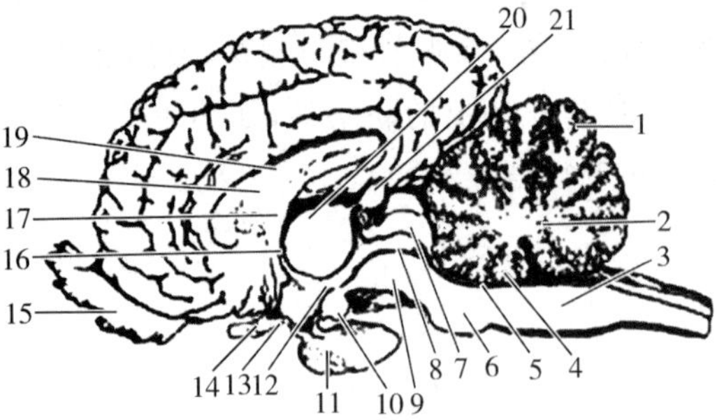

1. 小脑皮质　2. 小脑髓树　3. 延髓　4. 第 4 脑室
5. 前髓帆　6. 脑桥　7. 四叠体　8. 中脑导水管
9. 大脑脚　10. 乳头体　11. 垂体　12. 第 3 脑室
13. 灰结节　14. 视交叉　15. 嗅球　16. 室间孔
17. 穹窿　18. 透明隔　19. 胼胝体
20. 丘脑间黏合　21. 松果体

图 9-4　马脑(正中矢状面)

3. 第 4 脑室

第 4 脑室位于延髓、脑桥和小脑之间,前通中脑导水管,后通脊髓中央管。第 4 脑室顶壁由前髓帆、小脑、后髓帆和第 4 脑室脉络丛构成。前、后髓帆系白质薄膜,自小脑白质分出,分别附着于小脑前脚和后脚的内缘。第 4 脑室脉络丛由富于血管丛的室管膜和脑软膜组成,伸入第 4 脑室内,能产生脑脊液。第 4 脑室侧壁由小脑脚形成。第 4 脑室底呈菱形,也称菱形窝。

4. 中脑

中脑位于脑桥和间脑之间,由背侧的中脑顶盖、腹侧的大脑脚及两者之间的中脑导水管构成。

(1)中脑顶盖　即四叠体,由一对前丘和一对后丘组成。前丘为视觉反射中枢,后丘为听觉反射中枢。

(2)大脑脚　为中脑腹侧面一对纵行纤维束构成的隆起,左、右两脚之间的凹窝称脚间窝,窝的外侧有动眼神经发出。大脑脚又分为背侧的被盖和腹侧的大脑脚底。被盖是脑桥被盖的延续,内有网状结构、动眼神经核、滑车神经核、三叉神经中脑核、红核、黑质等。大脑脚底由大脑皮质投射至脑桥、延髓和脊髓的运动纤维束构成。

(3)中脑导水管　位于中脑顶盖和大脑脚之间,前方与间脑的第 3 脑室相通,后方通第 4 脑室。

(二)小脑

小脑略呈球形,位于大脑半球的后方,在延髓和脑桥的背侧,构成第 4 脑室顶壁,表面有许多沟和回。小脑被两条纵沟分为中间的蚓部和两侧的小脑半球。其主要功能是维持动物机体平衡、调节肌张力和协调随意运动。

小脑的表层为灰质,称小脑皮质,主要由神经元胞体构成。皮质从外到内分为分子层、蒲肯野细胞层和颗粒层 3 层结构。小脑

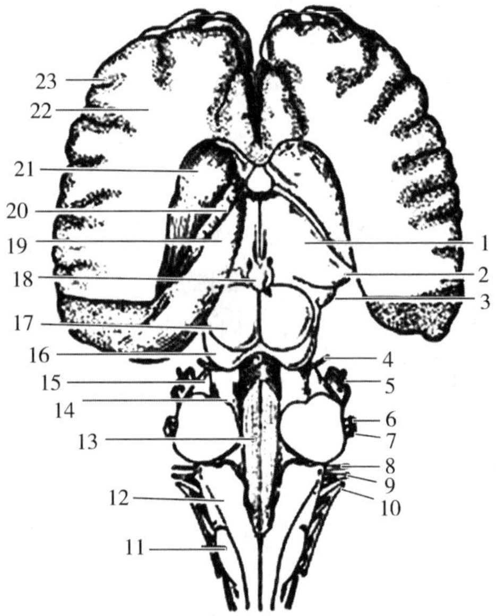

图 9-5　马脑(切除一部分,示海马、基底核和脑干背侧面)

1. 丘脑　2. 外侧膝状体　3. 内侧膝状体　4. 滑车神经
5. 三叉神经　6. 面神经　7. 前庭耳蜗神经　8. 舌咽神经
9. 迷走神经　10. 副神经　11. 楔束核结节　12. 小脑后脚
13. 第 4 脑室　14. 小脑前脚　15. 小脑中脚　16. 后丘
17. 前丘　18. 松果体　19. 海马　20. 侧脑室脉络丛
21. 尾状核　22. 大脑白质　23. 大脑灰质

内部为白质,称小脑髓质,主要由神经纤维构成。白质呈树枝状伸向小脑皮质,形成髓树。髓质内每侧有 3 个灰质核团,由正中面向外为顶核、栓状核和齿状核,其中齿状核最大。

小脑以 3 对小脑脚连于脊髓、脑干和间脑。小脑后脚主要是来自脊髓和延髓进入小脑的纤维;小脑中脚最粗大,由脑桥核发出的脑桥小脑纤维组成;小脑前脚主要由小脑齿状核发出的纤维组成。

(三)间脑

间脑位于中脑前方,背侧被大脑半球遮盖。间脑的腔隙为第 3 脑室。间脑可分为丘脑、上丘脑、后丘脑、下丘脑和底丘脑 5 部分。

1. 丘脑

丘脑是一对卵圆形的灰质块,左、右丘脑内侧部以丘脑间黏合互相连接,周围的环形裂隙为第 3 脑室。丘脑前端狭窄隆凸,称丘脑前结节,内隐丘脑前核。后端较膨大,称丘脑枕。

2. 上丘脑

上丘脑位于间脑背侧正中后部。主要包括缰三角、缰连合和松果体等。缰三角位于第 3 脑室顶壁后端的两侧,左、右缰三角由缰连合相连。缰三角的背侧为松果体,在哺乳类为内分泌器官,在鱼类、两栖类和某些爬行类为光感受器。

3. 后丘脑

后丘脑位于丘脑后部背外侧,由外侧膝状体和内侧膝状体构成。外侧膝状体较大,呈嵴状,位于前丘的前外侧,借前丘臂连接中脑前丘,接受视束的纤维,为视觉通路的中继站。内侧膝状体较小,呈卵圆形,位于外侧膝状体后下方,借后丘臂与中脑后丘相连,接受上行的听觉纤维,是听觉通路的中继站。

4. 下丘脑

下丘脑位于间脑的腹侧,由前向后为视交叉、视束、灰结节、漏斗、垂体和乳头体。视交叉由左、右视神经交叉而成,视交叉前连视神经,向后延续为视束。视交叉的后方为灰结节,它向腹侧延伸为漏斗,漏斗腹侧连垂体。灰结节后方有一对圆形隆起为乳头体。

下丘脑内含有许多神经核团,其中主要有视上核和室旁核。视上核位于视交叉的前方,分泌抗利尿激素;室旁核位于第 3 脑室侧壁内,分泌催产素。视上核和室旁核神经核分泌的激素,沿垂体束输送到神经垂体内贮存或释放入血液。

5. 底丘脑

底丘脑为中脑被盖和间脑的移行区,位于大脑脚背侧,内含丘脑底核,与红核、黑质、大脑半球的基底核有密切的纤维联系。

6. 第 3 脑室

第 3 脑室是环绕丘脑间黏合的狭窄腔隙,前方借一对室间孔与左、右侧脑室相通,后经中脑导水管与第 4 脑室相通。顶壁为第 3 脑室脉络丛,向前经室间孔与侧脑室脉络丛相接。底壁形成一漏斗形隐窝。

(四)大脑

大脑又称端脑，后端以大脑横裂与小脑分开，背侧被大脑纵裂分为左、右两个大脑半球，纵裂底有连接两侧大脑半球的胼胝体。每侧大脑半球包括大脑皮质、白质、嗅脑、基底核和侧脑室。

1. 大脑皮质和白质

大脑皮质是覆盖于大脑半球表面的一层灰质，皮质内的神经元呈分层排列，由浅到深分为界限不十分明显的 6 层结构，即分子层、外颗粒层、外锥体细胞层、内颗粒层、内锥体细胞层和多形细胞层。各层的厚度以及神经元的形状、大小都依部位不同而有差异，这与不同部位皮质具有不同的功能有关。皮质表面凹凸不平，凹陷处称为脑沟，沟间的隆起称脑回。大脑皮质背外侧面可分为 4 叶，前部为额叶，是运动区；后部为枕叶，是视觉区；背侧部为顶叶，是一般感觉区；外侧部为颞叶，是听觉区（图 9-2、图 9-6）。在大脑皮质内侧面中部，有位于胼胝体背侧并环绕胼胝体的扣带回。

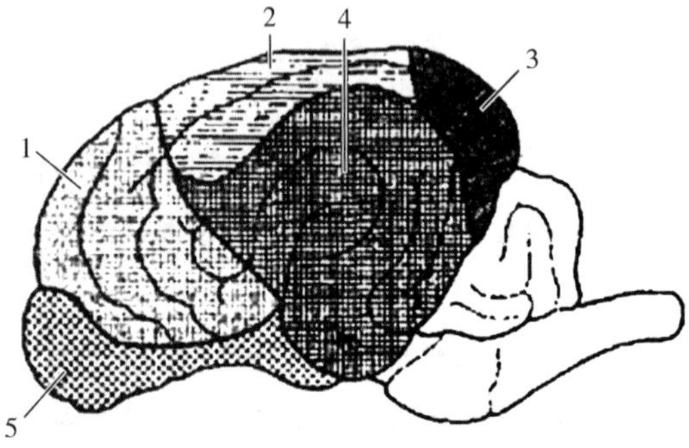

图 9-6 大脑半球各叶(外侧观)

1. 额叶 2. 顶叶 3. 枕叶 4. 颞叶 5. 嗅球

大脑半球内的白质由大量的神经纤维构成，这些纤维可分为 3 类：①联络纤维，又称弓形纤维，是连接同侧大脑半球皮质各叶或各脑回的纤维。②连合纤维，是连接左、右大脑半球皮质的纤维，主要为胼胝体。③投射纤维，是联络大脑皮质与皮质下结构的上、下行纤维，绝大多数通过内囊。

2. 嗅脑

嗅脑位于大脑腹侧面，包括嗅球、嗅束（嗅回）、嗅三角、梨状叶、海马和边缘叶等结构。

(1)嗅球、嗅束和嗅三角　嗅球呈卵圆形，位于每侧大脑半球的前端，接受嗅黏膜的嗅神经纤维。嗅球的后面接嗅束，嗅束向后分为内侧嗅束和外侧嗅束。内侧嗅束伸向半球内面的旁嗅区，外侧嗅束向后连于梨状叶，内、外侧嗅束之间的三角区称为嗅三角。

(2)梨状叶　为位于大脑脚外侧的梨状隆起，表层是灰质，前端深部有杏仁核，位于侧脑室底壁内。梨状叶内有腔，为侧脑室的后角。

(3)海马　呈弓带状，由梨状叶的后部和内侧部转向半球的深部而成。海马的纤维向外侧集中形成海马伞，伞的纤维向前内侧伸延，与对侧相连形成穹窿。穹窿背侧与胼胝体之间有透明隔。每侧的海马形成侧脑室底壁的后部，海马伞的边缘与侧脑室脉络丛相连。

(4)边缘叶　位于大脑半球内侧面，由扣带回及其后端腹侧的海马回和齿状回相连而形成的一个穹窿形脑回。因其位置是在大脑与间脑相连处的边缘，故称边缘叶。边缘叶与附近的皮质（额叶眶部、脑岛、颞极与海马）以及有关的皮质下结构（隔区、杏仁核、下丘脑、缰核、丘脑前核、丘脑内侧核和中脑被盖区等）在结构和功能上有密切联系，从而构成一个统一的功能系统，称为边缘系统，其功能与情绪变化、记忆和内脏活动等有关（图 9-7）。

3. 基底核

基底核是位于大脑半球基底部的灰质核团，主要包括尾状核和豆状核，两核之间有由白质构成的内囊。尾状核斜位于丘脑的前外侧，其背内侧面构成侧脑室前部的底壁，腹外侧与内囊相接。内囊的外侧有豆状核，豆状核又分为内、外两部，内侧部色较浅称苍白球，外侧部为壳核。尾状核、内囊和豆状核在横切面上呈灰白质相间的条纹状，故称纹状体。纹状体是锥体外系的重要联络站，其主要功能是维持骨骼肌的张力和协调肌肉运动(图 9-8)。

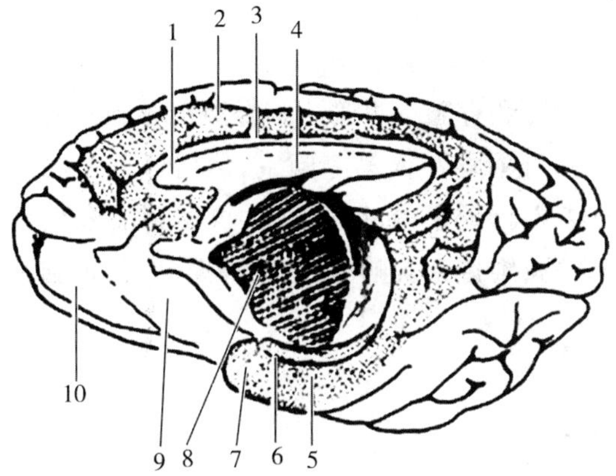

1. 透明隔　2. 扣带回　3. 胼胝体　4. 穹窿
5. 海马回　6. 齿状回　7. 梨状叶
8. 丘脑切面　9. 嗅三角　10. 嗅束

图 9-7　大脑半球内侧面(示边缘系统)

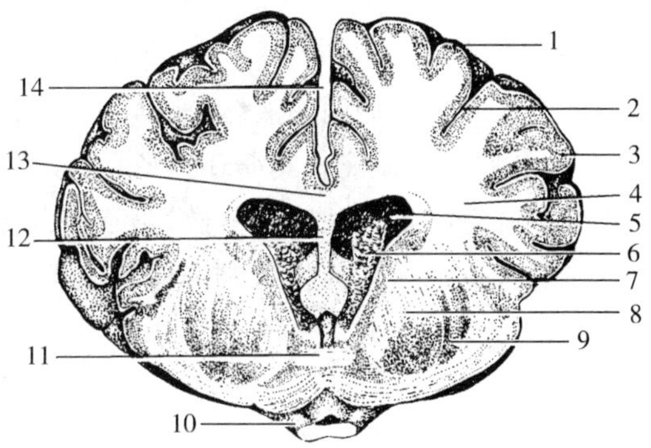

1. 脑回　2. 脑沟　3. 大脑皮质　4. 大脑白质　5. 侧脑室
6. 侧脑室脉络丛　7. 尾状核　8. 内囊　9. 豆状核
10. 视束　11. 前联合　12. 透明隔
13. 胼胝体　14. 大脑纵裂

图 9-8　大脑半球横切面

4. 侧脑室

侧脑室位于大脑半球内，左、右各一，经室间孔与第 3 脑室相通。顶壁为胼胝体，底壁前部为尾状核，后部为海马，内侧壁为透明隔。侧脑室内有脉络丛，可产生脑脊液。

三、脑脊髓膜和脑脊液

(一)脑脊髓膜

脑和脊髓的外面都包有三层结缔组织膜，由内向外依次为软膜、蛛网膜和硬膜。

1. 软膜

软膜薄而透明，富含血管，紧贴于脊髓和脑的表面，分别称脊软膜和脑软膜。脊软膜自脊髓圆锥以后形成终丝。脑软膜及其表面的毛细血管和室管膜上皮共同折入脑室腔内，形成脉络丛，能产生脑脊液。

2. 蛛网膜

蛛网膜为一层透明结缔组织薄膜，无血管和神经，包于软膜的外面，跨越脊髓和脑的沟和裂，包括脊蛛网膜和脑蛛网膜。蛛网膜以无数纤维束与软膜相连，蛛网膜与软膜之间的腔隙，称蛛网膜下腔，内含脑脊液。脑蛛网膜有绒毛状突起伸入脑硬膜的静脉窦中，称蛛网膜粒，脑脊液通过蛛网膜粒渗透到静脉窦。

3. 硬膜

硬膜是一层厚而坚韧的结缔组织膜，包围于蛛网膜外面。分为脊硬膜和脑硬膜。硬膜与蛛网膜之间的腔隙，称硬膜下腔。脊硬膜与椎管之间有一较宽的腔隙，称硬膜外腔，内含静脉和脂肪，并有脊神经根通过。临床上做硬膜外麻醉时，即将麻醉药注入硬膜外腔，以阻断神经的传导。脑硬膜紧贴于颅腔壁，其间无腔隙存在。脑硬膜伸入大脑纵裂内形成大脑镰；伸入大脑横裂内形成小脑幕；在丘脑下部和垂体之间形成鞍隔。

（二）脑脊液

脑脊液是无色透明的液体，充满于脑室、蛛网膜下腔和脊髓中央管。脑脊液由各脑室脉络丛产生，最后进入血液。其循环途径是：各脑室内的脑脊液均汇入第 4 脑室，然后经第 4 脑室正中孔和外侧孔进入蛛网膜下腔，最后经蛛网膜粒渗入脑硬膜内的静脉窦，再回到血液循环中。脑脊液有运送营养物质、带走脑和脊髓的代谢产物、维持正常脑内压、缓冲震动、保护脑和脊髓的作用（图 9-9）。

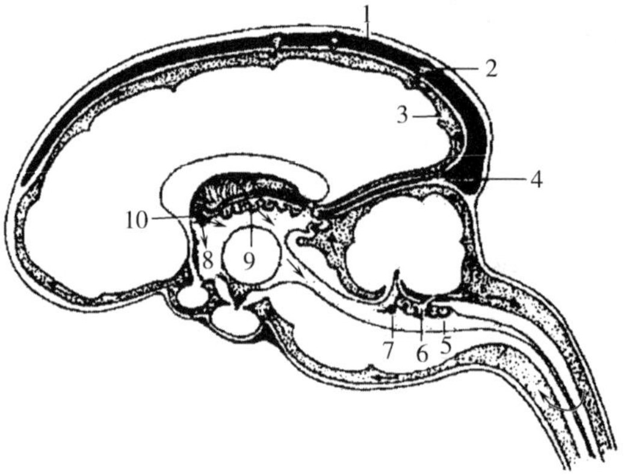

1. 背侧矢状窦 2. 蛛网膜粒 3. 蛛网膜下腔 4. 小脑幕 5. 第 4 脑室 6. 第 4 脑室脉络丛 7. 第 4 脑室的开口 8. 第 3 脑室 9. 第 3 脑室脉络丛 10. 室间孔

图 9-9 脑脊液的形成和循环

第二节 周围神经系统

一、脊神经

脊神经是混合神经，以背侧根和腹侧根与脊髓相连，其中背侧根含感觉纤维，腹侧根含运动纤维，背侧根和腹侧根在椎间孔处合并形成脊神经，出椎间孔后分为背侧支和腹侧支。脊神经按部位分为颈神经、胸神经、腰神经、荐神经和尾神经（表 9-2）。

表 9-2　各种动物脊神经的对数

名称	牛、羊	猪	马	犬	猫	兔
颈神经	8	8	8	8	8	8
胸神经	13	14～15	18	13	13	12～13
腰神经	6	7	6	7	7	7
荐神经	5	4	5	3	3	4
尾神经	5～7	5	5～6	4～6	7～9	6
合计	37～39	38～39	42～43	36～37	38～40	37～38

脊神经的背侧支较短而细，颈、胸、腰神经的背侧支都分为内侧支和外侧支，分布于颈背侧、背部和腰部的肌肉和皮肤。荐神经的背侧支分布于荐臀部肌肉和皮肤，尾神经的背侧支分布于尾背侧肌肉和皮肤。脊神经腹侧支较粗，分布于脊柱腹侧、胸壁、腹壁和四肢等。以下介绍分布于躯干、前肢和后肢的脊神经腹侧支形成的神经。

(一)分布于躯干的神经

1. 颈神经的腹侧支

第 2 颈神经的腹侧支形成耳大神经和颈横神经。耳大神经分布于耳郭背面皮肤；颈横神经分布于腮腺部和下颌间隙处的皮肤。第 5～7 颈神经的腹侧支形成膈神经，经胸前口入胸腔，向后分布于膈。第 6～8 颈神经的腹侧支主要参与组成膈神经和臂神经丛。

2. 胸神经的腹侧支

第 1～2 胸神经的腹侧支主要参与形成臂神经丛，每一胸神经的腹侧支形成肋间神经。肋间神经位于肋间隙，伴随肋间背侧动脉、静脉沿肋骨后缘下行，分布于肋间肌、腹肌和皮肤。最后胸神经的腹侧支又称肋腹神经，在第 1 腰椎横突末端的下方分为深、浅两支，深支进入腹直肌，并分出分支到腹内斜肌和腹横肌；浅支分布于腹外斜肌、躯干皮肌及皮肤。

3. 腰神经的腹侧支

第 1～3(4)腰神经的腹侧支形成髂腹下神经、髂腹股沟神经、生殖股神经和股外侧皮神经(图 9-10)。第 4～6 腰神经的腹侧支参与构成腰荐神经丛。

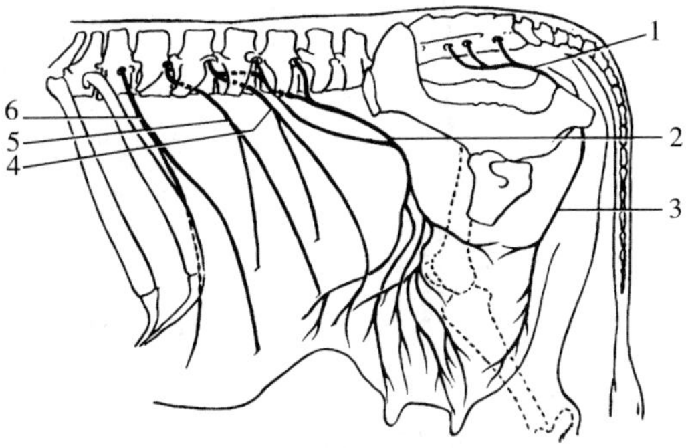

1. 阴部神经　2. 生殖股神经　3. 会阴神经的乳房支
4. 髂腹股沟神经　5. 髂腹下神经　6. 最后肋间神经

图 9-10　牛腹壁神经的示意图

(1)髂腹下神经　来自第 1 腰神经的腹侧支，经腰方肌与腰大肌之间向后下方伸延，在第 2 腰椎横突末端的腹侧，分为浅、深两支：浅支分布于腹内斜肌、腹外斜肌和腹侧壁后部的皮肤；深支分布于腹内斜肌、腹横肌、腹直肌和腹底壁的皮肤。

(2)髂腹股沟神经　来自第 2 腰神经的腹侧支，经第 4 腰椎横突末端的外侧缘(牛)或第 3 腰椎横突末端(马)向后伸延，分为浅、深两支：浅支分布于膝褶外侧的皮肤；深支分布于腹内斜肌、腹直肌和腹底壁的皮肤。

(3)生殖股神经　来自第 2～4 腰神经的腹侧支，横过旋髂深动脉的外侧向下伸延，分为前、后两支，均穿过腹股沟管，分布于阴囊和包皮(公畜)或乳房(母畜)。

(4)股外侧皮神经　来自第 3、4 腰神经的腹侧支，伴随旋髂深动脉的后支在髋关节的下方穿出腹壁，分布于股外侧和膝关节前面的皮肤。

4. 荐神经的腹侧支

第 1、2 荐神经的腹侧支参与构成腰荐神经丛。第 3、4 荐神经的腹侧支形成阴部神经和直肠后神经。第 5 荐神经的腹侧支分布于荐尾腹侧肌、肛门和尾根附近的皮肤。

(1)阴部神经　来自第 2～4 荐神经的腹侧支，在荐结节阔韧带的内侧面向后下方伸延，其终支绕过坐骨弓，在公畜至阴茎背侧，称为阴茎背侧神经，分布于阴茎和包皮；母畜则称为阴蒂背神经，分布于阴唇和阴蒂。

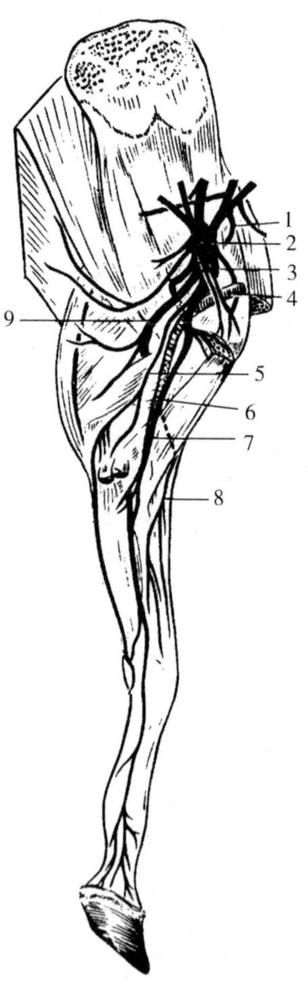

1. 肩胛上神经　2. 臂神经丛　3. 腋神经　4. 腋动脉　5. 尺神经　6. 肌皮神经和正中神经的总干　7. 正中神经　8. 肌皮神经的前臂内侧皮神经　9. 桡神经

图 9-11　牛的前肢神经(内侧面)

(2)直肠后神经　来自第 4、5(牛)或 3、4(马)荐神经的腹侧支，常有 2 支，沿直肠侧面后行，分布于直肠和肛门，母畜还分布于阴蒂和阴唇。

5. 尾神经的腹侧支

形成尾腹侧神经，分布于尾腹侧的肌肉和皮肤。

(二)分布于前肢的神经

前肢神经来自臂神经丛。臂神经丛位于肩关节的内侧，由第 6～8 颈神经和第 1、2 胸神经的腹侧支结合而成，有 8 个分支(图 9-11)。

1. 肩胛上神经

肩胛上神经由臂神经丛的前部发出，经肩胛下肌和冈上肌之间伸向外下方，分布于冈上肌和冈下肌。

2. 肩胛下神经

肩胛下神经有 2～4 支，分布于肩胛下肌。

3. 胸肌神经

胸肌神经分胸肌前神经和胸肌后神经。胸肌前神经有数支，分布于胸浅肌和胸深肌；胸肌后神经分布于背阔肌、胸腹侧锯肌、躯干皮肌和皮肤。

4. 腋神经

腋神经由臂神经丛中部发出，经肩胛下肌与大圆肌之间，向外伸至三角肌深面，沿途分支分布于肩胛下肌、大圆肌、小圆肌、三角肌和臂头肌，并分出皮支分布于前臂背外侧的皮肤。

5. 肌皮神经

肌皮神经在腋动脉下方与正中神经相连形成腋袢，分出肌支分布于喙臂肌和臂二头肌，主干下行至臂中部与正中神经分离，分支分布于臂二头肌和臂肌，终支延续为前臂内侧皮神经，分布于前臂、腕、掌内侧的皮肤。

6. 桡神经

桡神经自臂神经丛后部分出，沿尺神经后缘向下伸延，经臂三头肌长头和内侧头之间进入臂肌沟，分出肌支分布于臂三头肌和肘肌，主干在臂三头肌外侧头的深面分为深、浅两支。深支分布于腕、指关节的伸肌。浅支在牛中较粗，向下伸延至掌部，分为内、外侧支，分布于第 3、4 指的背侧面。浅支在马中称前臂外侧皮神经，分布于前臂背外侧的皮肤。

7. 尺神经

尺神经沿臂动脉后缘向下伸延，在前臂筋膜张肌的深面，伴随尺侧副动脉在腕外侧屈肌和腕尺侧屈肌之间沿前臂后缘向下伸延到腕部。在臂中部分出一皮支，分布于前臂掌侧的皮肤。在臂部远端分出肌支，分布于腕尺侧屈肌、指浅屈肌和指深屈肌。尺神经在腕关节上方，分为一背侧支和一掌侧支。

牛的尺神经背侧支沿掌部的背外侧向下伸延，分布于第 4 指背外侧面；掌侧支在副腕骨的内侧面向下伸延，在掌部近端分出一深支进入悬韧带后，沿指浅屈肌腱的外侧缘下行，分布于第 4 指掌外侧面。

马的尺神经背侧支分布于腕、掌部背外侧和掌侧的皮肤；掌侧支合并于正中神经的掌外侧神经。

8. 正中神经

正中神经为臂神经丛最长的分支，起始部与肌皮神经合成一总干，沿臂动脉前缘向下伸延，至臂中部与肌皮神经分离后，经肘关节的内侧进入前臂骨和腕桡侧屈肌之间的肌沟（正中沟）中，至掌部远端分为内侧支和外侧支（牛）或前臂远端分为掌内侧神经和掌外侧神经（马）。正中神经在前臂近端分出肌支分布于腕桡侧屈肌和指浅、深屈肌，在正中沟中分出前臂骨间神经进入前臂骨间隙，分布于前臂骨。

牛的正中神经内侧支分为两支，分布于第 3 指的掌侧和悬蹄；外侧支也分为两支，与尺神经共同分布于第 4 指的掌侧。

马的掌内侧神经沿指深屈肌腱的内侧缘向下伸延，在掌中部分出一交通支并入掌外侧神经。掌内侧神经主干下行至掌指关节处分为一背侧支和一掌侧支，分布于指内侧。掌外侧神经与尺神经的掌侧支会合后，沿指深屈肌腱的外侧缘向下伸延，在掌部下 1/3 接受来自掌内侧神经的交通支，其分支与掌内侧神经相同，分布于指外侧。

(三)分布于后肢的神经

后肢的神经来自腰荐神经丛。腰荐神经丛位于腰荐部腹侧，由第 4～6 腰神经和第 1、2 荐神经的腹侧支构成，有下列 5 个分支（图 9-12）。

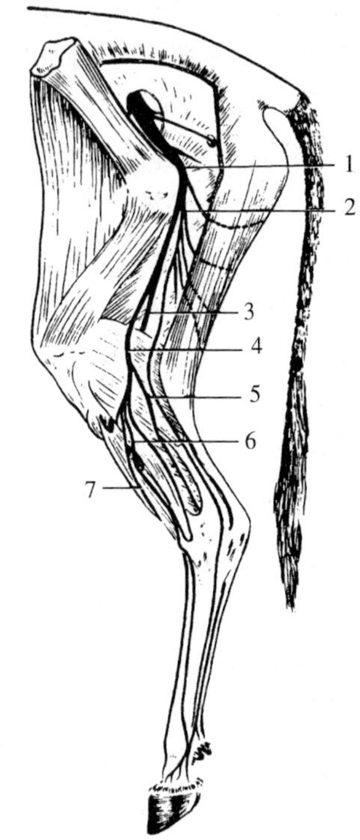

1. 坐骨神经　2. 肌支　3. 胫神经
4. 腓总神经　5. 小腿外侧皮神经
6. 腓浅神经　7. 腓深神经

图 9-12　牛的后肢神经(外侧面)

1. 股神经

股神经来为自第4、5腰神经的腹侧支，经腰大肌与腰小肌之间穿出腹腔，沿缝匠肌的深面进入股直肌和股内侧肌之间，分支分布于股四头肌。沿途分出至髂腰肌的肌支和隐神经，隐神经分布于缝匠肌及股部和小腿内侧皮肤。

2. 闭孔神经

闭孔神经为来自第4～6腰神经的腹侧支，沿髂骨内侧面向后下方伸延，经闭孔穿出骨盆腔，分支分布于闭孔外肌、耻骨肌、内收肌和股薄肌。

3. 臀前神经

臀前神经较短，来自第6腰神经和第1荐神经的腹侧支，经坐骨大孔出骨盆腔，分为数支分布于臀肌群和阔筋膜张肌。

4. 臀后神经

臀后神经为来自第1、2荐神经的腹侧支，经坐骨大孔出骨盆腔，沿荐结节阔韧带外侧面向后伸延，分支分布于臀股二头肌、臀中肌，在马还分布于臀浅肌、半腱肌和股后外侧的皮肤。

5. 坐骨神经

坐骨神经为全身最粗的神经，来自第6腰神经和第1、2荐神经的腹侧支，经坐骨大孔出骨盆腔，沿荐结节阔韧带外侧面向后下方伸延，经股骨大转子与坐骨结节之间绕至髋关节后方，在臀股二头肌和半膜肌之间下行，至股中部分为腓总神经和胫神经。坐骨神经沿途分支分布于臀股二头肌、半腱肌和半膜肌。在牛中还分出股后皮神经，分布于股后部的皮肤。

(1)腓总神经　在臀股二头肌和腓肠肌外侧头之间向前下方伸延，途中分出小腿外侧皮神经，分布于小腿外侧的皮肤。主干至腓骨近端外侧分为腓浅神经和腓深神经。

牛的腓浅神经较粗，开始在趾外侧伸肌和腓骨长肌的沟中向下伸延，并分出分支至趾外侧伸肌，然后沿趾长伸肌腱的后缘下行，至跗关节的下方分为外、中、内3支，分布于趾部背外侧的皮肤。腓深神经沿趾长伸肌的深面向下伸延，在跖部与跖背侧第3动脉伴行，肌支分布于小腿前部的肌肉，主干在跖趾关节上方与趾背侧第3总神经吻合，下行于两主趾间，分布于第3、4趾轴侧面。

马的腓浅神经沿趾长伸肌和趾外侧伸肌之间向下伸延，分布于趾外侧伸肌以及小腿、跗部和跖部外侧面的皮肤。腓深神经沿趾长伸肌深面向远端延伸，分布于小腿背外侧的肌肉和跗部、跖部、趾部的皮肤。

(2)胫神经　沿臀股二头肌深面进入腓肠肌两头之间，分出肌支分布于跗关节的伸肌和趾关节的屈肌。主干在小腿内侧沟下行至跗关节上方，分为足底内侧神经和足底外侧神经。胫神经在起始部还分出皮支，分布于小腿后面和跗、跖部外侧面的皮肤。

牛的足底内侧神经沿趾屈肌腱的内侧缘向下伸延，至跖趾关节上方分为内、外侧支：内侧支分布于第3趾的跖内侧面；外侧支在趾间隙处分支分布于第3、4趾。足底外侧神经沿趾屈肌腱的外侧缘向趾端伸延，分布于第4趾的跖外侧面。

马的足底内侧神经沿趾屈肌腱的内侧缘下行，在跖中部分出一交通支加入足底外侧神经。足底内侧神经在跖趾关节上方分为一背侧支和一跖侧支，分布于趾内侧的皮肤和关节。足底外侧神经沿趾屈肌腱的外侧缘向下伸延，分为一背侧支和一跖侧支，分布于趾外侧的皮肤和关节。

二、脑神经

脑神经共有 12 对，根据所含神经纤维的种类，分为感觉神经、运动神经以及含感觉纤维和运动纤维的混合神经（图 9-13）。

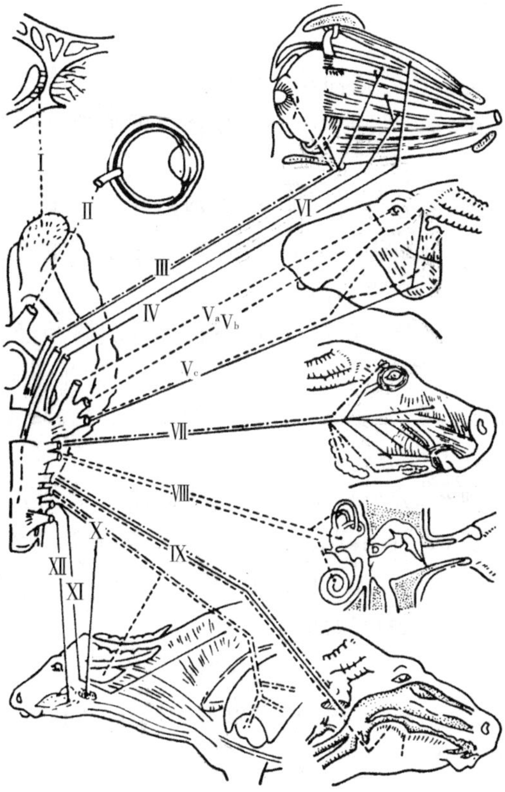

----感觉纤维　——运动纤维　—·—·—副交感神经纤维

Ⅰ.嗅神经　Ⅱ.视神经　Ⅲ.动眼神经　Ⅳ.滑车神经　Ⅴ.三叉神经（V_a.眼神经　V_b.上颌神经　V_c.下颌神经）　Ⅵ.外展神经　Ⅶ.面神经　Ⅷ.前庭耳蜗神经　Ⅸ.舌咽神经　Ⅹ.迷走神经　Ⅺ.副神经　Ⅻ.舌下神经

图 9-13　脑神经分布模式图

1. 嗅神经

嗅神经为感觉神经，传导嗅觉，由鼻腔嗅区黏膜嗅细胞的轴突构成。轴突集合成嗅丝，穿过筛板的筛孔进入颅腔，止于嗅球。

2. 视神经

视神经为感觉神经，传导视觉，由视网膜节细胞的轴突穿过巩膜集合而成，经视神经管入颅腔，连于视交叉，向后延续为视束，止于外侧膝状体。

3. 动眼神经

动眼神经为运动神经，由动眼神经核发出的躯体运动纤维和动眼神经副交感核发出的副交感节前纤维组成，出颅腔后，躯体运动纤维分布于眼球肌。副交感节前纤维至睫状神经节，节后纤维分布于瞳孔括约肌和睫状肌。

4. 滑车神经

滑车神经为运动神经，起于中滑车神经核，由后丘后缘出脑，出颅腔后，分布于眼球上斜肌。

5. 三叉神经

三叉神经为混合神经，是最大的脑神经，由大的感觉根和小的运动根组成，连于脑桥侧部。感觉根上有大的三叉神经节，分出眼神经、上颌神经及下颌神经。运动根起于三叉神经运动核，加入下颌神经。

(1)眼神经　为感觉神经，又分为泪腺神经、额神经和鼻睫神经。泪腺神经分布于泪腺和上眼睑，在牛中还分出角神经，分布于角基部；额神经分布于上眼睑、颞区和额区的皮肤；鼻睫神经分布于鼻腔黏膜、第三眼睑、结膜和泪阜等。

(2)上颌神经　为感觉神经，分为颧神经、眶下神经和翼腭神经。颧神经分布于下眼睑及附近的皮肤；眶下神经行经眶下管内，在管内分支分布于上颌齿、齿龈和上颌窦，出眶下孔分为三支，分布于鼻背侧的皮肤，上唇、鼻前部和颊前部的皮肤及黏膜；翼腭神经分布于鼻腔黏膜、硬腭和软腭。

(3)下颌神经　为混合神经，分为咬肌神经、翼肌神经、耳颞神经、颊神经、舌神经和下齿槽神经。咬肌神经分布于咬肌和颞肌；翼肌神经分布于翼肌；耳颞神经分布于颞部、面部和下颌皮肤；颊神经分布于颞肌、腮腺、颊部和下唇黏膜；舌神经分布于舌黏膜、口腔底黏膜和齿龈；下齿槽神经分布于下颌齿、齿龈、下唇和颏部。

6. 外展神经

外展神经为运动神经，起于外展神经核，在斜方体后缘、锥体的两侧出脑，与动眼神经和眼神经一起出颅腔，分布于眼球外侧直肌和眼球退缩肌。

7. 面神经

面神经为混合神经，经面神经管出颅腔，在颞下颌关节下方横过下颌骨支后缘到咬肌表面，向前下方伸延，分布于唇、颊和鼻侧的肌肉。面神经在面神经管内分出岩大神经和鼓索神经。岩大神经主要为副交感节前纤维，至翼腭神经节，交换神经元后分布于泪腺；鼓索神经含有感觉纤维和副交感节前纤维，感觉纤维分布于舌前部 2/3 的味蕾，副交感节前纤维至下颌神经节，交换神经元后分布于颌下腺和舌下腺。面神经在腮腺深面还分出侧支，分布于二腹肌、耳肌、眼睑肌和颈皮肌等。

8. 前庭耳蜗神经

前庭耳蜗神经为感觉神经，由前庭神经和耳蜗神经组成。前庭神经起于前庭神经节，分布于椭圆囊斑、球囊斑和壶腹嵴，传导平衡觉冲动；耳蜗神经起于螺旋神经节，分布于内耳的螺旋器，传导听觉冲动。

9. 舌咽神经

舌咽神经为混合神经，神经根连于延髓的腹外侧缘，经颈静脉孔出颅腔，分为鼓室神经、颈动脉窦支、咽支和舌支。鼓室神经分布于腮腺；颈动脉窦支分布于颈动脉体和颈动脉窦；咽支分布于咽肌与咽部黏膜；舌支分布于软腭、咽峡及舌后部 1/3 黏膜和味蕾。

10. 迷走神经

见植物性神经。

11. 副神经

副神经为运动神经，由脑根和脊髓根组成。脑根起自延髓，脊髓根起自颈前段脊髓。由颈静脉孔出颅腔，分为内侧支和外侧支。内侧支由脑根形成，并入迷走神经。外侧支分为背侧支和腹侧支，背侧支分布于臂头肌和斜方肌，腹侧支入胸头肌。

12. 舌下神经

舌下神经为运动神经，起于舌下神经核，经舌下神经孔出颅腔，分布于舌肌和舌骨肌。

三、植物性神经

植物性神经又称自主神经，是指分布到内脏器官、血管和皮肤的平滑肌、心肌及腺体的神经。植物性神经与躯体运动神经相比较，在形态、结构、分布范围和机能上存在较大差异。

·躯体运动神经支配骨骼肌；而植物性神经则支配平滑肌、心肌和腺体。

·躯体运动神经自中枢到外周效应器只有 1 个神经元，其胞体位于脑干和脊髓；而植物性神经自中枢到外周效应器需要两个神经元才能完成传导过程。第 1 个神经元称节前神经元，胞体位于脑干和脊髓灰质外侧柱，其轴突称节前神经纤维。第 2 个神经元称节后神经元，胞体位于植物性神经节内，其轴突称节后神经纤维。

·躯体运动神经以神经干的形式分布；植物性神经节后纤维常攀附脏器或血管形成神经丛，由丛再分支至效应器。

·躯体运动神经纤维通常是较粗的有髓纤维；而植物性神经的节前纤维是细的有髓纤维，节后纤维是细的无髓纤维。

·躯体运动神经一般都受意识支配；而植物性神经在一定程度上不受意识的直接控制，有相对的自主性。

植物性神经根据其形态和机能的特点，分为交感神经和副交感神经。

植物性神经节根据所在位置不同，可分为：①椎旁神经节，位于椎骨两侧，沿脊柱排列，如交感神经干的神经节；②椎下神经节，位于主动脉的腹侧，如腹腔肠系膜前神经节和肠系膜后神经节；③终末神经节，位于器官壁内或在器官的附近，如盆神经节和壁内神经节（图 9-14）。

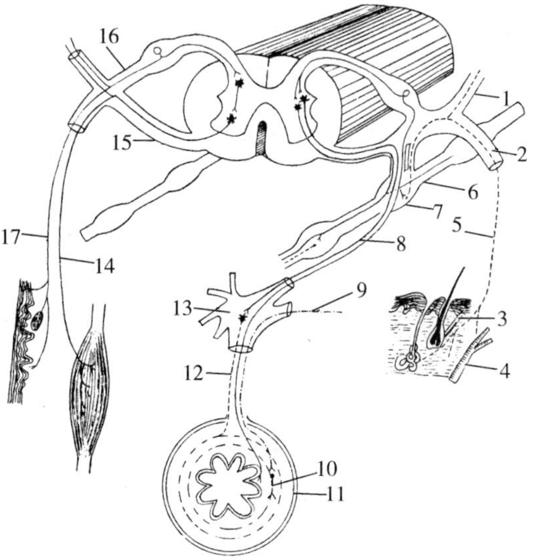

1. 脊神经背侧支　2. 脊神经腹侧支　3. 竖毛肌　4. 血管
5、12. 交感神经节后纤维　6. 交感神经干　7. 椎旁神经节
8. 交感神经节前纤维　9. 副交感神经节前纤维
10. 副交感神经节后纤维　11. 消化管　13. 椎下神经节
14. 运动神经纤维　15. 腹侧根　16. 背侧根
17. 感觉神经纤维

图 9-14　脊神经和植物性神经反射径路模式图

（一）交感神经

交感神经的节前神经元胞体位于脊髓的颈 8 或胸 1 至腰 3 节段的灰质外侧柱，发出节前纤维经腹侧根至脊神经，出椎间孔后形成单独的神经支，即白交通支，进入相应节段的椎旁神

经节，或经过椎旁神经节而至椎下神经节，与其中的节后神经元形成突触。另一些节前纤维向前或向后伸延，终止于前、后节段的椎旁神经节，在脊柱两侧形成交感神经干，自颅底向后伸延到尾根。

交感神经的节前纤维在椎旁神经节和椎下神经节内交换神经元后，节后纤维或经灰交通支返回脊神经，随脊神经分布于躯干和四肢的血管平滑肌、汗腺和竖毛肌，或在动脉周围形成神经丛，随动脉分布到相应的器官，或分出内脏支直接到所支配的器官(图 9-15)。

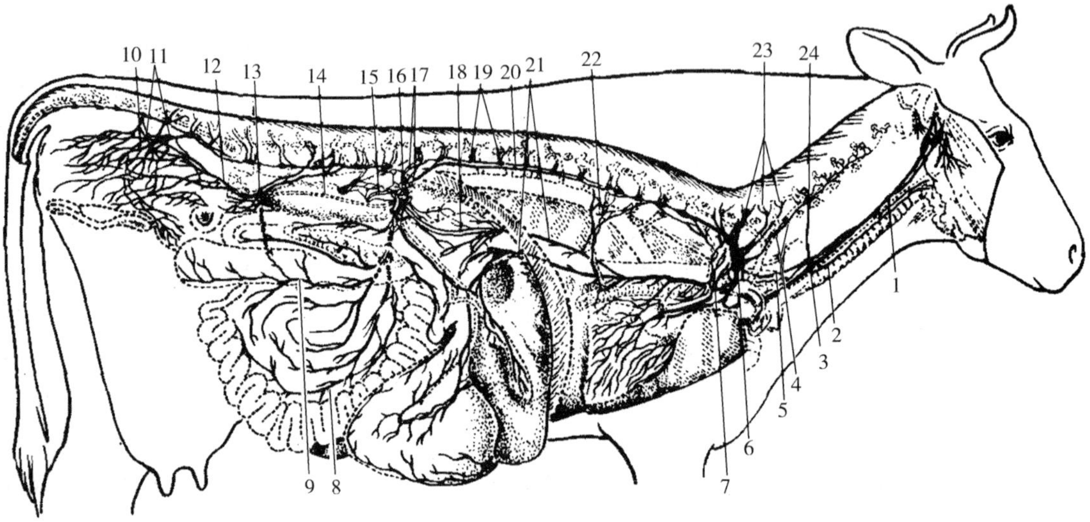

1. 迷走交感干　2. 喉返神经　3. 迷走神经　4. 椎神经　5. 交感神经干　6. 颈胸神经节　7. 心支　8. 小肠神经丛　9. 盲肠神经丛　10. 盆神经丛　11. 盆神经节　12. 腹下神经　13. 肠系膜后神经节　14. 主动脉神经丛(节间支)　15. 肾神经丛　16. 腹腔肠系膜前神经丛　17. 内脏小神经　18. 迷走神经背侧干　19. 交感干椎旁神经节　20. 内脏大神经　21. 迷走神经的背侧干和腹侧干　22. 胸心神经　23. 交通支　24. 椎神经节

图 9-15　牛的植物性神经模式图

交感神经干按部位可分颈部、胸部、腰部和荐尾部。

1. 颈部交感神经干

颈部交感神经干由前部胸段脊髓发出的节前纤维所组成，沿气管的背外侧和颈总动脉的背侧向前伸延至颅底，与迷走神经合并成迷走交感干。在颈部交感神经干上有 4 个神经节：

(1)颈前神经节　位于颅底腹侧，呈梭形，发出的节后纤维围绕颈内动脉和颈外动脉形成神经丛，分布于唾液腺、泪腺、瞳孔开大肌以及头部的汗腺、竖毛肌。

(2)颈中神经节　位于颈后部，山羊常有，水牛有，多见于右侧。牛和绵羊没有，或与椎神经节合并。发出节后纤维组成心支，参与组成心神经丛，分布于心、主动脉、气管和食管。

(3)椎神经节　又称颈中椎神经节，位于双颈动脉干的前内侧，在肋颈动脉起始部的前方。牛左侧椎神经节有时与颈胸神经节合并或密接。

(4)颈胸神经节　由颈后神经节与第 1 或第 2 胸神经节合并形成，其形状呈星芒状，又称为星状神经节。位于第 1 肋骨椎骨端内侧，向前上方发出椎神经，在颈椎横突管内向前伸延，其分支连于第 2～7 颈神经；向背侧发出灰交通支与第 8 颈神经及第 1、2 胸神经相连；向后下方发出心支，形成心神经丛，分布于心、主动脉和肺。

2. 胸部交感神经干

胸部交感神经干紧贴于胸椎椎体的腹外侧面，在每一椎间孔附近有一个胸神经节。由胸神经节发出的节后纤维，一部分组成灰交通支返回胸神经，分布于胸壁血管、汗腺和竖毛肌；另一部分参与组成心神经丛、肺神经丛和主动脉神经丛。胸部交感神经干的部分节前纤维组成内脏大神经和内脏小神经，向后连于腹腔肠系膜前神经节。内脏小神经还参与构成肾神经丛。

3. 腰部交感神经干

腰部交感神经干较细，位于腰椎椎体的侧面。腰神经节通常有 6 个，发出节后纤维经灰交通支返回腰神经，伴随腰神经分布于腹壁。腰部交感神经干的大部分节前纤维组成腰内脏神经，走向肠系膜后神经节，少部分节前纤维参与盆神经丛。

（1）腹腔肠系膜前神经节　由位于腹腔动脉根部两侧的 1 对腹腔神经节和位于肠系膜前动脉根部后方的 1 个肠系膜前神经节组成。此神经节接受内脏大神经和内脏小神经的交感神经节前纤维，发出节后纤维形成腹腔神经丛和肠系膜前神经丛，沿主动脉的分支分布到胃、肝、脾、胰、肾、小肠、盲肠和结肠前段等器官。

（2）肠系膜后神经节　位于肠系膜后动脉根部两侧，接受腰部交感神经干的腰内脏神经和肠系膜前神经节来的节间支，发出节后纤维形成肠系膜后神经丛，随动脉分布到结肠后段、精索、睾丸、附睾或卵巢、输卵管和子宫角。还向后发出一对腹下神经，沿输尿管进入骨盆腔，参与构成盆神经丛。

4. 荐尾部交感神经干

荐尾部交感神经干沿荐盆侧孔内侧向后伸延，且渐次变细。荐尾部交感神经干上的荐神经节和尾神经节以灰交通支连于相应的脊神经。

（二）副交感神经

副交感神经的节前神经元的胞体位于中脑、延髓和荐段脊髓，分为颅部和荐部副交感神经。节后神经元的胞体位于所支配的器官旁或器官壁内的终末神经节（图 9-15）。

1. 颅部副交感神经

节前纤维由中脑和延髓发出，随动眼神经、面神经、舌咽神经和迷走神经伸延，至各神经所支配器官的终末神经节内交换神经元，节后纤维分别分布于所支配的器官。

（1）动眼神经内的副交感神经的节前纤维，伴随动眼神经腹侧支至睫状神经节交换神经元，节后纤维分布于眼球睫状肌和瞳孔括约肌。

（2）面神经内的副交感神经节前纤维，随面神经出延髓后分为两部分：一部分至上颌神经的翼腭神经节交换神经元，节后纤维随上颌神经分支分布于泪腺、腭腺、颊腺和鼻腺；另一部分通过鼓索神经加入舌神经，在下颌神经节交换神经元，节后纤维分布于舌下腺和颌下腺。

（3）舌咽神经内的副交感神经节前纤维，伴随舌咽神经出延髓，至耳神经节交换神经元，节后纤维分布于腮腺和颊腺。

（4）迷走神经　为混合神经，是脑神经中行程最长、分布最广的神经，含有 4 种纤维成分：①内脏传出纤维，即副交感节前纤维，节后纤维分布于颈部和胸、腹腔脏器，支配心肌、平滑肌和腺体的活动；②内脏传入纤维，伴随内脏传出纤维，分布于颈部和胸、腹腔脏器；③躯体传出纤维，支配咽、喉和食管骨骼肌；④躯体传入纤维，分布于外耳皮肤。

迷走神经出颅腔后与副神经伴行，向下至颈总动脉的分支处与交感神经合并成迷走交感干，沿颈总动脉的背侧向后伸延，在胸前口附近与交感神经干分离，经锁骨下动脉腹侧进入胸腔，在纵隔中继续向后伸延，约于支气管背侧面分为背侧支和腹侧支。左、右迷走神经的背侧支在食管背侧合成食管背侧干，腹侧支在食管腹侧合成食管腹侧干，分别沿食管的背侧和腹侧向后伸延，穿过膈的食管裂孔入腹腔。

牛的迷走神经的食管背侧干进入腹腔后，转向贲门的右侧，分出腹腔丛支、瘤胃右支和瘤胃前庭支，主干延续至瓣胃和皱胃。腹腔丛支伴随动脉分支分布于肝、脾、胰、肾、小肠、盲肠及结肠前段等器官；瘤胃右支分布于瘤胃的背囊和腹囊；瘤胃前庭支分布于瘤胃前庭。食管腹侧干在瘤胃的左侧发出交通支与背侧干相连，并分布于前庭的左侧面。主干分出网胃支和幽门支后，其延续支分布于瓣胃和皱胃。

马的迷走神经的食管背侧干进入腹腔后在胃的脏面分支形成胃后神经丛。本干伸向腹腔肠系膜前神经丛，分布于小肠、盲肠和大结肠。食管腹侧干在胃的膈面形成胃前神经丛，分布于胃、幽门、十二指肠、肝和胰。

迷走神经沿途分出的主要侧支有咽支、喉前神经、喉返神经、心支和支气管支等。咽支在颈前神经节附近自迷走神经分出，分布于咽和食管前端；喉前神经在咽支后方自迷走神经分出，分布于喉黏膜和环甲肌；喉返神经在胸腔内分出，绕过主动脉弓（左侧）或右锁骨下动脉（右侧），沿气管向前伸延，分布于气管、食管和喉肌；心支在胸腔内发出，与交感神经和喉返神经的心支形成心神经丛，分布于心及大血管；支气管支在肺根部自迷走神经分出，参与形成肺神经丛，沿支气管入肺。

2. 荐部副交感神经

节前神经元胞体位于第1(2)至第3(4)荐段脊髓腹角基部外侧，节前纤维随荐神经的腹侧支出荐盆侧孔，形成2～3条盆神经，沿骨盆侧壁向腹侧伸延，在直肠侧壁与膀胱侧壁间与腹下神经一起构成盆神经丛。丛内散布有小的盆神经节，节前纤维在此交换神经元，节后纤维分布于结肠后段、直肠、膀胱、阴茎或子宫和阴道等。

(三)交感神经和副交感神经的比较

交感神经和副交感神经常共同支配同一器官，但二者在来源、结构和分布范围等方面又有不同。

(1)中枢部位不同　交感神经的节前神经元位于脊髓颈8或胸1至腰3节段的灰质外侧柱；副交感神经的节前神经元位于脑干和脊髓的荐1(2)至第3(4)节段。

(2)周围神经节部位不同　交感神经节位于脊柱两旁和脊柱腹侧；副交感神经节位于所支配的器官附近或器官壁内。因此，交感神经的节前纤维短，节后纤维长；而副交感神经的节前纤维长，节后纤维短。

(3)节前和节后神经元的比例不同　一个交感节前神经元的轴突可与许多节后神经元形成突触，作用范围比较广泛；而一个副交感节前神经元的轴突与较少的节后神经元形成的突触，其作用范围较局限。

(4)分布范围不同　交感神经除分布于胸、腹腔内脏脏器外，遍及头颈各器官及全身的血管和皮肤；副交感神经的分布不如交感神经广泛，一般认为大部分血管、汗腺、竖毛肌、肾上腺髓质均无副交感神经支配。

(5)对同一器官所起的作用不同　交感神经和副交感神经对同一器官的作用既相互对抗，

又互相统一。例如，当机体活动增强时，交感神经兴奋性加强，副交感神经兴奋减弱，表现出心跳加快、血压升高、支气管舒张和消化活动减弱等现象；而当机体处于安静或休息状态时，副交感神经活动加强，交感神经却受到抑制，则表现出心跳减慢、血压下降、支气管收缩和消化活动增强等现象。

实训项目　脑、脊髓和周围神经

【实训目的】

1. 掌握脑、脊髓的形态和结构。

2. 掌握脑神经、脊神经和植物性神经的分布。

【实训材料】

脑、脊髓标本和模型；显示脑神经、脊神经和植物性神经分布的标本。

【实训内容】

一、脑

1. 大脑

识别大脑纵裂、额叶、枕叶、颞叶、顶叶、嗅球、嗅回、嗅三角、梨状叶、胼胝体和扣带回，大脑皮质、白质（连合纤维、联络纤维、投射纤维）、基底神经节（尾状核、内囊、豆状核），侧脑室、海马和侧脑室脉络丛，脑膜形成的大脑镰和小脑幕。

2. 小脑

区分小脑半球、蚓部和小脑三对脚，小脑皮质、白质和第 4 脑室。

3. 延髓

观察背侧的绳状体、菱形窝；腹侧的锥体、斜方体、脑神经根。

4. 脑桥

观察脑桥臂，腹侧第 5 对脑神经根。

5. 中脑

识别四叠体、大脑脚和中脑导水管，观察脚间窝和第 3 对脑神经根。

6. 间脑

区分丘脑外侧膝状体、内侧膝状体、第 3 脑室、松果体、视束、视交叉、灰结节、漏斗、垂体和乳头体。

二、脊髓

1. 脊髓的形态

识别颈膨大、腰膨大、脊髓圆锥、终丝和马尾，脊髓两侧成对的脊神经。

2. 脊髓横断面

区分脊髓中央灰质（背侧柱、腹侧柱和外侧柱）、中央管和外周白质（背侧索、外侧索和腹侧索），背正中沟和腹正中裂。

3. 脊髓膜

识别硬膜、蛛网膜和软膜及形成的硬膜外腔、硬膜下腔和蛛网膜下腔。

三、脑神经

观察 12 对脑神经出入脑的部位及分支和分布。

四、脊神经

· 观察分布于躯干的神经的走向、分支和分布。

· 观察前肢的肩胛上神经、肩胛下神经、胸肌神经、腋神经、桡神经、尺神经、肌皮神经、正中神经的分支和分布。

· 观察后肢的臀前神经、臀后神经、股神经、闭孔神经、坐骨神经的分支和分布。

五、植物性神经

1. 交感神经

交感干位于脊柱两侧，观察颈前神经节、颈中神经节、星状神经节、内脏大神经、内脏小神经、腰内脏神经、腹腔肠系膜前神经节和肠系膜后神经节，神经节的节前纤维的来源和节后纤维分布。

2. 副交感神经

颅部副交感神经节前纤维位于动眼神经、面神经、舌咽神经和迷走神经内，观察迷走神经的行程、分支和分布。荐部副交感神经形成盆神经，观察其分布部位。

复习思考题

一、选择题

1. 硬膜外麻醉时，将麻醉剂注入硬膜外腔的常用部位是(　　)(2010 年真题 34)

A. 寰枢间隙　　B. 颈胸间隙　　C. 胸腰间隙

D. 腰荐间隙　　E. 荐尾间隙

2. 滑车神经的纤维成分性质属于(　　)(2011 年真题 32)

A. 感觉神经　　B. 运动神经　　C. 混合神经

D. 交感神经　　E. 副交感神经

3. 分布于视网膜上的感觉神经是(　　)(2012 年真题 34)

A. 眼神经　　B. 视神经　　C. 外展神经

D. 动眼神经　　E. 滑车神经

4. 脊髓膜的最内层称为(　　)(2014 年真题 34)

A. 脊外膜　　B. 脊内膜　　C. 脊蛛网膜

D. 脊硬膜　　E. 脊软膜

5. 脊硬膜和椎管之间的腔隙是(　　)(2015 年真题 33)

A. 硬膜外腔　　B. 脊髓中央管　　C. 硬膜下腔

D. 蛛网膜下腔　　E. 蛛网膜内腔

6. 脊髓灰质横切面呈（　　）（2018 年真题 30）

A. 立方形　　B. 扁平状　　C. 蝴蝶形

D. 三角形　　E. 卵圆形

二、简答题

1. 简述神经系统的分类。

2. 简述脊髓的形态和结构。

3. 脑由哪几部分构成？各部分结构如何？

4. 试述正中神经、坐骨神经的走向、分支及分布。

5. 支配腹侧壁的神经主要有哪些？其径路、分支及分布如何？

6. 试述迷走神经的走向、分支及分布。

7. 躯体运动神经与植物性神经的主要区别是什么？

第九章　复习思考题参考答案

第十章
内分泌系统

【知识目标】

1. 熟悉内分泌系统的组成。

2. 掌握内分泌器官的位置、形态及结构。

【技能目标】

1. 能识别各内分泌器官的组织结构。

2. 能说出全身内分泌器官和内分泌组织所分泌的激素。

【思政目标】

培养学生理论联系实际、理论指导实践的学习和工作态度。

内分泌系统是机体的重要调节系统，由内分泌腺和内分泌组织组成。动物体内独立存在的内分泌腺称内分泌器官，如垂体、甲状腺、甲状旁腺、肾上腺和松果体等。内分泌组织是存在于其他器官或组织内的内分泌细胞团，如胰腺内的胰岛、睾丸内的间质细胞、卵巢内的卵泡及黄体等。此外，还有散在分布的内分泌细胞和兼有内分泌功能的细胞等。

内分泌腺的组织结构的共同特点是细胞排列成团、成索或泡状，细胞之间有丰富的毛细血管。内分泌腺分泌的物质称为激素，直接渗入血液或淋巴，随血液循环运送到全身各处，对机体起调节作用，这种调节称体液调节。体液调节是在神经系统的统一调节下完成的，神经系统通过对内分泌腺的作用，间接地调节机体各器官的功能活动，称为神经体液调节。

本章仅介绍内分泌器官。

一、垂体

(一)垂体的形态和位置

垂体是动物体内最重要的内分泌腺，能分泌多种激素，呈扁圆形，位于脑底面蝶骨体的垂体窝内，借漏斗连于下丘脑。垂体可分为腺垂体和神经垂体，腺垂体包括远侧部、结节部和中间部，神经垂体包括神经部和漏斗。远侧部和结节部又称为前叶，中间部和神经部又称为后叶(图 10-1)。

牛的垂体较大，窄而厚，远侧部与中间部之间有垂体腔。

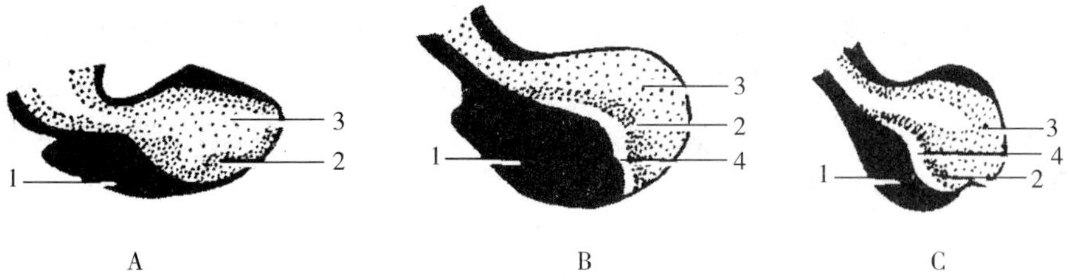

A.马 B.牛 C.猪

1.远侧部 2.中间部 3.神经部 4.垂体腔

图 10-1 垂体构造模式图

猪的垂体小，远侧部与后叶的位置关系与牛相似，也有垂体腔。

马的垂体似蚕豆大，呈卵圆形，上下压扁，远侧部与中间部之间无垂体腔。

(二)垂体的组织结构

1.腺垂体

(1)远侧部 细胞排列成团状或索状，细胞团、索之间有丰富的血窦。腺细胞可分为嗜色细胞和嫌色细胞两大类。嗜色细胞又分为嗜酸性和嗜碱性(图 10-2)。

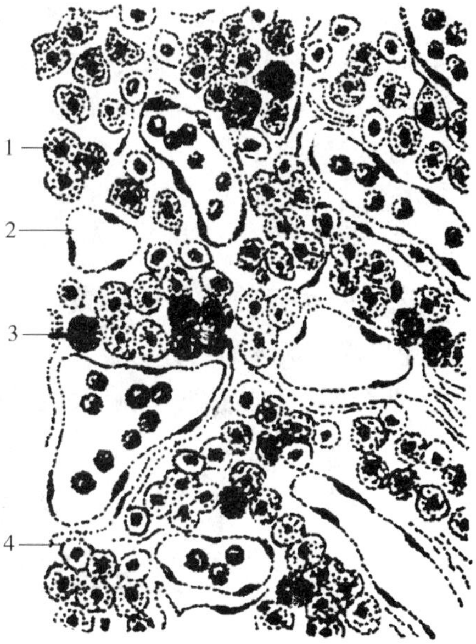

1.嗜碱性细胞 2.毛细血管

3.嗜酸性细胞 4.嫌色细胞

图 10-2 脑垂体远侧部

①嗜酸性细胞 数量多，细胞呈球形或卵圆形，胞质内含有许多粗大的嗜酸性颗粒。嗜酸性细胞又分为催乳激素细胞和生长激素细胞两种。

a.生长激素细胞 数量较多，胞质内充满圆球形的分泌颗粒。能分泌生长激素(STH)，促进骨骼的生长。

b.催乳激素细胞 数量较少，胞质内含粗大的分泌颗粒，能分泌催乳激素(LTH)，可促进乳腺发育和乳腺分泌。

②嗜碱性细胞 数量少，胞体较大，细胞呈圆形、卵圆形或不规则，胞质内含嗜碱性颗粒。嗜碱性细胞可分为促甲状腺激素细胞、促性腺激素细胞和促肾上腺皮质激素细胞三种。

a.促甲状腺激素细胞 呈多角形，能分泌促甲状腺激素(TSH)，可促进甲状腺素的合成和释放。

b.促性腺激素细胞 呈圆形或卵圆形，能分泌卵泡刺激素(FSH)和黄体生成素(LH)。卵泡刺激素能促进卵泡发育，对雄性动物可促进精子生成；黄体生成素能促进排卵及黄体形成，对雄性能促进睾丸间质细胞分泌雄激素。

c.促肾上腺皮质激素细胞 细胞形状不规则，能分泌促肾上腺皮质激素(ACTH)，主要促进肾上腺皮质束状区分泌糖皮质激素。

③嫌色细胞　数量最多,体积小,染色浅,细胞轮廓不清。嫌色细胞有些是脱颗粒的嗜色细胞,有些是未分化的细胞。有些具有突起,伸入腺细胞之间,可能起支持作用。

(2)中间部　中间部是位于远侧部和神经部之间的狭窄区,主要由大量的嫌色细胞和少量嗜碱性细胞组成。中间部细胞分泌促黑色素细胞激素(MSH),可刺激皮肤黑色素细胞,使黑色素的生成增加,使皮肤变黑。

(3)结节部　结节部包绕着神经垂体的漏斗,前部较厚,后部较薄,细胞呈索状排列,主要为嫌色细胞,也有少量的嗜色细胞,能分泌少量促性腺激素和促甲状腺激素。

2. 神经垂体

神经垂体由无髓神经纤维、神经胶质细胞和丰富的毛细血管组成。无髓神经纤维来自下丘脑的视上核和室旁核的神经元,这些神经元具有分泌催产素(OT)和加压素(VP)的功能,分泌颗粒沿轴突经漏斗进入神经部,终止于毛细血管。轴突内的分泌颗粒常聚集成团,使轴突呈串珠样膨大,光镜下为大小不等的嗜酸性胶状团块,称赫令小体,为激素在神经垂体的储存部位,待机体需要时释放入血液,发挥其生理作用。垂体的神经胶质细胞,又称垂体细胞,形态不规则,胞质内有脂滴和脂褐素,常分布在含分泌颗粒的无髓神经纤维周围,并有突起附着于毛细血管壁上。垂体细胞不分泌激素,对神经纤维起支持和营养作用。

催产素(OT)是一种肽类激素,可引起子宫平滑肌收缩和促进乳腺分泌。加压素(VP)又称抗利尿激素(ADH),可使血管收缩、血压升高,同时又促进肾远曲小管和集合管对水分的重吸收,使尿量减少。

二、甲状腺

(一)甲状腺的形态和位置

甲状腺是最大的内分泌腺,一般位于喉的后方,前 2～3 个气管软骨环的两侧和腹侧面,由左、右两个侧叶和连接两个侧叶的腺峡组成(图 10-3)。

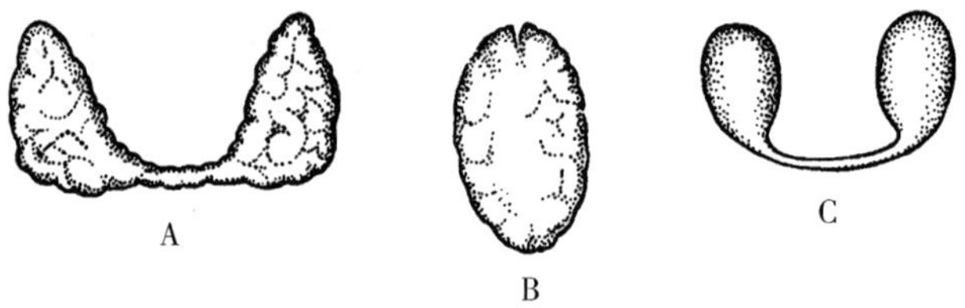

A. 牛　B. 猪　C. 马

图 10-3　甲状腺

牛的甲状腺侧叶较发达,呈扁平三角形,色较浅,长 6～7 cm,宽 5～6 cm,厚 1.5 cm。腺小叶明显,腺峡较发达,由腺组织构成。

猪的甲状腺左、右侧叶与腺峡结合为一整体,呈深红色,长 4～4.5 cm,宽 2～2.5 cm,厚 1～1.5 cm。位于胸前口处气管的腹侧面。

马的甲状腺左、右侧叶呈卵圆形,红褐色,长 3.4～4.0 cm,宽 2.5 cm,厚 1.5 cm。腺峡不发达,由结缔组织构成。

犬的甲状腺呈红褐色,两个侧叶细长,呈卵圆形,中间的峡部不发达,大小约为 6 cm×

1.5 cm×0.5 cm，表面光滑，位于前 2～5 个气管环的两侧。

（二）甲状腺的组织结构

甲状腺表面有一薄层结缔组织被膜，被膜中的结缔组织伸入实质内，将腺组织分隔成许多小叶。牛和猪的小叶明显。小叶内充满大小不一的滤泡，滤泡间有丰富的毛细血管和散在的滤泡旁细胞（图 10-4）。

1. 滤泡

滤泡呈圆形或不规则形，由单层立方形的滤泡上皮细胞构成。滤泡腔内充满嗜酸性胶体，是滤泡上皮细胞的分泌物，内含甲状腺球蛋白。细胞的形态和滤泡的大小可因功能状态而变化。功能活跃时，上皮细胞变高呈柱状，胶体减少；反之，细胞变矮，呈低立方形甚至扁平形，胶体增多。

滤泡上皮细胞合成和分泌甲状腺素，能促进机体的新陈代谢，提高神经兴奋性，促进生长发育，尤其对幼年动物的骨骼和神经系统的发育十分重要。

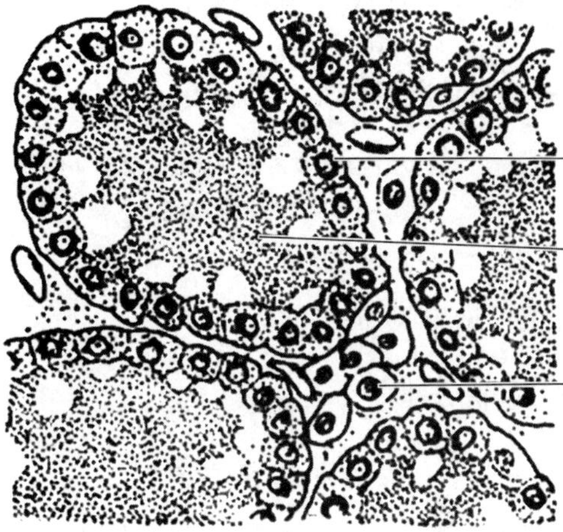

1. 滤泡上皮细胞　2. 胶体　3. 滤泡旁细胞

图 10-4　甲状腺滤泡

2. 滤泡旁细胞

滤泡旁细胞常单个嵌在滤泡上皮细胞之间或成群散在于滤泡间的结缔组织中，腔面被邻近的滤泡上皮细胞覆盖，细胞体积较大，在 HE 染色切片中胞质着色略淡，用银染法则胞质内有黑色嗜银颗粒。滤泡旁细胞分泌降钙素，促使骨质内钙盐沉着，使血钙下降。

三、甲状旁腺

（一）甲状旁腺的形态和位置

甲状旁腺很小，呈圆形或椭圆形，通常有两对，位于甲状腺附近或埋于甲状腺实质内。

牛甲状旁腺有内、外两对。外甲状旁腺直径 5～8 mm，位于甲状腺前方靠近颈总动脉分叉处；内甲状旁腺较小，常位于甲状腺的内侧面，靠近背侧缘或后缘。

猪甲状旁腺仅有 1 对，直径 1～5 mm，位于甲状腺前方，颈总动脉分叉处稍后方。在胸腺未退化时，埋于胸腺内。

马甲状旁腺有前、后两对。前甲状旁腺直径约 10 mm，多数位于甲状腺前半部和食管之间，少数位于甲状腺的背侧缘或甲状腺的内面；后甲状旁腺位于颈后部气管腹侧。

犬甲状旁腺有 1 对，形如粟粒状，位于甲状腺的前端或包埋于甲状腺内。

（二）甲状旁腺的组织结构

甲状旁腺外面包有一层结缔组织被膜，实质内腺细胞排列成团索状，由主细胞和嗜酸性细胞构成。间质中有结缔组织和丰富的毛细血管（图 10-5）。

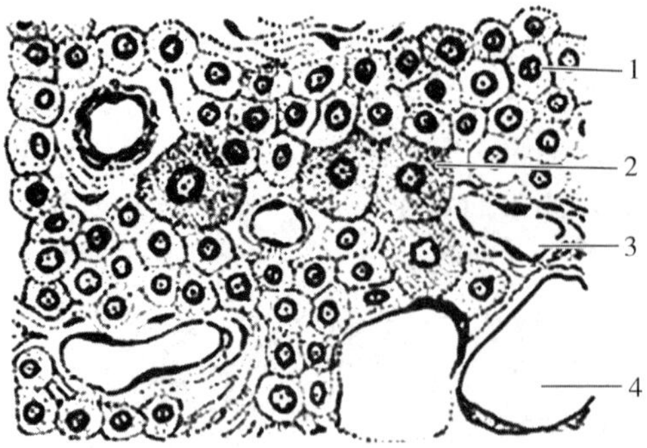

1. 主细胞 2. 嗜酸性细胞 3. 毛细血管 4. 脂肪细胞

图 10-5 甲状旁腺滤泡

1. 主细胞

数量多,呈圆形或多边形。核圆形,位于细胞中央。胞质着色浅,呈弱嗜酸性。主细胞能合成和分泌甲状旁腺激素,主要作用于骨细胞和破骨细胞,使骨质溶解,并能促进肠和肾小管对钙的吸收,从而使血钙升高。甲状旁腺激素和降钙素的协同作用,可维持血钙浓度的稳定。

2. 嗜酸性细胞

数量少,常见于牛、羊和马,其他动物罕见。细胞体积较大,呈多边形,单个或成群存在于主细胞之间。胞质内充满嗜酸性颗粒,即线粒体,电镜下可见,其功能不详。

四、肾上腺

(一)肾上腺的形态和位置

肾上腺有 1 对,呈红褐色,分别位于左、右肾的前内侧。

牛的右肾上腺呈心形,位于右肾的前内侧;左肾上腺呈肾形,位于左肾前方。

猪的肾上腺狭而长,表面有沟,位于肾内侧缘的前方。

马的肾上腺呈扁椭圆形,长 4~9 cm,宽 2~4 cm,位于肾内侧缘的前方。

犬右肾上腺略呈梭形,左肾上腺稍大,为不正的梯形,前宽后窄,背腹侧扁平,位于肾的前内侧。

(二)肾上腺的组织结构

肾上腺表面被覆致密结缔组织被膜,内含少量平滑肌纤维和未分化的皮质细胞团块。实质由外周的皮质和深部的髓质组成,二者的发生、结构和功能不同:皮质来源中胚层,分泌类固醇激素;髓质来源外胚层,分泌含氮激素(图 10-6)。

1. 皮质

皮质占腺体的大部分,根据细胞的形态和排列特征,将皮质分为多形带、束状带和网状带 3 部分。

(1)多形带 位于被膜下方,约占皮质的 15%。细胞的排列因动物种类不同而异:反刍动物排列成不规则的团块状;猪排列不规则;马和肉食动物的细胞呈高柱状,排列成弓状。多形带细胞分泌盐皮质激素,如醛固酮,能促进肾远曲小管和集合管重吸收 Na^+ 及排出 K^+,调节机体的水盐代谢。在马、犬、猫的多形带与束状带之间有一小细胞密集区,称中间带。

(2)束状带 是多形带的延续,此层最厚,占皮质的 75%~80%。细胞呈多边形,由皮质向髓质成束状排列,束间毛细血管丰富。束状带细胞较大,界限清楚,核大而圆,着色浅。胞质内含大量脂滴,HE 染色因脂滴被溶解而呈空泡状。束状带细胞分泌糖皮质激素,如氢化可的松,主要调节蛋白质和糖的代谢,并有降低免疫反应及抗炎症等作用。

(3)网状带 位于皮质的最内层,此层最薄,占皮质的 5%~7%。细胞排列成索状,互相连接成网。细胞呈多边形，体积小，核深染，胞质内含较多脂褐素和少量脂滴。网状带细胞主要分泌雄激素及少量雌激素和糖皮质激素。

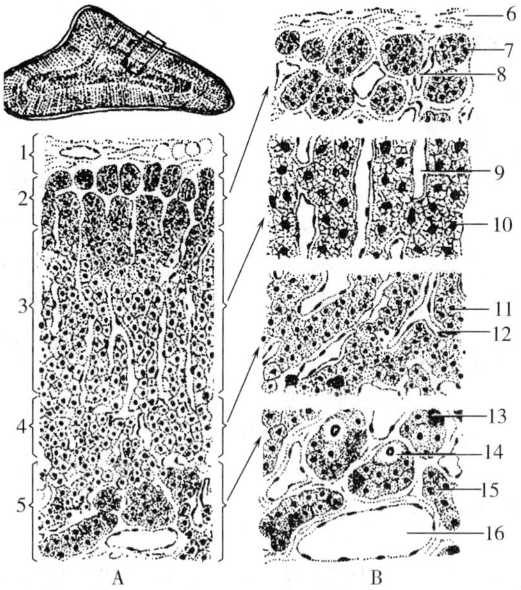

A. 低倍　B. 高倍

1、6. 被膜　2. 多形带　3. 束状带　4. 网状带

5. 髓质　7. 多形带细胞　8、9、12. 血窦

10. 束状带细胞　11. 网状带细胞　13. 去甲肾上腺素细胞

14. 交感神经节细胞　15. 肾上腺素细胞　16. 中央静脉

图 10-6　肾上腺组织结构

2. 髓质

髓质主要由排列成索或团的髓质细胞组成，细胞呈多边形，用重铬酸钾处理后，胞质内可见呈棕黄色的分泌颗粒，因此称嗜铬细胞。电镜下，根据胞质内所含颗粒的不同，嗜铬细胞可分为两种：一种为肾上腺素细胞，颗粒内含肾上腺素，此种细胞数量多；另一种为去甲肾上腺素细胞，颗粒内含去甲肾上腺素。肾上腺素使心率加快，心脏和骨骼肌的血管扩张；去甲肾上腺素可使血管收缩，血压升高。

此外，髓质内还有少量的交感神经节细胞，散在分布于嗜铬细胞之间，它们都受交感神经节前纤维支配。在髓质中央有一中央静脉，汇集皮质和髓质的血液。

五、松果体

(一)松果体的形态和位置

松果体为一红褐色豆状小体，形似松果，位于四叠体与丘脑之间，以细柄连于第 3 脑室顶。因位于脑的上方，故又称脑上腺。

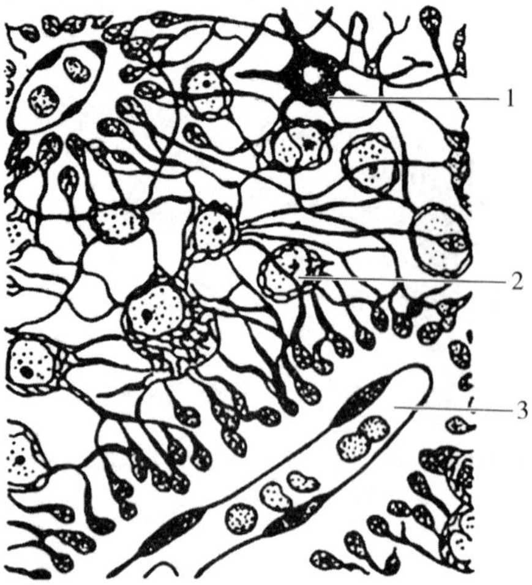

1. 神经胶质细胞　2. 松果体细胞　3. 血窦

图 10-7　松果体

(二)松果体的组织结构

松果体外包结缔组织被膜,被膜伸入实质,将腺体分为许多不规则的小叶。腺实质主要由松果体细胞、神经胶质细胞和无髓神经纤维组成(图 10-7),还有一些由松果体细胞分泌物钙化形成的沉积物,称脑砂。

松果体细胞又称主细胞,约占腺实质细胞总数的 90%。细胞呈圆形或不规则形,核大而圆,核仁明显,胞质少,呈弱嗜碱性。细胞有长而弯曲的突起,突起末端膨大,终止于血管周围。神经胶质细胞主要是星形胶质细胞、小胶质细胞和少突胶质细胞,分布于松果体细胞之间。

松果体细胞主要分泌褪黑激素,可抑制促性腺激素的释放,抑制性腺活动,防止性早熟。光照能抑制松果体细胞合成褪黑激素,促进性腺活动。

实训项目　脑垂体和肾上腺的组织结构

【实训目的】

1. 掌握脑垂体的组织结构。

2. 掌握肾上腺的组织结构。

【实训材料】

猪脑垂体纵切片(HE 染色);猪肾上腺切片(HE 染色)。

【实训内容】

一、脑垂体

1. 肉眼观察

标本略呈椭圆形,紫红色部分是脑垂体远侧部,淡红色部分为脑垂体神经部。

2. 低倍镜观察

表面包有被膜,远侧部与神经部之间的紫色窄带状结构为中间部。在垂体一端突出的短柄状结构为垂体茎,茎外面着色深的为结节部。

3. 高倍镜观察

(1)远侧部　细胞排列成团索状,其间有结缔组织和血窦,根据染色不同可分为 3 种细胞:嗜酸性细胞呈圆形或卵圆形,数量较多,核圆形,胞质内含有嗜酸性颗粒。嗜碱性细胞体积较大,数量最少,胞质内含有嗜碱性颗粒。嫌色细胞数量最多,体积较小,胞质染色浅,细胞界限不清。

(2)中间部　细胞排列成索或围成滤泡,有的滤泡腔中见有胶状物质。

(3)神经部　主要由无髓神经纤维和神经胶质细胞构成,并有血管。可见呈嗜酸性染色的赫令小体。

二、肾上腺

1. 肉眼观察

标本呈圆形或椭圆形，周围染色深的部分为皮质，中央染色浅的部分为髓质。

2. 低倍镜观察

辨认被膜、皮质和髓质，皮质由外向内分为多形带、束状带和网状带。

3. 高倍镜观察

(1)被膜 由致密结缔组织构成，结缔组织深入实质形成间质，内有丰富的血窦。

(2)皮质 多形带紧靠被膜下方，细胞呈柱状，核椭圆形或圆形。细胞排列因动物而异，猪的排列成不规则的索，反刍兽排列成团或索，马则排列成弓状。束状带最厚，细胞较大，呈多边形或立方形，排列成束。胞质内含较多的脂滴，呈空泡状。网状带紧接髓质部，细胞索连接成网状，其间有血窦。

(3)髓质 细胞体积较大，呈柱状或多边形，胞质弱嗜碱性，核大而圆，染色深。细胞排列成不规则的团或索，团索间有血窦。有的切片还可见到胞体较大的交感神经节细胞。髓质中央有腔大壁薄的中央静脉。

【绘图】

1. 部分脑垂体远侧部结构(高倍镜)。

2. 部分肾上腺皮质和髓质结构(低倍镜)。

复习思考题

一、选择题

1. 独立的内分泌器官是(　　)(2009 年真题 33)

A. 胰岛　B. 黄体　C. 卵泡　D. 前列腺　E. 甲状旁腺

2. 位于左、右肾前内侧的内分泌腺是(　　)(2011 年真题 33)

A. 垂体　B. 松果体　C. 肾上腺　D. 甲状腺　E. 甲状旁腺

3. 内分泌腺的结构特点之一是没有(　　)(2016 年真题 32)

A. 动脉　B. 淋巴管　C. 神经　D. 导管　E. 静脉

4. 内分泌系统中分泌激素种类最多的器官是(　　)(2018 年真题 31)

A. 甲状腺　B. 甲状旁腺　C. 肾上腺　D. 松果腺　E. 垂体

5. 甲状腺的侧叶和腺峡合并为一整体，呈球形的动物是(　　)

A. 马　B. 牛　C. 山羊　D. 猪　E. 犬

二、简答题

1. 试述垂体的分部、结构和功能。

2. 说明甲状腺的结构和功能。

3. 简述肾上腺的结构和功能。

第十章 复习思考题参考答案

第十一章
感觉器官

【知识目标】

1. 掌握眼球的结构。
2. 熟悉眼的辅助器官结构。
3. 掌握耳的结构和功能。

【技能目标】

1. 能识别眼球壁和眼球内容物的形态构造。
2. 能辨认骨迷路和膜迷路的各部结构。

【思政目标】

提升学生对结构与功能相适应的生命观念的认知，培养学生对生命积极探索的能力。

感觉器官是由感受器及其辅助装置共同组成的，简称感官。感受器是感觉神经末梢的特殊装置，能接受体内外各种特定刺激，并将刺激转化为神经冲动，传到中枢神经。根据感受器所在的部位和所接受刺激的来源，分为外感受器、内感受器和本体感受器 3 大类。外感受器分布于皮肤、嗅黏膜、味蕾、视觉器官、听觉器官等处，接受来自外界环境的刺激，如温度、触、压、光、声、嗅觉和味觉等。内感受器分布于内脏器官和心血管等处，接受物理刺激和化学刺激，如渗透压、压力、温度、离子及化合物浓度等刺激。本体感受器分布于肌、腱、关节和内耳等处，接受机体运动和平衡变化时所产生的刺激。

第一节　视觉器官

视觉器官能感觉光的刺激，经视神经传至脑的视觉中枢，而引起视觉。视觉器官包括眼球和辅助器官。

一、眼球

眼球是视觉器官的主要部分，位于眼眶内，后有视神经连于脑。其构造可分为眼球壁和眼球内容物 2 部分(图 11-1)。

(一)眼球壁

眼球壁由 3 层组成,由外向内依次为纤维膜、血管膜和视网膜。

1. 纤维膜

纤维膜由致密结缔组织构成,厚而坚韧,有保护眼球内部结构和维持眼球外形的作用。可分为前部的角膜和后部的巩膜。

(1)角膜　占纤维膜的前 1/5,突出且透明。角膜无血管,但分布有丰富的神经末梢,故感觉敏锐。角膜的上皮再生能力很强,受伤后容易修复,但如果损伤很深,则形成瘢痕。

(2)巩膜　占纤维膜的后 4/5,呈白色,不透明,由不规则致密结缔组织构成,与角膜相交界处有巩膜静脉窦,是眼房水流出的通道。

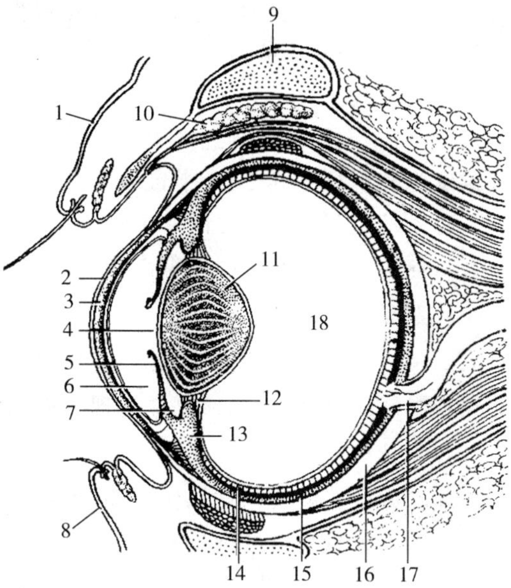

1. 上眼睑　2. 球结膜　3. 角膜　4. 瞳孔　5. 虹膜　6. 眼前房　7. 眼后房　8. 下眼睑　9. 眶上突　10. 泪腺　11. 晶状体　12. 睫状小带　13. 睫状体　14. 视网膜　15. 脉络膜　16. 巩膜　17. 视神经　18. 玻璃体

图 11-1　眼球构造模式图

2. 血管膜

血管膜衬于纤维膜的里面,是眼球壁的中层,含有丰富的血管和色素细胞,具有供给眼组织营养和吸收眼球内散射光线的作用。由前向后依次为虹膜、睫状体和脉络膜 3 部分。

(1)虹膜　位于角膜与晶状体之间,是血管膜前部的环形薄膜,可从眼球前面透过角膜看到,中央为瞳孔。多数家畜虹膜为横椭圆形,猪为圆形。牛在瞳孔的上游离缘有一些小颗粒突起,称为虹膜粒,马属动物也呈现一些突起,比牛的大。虹膜的颜色,因家畜种类和品种而有所不同。牛呈暗褐色,山羊蓝色,猪灰褐色,马棕黑色。虹膜内分布有两种不同排列方向的平滑肌:一种位于近瞳孔周缘呈环形排列,称瞳孔括约肌,在强光下可以缩小瞳孔,受副交感神经支配;另一种由瞳孔缘向周围呈放射状排列,称瞳孔开大肌,在弱光下可放大瞳孔,受交感神经支配。

(2)睫状体　是血管膜中部增厚的部分,呈环形,可分为内部的睫状突和外部的睫状肌。睫状突是睫状体内表面许多呈放射状排列的皱褶,睫状突以睫状小带与晶状体相连。睫状肌是平滑肌,受副交感神经支配,通过改变晶状体凸度大小,有调节视力的作用。

(3)脉络膜　紧贴巩膜内面,呈棕褐色。脉络膜后部在视神经穿过的背侧,除猪外,有一块青绿色带金属光泽的三角形区,称为照膜,这一部分的视网膜没有色素,所以反光很强,有加强对视网膜刺激的作用,有助于动物在暗光情况下对光的感应。

3. 视网膜

视网膜又称为神经膜,为眼球壁的最内层。分为视部和盲部,二者交界处呈锯齿状,称锯齿缘。

视部衬于脉络膜的内面,薄而柔软,在后方下部有一圆形或卵圆形的白斑,称为视神经乳头,其表面凹,是视神经穿出视网膜的地方,此处仅有神经纤维,无神经细胞,无感光作用,故称盲点。在视神经乳头的外上方，约在视网膜的中央，有一小圆形区，称视网膜中心，是感光最敏锐的地方，相当于人的黄斑。

视网膜视部可分为 2 层，外层为色素上皮层，内层为神经层。色素上皮层能保护视神经细胞；神经层主要由 3 层神经细胞组成，由外向内为感光细胞、双极细胞和节细胞。感光细胞有视锥细胞和视杆细胞 2 种，视锥细胞对强光和有色光线敏感，视杆细胞对弱光敏感。双极细胞连于感光细胞与节细胞之间。节细胞的轴突向视神经乳头汇集，穿出巩膜形成视神经。

盲部位于虹膜和睫状体的内面，分为虹膜部和睫状体部，很薄，没有感光作用。

(二)眼球内容物

眼球内容物是眼球内的一些透明结构，包括晶状体、眼房和眼房水、玻璃体，它们与角膜一起组成眼球的折光系统，使物像呈现在视网膜上。

1. 晶状体

晶状体位于虹膜与玻璃体之间，无色透明，富有弹性，呈双凸透镜状，周缘以睫状小带连接于睫状突上。依物体的远近不同，通过睫状肌的收缩和舒张，可以改变睫状小带对晶状体的拉力，来调整晶状体的凸度，以调节焦距，使物像呈现在视网膜上。

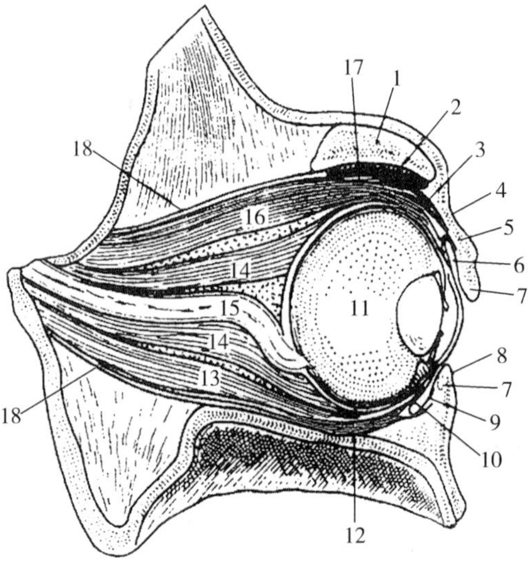

1. 额骨眶上突　2. 泪腺　3. 上眼睑提肌　4. 上眼睑　5. 眼轮匝肌　6. 结膜囊　7. 睑板腺　8. 下眼睑　9. 睑结膜　10. 球结膜　11. 眼球　12. 眼球下斜肌　13. 眼球下直肌　14. 眼球退缩肌　15. 视神经　16. 眼球上直肌　17. 眼球上斜肌　18. 眶骨膜

图 11-2　眼的辅助器官

2. 眼房和眼房水

眼房是角膜和晶状体之间的空隙，由虹膜分为眼前房和眼后房两部分，两者经瞳孔相通。眼房水是充满于眼房内的无色透明液体，由睫状体的血管渗透和上皮分泌，有营养角膜、晶状体和维持眼内压的功能。房水由眼后房经瞳孔到眼前房，再渗入巩膜的静脉窦流回血液中。若眼房水循环发生障碍，房水增多，眼内压升高，临床上称为青光眼。

3. 玻璃体

玻璃体充满于视网膜与晶状体之间，是无色透明的半流动胶冻状物质。玻璃体上包有一层很薄的玻璃体膜，并附着于视网膜上。玻璃体除有折光功能外还有支持视网膜的作用。

二、眼的辅助器官

眼的辅助器官包括眼睑、泪器、眼球肌和眶骨膜(图 11-2)。对眼球起着保护、运动和支持作用。

(一)眼睑

眼睑是覆盖在眼球前方的皮肤褶，分为上眼睑和下眼睑。上、下眼睑之间的裂隙称眼裂。眼睑外面覆有皮肤，里面衬有黏膜称睑结膜，被覆到巩膜前部的睑结膜折转，叫球结膜。在睑结膜和球结膜之间，形成一个环形的结膜囊。睑结膜和球结膜统称为眼结膜。眼结膜正常时呈淡红色，在某些疾病时其颜色常发生变化，在诊疗实践上眼结膜是经常检查的项目之一，可作为诊断的依据。眼睑中间具有眼轮匝肌，游离缘上具有睫毛，靠近游离缘处有一排睑板腺，导管开口于睑缘，分泌脂性分泌物，有润泽睑缘的作用。

第三眼睑又称瞬膜，是位于眼内角的结膜褶，呈半月形，常有色素，其内有一片软骨。第三眼睑无肌肉控制，仅在眼球被眼肌向后拉动时，压迫眼眶内的组织，使瞬膜被动露出。动物在闭眼后或转动头部时，第三眼睑可覆盖至角膜中部，但随即迅速消失恢复原位。

（二）泪器

泪器由泪腺和泪道所组成。

1. 泪腺

泪腺位于眼球与额骨眶上突之间，眼球的背外侧，有十余条导管，开口于上眼睑结膜囊内。泪腺分泌泪液，借眨眼运动，使泪液分布于眼球和结膜表面，起湿润和清洁的作用。

2. 泪道

泪道是泪液的排出通道，分泪小管、泪囊和鼻泪管 3 段。泪小管为 2 条短管，起始于眼内侧角处的两个小裂隙即泪点，下端共同汇入泪囊。泪囊位于泪骨的泪囊窝内，呈漏斗状，是鼻泪管上端的膨大部。鼻泪管向下方开口于鼻前庭腹侧和鼻泪管口。猪无泪囊，鼻泪管开口于下鼻道后部。泪液排到鼻腔，借呼吸运动而蒸发。

（三）眼球肌

眼球肌是一些使眼球灵活运动的横纹肌，在眶骨膜内包围于眼球和视神经周围，起于视神经孔周围的眼眶壁，止于眼球巩膜。有眼球退缩肌、眼球直肌和眼球斜肌。

眼球退缩肌有 1 块，包于视神经和眼球后部的外面，收缩时可后退眼球。

眼球直肌共有 4 块，即内直肌、外直肌、上直肌和下直肌，分别位于眼球退缩肌内侧、外侧、背侧和腹侧，直肌可使眼球做向上、向下、向内侧、向外侧运动。

眼球斜肌有 2 块，即下斜肌和上斜肌，下斜肌收缩时可使眼球做向外下方的转动，上斜肌收缩时可使眼球做向外上方的转动。

另外，上直肌的背侧还有一块上眼睑提肌，收缩时可提举上眼睑。

（四）眶骨膜

眶骨膜又称眼鞘，为一致密坚韧的纤维膜，略呈圆锥形，包围于眼球、眼肌、血管、神经和泪腺的周围。圆锥基部附着于眼眶缘，锥尖附着于视神经附近。眶骨膜的内外填充有许多脂肪，起缓冲作用。

第二节　位听器官

位听器官包括位觉器官和听觉器官 2 部分。两者机能虽然不同，但结构上难以分开。耳是位听器官，它包括外耳、中耳和内耳 3 部分，外耳收集声波，中耳传导声波，内耳是位觉感受器和听觉感受器存在的部位。

一、外耳

外耳包括耳郭、外耳道和鼓膜三部分。

(一)耳郭

耳郭位于头部两侧，其大小和形状因家畜种类和品种不同而异，一般为圆筒状，上端较大，开口向前；下端较小，连于外耳道。耳郭里面的凹陷称为舟状窝。耳郭前、后缘向上汇合形成耳尖，耳郭下部称耳根。耳郭由耳郭软骨、皮肤和肌肉等构成。耳郭软骨属弹性软骨，是构成耳郭的支架。耳郭内、外被覆皮肤，但皮下组织很少，内面的皮肤与软骨紧密相接，具有丰富的皮脂腺，并形成一些纵褶。耳郭基部具有脂肪垫，并附着许多小块的耳肌，使耳郭转动灵活，便于收集声波。

(二)外耳道

外耳道是从耳郭基部到鼓膜的管道，分为软骨性外耳道和骨性外耳道。软骨性外耳道由一个半环形的软骨支架所构成，其外侧端与耳郭软骨相连；内侧端与岩颞骨外耳道以致密结缔组织相连接。骨性外耳道即颞骨的外耳道，断面呈椭圆形。外耳道内面被覆皮肤，在软骨部具有短毛、皮脂腺和特殊的耵聍腺。耵聍腺分泌耳蜡，又称耵聍。

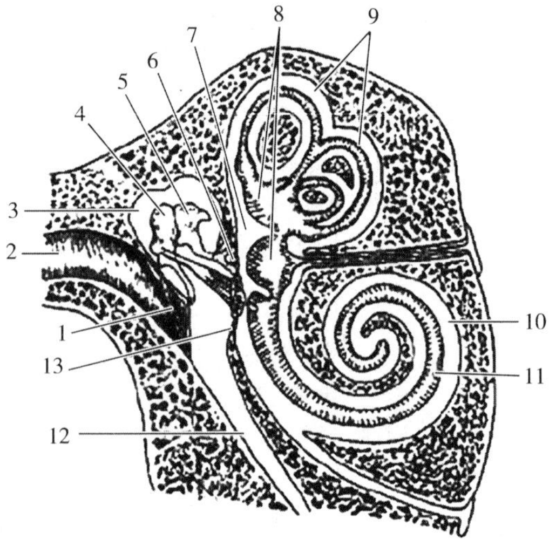

图 11-3 耳的构造模式图

1.鼓膜 2.外耳道 3.鼓室 4.锤骨 5.砧骨 6.镫骨及前庭窗 7.前庭 8.椭圆囊和球囊 9.骨和膜半规管 10.耳蜗 11.耳蜗管 12.咽鼓管 13.蜗窗及第2鼓膜

(三)鼓膜

鼓膜是位于外耳道底部，介于外耳和中耳之间的一片椭圆形的纤维膜，质地坚韧而具有弹性，厚约 0.2 mm，外表面呈浅凹面，内表面隆凸。鼓膜一般分 3 层：外层是表皮层，来自外耳道皮肤的表皮；中层为纤维层，由致密结缔组织构成；内层为黏膜层，为鼓室黏膜的延续部分。

二、中耳

中耳由鼓室、听小骨和咽鼓管组成(图 11-3)。

(一)鼓室

鼓室是颞骨里的一个含有空气的骨腔，内面被覆黏膜。外侧壁以鼓膜与外耳道相隔开，内侧壁为骨质壁或迷路壁，与内耳为界。在内侧壁上有一隆起称岬。内侧壁岬的前方有前庭窗，被镫骨底及其环状韧带封闭。内侧壁岬的后方有蜗窗，被第 2 鼓膜封闭。鼓室的前下方有孔通咽鼓管。

(二)听小骨

听小骨位于鼓室内，很小，共 3 块，由外向内依次为锤骨、砧骨和镫骨。它们彼此以关节连成一个骨链，一端以锤骨柄附着于鼓膜，另一端以镫骨底的环状韧带附着于前庭窗。鼓膜接受声波而振动，再经此骨链可将声波传递到内耳。锤骨和镫骨分别有鼓膜张肌和镫骨肌附着。鼓膜张肌有牵引锤骨向内拉紧鼓膜的作用。镫骨肌将镫骨头向后拉，使镫骨倾斜，前庭窗环状韧带紧张。两肌同时收缩，可以减弱较强的振动传至耳蜗，对感音器官起着保护作用。

(三)咽鼓管

咽鼓管又称耳咽管，一端开口于鼓室的前下壁，一端开口于咽腔侧壁。空气从咽腔经此管到鼓室，可保持鼓膜内外两侧大气压力的平衡，防止鼓膜被冲破。马属动物的咽鼓管黏膜向外突出形成咽鼓管囊，位于咽的后上方和颅底腹侧，左右两囊沿正中矢状面相接。

三、内耳

内耳又称迷路，因结构复杂而得名，是盘曲于岩颞骨内的管道系统，由套叠的两个管道组成。外部是骨质的小腔和骨质的小管，统称骨迷路；在骨迷路内有形状与之相似的膜质小囊和膜质小管，囊和管互相通连，称膜迷路。在膜迷路内充满内淋巴；在骨迷路与膜迷路间充满外淋巴，它们起着传递声波刺激和动物体位置变动刺激的作用。

(一)骨迷路

骨迷路由骨密质构成，包括前庭、3个骨半规管和耳蜗。

1. 前庭

前庭是位于骨迷路中部较大的椭圆形空腔，向前下方与耳蜗相通，向后上方与骨半规管相通。前庭的外侧壁(即鼓室的内侧壁)上有前庭窗和蜗窗；前庭的内侧壁是构成内耳道底的部分，壁上有前庭嵴，嵴的前方有一球囊隐窝，后方有一椭圆囊隐窝，后下方有一前庭小管内口。

2. 骨半规管

骨半规管位于前庭的后上方，为3个彼此互相垂直并相通的半环形骨管，按其位置分别称为前半规管、后半规管和外半规管。每个半规管的一端粗，称为壶腹骨脚；另一端细，称为单骨脚，前半规管与后半规管的单骨脚合并成为总骨脚。

3. 耳蜗

耳蜗位于前庭的前下方，外形似蜗牛壳。蜗底朝向内耳道，蜗顶朝向前外侧。耳蜗由蜗轴和骨螺旋管组成。蜗轴呈圆锥状，轴底即内耳的一部分，该处凹陷并有许多小孔，供耳蜗神经通过。骨螺旋管是围绕蜗轴盘旋的中空骨管。骨螺旋管的圈数在各种动物不同，牛3.5圈，猪4圈，马、羊2.25圈，犬3.25圈。管的起端与前庭相通，盲端终止于蜗顶。在骨螺旋管内，从蜗轴伸出一片不连结骨螺旋管对侧壁的骨螺旋板，其缺损处由膜迷路(耳蜗管)填补封闭，将骨螺旋管不完全地分为前庭阶和鼓阶2部分。因此耳蜗内有3条管，即上方的前庭阶，中间的蜗管，下方的鼓阶。前庭阶起于前庭的前庭窗，鼓阶起于前庭的蜗窗，两者在蜗顶相交通，且均充满外淋巴。

(二)膜迷路

膜迷路为套在骨迷路内、互相连通的膜质管和囊，由纤维组织构成，里面衬有单层上皮。膜迷路由椭圆囊、球囊、膜半规管和蜗管组成(图11-4)。椭圆囊、球囊、膜半规管的内壁有位觉感受器，在蜗管内壁有听觉感受器。

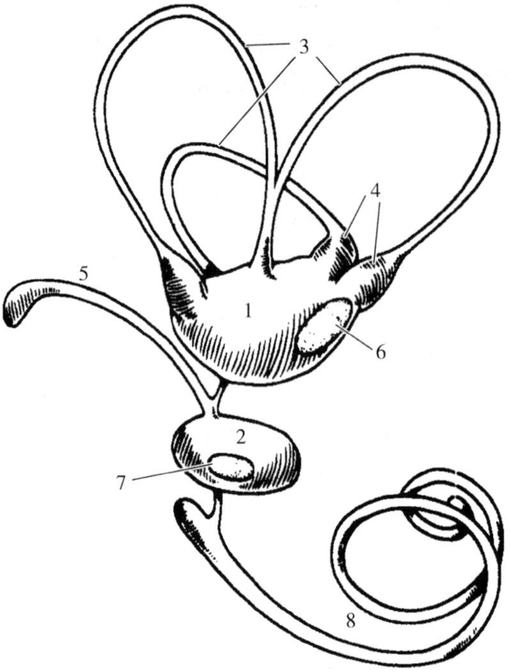

图 11-4 膜迷路

1.椭圆囊 2.球囊 3.膜半规管 4.壶腹嵴
5.内淋巴管 6、7.位觉斑 8.蜗管

1.椭圆囊和球囊

在前庭内有 2 个小囊，分别称为椭圆囊和球囊。椭圆囊位于椭圆囊隐窝内，向前连接内淋巴管，向后与 3 个膜半规管相通。球囊比椭圆囊小，在椭圆囊的前下方，位于球囊隐窝内，其前下方与蜗管相通，后部接内淋巴管。内淋巴管走在前庭小管内，通于脑硬膜两层之间的内淋巴囊。椭圆囊和球囊附着于前庭壁的部分增厚并呈乳白色，称为椭圆囊斑和球囊斑。斑由毛细胞和支持细胞组成，表面盖有一层耳石膜。椭圆囊斑和球囊斑能感受直线运动开始和终止时的刺激，是位觉感受器。

2.膜半规管

膜半规管套于骨半规管内，形状与骨半规管一致，管壁黏膜由单层扁平上皮与皮下薄层结缔组织构成，在膜壶腹处管壁增厚呈乳白色的半月形隆起，突入壶腹称壶腹嵴，由毛细胞和支持细胞构成。壶腹嵴感受头部旋转运动开始和终止时的刺激，也是位觉感受器。

3.蜗管

蜗管是位于耳蜗内的前庭阶和鼓阶之间的盲管，一端与球囊相通，另一端位于蜗顶，为一盲端。蜗管的横断面呈三角形，可分为顶壁、底壁和外侧壁。顶壁为斜走的前庭膜，将前庭和蜗管隔开，外侧壁为耳蜗壁，是骨膜的增厚部分，底壁为横走的基底膜，位于骨螺旋板的游离缘和耳蜗外侧壁之间。基底膜上有螺旋器，又称科蒂氏器，是听觉感受器。

实训项目 眼和耳的形态构造

【实训目的】

1.掌握眼的结构。

2.掌握耳的结构。

【实训材料】

牛或猪的眼球标本和模型；耳标本和模型。

【实训内容】

一、视觉器官——眼

1.眼球

(1)眼球壁 观察纤维膜(角膜、巩膜)、血管膜(脉络膜、睫状体、虹膜)和视网膜的形态、构造及相互位置关系。

(2)眼球内容物　识别眼房水、晶状体和玻璃体的形态、结构。

2.眼球辅助器官

(1)眼睑　识别上眼睑、下眼睑、第三眼睑、睑结膜和结膜囊的结构。

(2)泪器　观察泪腺和泪道(泪小管、泪囊和鼻泪管)的形态、位置。

(3)眼球肌　辨认4块直肌(内直肌、外直肌、上直肌、下直肌)、2块斜肌(下斜肌、上斜肌)和1块退缩肌。

(4)眶骨膜　为致密坚韧的纤维膜,观察其结构。

二、位听器官——耳

1.外耳

观察耳郭外形及外耳道和鼓膜的形态和结构。

2.中耳

识别鼓室、听小骨形成的听骨链,咽鼓管的开口部位。

3.内耳

识别前庭、半规管和耳蜗,区分骨迷路和膜迷路。

复习思考题

一、选择题

1.不属于眼折光系统的结构是(　　)(2010年真题35)

A.角膜　　B.虹膜　　C.房水

D.晶状体　　E.玻璃体

2.中耳的功能是(　　)(2011年真题34)

A.收集声波　　B.传导声波　　C.压缩声波

D.听觉感受器的所在地　　E.位置感受器的所在地

3.分布于视网膜上的感觉神经是(　　)(2012年真题34)

A.眼神经　　B.视神经　　C.外展神经

D.动眼神经　　E.滑车神经

4.眼球壁的3层结构是指纤维膜、血管膜和(　　)(2012年真题35)

A.蛛网膜　　B.视网膜　　C.硬膜

D.软膜　　E.白膜

5.眼球壁3层结构的中层结构是(　　)(2013年真题35)

A.纤维膜　　B.血管膜　　C.视网膜

D.角膜　　E.虹膜

6.哺乳动物眼球3层结构中具有感光功能的是(　　)(2014年真题35)

A.虹膜　　B.巩膜　　C.纤维膜

D.脉络膜　　E.视网膜

7. 位于眼球壁中层，具有调节视力作用的结构是(　　)(2015 年真题 34)
A. 虹膜　　B. 睫状体　　C. 角膜
D. 脉络膜　　E. 巩膜
8. 眼球折光系统不包括(　　)(2016 年真题 33)
A. 角膜　　B. 眼房水　　C. 晶状体
D. 视网膜　　E. 玻璃体
9. 位置感受器位于(　　)(2018 年真题 32)
A. 骨迷路　　B. 鼓室　　C. 膜迷路
D. 咽鼓室　　E. 鼓膜
10. 眼球内容物包含(　　)(2019 年真题 34)
A. 眼房水、晶状体、玻璃体　　B. 晶状体、玻璃体、视网膜
C. 晶状体、玻璃体、虹膜　　D. 眼房水、虹膜、晶状体
E. 眼房水、虹膜、视网膜
(11～13 题共用备选答案)
A. 纤维膜　　B. 血管膜　　C. 视网膜　　D. 晶状体　　E. 玻璃体
11. 眼球中有营养作用的结构是(　　)(2021 年真题 B 卷)
12. 眼球中有感光作用的结构是(　　)(2021 年真题 B 卷)
13. 眼球中有保护作用的结构是(　　)(2021 年真题 B 卷)

二、简答题

1. 简述眼球各部的结构与功能。
2. 试述内耳感受器的结构与功能。

第十一章　复习思考题参考答案

第十二章 被皮系统

【知识目标】

1. 掌握皮肤的结构。
2. 掌握牛乳房的形态构造。
3. 熟悉蹄和皮肤腺的结构。

【技能目标】

1. 能说明皮肤各层结构与功能的关系。
2. 能区别各种家畜乳房的结构特点。

【思政目标】

使学生意识到，作为一名兽医人应关注动物福利。

被皮系统由皮肤和皮肤衍生物构成。皮肤衍生物是在动物机体的某些部位，由皮肤演变而成的形态特殊的器官，如家畜的毛、皮肤腺、蹄、角、枕以及禽类的爪、羽毛、肉髯、喙、冠等都属于皮肤的衍生物。皮肤腺又包括汗腺、皮脂腺和乳腺。

第一节 皮　　肤

皮肤覆盖在动物体的表面，由复层扁平上皮和结缔组织构成，含有大量的血管、淋巴管、汗腺和多种感受器，具有感觉、分泌、保护深层组织、调节体温、排泄废物、吸收及贮存营养物质等功能。

皮肤的厚薄因动物种类、品种、年龄、性别及身体的不同部位而异。牛的皮肤最厚，绵羊的皮肤最薄。同一种动物，老年的皮肤比幼年的厚，公畜的皮肤比母畜的厚。动物体枕部、背部和四肢外侧的皮肤比腹部和四肢内侧的厚。皮肤虽然厚薄不同，但均由表皮、真皮和皮下组织3层构成(图12-1)。

一、表皮

表皮位于皮肤的最表层，由角化的复层扁平上皮构成。表皮由深层向浅层依次分为基底层、棘细胞层、颗粒层、透明层和角质层。上述各层细胞由基底层向浅层的移行过程中，它们的形状和结构逐渐变化，角质成分逐渐增多，最后死亡脱落，因此，这类细胞称为角质形成细胞。在角质形成细胞之间有散在的黑素细胞、郎格罕斯细胞和梅克尔细胞，与表皮角化无直接关系，称为非角质形成细胞。表皮中没有血管和淋巴管，但有丰富的神经末梢。

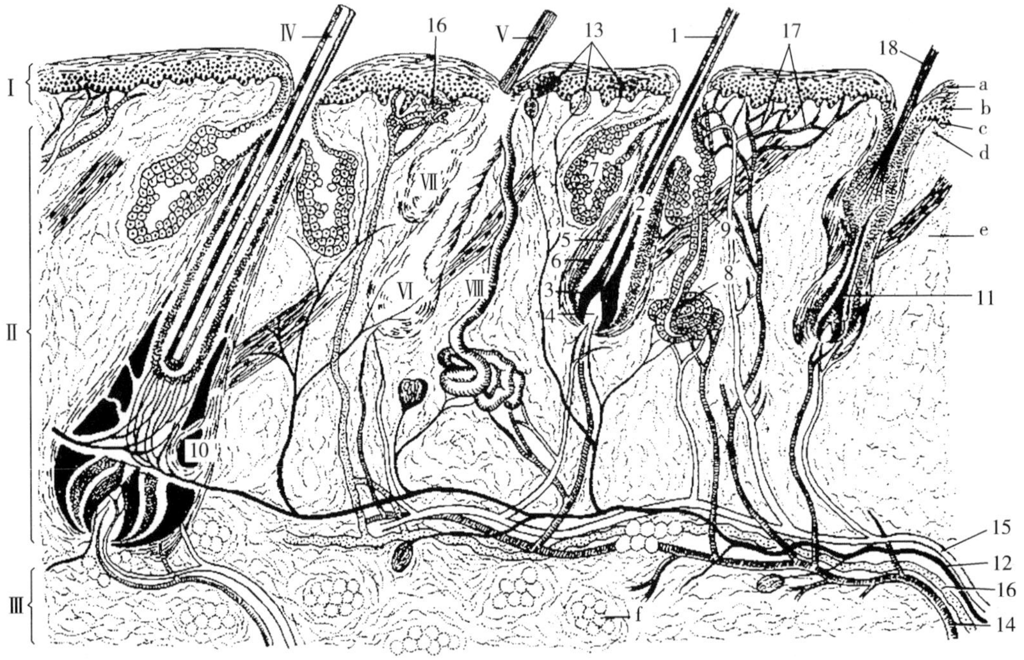

Ⅰ.表皮 Ⅱ.真皮 Ⅲ.皮下组织 Ⅳ.触毛 Ⅴ.被毛 Ⅵ.毛囊 Ⅶ.皮脂腺 Ⅷ.汗腺

a.表皮角质层 b.颗粒层 c.生发层 d.真皮乳头层 e.网状层 f.皮下组织内的脂肪组织

1.毛干 2.毛根 3.毛球 4.毛乳头 5.毛囊 6.根鞘 7.皮脂腺断面 8.汗腺断面 9.竖毛肌

10.毛囊内的血窦 11.新毛 12.神经 13.皮肤的各种感受器 14.动脉 15.静脉

16.淋巴管 17.血管丛 18.脱落的毛

图 12-1 皮肤结构模式图

(一)角质形成细胞

1.基底层

基底层是表皮的最深层，由一层低柱状基底细胞组成，核呈卵圆形，染色深，胞质较少。基底层与真皮相连接，具有吸收真皮营养的作用。基底细胞具有旺盛的繁殖分裂能力，细胞可以不断分裂产生新的细胞并向表层推移，从而补充不断死亡脱落的细胞。

2.棘细胞层

棘细胞层位于基底层外层，由数层大的多角形细胞组成，核圆形，近颗粒层变为扁平形。棘细胞层深部的细胞也有分裂增生的能力，故也将基底层和棘细胞层合称生发层。

3. 颗粒层

颗粒层位于棘细胞层的外层，由 2～4 层梭形细胞构成，细胞界限不清，胞质内含有嗜碱性透明角质颗粒，颗粒的数量向表层逐渐增加。胞核小，有退化趋向，表皮薄处此层薄或不连续。

4. 透明层

透明层是无毛皮肤特有的一层，位于颗粒层之外，由几层扁平细胞组成，细胞开始死亡，细胞器及细胞核已消失，细胞界限不清。该层在鼻镜、乳头、足垫等无毛区内明显。

5. 角质层

角质层是表皮的最浅层，由多层角化的扁平细胞构成，胞质内充满角质蛋白，彼此紧密连接并继续向表层推移。老化的角质层不断脱落，形成皮屑。

(二)非角质形成细胞

1. 黑素细胞

黑素细胞能生成黑色素，多散布于基底层细胞之间，细胞体积大，多突起，HE 染色切片上不易辨认。电镜下，可见细胞质中有长圆形的小体，称黑素体。这种小体由高尔基体形成，有单位膜包裹。黑素细胞能将形成的黑素体输送到邻近的细胞内，因而使周围的角质细胞也含有黑色素颗粒。黑素细胞内含有酪氨酸酶，能将酪氨酸转化成黑色素。黑色素与皮肤的颜色有关，并能吸收阳光中的紫外线，从而保护深部组织不受紫外线的损伤。

2. 郎格罕斯细胞

郎格罕斯细胞主要存在于棘细胞层，HE 染色不易辨认，特殊染色可显示出有树枝状突起的细胞形态。电镜下胞质中溶酶体较多，其他细胞器少，有一些由单位膜包裹的颗粒，呈杆状或网球拍状。郎格罕斯细胞的功能主要是捕获和处理侵入皮肤的抗原，参与免疫应答。

3. 梅克尔细胞

梅克尔细胞是一种具有短指状突起的细胞，数目很少，散在于毛囊附近的基底细胞之间，常与感觉神经末梢接触，能感受触觉和其他机械刺激。

二、真皮

真皮位于表皮的深层，由致密结缔组织构成，是皮肤最厚的一层。其胶原纤维和弹性纤维交错排列，使皮肤具有一定的弹性和韧性，皮革就是真皮鞣制而成。临床上进行的皮内注射就是把药液注入真皮层内。真皮又分为乳头层和网状层。

(一)乳头层

乳头层位于真皮浅层，较薄，由纤细的胶原纤维和弹性纤维交织而成，向表皮的基底层内伸出许多圆锥形乳头，借以增加接触面积。乳头内富有血管、淋巴管和神经末梢，以供应表皮的营养和感受外界刺激。

(二)网状层

网状层位于真皮的深面，较厚，由粗大的胶原纤维束和弹性纤维束交织而成，内含较大的血管、淋巴管、神经、汗腺、皮脂腺和毛囊等结构。

三、皮下组织

皮下组织位于皮肤的最深层，由含有脂肪的疏松结缔组织构成，又称浅筋膜。皮下组织将皮肤与肌肉或骨膜连在一起，分布有丰富的血管、淋巴管和神经，临床上的皮下注射，就是将药物注入皮肤的皮下组织内。

皮下组织中脂肪组织的多少是动物营养状况的标志。营养状况良好的动物，皮下组织含有大量的脂肪细胞，形成脂肪组织。猪的皮下组织内蓄积大量的脂肪，形成一层很厚的皮下脂膜。皮下的脂肪组织具有保温、贮藏能量和缓冲外界压力的作用。

动物有机体各部位的皮下组织发达程度不同，凡皮下组织发达的地方，皮肤的移动性就较大，能皱成皮肤褶。四肢活动范围较大的部位形成永久性皮肤褶，如前肢的肘褶，后肢的膝褶。黄牛颈腹侧皮肤形成特殊的皮肤褶——垂皮。

第二节　皮肤衍生物

在皮肤的某些特殊部位演化成执行专门功能的特殊器官，如蹄与畜体运动相关联；乳腺是哺乳动物的主要特征，与哺育后代相关联。

一、毛

毛由表皮衍生，是一种坚韧而有弹性的角化的表皮结构，被覆于皮肤的表面，是热的不良导体，具有保温作用。

(一)毛的类型和分布

根据毛的部位和作用不同，家畜的毛可分为被毛和特殊毛两种。被毛遍布全身，其分布随动物种类不同而异。牛、马的被毛分布是均匀的；绵羊的被毛通常以 10～20 根为一簇；猪的被毛常以 3 根为一簇，但也有单根存在的。特殊毛是指生在畜体某些部位的一些长粗毛，如马颅顶部的鬣、颈部的鬃、尾部的尾毛和系关节后部的距毛，公山羊颏部的髯，猪颈背部的鬃等。牛、马唇部的长毛根部富有神经末梢，称触毛。依毛的粗细有粗毛和细毛之分。牛、猪和马的被毛多为短而直的粗毛；绵羊的被毛多为细毛，头部和四肢为粗毛。

毛在畜体表面按一定方向排列，称毛流。毛的尖端向一点集合，称点状集合性毛流；尖端从一点向四周分散，称点状分散性毛流；毛干围绕一中心点以旋转方式向四周放射排列，称旋毛；毛的尖端由两侧集中成一条线，称线状集合性毛流；向两侧分成一条线的，称线状分散性毛流。毛流排列形式因畜体部位不同而异，毛流的方向一般来说与外界的气流和雨水在体表流动的方向相适应。

(二)毛的结构

毛是表皮下陷到真皮或皮下组织内再向外长出的衍生物。毛分毛根和毛干两部分。埋在真皮和皮下组织内的部分称为毛根，而露在皮肤外面的部分称为毛干。毛干由 3 层组成，最外层为毛小皮，其内是皮质，中心是髓质。毛根末端的膨大部分称毛球，由低柱状和多面形细胞构成，此处细胞分裂繁殖快，为毛的生长点。伸入毛球内部的结缔组织部分(含有丰富的毛细血管和神经末梢)称为毛乳头。毛囊由结缔组织鞘和上皮根鞘(毛根鞘)组成。在毛囊的一侧,自毛囊下 1/3 处斜伸向表皮的一束平滑肌称为竖毛肌。当竖毛肌收缩时,可使毛竖立,还可压迫皮脂腺排出其分泌物。

(三)换毛

毛有一定寿命,生长到一定时期会衰老脱落,被新生毛所代替,这个过程称换毛。换毛的生理过程是:毛乳头的血管衰退,血流停止,毛球的细胞停止增生,并逐渐发生角质化和萎缩,最后与毛乳头分离。当毛乳头恢复血液循环时,其周围生发层的细胞增殖形成新毛,将旧毛推出而脱落。换毛的方式有两种:一种为持续性换毛,即换毛不受时间和季节的限制,如绵羊的细毛,马的鬣毛和尾毛,猪鬃等;另一种是季节性换毛,一般在每年春秋各进行 1 次,如骆驼、兔等。大部分家畜既有持续性换毛特性,又有季节性换毛特性,属于混合方式的换毛。

二、皮肤腺

(一)汗腺

汗腺位于皮肤的真皮和皮下组织内。为盘曲的单管状腺,结构可分为分泌部和导管部。分泌部位于皮下组织和真皮内,周围分布有丰富的毛细血管,主要是产生汗液;导管部是将汗液排出到皮肤表面的管道,一般开口于毛囊,或直接开口于皮肤的表面。汗腺通过分泌汗液,起到排泄废物和调节体温的作用。

牛的汗腺以面部和颈部最为显著,其他部位则不发达,水牛的汗腺不如黄牛的发达。家畜中马和绵羊的汗腺最发达,分布广泛。猪的汗腺也比较发达,但以趾间分布最为密集。犬和猫的汗腺不发达。

(二)皮脂腺

皮脂腺位于真皮内,在毛囊和竖毛肌的夹角中,为分支泡状腺,分为分泌部和导管部。分泌部呈囊状,但几乎没有腺腔。中央充满多角形细胞,胞质内含有大量类脂颗粒,胞核固缩,浓染并逐渐消失。分泌部周围靠近基膜的细胞小,呈立方形,具有增殖能力,能不断产生新细胞,以补充因分泌丧失的细胞。导管部短,管壁由复层扁平上皮构成,在有毛的部位其导管开口于毛囊,在无毛部位,则直接开口于皮肤的表面。家畜除少数部位无皮脂腺外,几乎遍布全身,能分泌皮脂,可润泽皮肤和毛。绵羊和马的皮脂腺最发达,牛的次之,猪的皮脂腺不发达。绵羊的皮脂与汗液混合成脂汗,脂汗的好坏可影响羊毛的弹性和坚固性。

有的汗腺和皮脂腺变态衍生成特殊皮肤腺。由皮脂腺衍生的特殊皮肤腺,如肛门腺、阴唇腺、包皮腺、睑板腺等。由汗腺衍生而来的,如外耳道皮肤内的耵聍腺、牛的鼻唇镜腺和猪的腕腺等。

(三)乳腺

乳腺为哺乳动物所特有。母畜的乳腺在繁殖过程中具有哺乳动物仔畜的功能。乳腺虽雌雄都有,但只有雌性动物才能发育并具有泌乳的能力。

1. 各种家畜乳房的位置和形态

(1)牛的乳房　位于耻骨部的腹下部、两股之间。母牛乳房呈倒置的圆锥形,尽管母牛的乳房有各种不同的形态,如圆形乳房、山羊型乳房、发育不均衡的乳房和扁平形乳房等,但均由

4个乳腺结合成一个整体。乳房左右以较明显的纵沟为界，前后以横沟相隔分为4部分。每个乳房均分为基底部、体部和乳头部。基底部紧接于腹壁底部，向下为膨大的体部，是乳腺所在部位。每个乳房上有1个乳头，乳头一般呈圆柱形或圆锥形，每个乳头有1个乳头管。乳头管内衬黏膜，黏膜上有许多纵嵴，黏膜下有平滑肌和弹性纤维，平滑肌在乳头管开口处形成括约肌，控制乳头管的开放。乳头的大小与形态，决定是否适合机器挤奶。有时乳房的后部还有一对发育不全的副乳头，无分泌乳汁的功能。

(2)羊的乳房　呈倒置圆锥形，分为左、右2个乳房，每个乳房有1个圆锥形乳头，基部有较大的乳池，每个乳头有1个乳头管及乳头管的开口。

(3)猪的乳房　位于胸部和腹部正中线的两侧，乳房数目依品种而异，一般有5～8对，多的达10对，少的有4对。乳池小，每个乳头有2～3个乳头管及其开口。

(4)马的乳房　位于两股之间，被纵沟分为左、右2部分，呈扁圆形，每个乳房有1个横向压扁的乳头。乳头小，每个乳头有2～3个乳头管及其开口。

(5)犬、猫、兔的乳房　犬的乳房对称排列于胸、腹正中线两侧，有4～5对。乳头短，每个乳头有2～4个乳头管，每个乳头管口有6～12个小排泄孔。猫有4～5对乳房，后3对位于腹部，其他的位于胸部。兔的乳房有3～6对，每个乳房有1个乳头，每个乳头有5条乳头管，在泌乳期母兔每日的泌乳量为50～220 mL。

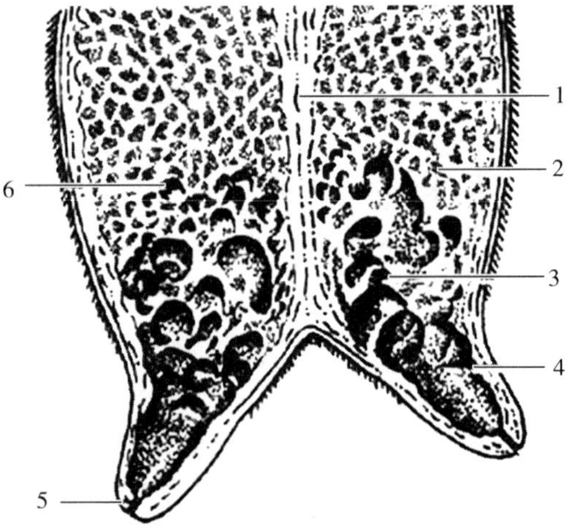

1.乳房中隔　2.腺小叶　3.腺乳池
4.乳头乳池部　5.乳头管　6.乳道
图12-2　牛乳房的构造(纵切面)

2.牛乳房的结构

乳房由皮肤、筋膜和实质构成(图12-2)。

乳房的皮肤薄而柔软，有稀疏的细毛，皮肤内有皮脂腺和汗腺。在乳房的后部至阴门裂之间，有明显的线状毛流的皮肤褶，称乳镜。乳镜在鉴定产乳能力时，是很重要的参考指标。乳镜越大，乳房越能舒展，容纳的乳汁就越多。

皮肤的深层是筋膜，分为浅筋膜和深筋膜。浅筋膜由疏松结缔组织构成，为腹壁浅筋膜的延续；深筋膜位于浅筋膜的深层，含有大量的弹性纤维，在两侧乳房之间形成乳房中隔，即乳房悬韧带。乳房悬韧带实质是腹黄膜沿白线两侧向下的延续。

乳房的实质主要是乳腺，呈粉红色。深筋膜的结缔组织伸入实质内，构成乳腺间质，将腺实质分成许多腺小叶。每个腺小叶是一个分支管道系统，由分泌部和导管部组成，分泌部包括腺泡和分泌小管，腺泡与分泌小管相连，分泌小管汇入小叶间导管而成为导管部。分泌部周围有丰富的毛细血管网。导管部由许多小的输乳管逐渐汇合成较大的输乳管，较大的输乳管再汇合成乳道，通入腺乳池和乳头乳池，再经乳头管向外开口。

三、枕和蹄

(一)枕

枕可分为腕(跗)枕、掌(跖)枕和指(趾)枕,分别位于腕(跗)部、掌(跖)部和指(趾)部的内侧面、后面和底面。掌行动物的腕(跗)枕、掌(跖)枕和指(趾)枕均很发达,蹄行动物(牛、羊、猪、马)的指(趾)枕发达,其他枕退化或消失。

牛、羊、猪仅有指(趾)枕,位于蹄底面的后部,又称蹄枕,即蹄的蹄球,富有弹性,运步时起缓冲作用,其构造与皮肤相同。枕表皮角化,柔软而有弹性;枕真皮有发达的乳头和丰富的血管和神经;枕皮下组织发达,由胶原纤维、弹性纤维和脂肪组织构成。马的指(趾)枕又称为蹄叉。另外,还保留有各部枕的遗迹,并有特殊的名称,如腕(跗)枕称跗蝉,掌(跖)枕称为距。

(二)蹄

蹄是指(趾)端着地的部分,由皮肤演变而成。蹄也分表皮、真皮和皮下组织 3 层。蹄的表皮完全角质化,形成蹄匣,又称角质层,无血管和神经分布;真皮在表皮的深层,称为肉蹄,含有丰富的血管和神经末梢,呈鲜红色,感觉灵敏。

1. 牛(羊)蹄的结构

牛、羊为偶蹄动物,每肢有 4 个蹄,其中 2 个蹄与地面接触称主蹄,另外 2 个蹄位于主蹄后上方,不与地面接触称悬蹄(图 12-3)。

(1)主蹄　包在第 3、4 指(趾)的端部,它们的形状与蹄骨相似。

①蹄匣　呈三面棱锥形。每 1 蹄匣可分为蹄缘表皮、蹄冠表皮、蹄壁表皮、蹄底表皮和蹄枕表皮 5 部分。

蹄缘表皮是蹄与皮肤直接相接的无毛部分,呈半环形窄带,柔软而有弹性,可减轻坚硬的蹄匣对皮肤的压迫。

蹄冠表皮紧靠蹄缘的下方,为蹄缘下方颜色略淡的环状带,稍隆凸,其内面凹陷成沟,称蹄冠沟,沟底有许多角质小管的开口。

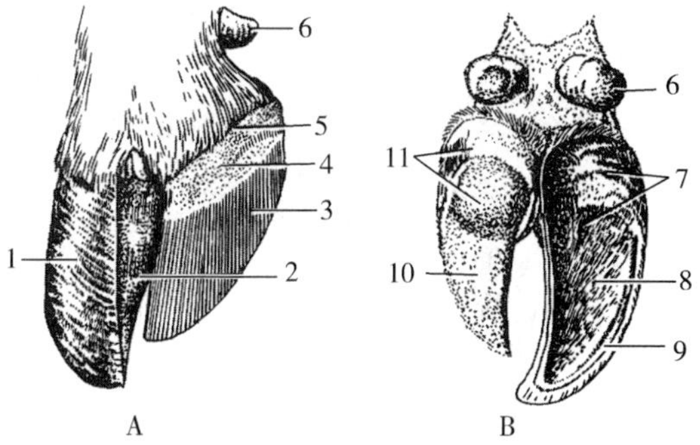

A. 背面　B. 底面

1. 蹄壁的远轴面　2. 蹄壁的轴面　3. 肉壁　4. 肉冠　5. 肉缘　6. 悬蹄　7. 蹄球　8. 蹄底　9. 白线　10. 肉底　11. 肉球

图 12-3　牛蹄(一侧蹄匣除去)

蹄壁表皮位于蹄冠下方,角质坚硬,呈暗色,表面光滑。外侧的凸面称远轴面,内侧的凹面称轴面,即指(趾)间面。蹄壁表皮下缘与地面接触的部分称为底缘。蹄壁表皮最表层为釉层,由角化的扁平细胞构成,成年动物常脱落。中层为冠状层,由许多纵行排列的角质小管和管间角质组成。内层为小叶层,由许多纵向的角质小叶与肉蹄的肉小叶相嵌合,使蹄匣和肉蹄牢固结合在一起。

蹄底表皮为蹄匣底面的前部,稍拱起,略呈三角形,与蹄壁表皮底缘之间以浅色的白线为界。白线由角质小叶向蹄底延伸形成。蹄底表皮的内表面有许多小孔,容纳蹄底真皮上的乳头。

蹄枕表皮为蹄匣底面的后部，呈球状隆起，由较柔软的角质构成。

②肉蹄　为蹄的真皮层，富有血管、神经，颜色鲜红，套于蹄匣内，以供应蹄的营养。肉蹄的形状与蹄匣相似，分为蹄缘真皮（肉缘）、蹄冠真皮（肉冠）、蹄壁真皮（肉壁）、蹄底真皮（肉底）和蹄枕真皮（肉球）5 部分。

蹄缘真皮位于蹄缘表皮的深面，上方连接皮肤真皮，下方连接蹄冠真皮，表面有细而短的乳头，插入蹄缘表皮的小孔中。

蹄冠真皮位于蹄冠沟中，是肉蹄较厚的部分，表面有较长的乳头，伸入蹄冠沟内的角质小管中。

蹄壁真皮位于蹄壁表皮的深面，表面有许多纵行的肉小叶，相当于真皮的乳头，嵌入蹄壁表皮的角质小叶中。

蹄底真皮位于蹄底表皮的深面，形状与蹄底表皮相似，表面有小而密的乳头，伸入蹄底表皮的小孔中。

蹄枕真皮位于蹄枕表皮的深面，形状与蹄枕表皮相似，与蹄底真皮之间无明显的界限，表面有细而长的乳头。

③蹄的皮下组织　蹄缘和蹄冠的皮下组织薄，蹄壁和蹄底无皮下组织，蹄球的皮下组织发达，弹性纤维丰富，构成指（趾）端的弹性结构，以缓冲地面对畜体的震动。

（2）悬蹄　为第 2、5 指（趾）端不着地的小蹄，呈短圆锥形。结构也由蹄匣、肉蹄和皮下组织构成。悬蹄内的指（趾）骨发育不完整，一般只有 1～2 个指（趾）节骨。

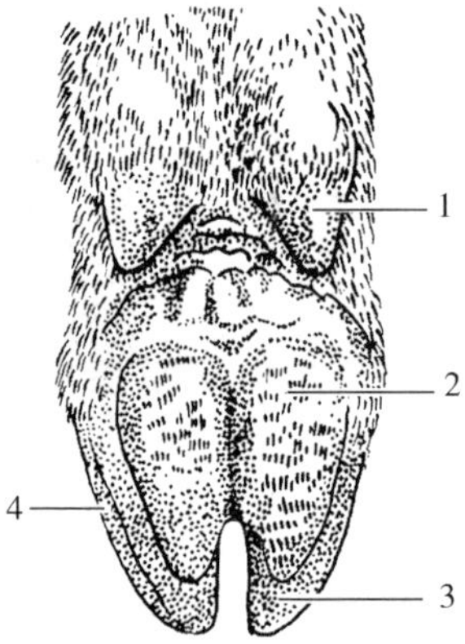

图 12-4　猪蹄的底面

1. 悬蹄　2. 蹄球　3. 蹄底　4. 蹄壁

2. 猪蹄的结构

猪属于偶蹄动物，蹄的形态与牛、羊的蹄基本相似。不同之处是猪的蹄底较小，蹄球较大，蹄球与蹄底之间的界线清楚。悬蹄内有完整的指（趾）节骨（图 12-4）。

3. 马蹄的结构

马属动物为单蹄动物，只有发达的第 3 指（趾）着地，因此马属动物的蹄没有主蹄和悬蹄之分，只有第 3 指（趾）端的皮肤衍生为发达的蹄，其结构与牛蹄一样，也由蹄匣、肉蹄和皮下组织 3 部分构成（图 12-5）。

四、爪

犬、猫、兔等动物的指（趾）骨末端附有爪，由皮肤的表皮层衍化形成，相当坚硬。真皮层较薄，只起连接爪和骨的作用，皮下组织在爪的后部与真皮共同形成垫，相当于家畜的蹄球。按部位可分为爪轴、爪冠、爪壁和爪底。爪具有防御、捕食、挖掘等功能（图 12-6）。

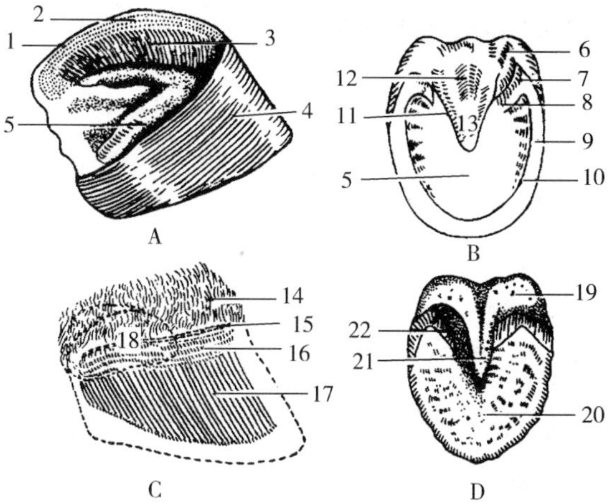

A. 蹄匣　B. 蹄匣底面　C. 肉蹄　D. 肉蹄底面
1. 蹄缘　2. 蹄冠沟　3. 蹄壁小叶层　4. 蹄壁　5. 蹄底
6. 蹄球　7. 蹄踵角　8. 蹄支　9. 底缘　10. 白线
11. 蹄叉侧沟　12. 蹄叉中沟　13. 蹄叉　14. 皮肤
15. 肉缘　16. 肉冠　17. 肉壁　18. 蹄软骨的位置
19. 肉球　20. 肉底　21. 肉枕　22. 肉支

图 12-5　马蹄

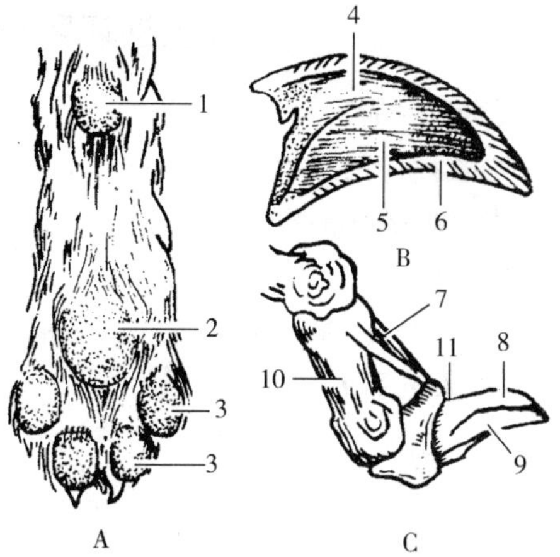

A. 犬枕　B. 犬爪角质囊(断面)　C. 犬指
1. 腕枕　2. 掌枕　3. 指枕　4. 爪壁的角质冠
5. 爪的角质壁　6. 爪的角质底　7. 远指节骨韧带
8. 爪冠的真皮　9. 爪壁的真皮
10. 中指节骨　11. 轴形沟

图 12-6　犬的指和爪

五、角

角是反刍动物额骨的角突表面覆盖的皮肤衍生物，一般呈略显弯曲的锥形，是动物的防卫器官。由表皮和真皮构成。表皮形成坚固的角鞘，由角质小管和管间角质组成。角的真皮部直接与角突上的骨膜结合。

角分为角根、角体和角尖 3 部分。角根角质薄而软，有稀疏的毛，与额部的皮肤相连续。角体是由角根向角尖过渡的部分，角质逐渐增厚。角尖的角质最厚，成为一个实体(图 12-7)。

角的表面有环状的隆起，称角轮。牛的角轮在角根部最明显，向角尖逐渐消失。而羊的角轮几乎遍及全角。因家畜的营养供给受季节的影响较大，角的生长就出现了隆起和凹陷相间排列的结构，表明角轮的出现与季节相关。因此，在畜牧业中，常用角轮来估测牛的年龄。

角的大小、形状和弯曲度取决于角突的形状和角质生长的状况。如角的一面生长快，角顶就将向相反的一面倾斜，从而形成各种弯曲角，甚至螺旋状角。

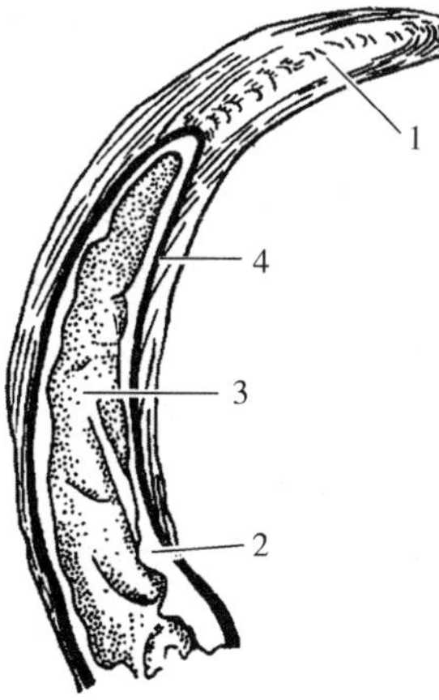

1. 角尖　2. 额骨的角突
3. 角腔　4. 角的真皮

图 12-7　牛角断面

实训项目一　蹄和乳房的形态构造

【实训目的】

1. 掌握蹄的结构。

2. 掌握乳房的构造。

【实训材料】

牛蹄、马蹄、猪蹄标本;牛乳房标本和模型。

【实训内容】

一、蹄

1. 牛蹄

牛蹄有 2 个主蹄和 2 个悬蹄。

(1)蹄匣　观察蹄缘表皮、蹄冠表皮、蹄壁表皮、蹄底表皮、蹄白线和蹄枕表皮的形态和结构。

(2)肉蹄　观察蹄缘真皮、蹄冠真皮、蹄壁真皮、蹄底真皮、蹄枕真皮的形态特征。

(3)蹄的皮下组织　观察不同部位的发达程度。

2. 观察比较

观察猪蹄、马蹄标本,比较其形态、结构特点。

二、牛乳房

- 区分乳房基底部、体部和乳头部,观察乳房纵沟、横沟及乳头。
- 观察乳房悬韧带、腺乳池、乳头乳池和乳头管。

实训项目二　皮肤和乳腺的组织结构

【实训目的】

1. 掌握皮肤的组织结构。

2. 掌握乳腺的组织结构特点。

【实训材料】

猪皮肤切片(HE 染色);羊哺乳期乳腺切片(HE 染色)。

【实训内容】

一、皮肤

1. 肉眼观察

标本表面呈紫色部分为皮肤的表皮,红色的部分为真皮,深层淡红色部分为皮下组织。

2. 低倍镜观察

由表及里区分表皮、真皮和皮下组织,在真皮中找到呈圆柱状的毛、皮脂腺、汗腺和竖毛肌。

3. 高倍镜观察

(1)表皮　为角化的复层扁平上皮，由表及里分角质层、颗粒层、棘细胞层和基底层 4 层。

· 角质层染色较红，由多层角化的扁平细胞构成，胞核已消失。

· 颗粒层位于角质层的深面，由 2～4 层扁平的梭形细胞构成，胞质内充满嗜碱性的透明角质颗粒。角质层与颗粒层之间缺乏透明层。

· 棘细胞层位于颗粒层的深面，由数层多角形细胞组成，细胞体积较大，核圆形，染色浅。

· 基底层为表皮的最深层，由一层排列整齐的低柱状或立方形细胞构成。胞核卵圆形，着色深。胞质少，弱嗜碱性。

(2)真皮　由致密结缔组织构成，表层为乳头层，深层为网状层。乳头层染色较浅，纤维较细密，内含丰富的血管。网状层染色较深，胶原纤维束粗大，彼此交织成网，还可见到斜向排列的毛及毛囊、皮脂腺、汗腺及其导管。

(3)皮下组织　结构疏松，内有大量脂肪细胞。

(4)皮肤衍生物　观察毛、皮脂腺和汗腺。

①毛与毛囊　毛纵切面呈圆柱状，伸出皮肤外面的部分为毛干，埋于皮肤内的部分为毛根。毛根外有毛囊包裹，下端膨大为毛球，毛球底部凹陷，内含结缔组织、毛细血管及神经，称毛乳头。毛中央呈红色的部分是髓质，周围淡黄色的部分是皮质，皮质边缘淡红色的薄层结构为毛小皮。毛囊由内面的毛根鞘和外面的结缔组织鞘构成，包在毛根外面。在毛的一侧，可见一束斜行的平滑肌，为竖毛肌，一端附于毛囊结缔组织鞘，另一端终止于真皮乳头层。

②皮脂腺　皮脂腺为分支的泡状腺，位于毛囊与竖毛肌之间。腺体分泌部由一团腺细胞组成，近基膜的细胞较小，染色深。中央的细胞大，呈多角形，胞质中有许多小脂滴，染色浅。导管很短，开口于毛囊。

③汗腺　汗腺为单管状腺，分泌部的管腔较大，腺上皮细胞呈矮柱状或立方形。导管管腔窄，由两层立方形细胞围成，开口于毛囊或体表。

二、乳腺

1. 肉眼观察

标本内有许多着色较深的块状物为腺小叶，腺小叶间淡红色的为小叶间结缔组织。

2. 低倍镜观察

腺实质被结缔组织分隔成许多腺小叶，腺小叶内有很多圆形或椭圆形的腺泡切面，腺泡间结缔组织少。

3. 高倍镜观察

(1)腺泡　腺泡上皮细胞的形态可因分泌周期的不同而异，有的呈高柱状，细胞顶部充满分泌物，有的呈立方形或扁平形。胞核椭圆形或圆形，位于细胞基部。腺泡腔较大，有的含有淡红色的乳汁。腺上皮细胞与基膜之间有肌上皮细胞。

(2)导管　小叶内导管管壁为立方上皮。小叶间导管管壁由立方或柱状上皮围成。

【绘图】

1. 皮肤及毛、皮脂腺和汗腺的结构(低倍镜)。

2. 哺乳期乳腺部分腺泡(高倍镜)。

复习思考题

一、选择题

1. 皮内注射是把药物注入(　　)(2009 年真题 25)

A. 表皮　B. 真皮　C. 基底层
D. 网状层　E. 皮下组织

2. 给马钉蹄铁的标志位置是(　　)(2010 年真题 25)

A. 蹄壁　B. 蹄球　C. 蹄叉
D. 蹄白线　E. 蹄真皮

3. 关于猪乳房描述不正确的是(　　)(2014 年真题 25)

A. 乳腺属于皮肤腺　B. 每个乳房有 1 个乳头
C. 乳头有 5～8 对　D. 每个乳头上有 2～3 个乳头管开口
E. 乳房仅位于胸部中线两侧

4. 皮下注射将药物注入(　　)(2015 年真题 24)

A. 表皮内　B. 真皮乳头层内　C. 真皮网状层内
D. 表皮与真皮之间　E. 浅筋膜

5. 奶牛乳房每个乳头的乳头管数是(　　)(2016 年真题 25)

A. 5 条　B. 4 条　C. 3 条
D. 2 条　E. 1 条

6. 皮肤的结构包括(　　)(2017 年真题 25)

A. 表皮、真皮和基底层　B. 表皮、真皮和网状层
C. 表皮、网状层和皮下组织　D. 表皮、真皮和皮下组织
E. 真皮、网状层和皮下组织

7. 属于奇蹄的动物是(　　)(2019 年真题 25)

A. 马　B. 牛　C. 羊
D. 猪　E. 驼

8. 哺乳动物的乳腺属于(　　)(2021 年真题 A 卷)

A. 复管状腺　B. 单管状腺　C. 单细胞腺
D. 分支泡状腺　E. 复管泡状腺

二、简答题

1. 简述皮肤的结构。
2. 简述动物毛的种类、结构及换毛机制。
3. 皮肤腺包括哪些？其形态、结构特征如何？
4. 简述牛蹄、猪蹄和马蹄的结构特征。

第十二章　复习思考题参考答案

第十三章
家禽解剖

【知识目标】

1. 掌握家禽运动系统的结构特征。
2. 掌握家禽消化、呼吸、泌尿和生殖系统的形态构造。
3. 熟悉家禽心血管、淋巴、神经、内分泌和被皮系统的结构特点。

【技能目标】

1. 能说明家禽有机体的结构特点。
2. 能识别家禽各器官的形态构造。

【思政目标】

培养学生崇尚科学、积极探索的职业素养。

微课程视频 20
家禽的解剖特征(讲师:金鑫)

家禽包括鸡、鸭、鹅和鸽等,属于脊椎动物的鸟纲。禽类因适应飞翔的本能,在漫长的进化过程中,许多器官结构形成了一系列特征。有些家禽在人类长期饲养和驯化下,虽已丧失了飞翔能力,但身体结构仍保留其原有特点。

第一节　运动系统

一、骨

禽骨(图 13-1)主要特点是强度大,重量较轻。强度大是由于骨密质非常致密,含无机质钙盐较多,而且有些骨已愈合成一个整体。重量轻是由于成年时大多数骨髓腔内充满着与气囊相通的含气腔,称为含气骨。雌禽的某些骨内,在产蛋前形成类似骨松质的髓质骨,随着蛋壳形成的周期而增生或吸收,可贮存或释放钙盐。

禽全身骨骼依其所在部位可分为躯干骨、头骨、前肢骨和后肢骨。

(一)躯干骨

躯干骨包括脊柱、肋骨和胸骨。

1. 脊柱

脊柱由颈(C)椎、胸(T)椎、腰(L)椎、荐(S)椎和尾(Cy)椎组成。各部分的椎骨数在鸡为 C_{14},T_7,L_3,S_5,$Cy_{11\sim13}$,或 C_{14},T_7,LS_{14},$Cy_{5\sim6}$;鸭为 $C_{14\sim15}$,T_9,L_4,S_7,Cy_{10};鹅为 $C_{17\sim18}$,T_9,$L_{12\sim13}$,S_2,Cy_8;鸽为 $C_{12\sim13}$,T_7,L_6,S_2,Cy_8。

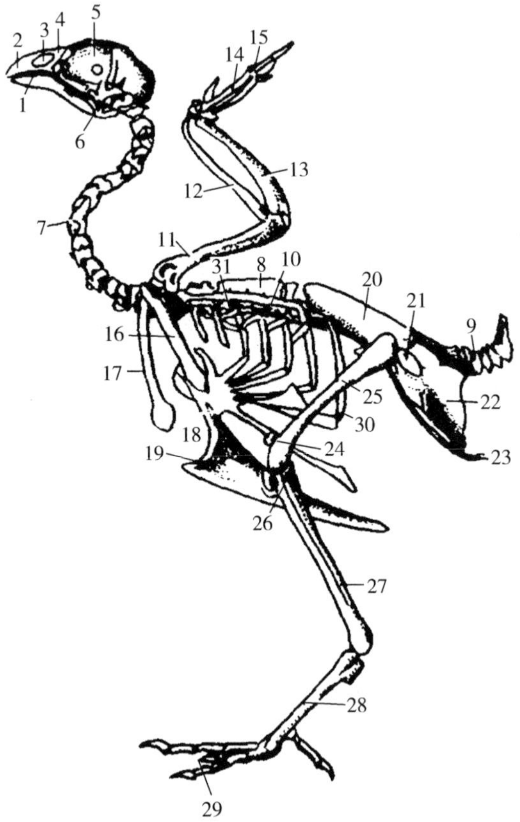

1. 下颌骨 2. 颌前骨 3. 鼻孔 4. 鼻骨 5. 筛骨 6. 方骨 7. 颈椎 8. 胸椎 9. 尾椎 10. 肩胛骨 11. 肱骨 12. 桡骨 13. 尺骨 14. 掌骨 15. 指骨 16. 乌喙骨 17. 锁骨 18. 胸骨 19. 龙骨突 20. 髂骨 21. 坐骨孔 22. 坐骨 23. 耻骨 24. 膝盖骨 25. 股骨 26. 胫骨 27. 腓骨 28. 大跖骨 29. 趾骨 30. 肋骨 31. 钩突

图 13-1 鸡的骨骼

家禽的颈一般较长,颈椎数目较多,呈 S 状弯曲。胸椎数目较少,鸡和鸽的第 2～5 胸椎愈合,第 7 胸椎与腰荐骨愈合,鸭和鹅仅后 2～3 个胸椎与腰荐骨愈合。腰椎、荐椎及一部分尾椎愈合成一整块,称综荐骨。综荐骨两侧与髂骨紧密连接形成不动关节。游离的尾椎数目较少,最后一块是由几节尾椎愈合形成的尾综骨,是尾羽和尾脂腺的支架。

2. 肋骨

肋骨的对数与胸椎一致。第 1、2 肋骨为浮肋,不与胸骨连接,其余每一肋分为椎肋和胸肋两段,互相连接。此外,椎肋骨除第 1 和最后 2～3 个外,均具有钩突,向后附着于后一肋的外面,对胸廓侧壁有加固作用。

3. 胸骨

胸骨非常发达,腹侧面正中有一纵行的胸骨嵴,又叫龙骨,供胸肌附着。胸骨的前缘有一对关节面,与乌喙骨相连接;侧缘有一系列小关节面,与胸肋相连接。胸骨向后有一对后外侧突,鸡和鸽还有一对胸突。

(二)头骨

头骨以眼眶为界分为颅部和面部。

禽类颅骨呈圆形,属含气骨,在发育过程中愈合成一整体,围成颅腔。筛骨前移至眶部,垂直板形成眶间隔,筛板则形成眼眶与鼻腔之间的水平间隔。眶缘不完整,由颞骨、额骨和泪骨围成。

面骨位于颅骨前方,主要形成喙。上喙由颌前骨(即切齿骨)、鼻骨和上颌骨构成。禽面骨中有一方骨(此骨在哺乳动物转移入中耳腔成为砧骨),禽的上、下喙在开闭时,通过方骨等的作用,同时引起上、下喙的上提或下降,从而使口开张较大。

舌骨由正中的舌骨体和一对细长而弯曲的舌骨支构成。

(三)前肢骨

肩带部由肩胛骨、乌喙骨和锁骨 3 部分构成。肩胛骨狭而长,紧贴椎肋,几乎与脊柱平行。乌喙骨呈长柱状,斜位于胸前口两侧。左、右两锁骨的下端已互相愈合,构成叉骨,鸡、鸽呈 V 字形,鸭、鹅呈 U 字形,位于胸前口前方。

游离部为翼骨,分为 3 段,平时折叠成 Z 字形紧贴胸廓。第 1 段肱骨为含气骨,近端内侧粗隆下方有大的气孔。第 2 段为前臂骨,包括桡骨和尺骨,尺骨较发达。第 3 段相当于前脚骨,由腕骨、掌骨和指骨构成。腕骨仅有尺腕骨和桡腕骨两块。掌骨只有第 2、3、4 掌骨,第 2 掌骨仅为一小突起,第 3、4 掌骨的两端已互相愈合。指部有 2、3、4 指,分别有 2、2、1 个指节骨,鸭、鹅的 2、3、4 指则有 2、3、2 个指节骨。

(四)后肢骨

盆带部由髂骨、坐骨和耻骨愈合成髋骨。髂骨呈不正长方形的板状,坐骨为三角形的骨板。耻骨狭长,沿坐骨腹侧缘向后延伸,末端突出于坐骨后方。为了适应产蛋,两髋骨在骨盆腹侧相距较远,呈现禽类特有的开放性骨盆。

游离部为腿骨,分为 4 段。第 1 段是股骨,为管状长骨,比小腿骨短,特别在鸭、鹅。膝盖骨小,呈卵圆形,沿股骨滑车滑动。第 2 段为小腿骨,由胫骨和腓骨构成。胫骨发达,远端与近列跗骨愈合,也称胫跗骨。腓骨较细,向远端逐渐退化。第 3 段为跖骨,有 2 块。大跖骨由第 2、3、4 跖骨愈合而成;小跖骨相当于第 1 跖骨,位于大跖骨远端内侧。公鸡大跖骨具有发达的距突。跖骨近端与远列跗骨愈合,也称跗跖骨。第 4 段是趾骨,家禽一般有 4 趾。第 1 趾向后,有 2 个趾节骨;第 2、3、4 趾向前,分别有 3、4、5 个趾节骨。末节趾节骨为爪骨。

二、骨连结

(一)头骨和躯干骨的连结

禽类头部连接除颞下颌关节外,大部分属于不动关节,部分属于微动关节。脊柱的椎体之间，除愈合椎骨为不动关节外，其他各部分椎骨间的连接是微动关节。胸廓两侧的肋分别与胸椎和胸骨形成关节。

(二)前肢骨连结

前肢肩关节由肩胛骨、乌喙骨和肱骨头形成。主要起内收和外展翼的作用，也有一定的转动和伸屈作用。肘关节、腕关节、掌指关节和指间关节主要做伸屈运动。

(三)后肢骨连结

后肢髂骨与综荐骨形成骨性结合和韧带连接。髋关节由髋臼和股骨头组成，主要进行伸屈运动，内收及外展运动有限。膝关节包括股膝关节、股胫关节和股腓关节，在膝盖骨和胫骨之间有膝韧带。胫跖关节、跖趾关节和趾间关节能做伸屈运动。

三、肌肉

家禽的肌肉分皮肌、头部肌、躯干肌、前肢肌和后肢肌等(图 13-2)。

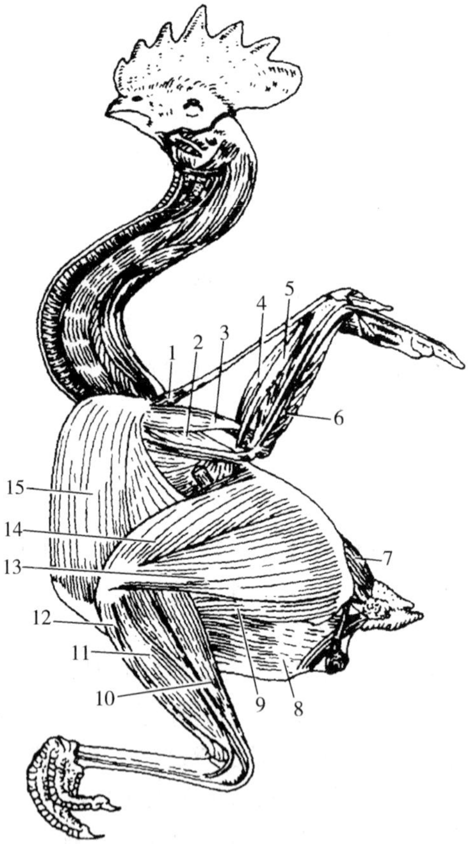

1. 长翼膜张肌　2. 臂三头肌　3. 臂二头肌　4. 腕桡侧伸肌　5. 旋前浅肌
6. 腕尺侧屈肌　7. 尾提肌　8. 腹外斜肌　9. 半膜肌　10. 腓肠肌　11. 腓骨长肌
12. 胫骨前肌　13. 股二头肌　14. 股阔筋膜张肌　15. 胸浅肌

图 13-2　鸡全身浅层肌

(一)皮肌

皮肌薄而分布广泛,主要与皮肤的羽区相联系,控制其紧张和活动。有的有支持嗉囊的作用,有的终止于翼的皮肤褶,飞翔时起紧张翼膜的作用。

(二)头部肌

家禽无唇、颊和耳郭,鼻孔也不活动,面肌大多退化,但开闭上、下颌的肌肉则比较发达,还有一些作用于方骨的肌肉。

(三)躯干肌

躯干肌包括脊柱肌、胸廓肌和腹肌。脊柱肌以颈部的肌肉最发达,保证颈部的灵活运动。背部和腰荐部肌因椎骨大多愈合而退化。尾部肌肉比较发达。胸廓肌有肋间肌、肋提肌和肋胸骨肌等,没有膈肌。腹肌分四层,较薄弱。

(四)前肢肌

肩带肌中最发达的是胸部肌,有 2 块:胸肌(又称胸浅肌、胸大肌)和乌喙上肌(又称胸深肌、胸小肌)。善于飞翔的禽类可占全身肌肉总重的一半以上。其作用是将翼向下扑动和将翼向上举,在飞行时对翼提供强大的动力。

翼肌主要分布于臂部和前臂部,主要作用于肘关节和腕关节,有展翼和收翼的作用。前臂外侧面的腕桡侧伸肌和指总伸肌是重要的展翼肌。

(五)后肢肌

盆带肌不发达。腿肌很发达,主要分布于股部和小腿部。由于趾屈肌腱的径路,在禽下蹲栖息时,髋关节、膝关节屈曲,跗关节和趾关节也同时屈曲而牢固地攀住栖木。参与此作用的耻骨肌,位于股部前内侧,为一小的纺锤形肌,起于耻骨前端,向下绕过膝关节外侧面,然后转到小腿后面,合并入趾浅屈肌内,此肌也称迂回肌或栖肌,是两栖类和鸟类特有的肌肉。鸡距部的趾屈肌腱常随年龄增大而骨化。

第二节 消化系统

家禽消化系统由口腔、咽、食管、胃、小肠、大肠、泄殖腔、肝和胰等器官构成(图 13-3)。

一、口腔和咽

(一)口腔

家禽无唇和齿,颊不明显,上、下颌发育成上喙和下喙。鸡、鸽的喙呈角锥形,鸭、鹅的喙长而扁。口腔顶壁正中有腭裂或称鼻后孔裂,口腔底壁则大部为舌所占据。舌的形态与下喙相一致,鸡、鸽的舌为尖锥形,鸭、鹅的舌较长而厚。舌体与舌根之间以舌乳头为界。鸭、鹅舌的侧缘具有丝状的角质乳头分布,与喙缘的横褶一同参与滤水作用。舌表面被覆黏膜,没有味觉乳头。味蕾单个或成群分布于唾液腺导管开口周围,主要在舌根和咽部。

(二)咽

家禽因无软腭,口腔与咽无明显分界,常合称为口咽。咽腔底壁为喉的所在,以咽乳头与

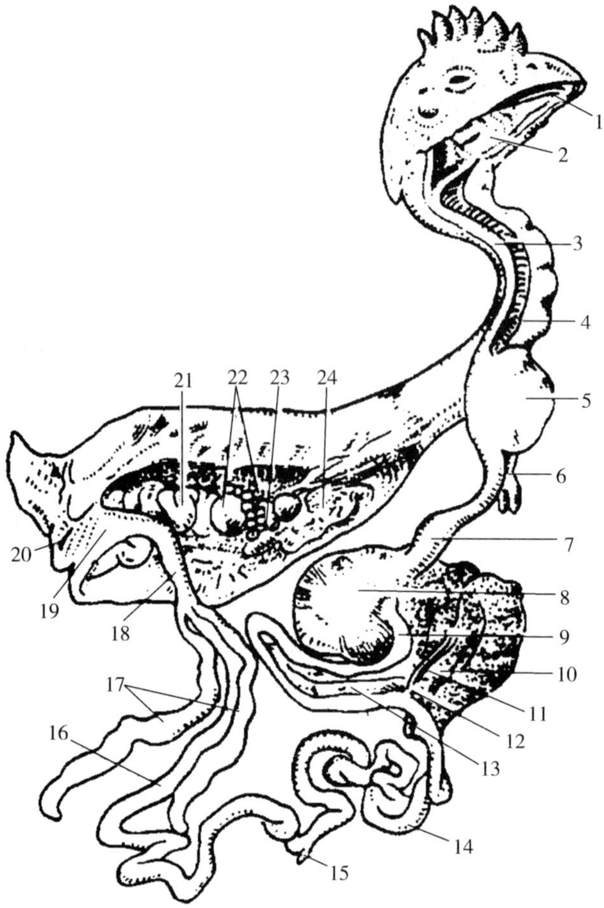

1.口腔 2.咽 3.食管 4.气管 5.嗉囊 6.鸣管 7.腺胃 8.肌胃 9.十二指肠
10.胆囊 11.肝管及胆管 12.胰管 13.胰 14.空肠 15.卵黄囊憩室 16.回肠
17.盲肠 18.直肠 19.泄殖腔 20.肛门 21.输卵管 22.卵巢 23.心 24.肺

图 13-3 鸡消化系统模式图

食管为界。禽类的唾液腺较发达，在口咽腔的黏膜内几乎连成一片。口腔顶壁有上颌腺、腭腺和蝶翼腺；底壁有颌下腺、口角腺和舌腺等。

二、食管和嗉囊

（一）食管

食管分为颈、胸两段。颈段长，开始位于气管背侧，然后与气管一同偏至颈的右侧。鸡和鸽的食管在锁骨前形成嗉囊。鸭、鹅无真正的嗉囊，食管在两锁骨间形成纺锤形膨大。胸段食管沿心基和肝的背侧向后伸延与腺胃相接。食管黏膜固有层里分布有较大的食管腺，肌膜一般分为两层，食管后端的淋巴滤泡称为食管扁桃体，以鸭的较明显。

（二）嗉囊

鸡的嗉囊略呈球形，鸽的嗉囊分为对称的两叶。嗉囊前后两口较近，有时饲料可经此直接进入胃。嗉囊主要有贮存和软化食料的作用。鸽嗉囊的上皮细胞在育雏期增殖而发生脂肪变性，脱落后与分泌的黏膜形成嗉囊乳（鸽乳），用以哺乳幼鸽。

三、胃

家禽的胃分为腺胃和肌胃（图 13-4）。

（一）腺胃

腺胃呈短纺锤形，位于腹腔左侧，在肝左、右两叶之间的背侧。前以贲门与食管相通，后以峡部与肌胃相接。腺胃黏膜表面形成乳头，乳头上有深层腺导管的开口。黏膜上皮下陷于固有层形成浅层单管状腺，称腺胃浅腺，分泌黏液。腺胃深腺为复管状腺，形成小叶，分布于两层黏膜肌层之间。深腺分泌盐酸和胃蛋白酶原。

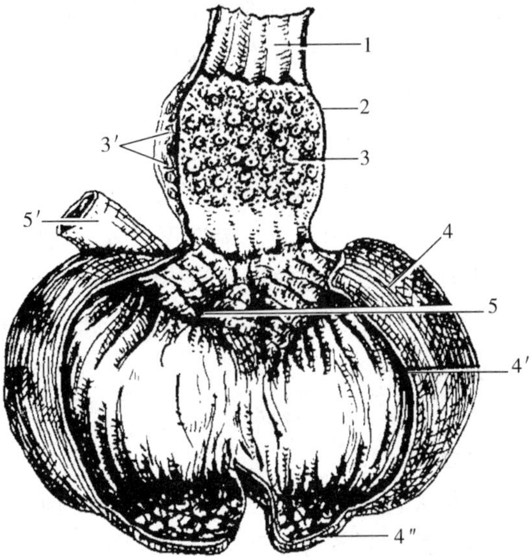

1. 食管　2. 腺胃　3. 乳头及腺胃深腺开口　3′. 深腺小叶　4. 肌胃的厚肌　4′. 角质层　4″. 肌胃后囊的薄肌　5. 幽门　5′. 十二指肠

图 13-4　鸡的胃（纵剖开）

（二）肌胃

家禽肌胃发达，俗称肫。为近圆形或椭圆形的双凸体，质地坚实，位于腹腔左侧，在肝的两叶之间。肌胃可分为背侧部和腹侧部很厚的体及薄的前囊和后囊。肌胃的肌层很发达，由环行的平滑肌纤维构成，包括组成体部的两块厚肌和前、后囊的两块薄肌。四肌在肌胃两侧以腱中心相连接，形成所谓腱面。肌胃的入口和出口（幽门）都在前囊。

在黏膜固有层内，排列有单管状的肌胃腺，以单个或小群（10～30 个）开口于黏膜表面的隐窝。腺及黏膜上皮的分泌物与脱落的上皮细胞一起，在酸性环境中硬化形成一层厚的类角质膜，称胃角质层，俗称肫皮，中药名“鸡内金”，起保护膜的作用。

肌胃内因经常含有吞食的沙砾，因此又叫砂囊。肌胃内的沙砾以及粗糙而坚韧的角质层，在发达的肌膜强力收缩作用下，对食料进行机械研磨加工。

四、肠和泄殖腔

家禽的肠分为小肠和大肠，但一般较短。

（一）小肠

小肠分为十二指肠、空肠和回肠。十二指肠位于腹腔右侧，形成长的 U 字形肠袢，分为降支和升支，胰腺位于十二指肠袢内。空肠形成许多肠袢，中部有一小突起，称为卵黄囊憩室，是胚胎期卵黄囊柄的遗迹。回肠短而直，以回盲韧带与盲肠相连。

小肠黏膜有发达的肠腺和绒毛，但无十二指肠腺，绒毛内无中央乳糜管，脂肪直接吸收入血液。

（二）大肠

大肠包括一对盲肠和一条直肠。盲肠发达，可分为基、体、顶 3 部分。盲肠基较细，盲肠体较宽，盲肠尖为盲端。盲肠壁内含有丰富的淋巴组织，在盲肠基处形成盲肠扁桃体，鸡较明显。鸽的盲肠呈芽状。家禽的直肠短，没有明显的结肠，因此也称结直肠。大肠黏膜除盲肠尖部外，具有短而宽的绒毛。

(三)泄殖腔

泄殖腔是消化、泌尿和生殖系统后端的共同通道，略呈球形。以黏膜褶分为粪道、泄殖道和肛道 3 部分(图 13-5)。粪道较宽大，前接直肠。泄殖道最短，向前以环形褶与粪道为界，向后以半月形褶与肛道为界。输尿管、输精管、输卵管开口于泄殖道。肛道向后以肛门开口于体外，背侧壁有腔上囊的开口，壁内具有肛道腺和发达的括约肌。肛门由背侧唇和腹侧唇围成。

五、肝和胰

(一)肝

肝较大，位于腹腔前下部，分左、右两叶，呈红褐色(图 13-6)。右叶有一胆囊，但鸽无胆囊。肝脏的两叶各有一肝门，每叶的肝动脉、门静脉和肝管等由此进出。右叶肝管注入胆囊，由胆囊发出胆囊管。左叶的肝管不经胆囊，与胆囊管共同开口于十二指肠终部。鸽的右肝管开口于十二指肠升支；左肝管较粗，开口于降支。

(二)胰

胰位于十二指肠袢内，呈淡黄色或淡红色，长条形，可分为背叶、腹叶和很小的脾叶。胰管在鸡中一般有 2～3 条，鸭、鹅有 2 条，与胆管一起开口于十二指肠终部(图 13-6)。

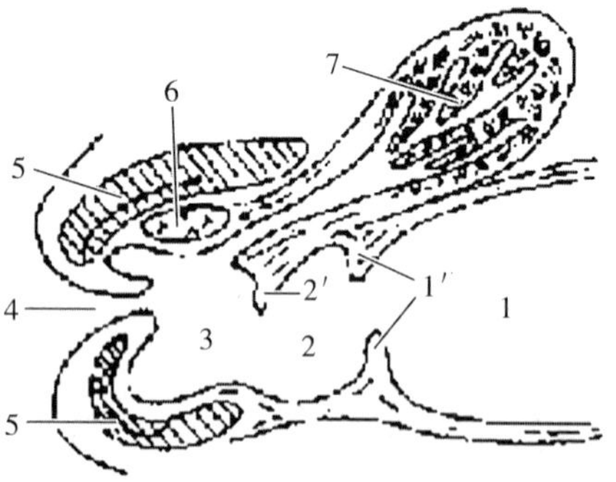

1. 粪道 1′. 粪道泄殖道壁 2. 泄殖道 2′. 泄殖道肛道壁 3. 肛道 4. 肛门 5. 括约肌 6. 肛道背侧腺 7. 腔上囊

图 13-5 幼禽泄殖腔正中矢状面示意图

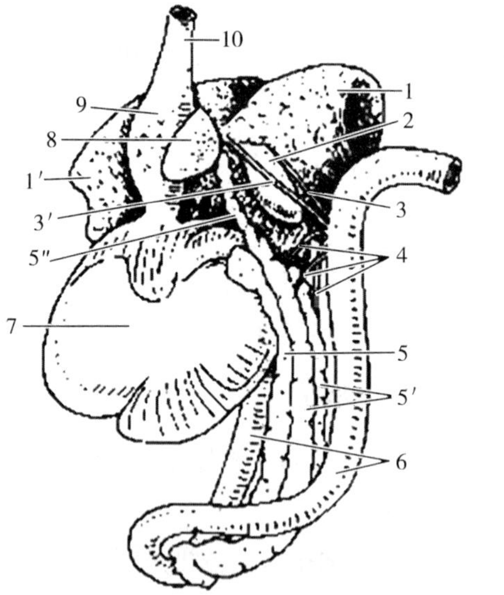

1、1′. 肝右叶和左叶 2. 胆囊 3、3′. 胆囊管和肝管 4. 胰管 5、5′、5″. 胰腺背叶、腹叶和脾叶 6. 十二指肠袢 7. 肌胃 8. 脾 9. 腺胃 10. 食管

图 13-6 鸡的肝和胆管及胰腺和胰管

第三节　呼吸系统

家禽呼吸系统由鼻腔、喉、气管、鸣管、肺和气囊构成。

一、鼻腔

鼻腔较狭，鼻孔位于上喙基部。鸡鼻孔上缘有软骨性鼻孔盖，鸭、鹅等水禽鼻孔四周为柔软的蜡膜。鼻中隔大部为软骨。每侧鼻腔有3个鼻甲：前鼻甲正对鼻孔，为C形薄板；中鼻甲较大，向内卷曲；后鼻甲位于后上方，呈小泡状，内腔开口于眶下窦。眶下窦又称上颌窦，位于眼球的前下方和上颌外侧，略呈三角形的小腔。窦的后上方有两个开口，分别通鼻腔和后鼻甲腔。

禽类的鼻腔侧壁有鼻腺，开口于鼻前庭。鸡的不发达，鸭、鹅等水禽的鼻腺较发达。鼻腺有分泌盐分的作用，又称盐腺，对调节机体渗透压起重要作用。

二、喉、气管和鸣管

(一)喉

喉位于咽底壁，在舌根后方，与鼻后孔相对，喉口呈缝状，以两黏膜褶围成。喉软骨有环状软骨和勺状软骨两种。环状软骨是喉的主要基础，分为4片，以腹侧的体较大。勺状软骨一对，形成喉口的支架。喉腔内无声带。喉软骨上分布有扩张和闭合喉口的肌肉，喉口在吞咽过程中，可因喉肌的作用而引起反射性关闭。

(二)气管

气管较长而粗，伴随食管后行，到颈后半部偏至颈的右侧，入胸腔前转至颈腹侧，进入胸腔后在心基背侧分为两条支气管，分叉处形成鸣管。气管支架由O字形的气管环所构成，幼禽为软骨，随年龄增长而骨化。相邻气管互相套叠，可以伸缩，以适应颈的灵活性。沿气管两侧附着有狭长的气管肌，起始于胸骨和锁骨，一直延续到喉，可使气管和喉作前后颤动，在发声时有辅助作用。

(三)鸣管

鸣管是禽的发声器官(图13-7)，其支架为几个气管环和支气管环及一块楔形的鸣骨。鸣骨位于气管叉的顶部，在鸣骨与支气管之间，以及气管与支气管之间，有两对弹性薄膜，称为内、外鸣膜。鸣骨将鸣腔分为两部分，在同侧的内、外鸣膜之间形成狭缝。当禽呼气时，空气振动鸣膜而发声。公鸭鸣管在左侧形成一个膨大的骨质鸣泡(图13-8)，无鸣膜，故发声嘶哑。

(四)支气管

经心基上方进入肺门，其支架为C字形的软骨环，内侧壁为结缔组织膜。

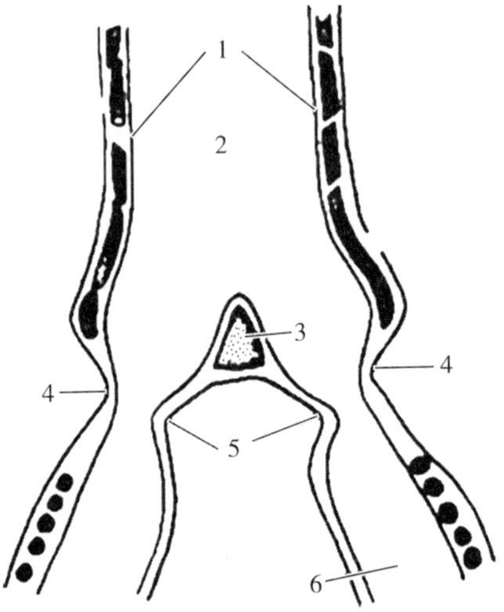

1.气管　2.鸣腔　3.鸣骨
4.外鸣膜　5.内鸣膜　6.支气管

图 13-7　鸡的鸣管(纵切面)

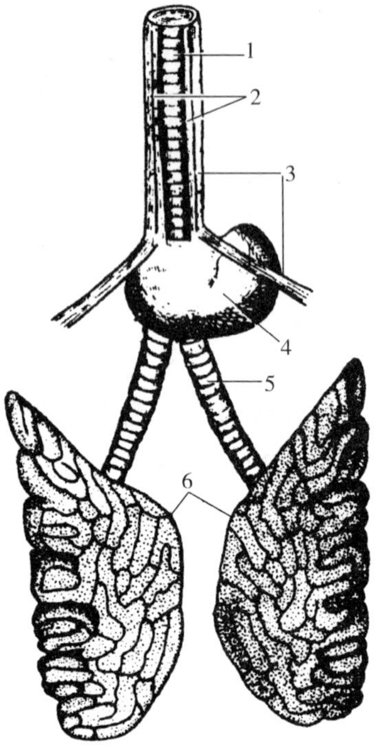

1.气管　2.气管肌　3.胸骨气管肌
4.鸣泡　5.支气管　6.肺

图 13-8　公鸭的气管和肺(背面观)

三、肺

禽肺不大,鲜红色,略呈扁平四边形,不分叶(图 13-8)。位于胸腔背侧部,从第 1 或第 2 肋骨向后延伸到最后肋骨。背侧面有椎肋嵌入,形成几条肋沟,腹侧面前部有肺门。

支气管入肺后纵贯全肺,称为初级支气管,后端出肺连接于腹气囊(图 13-9)。从初级支气管上分出 4 群次级支气管,即内腹侧群(前内侧群)、内背侧群(后背侧群)、外腹侧群(后腹侧群)、外背侧群(后外侧群)。从次级支气管上又分出许多三级支气管,又称旁支气管,呈袢状,连接于两群次级支气管之间。相邻旁支气管之间有许多横的吻合支。每条三级支气管壁被许多辐射状排列的肺房所穿通。

肺房是不规则的球形腔,其底壁形成一些小漏斗,漏斗再分出许多直径 7～12 μm 的肺毛细管,相当于家畜的肺泡。一条三级支气管及其肺房、漏斗和肺毛细管构成一个肺小叶。

四、气囊

气囊是禽类特有的器官,属于肺的衍生物,由支气管的分支出肺后形成。气囊在胚胎发生时共有 6 对,但在孵出前后一部分气囊合并,多数禽类只有 9 个(图 13-9),可分前后两群。前群有 5 个:1 对颈气囊,1 个锁骨气囊,1 对胸前气囊;后群有 4 个:1 对胸后气囊,1 对腹气囊。前群气囊均与内腹侧群的次级支气管相通,胸后气囊与外腹侧群次级支气管相通,腹气囊直接与初级支气管相通。此外,除颈气囊外,所有气囊还与若干三级支气管相通,常称为囊支气管。

气囊壁是一层薄的纤维弹性结缔组织膜,内衬单层纤毛立方或柱状上皮,外面则被覆浆膜。气囊有多种生理功能，可减轻体重，平衡体位，加强发音气流，发散体热以调节体温，但主要是作为空气的贮存器官参与肺的呼吸作用。当吸气时，新鲜空气一部分进入肺毛细管，大部分进入后气囊，而已通过气体交换的空气则由肺毛细管进入前气囊。当呼气时，前气囊的气体由气管排出，后气囊里的新鲜空气又送入肺毛细管。因此，不论吸气或呼气时，肺内均可进行气体交换，以适应禽体强烈的新陈代谢需要。

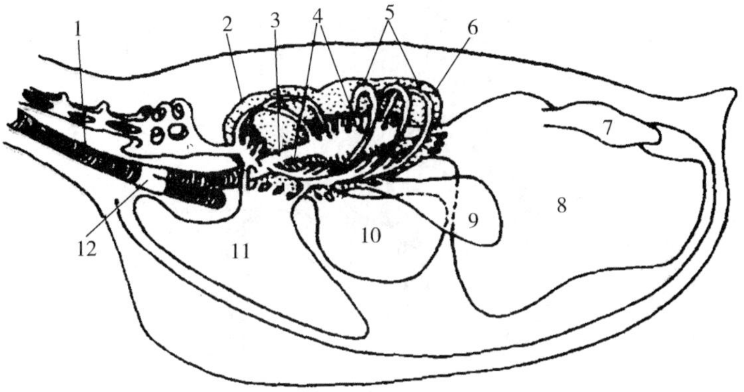

1. 气管　2、6. 肺　3. 初级支气管　4. 次级支气管　5. 三级支气管　7. 肾憩室
8. 腹气囊　9. 胸后气囊　10. 胸前气囊　11. 锁骨间气囊　12. 鸣管

图 13-9　禽气囊及支气管分支模式图

第四节　泌尿系统

家禽泌尿系统由肾和输尿管构成(图 13-10)。

一、肾

肾比例较大，占体重的 1% 以上，呈红褐色，质软而脆。位于综荐骨两旁和髂骨的内面。形狭长，可分前、中、后三部。没有肾门，肾的血管和输尿管直接从表面进出。

肾表面有许多深浅不一的裂和沟，较深的裂将肾分为数十个肾叶，每个肾叶又被其表面的浅沟分成数个肾小叶。每个肾小叶分为皮质和髓质，但由于肾小叶的分布有浅有深，因此整个肾不能区分出皮质和髓质。

肾小叶是由许多肾单位构成的。禽肾单位的肾小体较小，肾小球只有 2～3 条毛细血管袢。每一肾小叶的所有集合管和髓袢，构成髓质区。几个相邻的肾小叶，其集合管相聚合并包以结缔组织，形成一个肾叶的髓质部。此髓质部加上所属小叶的皮质部，构成一个肾叶。

禽肾的血液供应与哺乳动物不同，除肾动脉和肾静脉外，还有肾门静脉。

输尿管在肾内不形成肾盂或肾盏，而是分支为初级分支(鸡约 17 条)和次级分支(鸡的每一初级分支上有 5～6 条)。

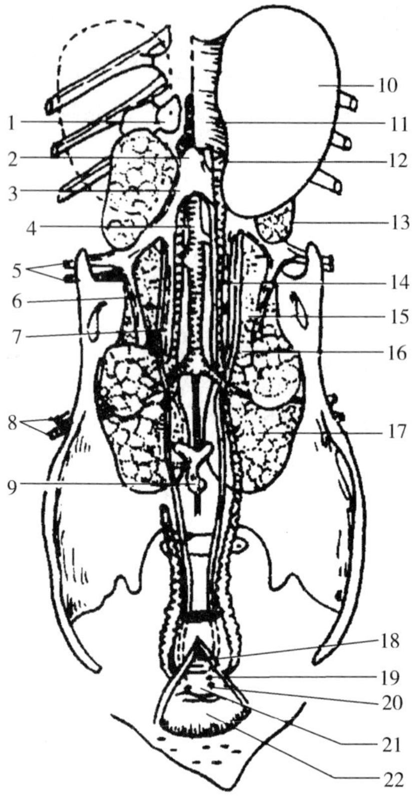

1.肾上腺 2.后腔静脉 3.髂总静脉 4.降主动脉 5.股动、静脉 6.后肾门静脉 7.肾后静脉 8.坐骨动、静脉 9.肠系膜后静脉 10.睾丸 11.睾丸系膜 12.附睾 13.肾前叶 14.输精管 15.肾中叶 16.输尿管 17.肾后叶 18.粪道 19.输尿管口 20.输精管乳头 21.泄殖道 22.肛道

图 13-10 公鸡的泌尿生殖系统(腹面观)

二、输尿管

输尿管为一对细管,从肾中部走出,沿肾的腹侧面向后延伸,开口于泄殖道顶壁两侧。禽类没有膀胱,尿沿输尿管输送到泄殖腔与粪混合,形成浓稠灰白色的粪便一起排出体外。

第五节 生殖系统

一、公禽生殖器官

公禽生殖器官由睾丸、附睾、输精管和交配器组成(详见图 13-10)。

(一)睾丸和附睾

睾丸位于腹腔内,左、右对称,以短系膜悬挂在肾前部腹侧,周围与胸、腹气囊相接触,邻近后腔静脉、髂总静脉等大血管,去势时应注意。体表投影在最后两椎肋的上部。睾丸的大小因年龄和季节而有变化:幼禽睾丸很小,如鸡只有米粒大,黄色;成禽在生殖季节,可达鸽蛋大,颜色变为白色。

睾丸外面包以腹膜和一层薄的白膜；睾丸内的结缔组织间质不发达，不形成睾丸小隔和纵隔。实质主要为精小管。睾丸增大主要是由于精小管的加长和增粗，以及间质细胞增多。

附睾主要由睾丸输出小管和短的附睾管构成，紧贴在睾丸的背内侧缘。附睾管由附睾后端走出，延续为输精管。

(二)输精管

输精管是一对弯曲的细管(详见图 13-10)，与同侧输尿管伴行，到肾后端形成一略为膨大的纺锤形体，末端形成输精管乳头，突出于输尿管口略下方。输精管是精子的主要贮存处，在生殖季节增长并加粗。公禽没有副性腺。精液中的精清主要由曲精小管的支持细胞，睾丸输出小管、附睾管和输精管等的上皮细胞所分泌。

(三)交配器

公鸡的交配器不发达(图 13-11A、A′)，主要结构包括输精管乳头、脉管体、阴茎体和淋巴褶。输精管乳头，一对；脉管体，每侧一个，位于泄殖道和肛道腹外侧壁；阴茎体，包括一个正中阴茎体和一对外侧阴茎体，位于肛门腹侧唇的内侧，刚孵出的雏鸡可用来鉴别雌雄；淋巴褶，每边一个，位于外侧阴茎体与输精管乳头之间。交配射精时，一对外侧阴茎体因充满淋巴而增大，中间形成阴茎沟，插入母鸡阴道内，精液由阴茎沟导入阴道。

公鸭和公鹅的阴茎较发达(图 13-11B)，位于肛道腹侧偏左，长达 6～9 cm，由两个纤维淋巴体和一个产生黏液的腺部构成。两个纤维淋巴体之间在阴茎表面形成一螺旋形的阴茎沟。勃起时，淋巴体充满淋巴，阴茎变硬并加长因而伸出，阴茎沟闭合成管，将精液导入母禽阴道内。

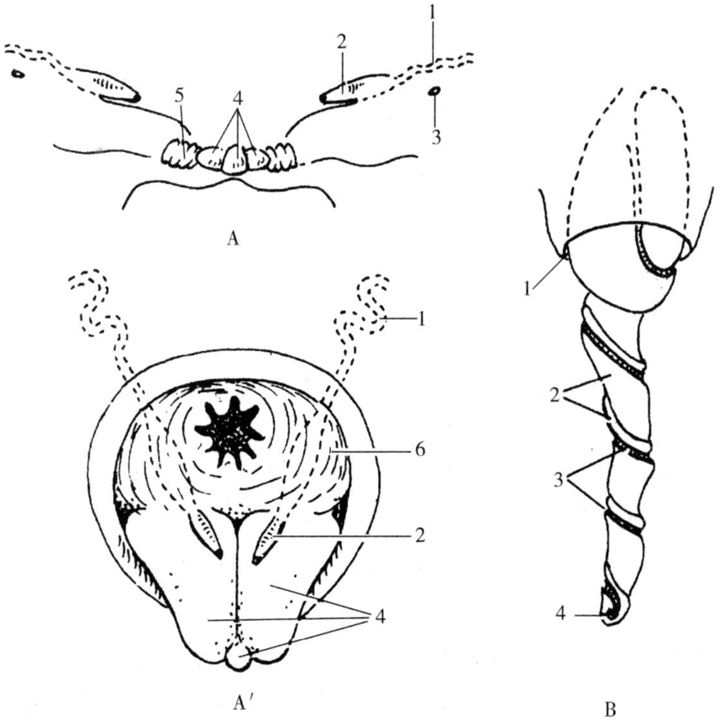

A. 成年公鸡(A′为勃起时)：1. 输精管　2. 输精管乳头　3. 输尿管口　4. 阴茎体　5. 淋巴褶　6. 粪道泄殖道裂

B. 成年公鸭勃起时的阴茎：1. 肛门　2. 纤维淋巴体　3. 阴茎沟　4. 阴茎腺部的开口

图 13-11　公禽的交配器官

二、母禽生殖器官

母禽生殖器官由卵巢和输卵管组成，仅左侧充分发育且具有功能(图 13-12)。

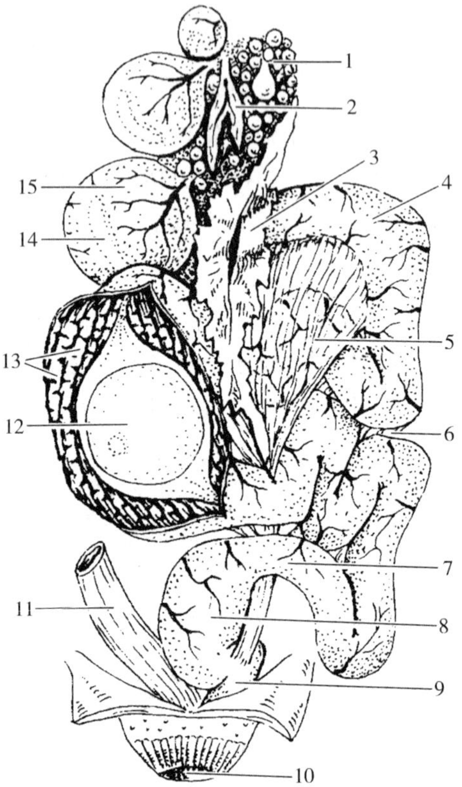

1.卵巢 2.排卵后的卵泡膜 3.漏斗部 4.膨大部 5.输卵管腹侧韧带 6.背侧韧带 7.峡部 8.子宫
9.阴道 10.肛门 11.直肠 12.在膨大部的卵 13.黏膜褶 14.卵泡斑 15.成熟卵泡

图 13-12 母鸡生殖器官

(一)卵巢

卵巢以短的系膜附着在左肾前部及肾上腺的腹侧。幼禽卵巢为扁平椭圆形，表面呈颗粒状，被覆生殖上皮。皮质内有卵泡，髓质为疏松结缔组织和血管。随着年龄的增大和性活动，卵泡逐渐发育为成熟卵泡，同时贮积大量卵黄，突出于卵巢表面，尤其在排卵前 7～9 d，仅以细的卵泡蒂与卵巢相连，因而卵巢呈葡萄状。较大的成熟卵泡在产卵期常有 4～5 个。停产时，卵巢萎缩，直到下次产卵期，卵泡又开始生长。禽卵泡没有卵泡腔和卵泡液，排卵后不形成黄体。

(二)输卵管

输卵管仅左侧发育完整，为一条长而弯曲的管道，幼禽较细而直，成禽在停止产卵期间也萎缩。它以背侧韧带悬挂于腹腔背侧偏左，沿输卵管腹侧形成一个游离的腹侧韧带，向后固定于阴道。禽输卵管根据构造和功能，由前向后可顺次分为 5 部分：漏斗部、膨大部、峡部、子宫和阴道。

1. 漏斗部

漏斗部为输卵管的起始部，前端形成漏斗伞，朝向卵巢，中央有长裂缝状的输卵管腹腔口。漏斗伞迅速变细而形成漏斗管。漏斗以韧带固着在左侧倒数第 2 肋骨。漏斗可接纳排出的卵子，受精作用也在此部位进行。漏斗管的固有层内有少量管状腺，其分泌物参与卵系带的形成。

2. 膨大部

膨大部是最长、弯曲最多的部分。以短而较细的峡部与子宫相连接。膨大部的壁较厚，管径大，但主要是黏膜。黏膜层被覆单层柱状纤毛上皮或假复层柱状纤毛上皮，在性活动期呈乳白色或淡灰色，形成高而厚的纵褶，略呈螺旋状。固有层内有丰富的弯曲状分支管状腺，分泌物形成蛋白，因此膨大部又叫蛋白分泌部。

3. 峡部

峡部短而细，管壁较薄，黏膜褶较低。峡腺较小，分泌物是一种角蛋白，主要形成壳膜。峡部与膨大部之间以一明显的狭带为界，黏膜无腺体，新鲜时较透明，又叫透明部。

4. 子宫

子宫扩大成囊状，壁较厚。子宫的黏膜呈淡红至淡灰色，因功能状况而有不同。黏膜褶分割成叶片状的次级褶，腺体较小。分泌物为碳酸钙、碳酸镁，形成蛋壳及其色素。子宫腺又叫壳腺，因此子宫又称壳腺部。卵在子宫内停留的时间最长，可达 18～20 h，有水分和盐类透过壳膜加入于蛋白而形成稀蛋白。子宫腺的分泌物则沉积于壳膜外形成蛋壳。

5. 阴道

阴道较短，呈 S 状弯曲，开口于泄殖道的左侧。黏膜呈白色，形成细而低的纵褶。在与子宫相连接的第一段含有管状的阴道腺，又叫精小窝，可贮存部分精子，并陆续释放出，供持续受精（鸭、鹅 8～12 d，鸡 10～21 d）。有人认为壳表面的角质也是阴道分泌的。

第六节 心血管系统

一、心脏

禽类的心脏较大，位于胸腔的前下方。心基向前上方，与第 1 肋骨相对。心尖向后下方，夹于肝的两叶之间，与第 5 肋骨相对。禽类的心脏也分为两个心房和两个心室，右心房形成静脉窦，是左、右前腔静脉和后腔静脉注入处。右房室瓣是一片肌肉瓣，没有腱索。心脏传导系也与哺乳动物相似，但禽类的房室束及其分支无结缔组织鞘包裹，兴奋易扩散到心肌。

二、血管

（一）动脉

肺动脉干由右心室发出，在接近臂头动脉的背侧分为左、右肺动脉入两肺。

主动脉（图 13-13）由左心室发出，可分为升主动脉、主动脉弓和降主动脉。升主动脉自起始部向前右侧斜升，然后弯向背侧，到达胸椎下缘移行为主动脉弓。主动脉弓起始部分出左、右臂头动脉。每一臂头动脉又分为颈总动脉和锁骨下动脉。两侧颈总动脉出胸前口后互相靠拢，然后沿颈部腹侧中线，在颈椎和颈长肌所形成的沟内向前延伸，到颈前部由肌肉深处穿出，分向两侧到头部。锁骨下动脉是翼的动脉主干，它绕出第1肋骨移行为腋动脉，以后延续为臂动脉，到前臂部分为桡动脉和尺动脉。锁骨下动脉还分出胸动脉，分布于胸肌。

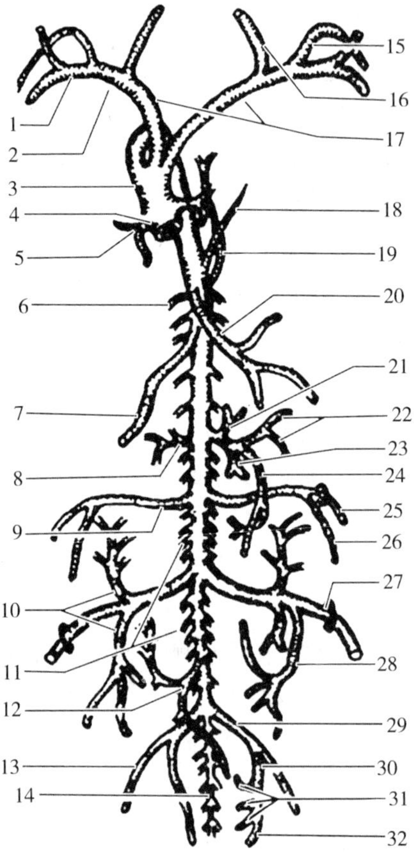

1. 右胸动脉干　2. 锁骨下动脉　3. 升主动脉　4. 主动脉球　5. 右冠状动脉　6. 第3肋间背动脉　7. 肠系膜前动脉　8. 肾前动脉　9. 髂外动脉　10. 肾中和肾后动脉　11. 荐节间动脉　12. 肠系膜后动脉　13. 尾外侧动脉　14. 尾中动脉　15. 腋动脉　16. 左颈总动脉　17. 臂头动脉　18. 主动脉韧带　19. 到颈腹侧肌的动脉　20. 腹腔动脉　21. 肾上腺动脉　22. 肾前动脉的肾内支　23. 卵巢动脉　24. 输卵管前动脉　25. 股动脉　26. 耻骨动脉　27. 坐骨动脉　28. 输卵管中动脉　29. 髂内动脉　30. 阴部动脉　31. 输卵管后动脉　32. 泄殖腔支

图 13-13　母鸡主动脉分支(腹侧观)

降主动脉沿体壁背侧中线向后伸延，分出成对的肋间动脉、腰动脉和荐动脉到体壁，还分出一些脏支到内脏，脏支有腹腔动脉、肠系膜前动脉、肠系膜后动脉和一对肾前动脉。睾丸和卵巢动脉由肾前动脉分出。降主动脉在相当于肾前部与中部之间，分出一对髂外动脉至后肢。在肾中部与后部之间，又分出一对较粗的坐骨动脉，穿过肾和髂坐孔至后肢，成为后肢动脉主干。此动脉在肾内分出肾中动脉和肾后动脉。降主动脉最后分出一对细的髂内动脉后，主干延续为尾动脉至尾部。

（二）静脉

肺静脉有左、右 2 支，注入左心房。

全身静脉汇集成 2 支前腔静脉和 1 支后腔静脉（图 13-14），分别开口于右心房的静脉窦。前腔静脉由同侧的颈静脉和锁骨下静脉汇合而成。两颈静脉在皮下沿颈部延伸，在颅底有颈静脉间吻合（常称桥静脉）。臂静脉位于臂部内侧，又称翼下静脉，是鸡静脉注射的部位。后腔静脉由两髂总静脉汇合而成。髂内静脉穿行于肾后部和中部内成为肾门后静脉，与髂外静脉汇合而成髂总静脉。

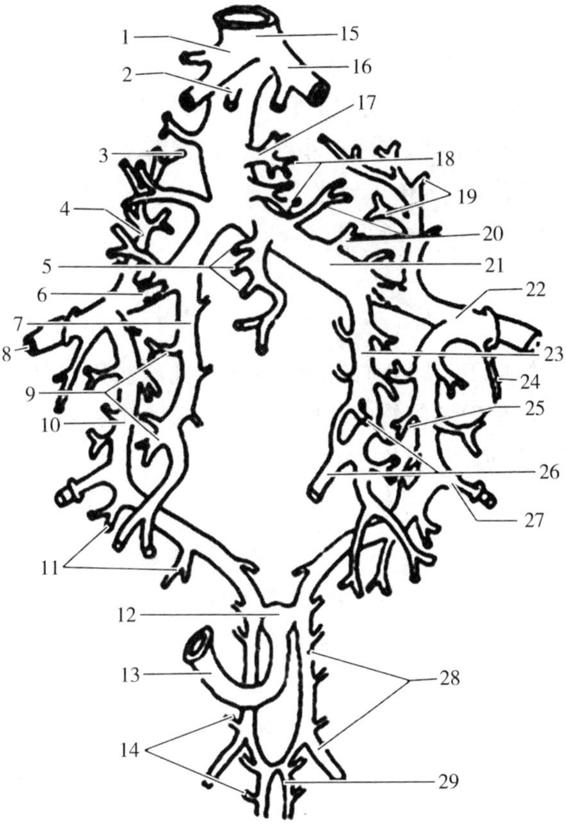

1. 右肝静脉　2. 中肝静脉　3. 和椎内静脉窦吻合　4. 肾门前静脉　5、18. 卵巢静脉　6. 肾门静脉瓣　7. 肾后静脉　8. 股静脉　9. 出肾静脉　10. 肾门后静脉　11、19、25. 入肾静脉　12. 髂间吻合　13. 肠系膜后静脉　14. 节间静脉　15. 后腔静脉　16. 左肝静脉　17. 肾上腺静脉　20. 肾前静脉　21. 左髂总静脉　22. 髂外静脉　23. 肾后静脉　24. 耻骨静脉　26. 输卵管中静脉　27. 坐骨静脉　28. 髂内静脉　29. 尾中静脉

图 13-14　鸡的后腔静脉和肾门静脉系统

肝门静脉有左、右 2 干，进入肝的两叶。右干较粗，由肠系膜后静脉汇入，后者与盆腔内的髂内静脉相连。体壁静脉和内脏静脉借髂内静脉相沟通。肝静脉有两支，由肝的两叶走出，直接注入后腔静脉。

家禽有 2 支肾门静脉，即肾门前静脉和肾门后静脉。肾门前静脉来自椎内静脉窦，行于肾前部的实质内，注入髂总静脉。肾门后静脉是髂内静脉的延续，并有坐骨静脉注入。肾小叶内静脉出肾小叶后陆续汇集为前、后两支肾静脉，分别注入髂总静脉。在髂总静脉内，肾门静脉和肾静脉注入处之间，有漏斗状的肾门静脉瓣。在活体中，可通过肾门静脉瓣启闭，调节血流量。

第七节 淋巴系统

一、淋巴管

家禽体内的淋巴管在组织内密布成网，较大的淋巴管通常伴随血管而行。胸导管有一对，是体内最大的淋巴管。左、右胸导管沿主动脉两侧前行，最后分别注入左、右前腔静脉。有的禽类(如鹅)在骨盆部的淋巴管上形成一对淋巴心，壁内有肌组织，其搏动可推动淋巴向胸导管流动。

二、淋巴组织

淋巴组织在家禽中除形成一些淋巴器官外，广泛分布于体内的其他器官内，如实质性器官、消化道管壁内等。多数为弥散性，有的呈小结状，在盲肠基和食管末端壁内的淋巴集结，又称为盲肠扁桃体和食管扁桃体，是抗体重要来源之一。

三、淋巴器官

(一)胸腺

胸腺位于颈部气管两侧皮下，从颈前部沿颈静脉直到胸腔入口的甲状腺处。每侧胸腺一般有3～8叶，鸡约有7叶，鸭、鹅和鸽约有5叶，呈淡黄或带红色。性成熟前发育至最大，性成熟后逐渐萎缩，但仍保留一些遗迹。

(二)腔上囊

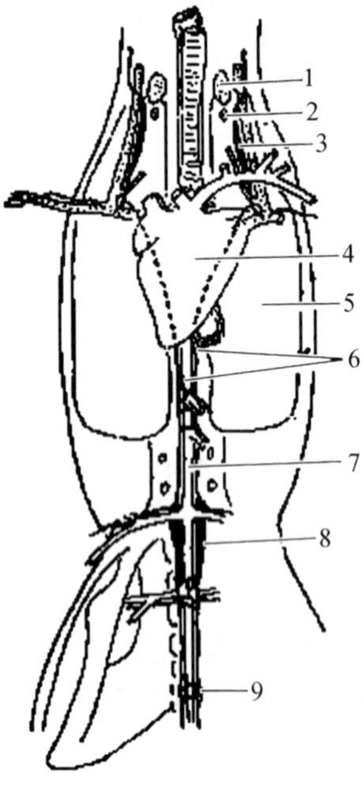

1.甲状腺　2.甲状旁腺　3.颈胸淋巴结
4.心　5.肺　6.胸导管　7.主动脉
8.腰淋巴结　9.淋巴心

图13-15　鹅淋巴管和淋巴结模式图

腔上囊又称法氏囊或泄殖腔囊，是禽类特有的淋巴器官，位于泄殖腔背侧，开口于肛道。鸡的呈球形，鸭、鹅的呈椭圆形。幼龄家禽较发达，性成熟后开始退化，到10月龄(鸭1岁，鹅稍迟)，仅留小的遗迹，甚至完全消失。

囊壁由黏膜、黏膜下层、肌层和外膜四层构成。黏膜形成纵褶(鸡9～12个，鸭、鹅2～3个)，被覆假复层柱状上皮，局部为单层柱状上皮。固有层内分布有大量排列紧密的淋巴小结，小结由周边的皮质和中央的髓质及介于两者之间的一层上皮细胞构成。无黏膜肌层。黏膜下层为疏松结缔组织。肌层由内纵、外环两层平滑肌构成。外膜为浆膜。腔上囊是产生B淋巴细胞的初级淋巴器官。

(三)脾

脾位于腺胃右侧，褐红色，鸡的呈球形，鸭、鹅的为钝三角形。主要功能是造血、滤血和参与免疫反应。

(四)淋巴结

淋巴结仅见于鸭、鹅等水禽，有2对(图13-15)。1对颈胸淋巴结，呈长纺锤形，位于颈基部，紧贴颈静脉。1对腰淋巴结，呈长条状，长达2.5 cm，位于肾与综荐骨之间的主动脉两侧。

第八节　神经系统

一、中枢神经系统

（一）脊髓

脊髓从枕骨大孔与延髓连接处起，向后延伸，直到尾综骨的椎管内，因此，后端不形成马尾。颈胸部和腰荐部形成颈膨大和腰荐膨大，腰荐膨大发达，其背侧向左右分开形成菱形窝，窝内有胶质细胞团，称胶状体，因其细胞内充满糖原，又称糖原体。脊髓的内部结构与哺乳动物相似，在颈膨大和腰荐膨大部，灰质腹侧柱神经元有一部分移至外周的白质内，形成缘核。

（二）脑

家禽脑较小，延髓发达，腹侧面隆凸。无明显的脑桥。中脑较发达，背侧顶盖形成一对发达的二叠体，又叫视叶，相当于哺乳动物四叠体的前丘。间脑较短，位于视交叉背后侧，无乳头体。小脑蚓部很发达，两旁为绒球。家禽大脑皮质较薄，表面平滑，没有沟和回，仅背面有一略斜的纵沟。家禽的纹状体发达，是重要的运动整合中枢。嗅脑不发达，嗅球较小。胼胝体很不发达，主要是以前连合和皮质连合联络两大脑半球（图 13-16）。

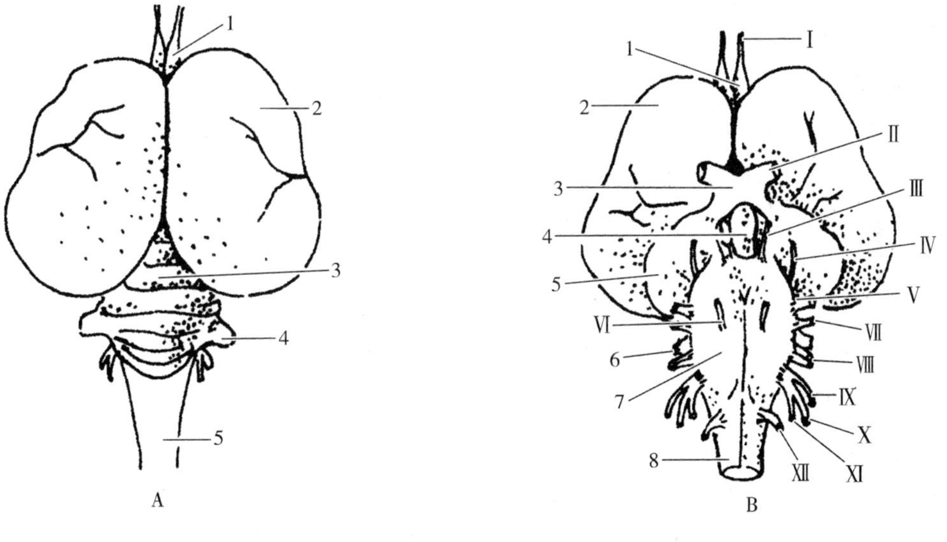

A. 背侧观：1. 嗅球　2. 大脑半球　3. 小脑蚓部　4. 小脑绒球　5. 脊髓
B. 腹侧观：1. 嗅球　2. 大脑半球　3. 视交叉　4. 垂体　5. 中脑丘　6. 小脑绒球　7. 延髓　8. 脊髓
Ⅰ～Ⅻ. 第 1～12 对脑神经

图 13-16　鸡的脑

二、周围神经系统

(一)脊神经

鸡的脊神经与椎骨数目相近,共40对,其中颈神经15对,胸神经7对,腰神经3对,荐神经5对,尾神经10对。第1、2对脊神经没有背根,腹根内有脊神经节细胞。

1. 臂神经丛

由最后3对颈神经和第1、2对胸神经的腹侧支组成,集合成背索和腹索。

背索发出腋神经后,延续至臂部,称桡神经。背索的分支主要分布于支配翼的伸肌和皮肤。

腹索主要的两大支是正中尺神经和胸神经干。正中尺神经的分支主要支配翼腹侧部的肌肉和皮肤,即翼的屈肌和皮肤。胸神经干分布于胸肌、乌喙上肌和背阔肌等。

2. 腰荐神经丛

由脊髓腰荐膨大的 $L_1 \sim S_5$ 对脊神经腹根组成。腰丛来自 $L_1 \sim L_3$ 对脊神经,荐丛来自 $L_3 \sim S_5$ 对脊神经。

腰丛形成两条神经干。前干分布于髂胫前肌(缝匠肌)和股外侧皮肤;后干形成股神经,支配髋臼前髂骨背侧肌群、髂胫前肌、髂胫外侧肌(股阔筋膜张肌)、股胫肌、膝关节及股内侧皮肤。

荐丛形成粗大的坐骨神经。坐骨神经分布到股外、后、内侧肌群及皮肤,在股下1/3处分为胫神经和腓总神经,其分支分布于后肢。

(二)脑神经

脑神经有12对,与哺乳动物基本相似。三叉神经较发达,分为眼神经、上颌神经和下颌神经,在头部分布较广。面神经不发达,缺少面肌的分支。舌咽神经分为3支:舌神经、喉咽神经和食管降神经,食管降神经沿颈静脉而行,分布于食管、气管和嗉囊。副神经合并入迷走神经,出颅腔后分开,分出小支至颈皮肌,其余副神经纤维随迷走神经分布。舌下神经有前、后两个根,出颅腔后还有第1、2颈神经腹支的分支加入,并与迷走神经和舌咽神经间有交通支。舌下神经有2大分支:舌支,较细小,分布于舌骨肌;气管支,细长,分布于气管肌。

(三)植物性神经

1. 交感神经

交感神经干有1对,从颅底沿脊柱两侧延伸到尾综骨,神经干上有一串神经节(图13-17)。

(1)颈部交感干　行于颈椎横突管内,颈前神经节很大,其节后纤维主要分布于头部皮肤、血管的平滑肌和腺体。此外,还有一对细干沿颈总动脉伸延,称颈动脉神经,在胸腔入口处与颈交感干一起至颈胸神经节。

(2)胸腰部交感干　节间支分为两支,包绕肋头或椎骨横突。胸交感干发出心支和肺支,分布于心脏和肺。内脏大神经由第2～5胸髓发出的节前纤维组成,在腹腔动脉根与肠系膜前动脉根之间形成腹腔丛,然后再分支形成肝丛、胃丛、脾丛、胰十二指肠丛和腺胃丛,分布到相应的器官。内脏小神经由第5～7胸神经和第1、2腰髓发出的节前纤维所组成,在肠系膜前动脉根部后方形成肠系膜前丛,分布到空肠、回肠和盲肠等。

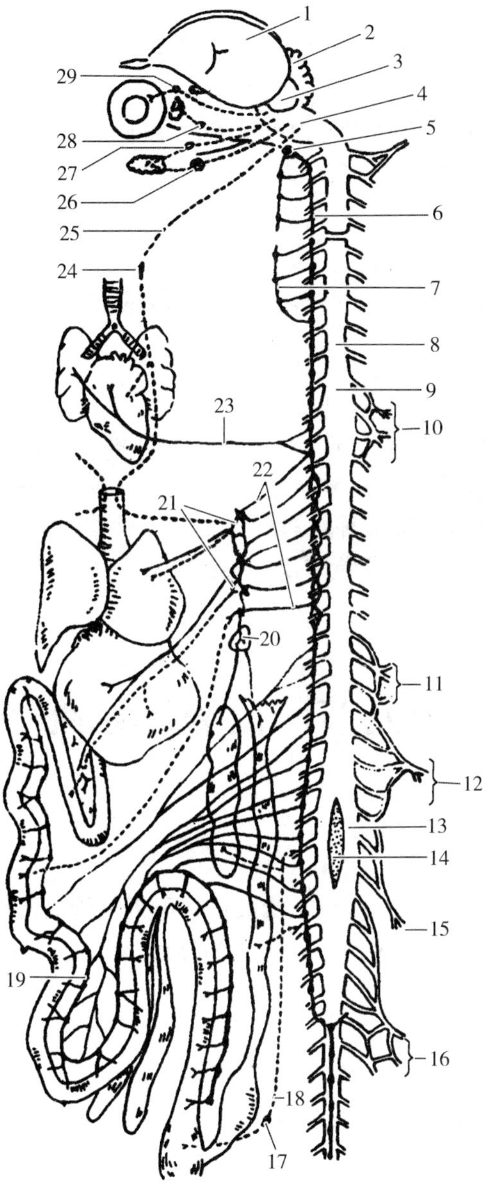

1. 大脑半球　2. 小脑　3. 中脑丘　4. 延髓　5. 颈前神经节　6. 交感神经干　7. 颈动脉神经　8. 脊髓　9. 颈膨大　10. 臂丛　11. 腰丛　12. 荐丛　13. 腰荐膨大　14. 胶质体　15. 阴部丛　16. 尾丛　17. 泄殖腔神经节　18. 盆神经　19. 肠神经　20. 肾上腺及肾上腺丛　21. 腹腔丛及肠系膜前丛　22. 内脏神经　23. 心肺支　24. 结状神经节　25. 迷走神经　26. 舌咽神经的副交感纤维　27. 下颌神经节及面神经中的副交感纤维　28. 蝶腭神经节及面神经中的副交感纤维　29. 睫状神经节及动眼神经中的副交感纤维

图 13-17　禽植物性神经系统模式图

(3)荐部和尾前部交感干　发出脏支，形成肠系膜后丛，发出卵巢支到卵巢、输卵管或睾丸支到睾丸，进入直肠系膜，沿肠系膜后动脉分支延伸。

(4)尾后部交感干　在尾椎基部腹侧左右合二为一。

2. 副交感神经

家禽脑部副交感神经的节前纤维随动眼神经、面神经、舌咽神经和迷走神经出脑。迷走神经主要含副交感神经纤维，发出交通支至近神经节，然后伴随颈静脉向后伸延，在胸腔入口处甲状腺附近形成远神经节，有分支到颈部内分泌腺。在神经节之后分出返神经，折向前与舌下神经的降支相汇合，分布于气管、食管和嗉囊。迷走神经在分出心支和肺丛后，沿食管后行，在腺胃处左、右两支合并为迷走神经总干，沿腺胃腹侧后行，在腺胃与肌胃交界处，又互相分开进入腹腔神经丛。分支到胃、肝、脾、胰。

荐尾部副交感神经的节前纤维包含于阴部神经丛的阴部神经内，节后纤维分布到消化、泌尿、生殖器官的终末部分。

3. 肠神经

肠神经为禽类所特有，从直肠与泄殖腔的连接处起，在肠系膜内沿肠管向前延伸至十二指肠后端，具有一串肠神经节。肠神经接受来自肠系膜前神经丛、主动脉神经丛、肠系膜后神经丛和骨盆神经丛的交感神经纤维，也与从泄殖腔神经节和阴部神经来的荐部内脏副交感纤维相连接。在十二指肠前段，迷走神经纤维与肠神经有交通支。肠神经分出细支到肠和泄殖腔。

第九节　内分泌系统

一、甲状腺

甲状腺有 1 对，呈椭圆形，色暗红，位于胸腔前口附近气管的两侧，在颈总动脉与锁骨下动脉分叉处的前方(图 13-18)。甲状腺的大小因禽的品种、年龄、季节和饲料中碘的含量而有较大变化，其结构与哺乳动物相似。

二、甲状旁腺

甲状旁腺有 2 对，如芝麻粒大，呈黄色或淡褐色，紧位于甲状腺之后，位置变化较大。腺实质为主细胞形成的细胞索，无嗜酸性细胞，索间为网状组织。

三、腮后腺

腮后腺又叫腮后体，是一对较小的腺体(鸡为 2～3 mm)，位于甲状腺和甲状旁腺之后，右侧腮后腺位置变化较大。新鲜时为淡红色，形状不规则，没有被膜，周界常不明显。其实质为 C 细胞形成的细胞索。腮后腺分泌降钙素，参与体内钙的代谢。

四、肾上腺

肾上腺有 1 对，位于两肾前端，为不正的卵圆形或三角形，多为乳白色、黄色或橙色。皮质形成细胞索，髓质则形成不规则的细胞团，分散于皮质的细胞索之间，呈镶嵌状结构(详见图 13-10)。

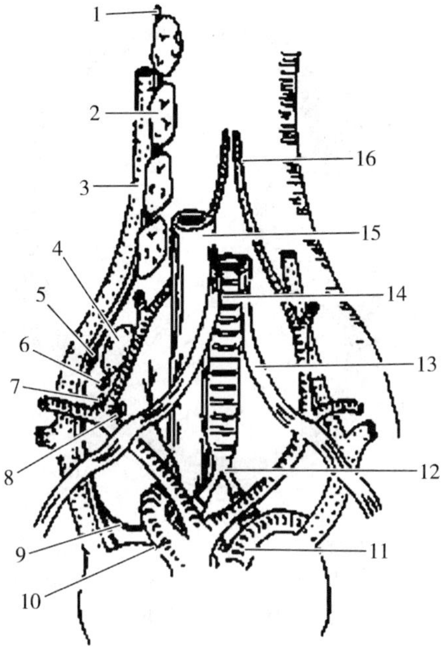

1.迷走神经　2.胸腺　3.颈静脉　4.甲状腺　5.结状节　6.甲状旁腺　7.颈动脉体　8.腮后腺
9.返神经　10.主动脉　11.肺动脉　12.鸣管　13.胸骨气管肌　14.气管　15.食管　16.颈总动脉

图 13-18　鸡颈基部及胸腔入口处的主要结构

五、垂体

垂体位于脑的腹侧，以垂体柄与间脑相连，呈扁平长卵圆形，可分为腺垂体和神经垂体。腺垂体又分为结节部和远侧部，无明显的中间部，远侧部分为前区和后区。神经垂体由漏斗、正中隆起和神经叶三部分组成，神经叶内有发达的隐窝。

第十节　感觉器官

一、视觉器官

(一)眼球

禽类眼球较大，成年鸡两眼球重量与脑之比为 1∶1。眼球较扁。角膜较凸，面积相对较小。巩膜较坚硬，其后部含有软骨板。角膜与巩膜连接处有一环形小骨片形成的巩膜骨环。虹膜呈黄色，瞳孔开大肌和括约肌及睫状肌均为横纹肌。睫状肌除调节晶状体外，还能调节角膜的曲度。视网膜较厚，但无血管分布，在视神经入口处，视网膜呈板状伸向玻璃体内，并含有丰富的血管，形成一特殊的眼梳膜或栉膜。晶状体较柔软，其外周在靠近睫状突部位有晶状体环枕，与睫状体牢固相连接(图 13-19)。

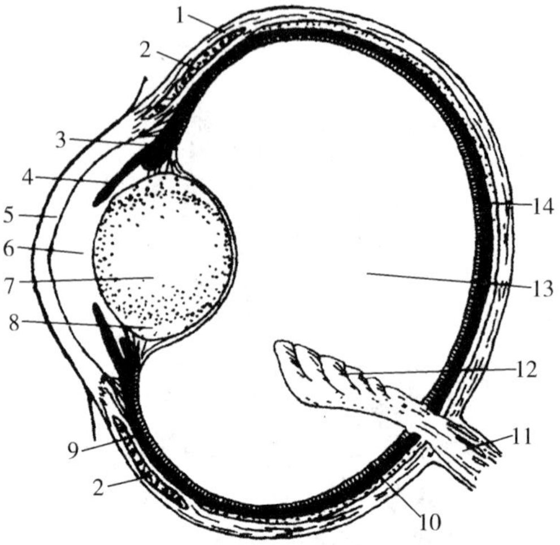

1.巩膜　2.巩膜骨环　3.睫状体　4.虹膜　5.角膜　6.瞳孔　7.晶状体　8.晶状体环枕
9.脉络膜　10.视网膜　11.视神经　12.栉膜　13.玻璃体　14.巩膜软骨板

图 13-19　鸡眼球纵剖面

(二)眼的辅助器官

下眼睑大而薄,较灵活,眼睑无腺体。第三眼睑(瞬膜)发达,为半透明薄膜。瞬膜活动时,能将眼球前面完全盖住。泪腺较小,位于眶的颞角附近。瞬膜腺较发达,鸡的呈淡红色至褐红色,位于眶的前部和眼球内侧。禽眼球的运动由 6 块小而薄的眼肌控制,包括 2 块斜肌、4 块直肌,无退缩肌。

二、位听器官

(一)外耳

家禽无耳郭,外耳孔呈卵圆形,周缘有褶,被小的耳羽遮盖。外耳道较短,壁上分布有耵聍腺,鼓膜向外隆凸。

(二)中耳

鼓室除以咽鼓管与咽腔相通外,还有一些小孔通往颅骨内的气腔。听小骨只有一块,称为耳柱骨,其一端以多条软骨性突起连于鼓膜,另一端膨大呈盘状嵌于内耳的前庭窗。

(三)内耳

半规管很发达,耳蜗不形成螺旋状,是一个稍弯的短管。

第十一节　被皮系统

一、皮肤

家禽皮肤较薄，皮下组织疏松，与深部结构联系不紧密。皮下脂肪在羽区和水禽躯干腹侧形成一层。

家禽皮肤没有汗腺，外耳道和肛门的皮肤含有少量皮脂腺。尾部有尾脂腺，位于尾综骨背侧，鸡的为圆形，水禽的为卵圆形，分为两叶，每叶有一小腺腔，分泌物含有脂质、卵磷脂和高级醇。家禽可用喙压迫尾脂腺，将分泌物涂布于羽毛，起着润泽羽毛，使之不被水浸湿的作用。

皮肤真皮和皮下层里的血管形成血管网。母鸡和火鸡在孵卵期，胸部皮肤形成特殊的孵区，即所谓孵斑。羽毛较少，血管增生，有利于体温传播。

皮肤从躯干到臂部和前臂部形成一固定的皮肤褶，叫翼膜。翼膜由两层皮肤构成，有较大的面积，以利飞翔。水禽的趾间有皮褶，叫蹼，用来作为划水的工具。

二、羽毛

羽毛是家禽皮肤特有的衍生物（图 13-20）。羽毛着生在皮肤的一定区域，称为羽区。无羽毛着生的部位则称为裸区。羽毛根据形态不同分为 3 类：正羽、绒羽和纤羽。正羽又叫廓

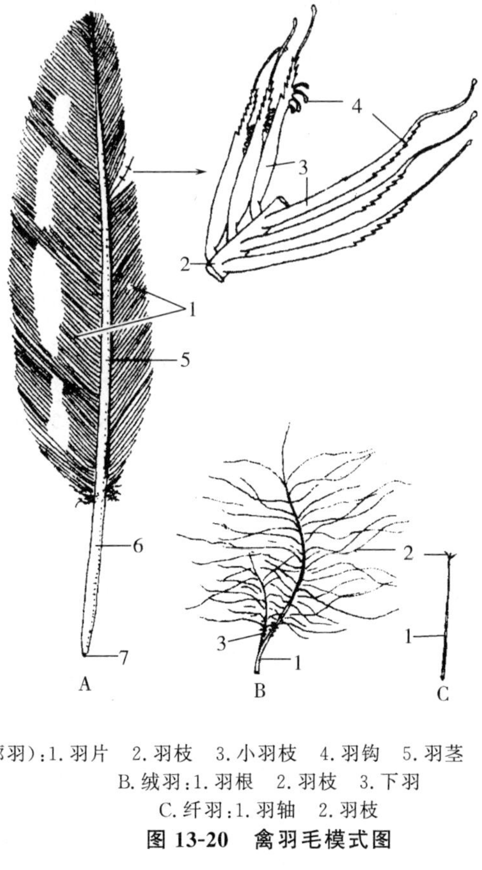

A. 正羽（廓羽）：1. 羽片　2. 羽枝　3. 小羽枝　4. 羽钩　5. 羽茎　6. 羽根　7. 下脐
B. 绒羽：1. 羽根　2. 羽枝　3. 下羽
C. 纤羽：1. 羽轴　2. 羽枝

图 13-20　禽羽毛模式图

羽，覆盖体表的绝大部分，构造较典型。有一根羽轴，下段为羽根（基翮），着生在皮肤的羽囊里；上部为羽茎，其两侧为羽片。羽片是由许多平行的羽枝构成的，从其上又分出两行小羽枝，远侧小羽枝具有小钩，与相邻的近侧小羽枝钩搭，从而构成一片完整的弹性结构。绒羽密生于皮肤表面，被正羽所覆盖。羽茎短而细，羽枝长而软，小羽枝无小钩，主要起保温作用。纤羽分布于全身，长短不一，细长如毛发状，仅在羽茎顶部有少数羽枝。

羽毛的颜色主要取决于羽毛细胞内所含色素的颜色，以及各种色素的比例和分布。羽毛和图案由遗传决定。有些雌雄异形的羽色及图案还与性激素有关。

三、其他皮肤衍生物

冠、肉髯和耳叶，位于头部，均为皮肤褶演变形成。冠的表皮很薄，真皮较厚，浅层含有毛细血管窦，使冠呈红色。中间层为厚的纤维黏液组织，能维持冠的直立。但去势公鸡和停蛋母鸡中间层的黏液性物质消失，故冠也倾倒。冠中央为致密结缔组织，含有较大血管，其结构、形态可作为辨别鸡的品种、成熟程度和健康情况的标志。肉髯的构造与冠相似，但中央层为疏松结缔组织。耳叶位于耳孔开口的下方，呈椭圆形，真皮浅层中毛细血管丰富者为红色，缺者呈白色。

喙、爪和距都是由表皮角质层加厚和角蛋白钙化而形成，鳞片也是由表皮角质层加厚形成。

实训项目　鸡的解剖

【实训目的】

1. 掌握鸡内脏器官的形态、位置和结构。

2. 熟悉皮肤衍生物的形态和构造。

【实训材料】

鸡（公、母各半）。

【实训内容】

一、被皮系统观察

观察皮肤，羽毛的形态、分布，尾脂腺的位置，冠、肉髯、耳垂、脚部鳞片和爪的形态。

二、解剖步骤

在颈动脉或桥静脉放血将鸡致死，热水除毛后洗净，放入瓷盘中。分离颈部，切断气管，向肺端插入玻璃管并吹气，使气囊充满气体，然后结扎气管。从肛门下方横向切开腹壁（注意不要切破气囊）并向两侧扩大至胸骨，用肋骨剪剪断肋骨，向上方掀开胸骨，暴露胸、腹腔脏器。

三、消化系统

识别口腔的结构，舌的形态，颈段食管的走向，嗉囊的形态及位置，腺胃、肌胃的形态和结构，小肠、大肠和肝、胰的形态、构造和相互关系，泄殖腔的结构（粪道、泄殖道和肛道），泄殖道内输尿管和输精管或输卵管的开口。

四、呼吸系统

识别喉(环状软骨和勺状软骨)、气管、支气管、鸣管(鸣骨、鸣膜)、肺和气囊(锁骨间气囊、颈气囊、胸前气囊、胸后气囊和腹气囊)的形态和结构。

五、泌尿系统

观察肾(前肾、中肾和后肾)和输尿管的形态和位置。

六、生殖器官

1. 公禽

观察睾丸、附睾、输精管和交配器的形态和位置。

2. 母禽

观察卵巢、输卵管(漏斗部、膨大部、峡部、子宫、阴道)的形态和结构。

七、其他器官

观察心脏、脾、胸腺、甲状腺和腔上囊等的形态、位置和结构。

复习思考题

一、选择题

1. 家禽大肠的特点是(　　)(2009 年真题 34)

A. 有一条盲肠　B. 有一条结肠　C. 有一对盲肠
D. 有一对结肠　E. 有一对直肠

2. 雌性家禽生殖系统的特点是(　　)(2009 年真题 35)

A. 卵巢不发达　B. 输卵管不发达　C. 卵巢特别发达
D. 左侧的卵巢和输卵管退化　E. 右侧的卵巢和输卵管退化

3. 家禽的泌尿系统特殊,因为(　　)(2011 年真题 35)

A. 肾脏发达　B. 肾脏退化　C. 两肾合并
D. 膀胱发达　E. 缺乏膀胱

(4～5 题共用备选答案)

A. 鸣管　B. 气囊　C. 喉　D. 肺　E. 鸣泡

4. 鸡气管分叉处形成的特殊结构是(　　)(2012 年真题 81)

5. 鸭的发声器官是(　　)(2012 年真题 82)

(6～7 题共用备选答案)

A. 鼻　B. 咽　C. 喉　D. 气囊　E. 鸣管

6. 位于气管分叉处,由数个气管环和支气管环及一块鸣骨组成的禽类发声器官(　　)(2013 年真题 81)

7. 有前后两群共 9 个,作为储气装置而参与肺呼吸作用的禽类特有器官是(　　)(2013 年真题 82)

(8～9 题共用备选答案)

A. 睾丸　B. 卵巢　C. 肾　D. 输精管　E. 膀胱

8. 与家畜相比,家禽缺失的泌尿器官是(　　)(2015 年真题 80)

9. 鸡仅左侧正常发育的生殖器官是(　　)(2015 年真题 81)

10. 鸡的盲肠扁桃体位于(　　)(2016 年真题 34)

A. 回盲韧带　B. 盲肠体　C. 盲肠尖　D. 盲肠基部　E. 盲肠体和尖

11. 鸡消化道的特点之一是(　　)(2017 年真题 34)

A. 1 条盲肠　B. 2 条盲肠　C. 3 条盲肠　D. 盲肠消失　E. 盲肠退化

二、简答题

1. 家禽骨骼的结构特点如何?

2. 试述家禽消化器官的结构特征。

3. 简述家禽肺的结构特点。

4. 家禽的气囊主要有哪些?功能如何?

5. 家禽的泄殖腔包括哪几部分?

6. 鸡的输卵管由哪几部分构成?在鸡蛋的形成过程中分别起什么作用?

7. 家禽的哪些结构特点适合于飞翔?

第十三章　复习思考题参考答案

第十四章 胚胎学基础

【知识目标】

1. 熟悉生殖细胞的形态结构。
2. 掌握早期胚胎发育的过程和形态变化特征。
3. 掌握哺乳动物胎膜的结构。
4. 掌握胎盘的分类、结构和功能。

【技能目标】

1. 能在显微镜下识别正常精子的形态结构。
2. 能识别各种类型胎盘的形态构造。

【思政目标】

1. 让学生懂得生命的起源，热爱科学。
2. 使学生感受生命的奥妙与珍贵，进而形成尊重生命、热爱生命的人生观和价值观。

胚胎学是研究动物胚胎发育规律的科学。其过程可分为胚前发育、胚胎发育和胚后发育3个阶段。动物的胚前发育包括两性配子的发生、形成和成熟过程；胚胎发育是从卵子受精开始，到分娩前的胚胎在母体子宫内的发育过程，需经过卵裂、胚泡形成、三胚层形成与分化、器官形成等若干复杂变化阶段；胚后发育则是从娩出后到幼体形态形成的过程。本章主要讨论家畜配子的形态结构和胚胎发育。

第一节 生殖细胞

生殖细胞也称配子，是动物有机体内一种特殊分化的细胞，包括精子和卵子，是个体发生的基础。

一、精子的形态和结构

动物界中的精子一般可分为2种类型，即鞭毛型和无鞭毛型。哺乳动物的精子属于鞭毛型，一些海洋和淡水无脊椎动物的精子为无鞭毛型。

不同动物精子的外形、大小略有差异，多数精子呈蝌蚪状，长度为 50～75 μm，但基本结构相似，可分为 3 个主要部分，即头部、颈部和尾部。头部主要由细胞核（含有全部父系遗传信息）和顶体（主要成分为水解酶类）构成；颈部是头部和尾部的连接部，在精子颈部含有中心粒，其主要任务是在受精后启动受精卵的卵裂；尾部又分为中段、主段和末段。整个尾部的中心贯穿着一条由微管构成的类似于纤毛结构的轴丝（图 14-1）。

（一）头部

由于细胞核和顶体的形状不同，各种动物精子头部形状之间有很大差异。牛、羊和猪的精子头部为扁卵圆形，马的为正卵圆形，犬的为梨形，禽类的为细长锥形。

1. 细胞核

细胞核占据头部的大部分，构造致密，全部由异染色质组成，易为碱性染料着色，其主要成分是 DNA 和与之结合的组蛋白。核膜为两层，核膜孔比较稀少。

2. 顶体

在细胞核前端约 2/3 的部分，覆盖着一个囊泡状结构的帽形顶体。顶体由顶体内膜和顶体外膜围绕而成。核前部分的顶体较厚，顶端最厚，顶体帽的下缘变薄。靠近核的中部，称顶体的赤道段。在顶体后方由细胞质浓缩而成的薄层环状致密带，称顶体后环（核后帽）。

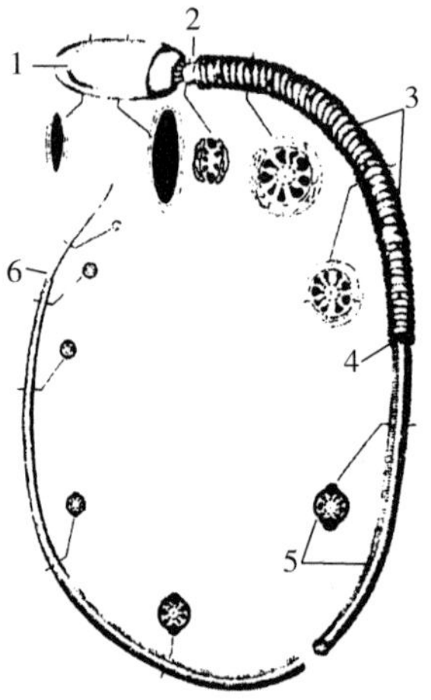

1. 顶体帽　2. 颈段　3. 中段的线粒体鞘
4. 终环　5. 主段的纤维鞘　6. 末段

图 14-1　哺乳动物精子超微结构

（精子质膜已去掉，图中间为不同节段的横断面）

（仿 Browder，1984）

（二）颈部

颈部非常短，位于头部和尾部之间，由近端中心粒、远端中心粒和外周的 9 条致密纤维组成。近端中心粒位于核底部的浅窝内，远端中心粒变为基粒发出轴丝伸向尾部。颈部最易受损破坏，使头尾分离。

（三）尾部

尾部又称鞭毛，是精子的运动装置，分为中段、主段和末段。

1. 中段

中段是尾部最粗的一段，主要由轴丝、外周致密纤维（粗纤维）和线粒体鞘构成。轴丝分布于尾部中央，由 9＋2 型的微管组成，中央有两根微管，周围有 9 组二联体微管。在轴丝的外周有自颈部延伸而来的 9 条致密纤维，其功能尚不十分清楚。在致密纤维的外面包有螺旋形的线粒体鞘，它是精子运动的能量来源。中段终止的环状板形结构称终环，由局部质膜反折特化而成，连于线粒体鞘的尾端，它可以防止线粒体向主段移位。

2. 主段

主段是尾部最长的一段，约占尾部全长的 80%。主段中央由轴丝组成，其外面包绕着致密纤维，再外则由纤维鞘包绕，线粒体鞘消失。纤维鞘内的致密纤维由 9 条变为 7 条，呈左 3 右 4 排列，由于这种致密纤维分布的不对称，所以精子尾部只能做左、右摆动式的前进运动。

3. 末段

末段较短，结构简单，仅由 9＋2 结构的轴丝和外被的细胞膜构成。

精子的最大特点是有运动能力。精子尾部呈波动状运动，使精子绕纵轴旋转前进。但精子的生存能力差。温度、酸碱度、营养物质、光线和氧等对精子的活动都有影响。精子在 37～38 ℃时运动能力正常，温度升高则活动加快，但很快死亡；温度在 4 ℃以下，精子活动停止。现代的精液冷冻技术，可使精子在－78～－196 ℃条件下长期保存，而升温后仍具有受精能力。精液冷冻同时也淘汰了一部分弱的精子，有择优汰劣、提高精液品质的作用。精子在雌性生殖道内，一般只能生存 1～2 d，也因动物种类和发情期不同而有差异。马的精子在雌性生殖道内，可生存 144 h 左右，并保持受精能力。

二、卵子的形态和结构

卵子通常为圆球形，其直径依物种不同而异，一般为 120～160 μm，小实验动物的在 75～90 μm 范围内。刚排出的卵子可明显地区分为卵细胞、透明带和放射冠 3 部分(图 14-2)。细胞与透明带之间的空隙称为卵周隙。在电镜下观察，大多数家畜排出的新鲜卵子是处于第二次减数分裂中期的次级卵母细胞，在第一极体一侧的胞膜下有一个第二次减数分裂中期的纺锤体。但马排卵排出的是处于第一次减数分裂的卵母细胞，卵周隙内无第一极体。

细胞膜具有许多向外突出的微绒毛。在卵成熟之前，微绒毛伸入透明带内，卵成熟之后，微绒毛自透明带内撤出，倒伏在卵表面上。细胞质的细胞器主要有线粒体、内质网和皮质颗粒。皮质颗粒是卵细胞的特殊细胞器，由高尔基复合体或滑面内质网产生，结构类似于溶酶体。

透明带随卵母细胞发育而不断增厚，其功能主要是保护卵子和参与受精过程中的精、卵识别。透明带的外周是由卵泡细胞转化而成的放射冠，牛、绵羊和猪在排卵后 14 h 自行脱落。

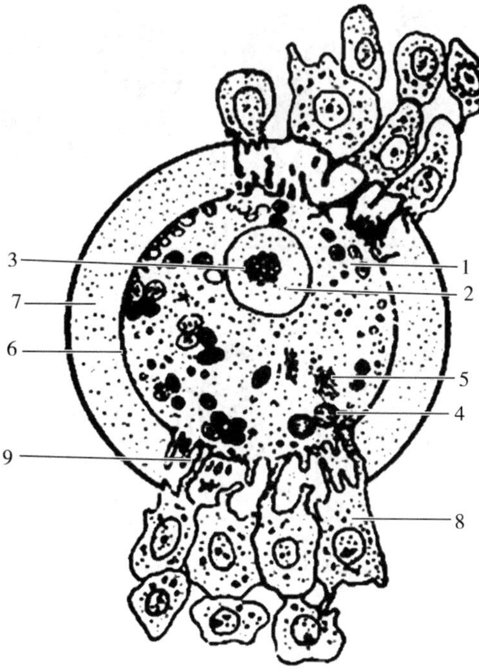

1. 细胞质　2. 细胞核　3. 核仁　4. 线粒体
5. 高尔基复合体　6. 卵黄膜　7. 透明带　8. 放射冠
9. 卵细胞的突起及放射冠的突起伸到透明带中

图 14-2　哺乳动物排卵时卵细胞结构示意图

卵子是高度分化的细胞，但没有运动能力，从卵巢排出后，进入输卵管，依靠输卵管肌肉的收缩和上皮纤毛的摆动，向子宫方向移动。卵子在生殖器官内存活时间较短，一般在 12～24 h 内。超过一定时间的卵，不能受精，即使受精，也不能正常发育。

第二节 家畜胚胎发育

胚胎发育包括受精，卵裂，胚泡的形成和附植，三胚层形成及分化等过程。

一、受精和卵裂

（一）受精

精子与卵子结合成合子的过程称受精。受精的部位在输卵管壶腹。精子进入母畜生殖道，到达受精部位所需时间不一，一般为数十分钟到数小时，少数十几分钟即可到达。一次交配中射出的精子可达几亿或几十亿个，而能到达受精部位的仅 10～100 个。

精子进入母畜生殖道内，不能立即受精。精子的头部被精液中的一种糖蛋白包裹，阻止了顶体酶的释放，该糖蛋白需要被子宫和输卵管上皮细胞分泌的酶类降解，才能获得穿透卵子透明带的能力，这个过程称为精子获能，未获能的精子不能进入卵内。

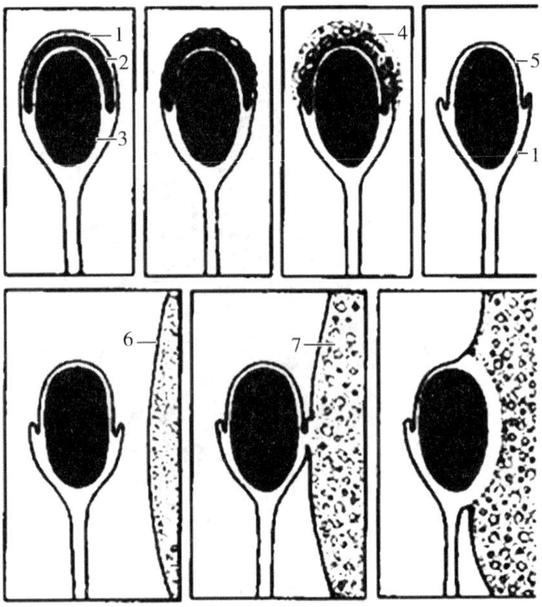

1. 精子细胞膜 2. 顶体 3. 核 4. 释放出酶 5. 顶体内膜 6. 卵黄膜 7. 卵

图 14-3 入卵前精子顶体反应（上半部）和入卵时精卵膜融合（下半部）模式图

卵子自卵巢排出后很快进入输卵管，猪卵在发情后 40 h 左右到达输卵管的受精部位。当获能精子和卵子接触时，精子的顶体破裂，形成许多囊泡，各种酶溢出，称为顶体反应。顶体酶溶解放射冠和透明带，精子头部附着于卵质膜上。而后，精子和卵子质膜相互融合，精子的头尾都进入卵内。精子进入后，使透明带的结构和化学成分发生变化，称透明带反应，阻止其他精子穿越透明带。此时卵质膜也发生变化，阻止多余的精子入卵，即所谓的卵质膜反应或卵黄膜反应。动物阻止多精入卵的机制有的依靠透明带反应，有的依靠卵质膜反应，但有的动物二者兼而有之（图 14-3）。

精子入卵后，尾部迅速消失，头部细胞核膨大变圆，形成雄原核。与此同时，卵子迅速完成第二次减数分裂，形成雌原核。雌、雄原核可同时发育，几小时内可增大十几倍。随后，雌、雄原核逐渐靠近、接触，核膜、核仁消失，染色体彼此混合，形成二倍体的受精卵，又称合子。至此，受精过程结束（图 14-4）。

卵子在受精时，胚胎的性别已基本决定，这是由两性生殖细胞中的性染色体决定的。

（二）卵裂

受精卵早期发生的数次细胞分裂称为卵裂，分裂后的细胞称卵裂球（图 14-5）。卵裂一直在透明带内进行，随着卵裂球数目的增多，其体积逐渐变小，卵裂球紧靠在一起，使胚胎变为一个密实的细胞团，形似桑葚，称桑葚胚。大多数家畜的桑葚胚已由输卵管进入子宫，通常为 16 细胞期。从交配时算起，家畜的受精卵一般要经 3～5 d 才能进入子宫，此时，输卵管或子宫内的胚胎处于浮游状态，胚胎和母体之间尚无直接固定联系。

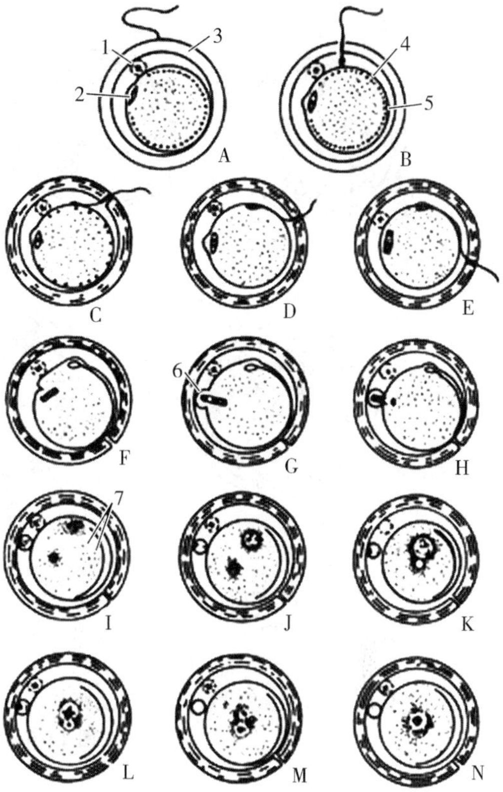

A～D. 精卵融合及皮质颗粒胞吐。透明带划黑线的表示由皮质反应诱导发生的透明带反应　E～H. 第二次减数分裂的完成　I～K. 原核发育　L～M. 精子和卵子染色体重新出现　N. 第一次卵裂中期的早期
1. 第一极体　2. 中期Ⅱ　3. 透明带　4. 卵细胞质
5. 皮质颗粒　6. 第二极体　7. 线粒体

图 14-4　大鼠卵子激活和原核发育图解

（仿 R. Yanagimachi，1994）

二、胚泡的形成和附植

（一）胚泡的形成

桑葚胚形成之后，随着细胞进一步分裂，卵裂球分泌液体，在胚胎内部出现一些含有液体的腔隙，并逐渐加大形成一个囊腔，卵裂球被挤到外周，此时的胚胎称胚泡或囊胚。囊腔称胚泡腔，在胚泡腔一侧的细胞团，称内细胞群，将来发育成胚体和有关胎膜。围绕胚泡腔的细胞逐渐变成扁平形，称滋养层，可吸收营养，滋养胚体（图 14-5）。

（二）胚泡的附植

初期的胚泡仍然游动于子宫腔内，以后胚泡腔内液体逐渐增多，胚泡变大，胚泡外面的透明带也随之变薄、消失。胚泡滋养层细胞与子宫内膜上皮密切相接，建立起营养物质与废物的交换关系，这个过程称为附植。

三、三胚层的形成及分化

（一）三胚层的形成

1. 内、外胚层的形成

胚泡附植后，内细胞群不断分裂增殖，向着胚泡腔的一侧，逐渐形成一个新的细胞层，称内胚层。内细胞群的浅层分化为外胚层。内、外胚层紧密相贴，形成圆盘状的结构，称胚盘，胚盘是胚胎发育的基础。以后内胚层细胞沿滋养层的内表面扩展，在胚泡腔内形成一个新的腔，称原肠腔。这种具有两个胚层的胚胎称原肠胚（图 14-6）。

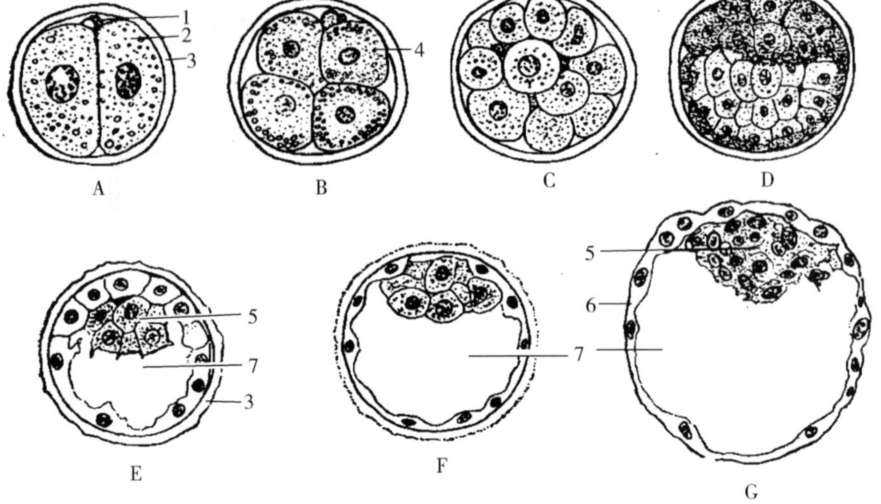

A. 2 细胞期，配种后 2 d 3.5 h，取自输卵管　B. 4 细胞期，2.5 d　C. 桑葚胚，约 16 细胞期，约 3.5 d
D. 胚泡期，约 4 d 18 h，自子宫中取得，中央色淡处示胚泡腔出现　E. D 的切片标本
F. 胚泡，6 d 1.75 h　G. 胚泡，透明带消失，6 d 20 h
1. 极体　2. 2 细胞期的卵裂球　3. 透明带　4. 4 细胞期的卵裂球　5. 内细胞群　6. 滋养层　7. 胚泡腔

图 14-5　猪的卵裂和胚泡

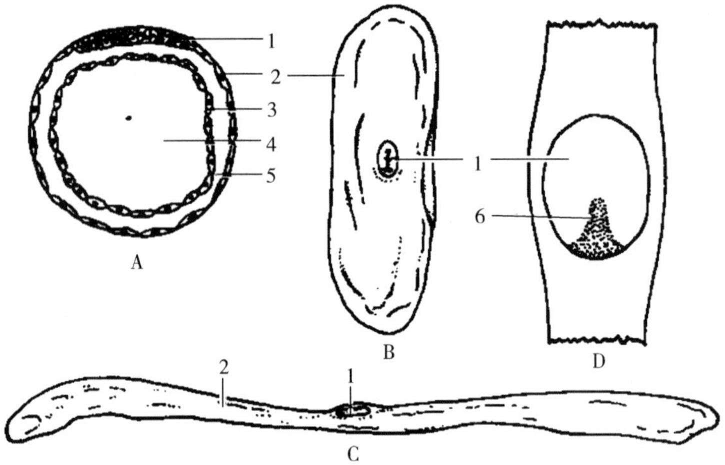

A. 胚泡切面　B、C. 开始延长伸展　D. 胚盘部背侧观
1. 胚盘　2. 滋养层　3. 内胚层　4. 原肠腔　5. 胚泡腔　6. 原条开始形成

图 14-6　猪 8 d 胚泡外形及内部结构

2. 中胚层的形成

随着胚泡变长，胚盘从圆形变为卵圆形，卵圆形的膨大部分是胚胎的头端，狭窄部分是尾端。在胚盘尾端中轴线上，外胚层细胞增生加厚，形成一条纵行的细胞索，称为原条。原条的

中央下陷称原沟，原沟两侧的隆起称原褶。原条的细胞不断分裂增殖，并向腹侧内陷在内胚层和外胚层之间，向左、右两侧及头尾端扩展，形成新的细胞层，称中胚层。在胚盘区内的称胚内中胚层，在胚盘区外，滋养层和内胚层之间的称胚外中胚层(图 14-7)。

在原条形成的同时，原条头端的细胞也分裂增殖，形成原结。在原结后部有一凹陷，称原

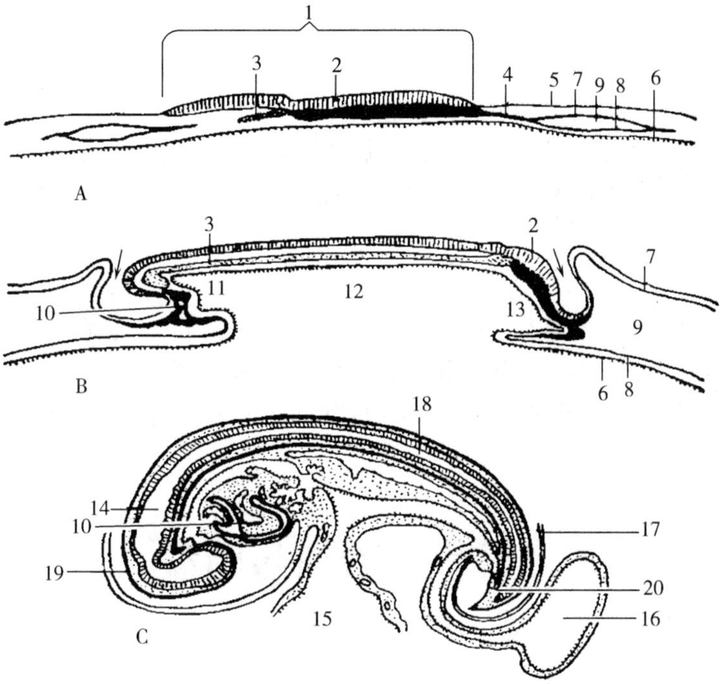

A. 原条期　B. 体节开始形成期　C. 25 对体节期

1. 胚盘　2. 原条　3. 脊索　4. 中胚层　5. 滋养层　6. 内胚层　7. 体壁中胚层　8. 脏壁中胚层　9. 胚体外腔　10. 心脏　11. 前肠　12. 中肠　13. 后肠　14. 脑　15. 卵黄囊　16. 尿囊　17. 羊膜断端　18. 脊髓　19. 头部　20. 尾部

图 14-7　猪胚胚体分出与卵黄囊、尿囊形成

窝。原结处的细胞增殖，在内、外胚层之间的中轴线上向头端延伸，形成杆状的脊索。随着脊索发育伸长，原条逐渐缩短，脊索完全形成，原条也消失殆尽。在胚胎早期，脊索具有支持胚胎及诱导神经管发生等作用。

三胚层形成后，由于胚盘各部位的生长速度不同，扁平形的胚盘向腹侧卷曲并向中央集中，形成向背侧拱起的圆柱状胚体。

(二)三胚层的分化

1. 外胚层的分化

在脊索的诱导下，脊索背侧的外胚层细胞增厚，形成神经板，神经板两侧向上隆起，形成神经褶，中间凹陷成神经沟。神经褶在背侧逐渐靠拢融合，形成神经管。神经管的前端膨大形成脑，后面较细形成脊髓。在神经褶闭合形成神经管时，一部分细胞自两侧分出形成左右两条神经嵴，形成神经节和肾上腺髓质。

其余的外胚层还分化成表皮及其衍生物，眼、耳、鼻的感觉上皮和垂体等。

2. 中胚层的分化

脊索两侧的中胚层向外扩展，依次分化为上段中胚层、中段中胚层和下段中胚层。

(1)上段中胚层　由前向后形成左右对称的节段性体节，体节进一步分化为生肌节、生皮节和生骨节。生肌节发育成骨骼肌，生皮节形成皮肤的真皮和皮下组织，生骨节围绕脊索形成脊柱。

(2)中段中胚层　分化形成泌尿和生殖系统的器官。

(3)下段中胚层　在下段中胚层内形成胚内体腔，它是未来心包腔、胸膜腔和腹膜腔的基础。胚内体腔将下段中胚层分成两层：与内胚层相贴的部分，称脏壁中胚层，分化为消化管、呼吸道管壁的平滑肌、结缔组织和浆膜等；与外胚层相贴的部分，称体壁中胚层，分化为体壁的骨骼、肌肉和结缔组织等。

3. 内胚层的分化

由于体褶发生，胚体逐渐隆突于胚盘之上，内胚层被包入胚体，形成原肠。原肠分为前肠、中肠和后肠，中肠与卵黄囊相通。随着胚胎进一步发育，卵黄囊逐渐变细而封闭。内胚层主要分化为消化管、消化腺、呼吸道和肺的上皮组织，以及甲状腺、胸腺、中耳鼓室、膀胱和尿道等处的上皮组织。

第三节　胎膜与胎盘

一、胎膜

胎膜是在胚胎发育过程中形成的一些附属结构，由胚外的 3 个胚层形成，具有保护胚胎和使胎儿与母体进行物质交换的作用。家畜的胎膜有绒毛膜、羊膜、卵黄囊和尿囊。

(一)卵黄囊

原肠胚形成后，由于体褶发生，胚体上升，原肠缢缩成胚内和胚外两部分，胚内部分称原肠，胚外部分称卵黄囊。卵黄囊早期很大，逐渐缩小退化。牛、羊和猪的卵黄囊对胚胎营养作用不大。马的卵黄囊与绒毛膜结合，形成卵黄囊绒毛膜胎盘，与子宫壁相连，有营养作用，以后被尿囊绒毛膜代替。卵黄囊的脏壁中胚层可形成血岛，是胚胎早期的造血原基。

(二)羊膜和绒毛膜

随着胚体的形成，胚盘周围的胚外外胚层和胚外体壁中胚层形成羊膜褶。猪妊娠第 15 天左右，羊膜头褶、侧褶和尾褶在胚胎的背侧部汇合，羊膜与绒毛膜同时形成。羊膜褶的内、外层断离，羊膜在内，包围胚体，绒毛膜在外，包围其他胎膜，并与子宫内膜密贴。

羊膜和绒毛膜的胚层结构相同，但位置相反。羊膜的内层是外胚层，外层是体壁中胚层；而绒毛膜内层是体壁中胚层，外层是外胚层。

羊膜腔内充满羊水，胎儿漂浮在羊水中。羊水由羊膜上皮细胞分泌，又不断地被羊膜吸收和被胎儿吞饮入消化管，故羊水经常更新。随着胎儿的生长发育，羊水也相应增多。羊水有缓冲外界对胎儿的压力与震荡，防止胎儿与羊膜粘连和调节体温等作用。分娩时，羊水还有扩张子宫颈、冲洗和润滑产道的作用（图 14-8、图 14-9）。

（三）尿囊

尿囊由后肠腹侧向外突出的盲囊发育形成，囊壁的结构与卵黄囊相同。猪胚 13 d 时尿囊形成，17 d 时尿囊与绒毛膜相贴，并形成尿囊绒毛膜胎盘，通过分布于尿囊上的脐血管到达胎盘，与母体间进行物质交换。到 1 个月左右，尿囊扩展到整个胚外体腔，并将羊膜包围。牛、羊和猪的尿囊分成两支伸向左、右，且尿囊未完全包围羊膜。除有尿囊绒毛膜和尿囊羊膜外，还有羊膜绒毛膜。马的尿囊完全包围羊膜，形成尿囊绒毛膜和尿囊羊膜。

尿囊内贮有尿囊液，为胎儿排泄的废物，内含尿素和肌酸酐。

（四）脐带

脐带是连接胎儿与胎盘之间的长索状结构，分娩时脐带外面被覆一层光滑的羊膜，内有脐动脉、脐静脉以及尿囊与卵黄囊的遗迹。为胎儿与母体进行物质交换的通道。

二、胎盘

胎盘是胎儿与母体进行物质交换的结构，由胎儿胎盘和母体胎盘组成。哺乳动物的胎儿胎盘属于尿囊绒毛膜胎盘，母体胎盘即子宫内膜。

根据胎盘的形态和尿囊绒毛膜上绒毛的分布不同，可将胎盘分为 4 种类型（图 14-10）。

（1）散布胎盘　除胚泡的两端外，大部分绒毛膜表面上都均匀分布着绒毛（马）或皱褶（猪），后者与子宫内膜相应的凹陷部分嵌合。猪和马的胎盘属此种类型。

（2）子叶胎盘　绒毛在绒毛膜表面聚集成簇，形成绒毛叶或子叶。子叶与子宫内膜上的子宫肉阜紧密嵌合。反刍动物的胎盘属此种类型。

（3）带状胎盘　绒毛膜集中在胚泡的赤道部周围，呈一宽环带状，与子宫内膜相结合。猫

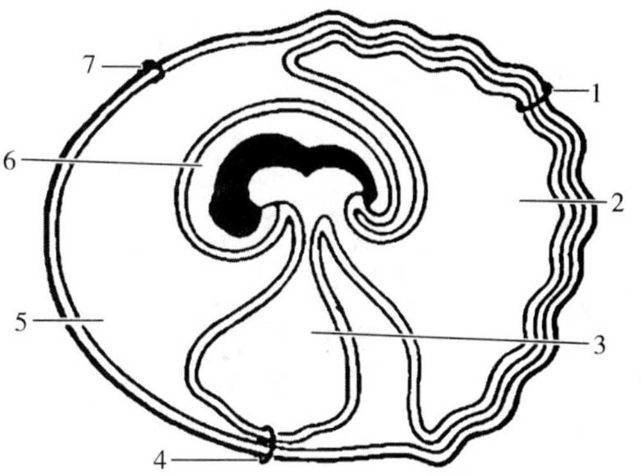

1. 尿囊绒毛膜　2. 尿囊腔　3. 卵黄囊腔　4. 卵黄囊胎盘　5. 胚外体腔　6. 羊膜腔　7. 绒毛膜

图 14-8　胎膜关系模式图

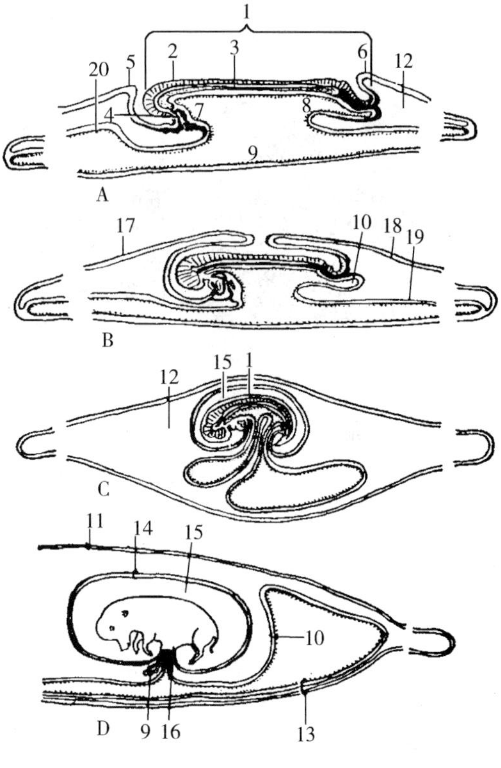

A. 体节开始形成期　B. 约 15 体节期　C. 约 25 体节期　D. 猪胚长 30 mm
1. 胚胎　2. 神经板　3. 脊索　4. 心脏　5. 羊膜头褶　6. 羊膜尾褶　7. 前肠　8. 后肠　9. 卵黄囊　10. 尿囊　11. 绒毛膜　12. 胚外体腔　13. 尿囊绒毛膜　14. 羊膜　15. 羊膜腔　16. 脐带　17. 胚外外胚层　18. 胚外体壁中胚层　19. 胚外脏壁中胚层　20. 胚外内胚层

图 14-9　猪胚胎膜形成

和犬等肉食动物的胎盘属此种类型。

(4)盘状胎盘　绒毛集中在绒毛膜一盘状区域内，与子宫内膜基质相结合形成胎盘。灵长类和啮齿类的胎盘属此种类型。

另外，又可根据胎盘屏障的组织结构进行分类。胎盘的胎儿部分由3层组织构成，即血管内皮、间充质和滋养层上皮。胎盘的母体部分也由3层组织构成，但排列方向相反，即子宫内膜上皮、结缔组织和血管内皮。胎儿与母体血液之间的物质交换必须通过这些组织所形成的胎盘屏障。在各种胎盘中，胎儿部分3层组织变化不大，但母体部分有很大不同。因此，根据屏障的构成，可将胎盘分成4类(图14-11)。

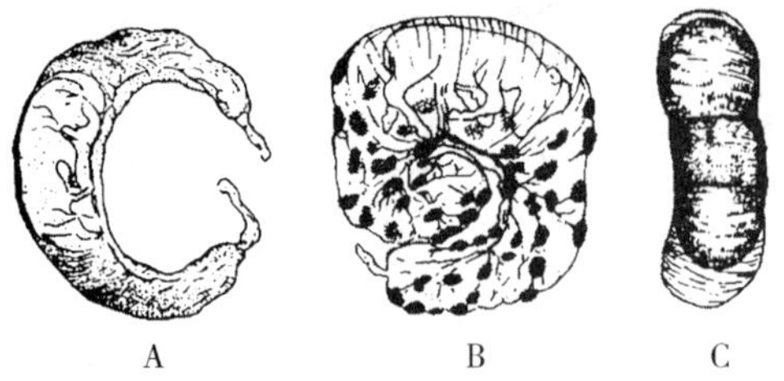

A. 散布胎盘　B. 子叶胎盘　C. 带状胎盘

图14-10　家畜胎盘的类型

(1)上皮绒毛膜胎盘　所有的3层组织都存在，绒毛嵌合于子宫内膜相应的凹陷中。猪和马的散布胎盘属于此类，大多数反刍动物的妊娠初期子叶胎盘也属这一类。

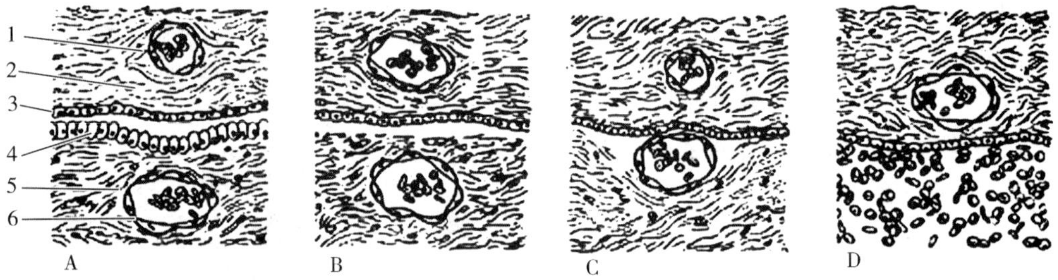

A. 上皮绒毛膜胎盘(猪、马)　B. 结缔绒毛膜胎盘(反刍类动物)　C. 内皮绒毛膜胎盘(肉食类动物)

D. 血绒毛膜胎盘(灵长类动物)

1. 尿囊毛细血管　2. 尿囊结缔组织　3. 绒毛膜上皮　4. 子宫内膜上皮

5. 子宫内膜结缔组织　6. 子宫毛细血管

图14-11　四种尿囊绒毛膜胎盘的屏障组织结构

(仿Noden等，1985)

(2)结缔绒毛膜胎盘　子宫内膜上皮变性脱落，绒毛上皮直接与子宫内膜结缔组织接触。反刍类动物妊娠后期胎盘属于此类。

上述两种胎盘，绒毛膜与相对完好的子宫组织相结合，分娩时不造成大的损伤，又称非蜕膜胎盘。

(3)内皮绒毛膜胎盘　子宫内膜上皮和结缔组织脱落，胎儿绒毛上皮直接与母体血管内皮接触。许多肉食类动物(猫、犬)的带状胎盘属此种类型。

(4)血绒毛膜胎盘　所有3层子宫组织都脱落，滋养层绒毛直接浸泡在母体血管破裂后形成的血窦中。人和啮齿类的盘状胎盘属此类。

上述两种胎盘，绒毛膜与子宫组织结合牢固，子宫内膜基质发生肥大，形成蜕膜。分娩时，蜕膜随胎膜脱落，子宫组织损伤很大，所以又称蜕膜胎盘。

胎儿通过胎盘从母体吸取营养物质和氧，胎儿的代谢产物又经胎盘排入母体血液内，这种物质交换过程是胎盘靠渗透、扩散、主动运输、吞噬和胞饮等方式进行的，物质交换方式与物质的种类有关。大分子的脂类和脂溶性维生素不能通过胎盘，但游离脂肪酸、水溶性维生素可自由通过。胎盘具有内分泌功能，它能合成和分泌促性腺激素、雌激素和孕酮等，以维持妊娠和保证胎儿正常发育。胎盘还能阻挡细菌和有害物质进入胎儿体内，而起防卫屏障的作用。

实训项目 胚胎发育

【实训目的】

1. 掌握家畜胚胎发育的一般规律及各种胎膜的形态特征。

2. 掌握哺乳动物各种胎盘的形态特征。

【实训材料】

16 h(18 h)鸡胚装片；36～40 h 鸡胚装片；3 d 及 8 d 鸡胚；哺乳动物胎盘浸制标本。

【实训内容】

一、观察鸡胚装片

1. 孵化 16 h(18 h)的鸡胚装片

低倍镜观察：胚盘中央有一染色浅而透明的椭圆形区，称为明区。四周染色深而不透明，称为暗区。明区的中央沿纵轴方向有一深色条纹，称为原条。原条两侧颜色较深的纵嵴为原褶，中间稍浅的纵沟为原沟，前端膨大染色较深的为原结和原窝。

2. 孵化 36～40 h 的鸡胚装片

低倍镜观察：神经管已形成，神经管前端形成的脑泡进一步分化成前、中、后脑。胚体的背侧为神经管，腹侧为脊索，两侧的体节已增至 12～16 对。心脏已形成，后连脐肠系膜静脉。

二、观察孵化 3 d 及 8 d 的鸡胚

1. 孵化 3 d 的鸡胚

取孵化 3 d 的鸡蛋，由钝端用镊子柄打碎蛋壳，小心用镊子剥离，将气室的内壳膜钳去。此时胚体呈 C 形，弯曲而透明，其中心有一搏动的小红点，即为原始心脏。头部出现了白色眼点，是眼的原始构造，中脑泡明显，并可见前、后肢芽。胚体周围有透明的羊膜。卵黄囊约包围卵黄的 1/3，并布满血管，尿囊已出现。

2. 孵化 8 d 的鸡胚

取孵化 8 d 的鸡蛋，打开蛋壳，剥离钝端的内壳膜后，倾出稀释的卵黄液，首先看到的是两层重叠的尿囊浆膜，其上有尿囊动、静脉分布。透过透明的尿囊浆膜，还可以看到卵黄膜上的血管(脐肠系膜动、静脉)。此时尿囊已迅速增大，包围了整个胚体，并从正面、两侧包围了卵黄囊的大半。胚胎被围在羊膜腔内，悬浮于羊水中。羊水下面是卵黄，卵黄囊已包围了整个卵黄。

三、哺乳动物胎盘的形态观察

哺乳动物胎盘可分以下 4 类。

1. 散布胎盘

观察猪胎盘的浸制标本。绒毛突起均匀分散在绒毛膜上，从标本上可见绒毛膜上有许多小的白色的胎盘晕，此即绒毛膜加厚之处。

2. 子叶胎盘

观察羊或牛胎盘的浸制标本。绒毛集合成群或团块状，散布于绒毛膜上，形成一个一个子叶，标本上见到的绒毛膜上白色绒球状物即为子叶。

3. 带状胎盘

观察猫、犬胎盘的浸制标本。绒毛膜大部分光滑，仅在绒毛膜中央环状部分才有绒毛突起，此即带状胎盘。

4. 盘状胎盘

观察大白鼠或兔胎盘的浸制标本。此类胎盘是由绒毛膜上的绒毛集中成圆盘状，再深入子宫内组织而形成。

【绘图】

12～14 对体节的胚体装片(低倍镜)。

复习思考题

一、选择题

1. 牛的胎盘类型属于(　　)(2009 年真题 36)

A. 血绒毛膜胎盘(盘状胎盘)　　B. 内皮绒毛膜胎盘(环状胎盘)

C. 尿囊绒毛膜胎盘(柱状胎盘)　　D. 上皮绒毛膜胎盘(分散型胎盘)

E. 结缔绒毛膜胎盘(绒毛叶胎盘)

2. 具有结缔绒毛膜胎盘(绒毛叶胎盘)的是(　　)(2010/2012 年真题 36)

A. 马　　B. 牛　　C. 狗　　D. 猪　　E. 兔

3. 胎儿与母体进行物质交换的特殊结构是(　　)(2011 年真题 36)

A. 卵巢　　B. 胎盘　　C. 子宫颈　　D. 输卵管　　E. 子宫角

4. 具有内皮绒毛膜胎盘(环状胎盘)的动物是(　　)(2013/2015 年真题 36/35)

A. 马　　B. 牛　　C. 羊　　D. 猪　　E. 犬

5. 受精的生物学意义不包括(　　)(2016 年真题 35)

A. 标志着新生命的开始　　B. 染色体的数目复原　　C. 传递双亲的遗传基因

D. 决定性别　　E. 染色体的数目减半

(6～8 题共用备选答案)

A. 上皮绒毛膜胎盘　　B. 上皮结缔绒毛膜胎盘　　C. 内皮绒毛膜胎盘

D. 血液绒毛膜胎盘　　E. 倒置卵黄囊胎盘

6. 马和猪的胎盘类型是(　　)(2021 年真题 A 卷)

7. 犬和猫的胎盘类型是(　　)(2021 年真题 A 卷)

8. 牛和羊的胎盘类型是(　　)(2021 年真题 A 卷)

二、简答题

1. 简述精子、卵子的形态和结构。
2. 简述受精过程。
3. 简述三胚层的形成及分化。
4. 家畜的胎膜有哪几种？其形成及功能如何？
5. 家畜的胎盘有哪几种类型？各种类型胎盘屏障的结构如何？

第十四章　复习思考题参考答案

参考文献

[1] 滕可导.动物解剖学与组织胚胎学.3版.北京:高等教育出版社,2022.
[2] 雷治海.动物解剖学.2版.北京:科学出版社,2021.
[3] 陈耀星,崔艳.动物解剖学及组织胚胎学.北京:中国农业出版社,2019.
[4] 任曼.动物解剖学实验学.合肥:安徽大学出版社,2021.
[5] 张金龙,雷治海.实验动物解剖学.北京:中国农业出版社,2020.
[6] 薄福光.动物解剖学.天津:天津科学技术出版社,2017.
[7] 孙裕光.动物解剖学.重庆:西南师范大学出版社,2018.
[8] 程会昌,黄立.动物解剖与组织胚胎.3版.郑州:河南科学技术出版社,2012.
[9] 白志坤.畜禽系统解剖学.2版.北京:中国林业出版社,2022.
[10] 董常生.家畜解剖学.5版.北京:中国农业出版社,2015.
[11] 彭克美.动物组织学与胚胎学.2版.北京:高等教育出版社,2016.
[12] 彭克美,王政富.动物组织学与胚胎学实验.北京:高等教育出版社,2016.
[13] 卿素珠.动物组织学与胚胎学实验指导.北京:中国农业出版社,2013.
[14] 芮亚培,邱刚.家畜组织学与胚胎学实验教程.北京:中国农业出版社,2021.
[15] 马云飞.动物组织学与胚胎学.北京:中国农业大学出版社,2020.